網路行銷與創新商務服務

雲端商務和人工智慧物聯網

第五版

第五版序

本書是以大專院校知識學理養成和實務案例的目標,來結構層次化地教導學習者在網路數位行銷的專業方法論。行銷經營因為數位科技演進和其環境發展成熟,而改變其面貌和本質,在 AIoT 數位科技環境趨勢下,本次改版在於 AIoT 之生成式 AI 網路數位和科技行銷。

本次第五版改版重點,是修改加入最新議題:第 6 章「生成式 AI 行銷」、第 7 章「數據決策和 AIoT 智能行銷」,包括:生成式 AI 行銷、AIoT 智能行銷、AI 動態搜尋廣告行銷、客戶資料平台(CDP)、資料管理平台(DMP)、RAG 行銷、數據決策行銷。

企業資訊系統變革除了因軟體技術和流程再造的變革而創新,但此時在產業全球生態化競爭之際,更需要另一種變革,也就是智能物件的變革。internet 開啟了企業真實和虛擬的結合,但物聯網創造了企業現實和物理的結合,因此新的一代企業營運資訊化應用須結合 internet 和物聯網。天地之間,無所遁形。天之籠罩,地之織網,將其大自然生態的生命力變化鉅細靡遺的留存於時空內。雲端環境就如同天一般的籠罩,而物聯網就如同地一般的織網,因此當雲端環境和物聯網建構完成之時,也就是創造出產業生態化形成之際。雲端商務和 AI 和物聯網的結合價值在於產業資源規劃的最佳化上。

在從事學術理論研究的支援下,促使筆者撰寫本書的企圖心,也因經歷到各種實戰經驗,所以想將這些知識和心得與讀者分享。最後,誠惶誠恐地期盼各界先進者和讀者,能為本書不足和錯誤之處,不吝指正,其中也引用先進者相關文獻和圖表,謹在於講究完整性和重要性的參考引用,絕無侵害之意。在撰寫本書期間,相關朋友在蒐集資料和討論內容的努力,以及家人的支持,再加上出版編輯的敦促幫忙,才得以完成這本書,雖然盡力投入,仍顯倉促和失誤在所難免,期望在下一個版本能更完整無誤和充實。

為了和學員讀者更深入互動,特開闢 https://enterpriseai.webnode.tw/。

陳瑞陽 114.3.23 提筆

本書導讀

這是一本融合學術理論、業界實務、個案分析、整合趨勢、考試參考，並可作為大專院校在網路行銷和創新管理課程，以及企業辦訓等網路創新商務服務與行銷內容的書籍。

本書編寫架構

1.本書學習目標、2.案例情景故事→引發問題 issue 思考點（問題解決方案導向）、3.本文主題章節、4.問題解決創新方案→以章前案例為基礎：（1）問題診斷；（2）創新解決方案；（3）管理意涵；（4）個案問題探討、5.案例研讀─Web 創新趨勢、6.本章重點、7.關鍵詞索引、8.學習評量。

本書各章簡介

本書內容分為以下六篇：

第一篇　基礎概念篇

第 1 章「網路行銷導論」：針對網路行銷議題，說明其定義、特性、範圍和效益，並提出整個網路行銷架構，以引導讀者對往後章節的思路。

第 2 章「網路行銷策略」：探討行銷策略基本要素，包含顧客需求和環境及其經濟活動，而從這個行銷策略可發展出影響行銷的環境及其如何造就市場的形成。接下來介紹以網路為基礎的行銷策略架構和其內涵。

第二篇　行銷策略篇

第 3 章「網路行銷規劃」：引導網路行銷系統的軟體規劃階段，包含如何運用策略考量的網路行銷分析，及網路行銷分析的輔導階段。從規劃階段中，探討網路行銷設計的流程及角色定位。

本書導讀

第 4 章「網路行銷組合」：說明網路的行銷組合定義和內容，進而產生網際網路上行銷組合與消費者關係的轉變，和網路行銷在產品生命週期的重點。最後說明網路行銷上的通路程序，以及網路行銷如何和 4P 的整合。

第 5 章「網路行銷管理」：就網路行銷的管理，來做其定義及如何規劃內容，進而針對網路行銷的運作過程做專案管理。有了網路行銷的管理後，可提出說明，在網路行銷的網路特性和行銷功能下，其網路行銷的管理模式架構和內容為何；以及如何做好網路消費者的管理，和網路行銷的影響層面內容；最後以網路行銷的影響指標作為管理的衡量。

第三篇　AIoT 之生成式 AI 網路數位和科技行銷篇

第 6 章「生成式 AI 行銷」：GenAI 是近年新興的趨勢發展，GenAI 是以語言模型來生成，它利用自然語言輸入，經由運用 Transformer 神經網路架構的大型語言模型（Large Language Models, LLM），來發展模仿類似人類思維溝通的語言。故本章說明生成式 AI 定義、模型種類、架構、運作方式。並深度探討大型語言模型（LLM）、自然語言處理（NLP）、Topic modeling 和 LDA、Google Colab platform、AI-Optimized Content（優化行銷內容）等，其中包括模型微調（fine-tuning）、提示工程（prompt engineering）、思維鏈（chain-of-thought），以及 NLP 的行銷應用、GenAI 行銷應用功能、相似建模 AI 行銷等。最後，更深入說明 Retrieval Augmented Generation（RAG）行銷種類和功能。

第 7 章「數據決策和 AIoT 智能行銷」：在資訊數位科技時代和趨勢下，其數據經營已成為企業經營的模式，故數據驅動決策對於行銷應用是必備的管理方法論。本章包含數據決策行銷簡介、客戶資料平台（CDP）、資料管理平台（DMP）、AI 數位行銷數據指標、GenAI 廣告行銷、Google AI 動態搜尋廣告、亞馬遜 DSP 平台和零售媒體網路（RMN）和 Meta GenAI 廣告、生成式 AI 程序化廣告（GenAI Programmatic advertising）、客戶旅程地圖 RAG 行銷系統、用戶行為追蹤埋點管理系統（Tag Management System）等，最後，探討 AIoT 定義範圍運作、AIoT 行銷、GenAI 新消費者行為、智慧零售等 AI+IoT 的行銷結合應用。

第四篇　網路行銷應用篇

第 8 章「資料庫行銷和資料挖掘」：說明資料庫行銷的定義和內涵，以及以資料倉儲為基礎的資料庫行銷模式，而在這樣的資料庫環境下，來探討網路行銷和決策支援系統的關係，及網路行銷的網路服務技術，其中包含網路行銷代理人的定義和內涵。

第 9 章「虛實整合和平台共享行銷」：虛實整合 O2O 營運模式（Offline to Online）是指將數位網路（Online）整合到實體商店（Offline）的多管道融合營運模式，本章介紹 O2O 營運模式特性和新零售虛實整合架構、共享經濟平台模式、App 和聊天機器人。另外，也整理了 O2O 和共享經濟平台的實例。

第 10 章「成長駭客和大數據行銷」：成長駭客是近年興起的熱門技術和行為，主要是以創意精神來運用編寫程式與演算法與數據分析技術，成長駭客必須和大數據行銷結合。本章也介紹新技術：程序化購買機制（包括 RTB（即時廣告競價）、重定向廣告再行銷、機器學習等技術）、App Store Optimization（軟體商店優化）、漏斗型行銷 AARRR 模型等。並也提出大數據分析的優化作業，以及介紹智能行銷，包括：數據優化行銷、主動推播行銷、創造需求行銷、預知行銷等最新智慧和知識。最後，也整理成長駭客數據優化和智能行銷等實務案例。

第五篇　行銷趨勢與未來發展

第 11 章「RFID 及行動商業之網路行銷」：說明行動商務的定義和內涵，並延伸出行動商業之網路行銷內涵和種類，接著說明行動通訊的種類和效益及連結模式，進而就企業 M 化做定義和內涵說明，其中包含 RFID 的定義和應用，以及嵌入式系統和網路行銷的關係。

第 12 章「雲端商務與電子商業」：主要探討電子商業概論，及電子商業與網路行銷的關係，並進而發展出企業電子化的網路行銷。最後再探討雲端運算對企業的衝擊，以及物聯網的定義和種類，說明嵌入式網路行銷以及 EPCglobal 架構。

第六篇　創新服務之網路行銷應用案例

第 13 章：產業資源規劃系統時代的來臨—以雲端商務為驅動引擎
第 14 章：商務和商業整合—IRP-based C2B2C 商機模式

▶ 本書學習資源

提供本書學習評量參考解答，請至
http://books.gotop.com.tw/download/AEE041300 下載。（下載網址的後六碼為數字） 其內容僅供合法持有本書的讀者使用，未經授權不得抄襲、轉載或任意散布。本書載或任意散布。

目錄

Part 1 基礎概念篇

chapter 1　網路行銷導論

章前案例情景故事：企業數位行銷整合數位轉型：電子標籤 1-2
1-1　網路行銷定義 1-2
1-2　網路行銷特性 1-7
1-3　網路行銷範圍 1-12
1-4　網路行銷效益 1-18
1-5　網路行銷架構 1-20
問題解決創新方案—以章前案例為基礎 1-22
案例研讀—Web 創新趨勢：NFC 企業行銷 1-23
本章重點 1-25
關鍵詞索引 1-26
學習評量 1-26

chapter 2　網路行銷策略

章前案例情景故事：網絡基礎之數位行銷策略 2-2
2-1　行銷策略 2-2
　　2-1-1　行銷策略基本要素 2-2
　　2-1-2　整合式行銷 2-5
　　2-1-3　行銷社群 2-6
2-2　網路行銷策略 2-8
　　2-2-1　網路行銷策略架構 2-8
　　2-2-2　網路行銷策略和企業整體策略 2-9
　　2-2-3　網路行銷策略的模式 2-13

2-3 網路上市場行銷策略 2-17
2-3-1 網路上市場 2-17
2-3-2 市場行銷策略 2-18
2-3-3 市場行銷的策略互動 2-19
問題解決創新方案—以章前案例為基礎 2-21
案例研讀—Web 創新趨勢：主動需求的數位匯流 2-22
本章重點 2-24
關鍵詞索引 2-24
學習評量 2-25

Part 2 行銷策略篇

chapter 3 網路行銷規劃

章前案例情景故事：CDP（客戶資料平台）環境的客戶流失分析 3-2
3-1 網路行銷規劃程序 3-2
3-1-1 網路行銷企劃 3-2
3-1-2 網路行銷分析 3-7
3-1-3 網路行銷輔導 3-8
3-1-4 網路行銷設計 3-11
3-1-5 網路行銷的角色 3-12
3-2 網路行銷與實體行銷的差異 3-15
3-2-1 網路行銷與傳統行銷 3-15
3-2-2 網路行銷的虛擬世界 3-16
3-2-3 網路行銷的虛擬特性 3-17
問題解決創新方案—以章前案例為基礎 3-19
案例研讀—熱門網站個案：物聯網—智慧電冰箱和食用感測 3-21
本章重點 3-24
關鍵詞索引 3-24
學習評量 3-25

chapter 4　網路行銷組合

- 章前案例情景故事：核心客戶價值驅動的數位行銷 4-2
- 4-1　行銷組合 4-2
- 4-2　網路行銷和 4P 的關係 4-5
- 4-3　網路行銷和 4P 的整合 4-11
- 4-4　網路行銷運作模式 4-14
    - 4-4-1　電子目錄模式 4-14
    - 4-4-2　撮合模式 4-15
    - 4-4-3　經營模式 4-16
    - 4-4-4　內容模式 4-17
    - 4-4-5　搜尋模式 4-18
    - 4-4-6　情報資訊模式 4-18
    - 4-4-7　電子市集模式 4-19
    - 4-4-8　廣告模式 4-27
    - 4-4-9　中介代理 / 經紀模式 4-27
- 問題解決創新方案—以章前案例為基礎 4-28
- 案例研讀—Web 創新趨勢：深度媒合之社群媒體 4-29
- 本章重點 4-30
- 關鍵詞索引 4-30
- 學習評量 4-31

chapter 5　網路行銷管理

- 章前案例情景故事：企業的管理整合網路行銷 5-2
- 企業的管理整合網路行銷 5-2
- 5-1　網路行銷管理程序 5-2
    - 5-1-1　網路行銷管理定義 5-2
    - 5-1-2　網路行銷管理的規劃 5-3
    - 5-1-3　網路行銷管理的組織 5-4
    - 5-1-4　網路行銷管理的專案 5-6
    - 5-1-5　網路行銷的人力管理 5-7
    - 5-1-6　網路行銷管理的控管 5-9
    - 5-1-7　科技管理 5-13

5-2	網路行銷管理模式	5-14
5-3	網路消費者管理	5-16
	5-3-1 網路消費者型式	5-16
	5-3-2 網路消費者特性的管理	5-16
5-4	網路行銷環境管理	5-18
	5-4-1 網路行銷環境	5-18
	5-4-2 網路行銷環境的管理	5-21
5-5	網路行銷影響	5-22
	5-5-1 網路行銷的影響層面	5-22
	5-5-2 網路行銷的影響指標	5-23
	5-5-3 網路行銷和規劃程序的結合影響	5-25

問題解決創新方案—以章前案例為基礎 5-26
案例研讀—熱門網站個案：物聯網—遺失物品服務 5-29
本章重點 5-30
關鍵詞索引 5-31
學習評量 5-31

Part 3　AIoT 之生成式 AI 網路數位和科技行銷篇

chapter 6　生成式 AI 行銷

章前案例情景故事：思維鏈提示工程應用於客戶價值 驅動之數位行銷策略 6-2

6-1	生成式 AI 簡介與運作	6-2
	6-1-1 生成式 AI 定義、模型種類、架構、運作方式	6-2
	6-1-2 大型語言模型（LLM）	6-12
	6-1-3 自然語言處理（NLP）、Topic modeling 和 LDA、Google Colab platform	6-19
6-2	生成式 AI 行銷簡介與應用	6-22
	6-2-1 GenAI 行銷定義、應用功能	6-22
	6-2-2 相似建模 AI 行銷	6-25
6-3	Retrieval Augmented Generation（RAG）行銷	6-27

問題解決創新方案—以章前案例為基礎 6-34
案例研讀—Web 創新趨勢：個性化適地性服務（LBS） 6-37

目錄

本章重點 6-39
關鍵詞索引 6-40
學習評量 6-40

chapter 7　數據決策和 AIoT 智能行銷

章前案例情景故事：客戶旅程地圖（customer journey map） 7-2
7-1 數據決策行銷 7-2
　　7-1-1 數據決策行銷簡介 7-2
　　7-1-2 客戶資料平台（CDP） 7-7
　　7-1-3 AI 數位行銷數據指標 7-15
7-2 生成式 AI 智慧廣告 7-16
　　7-2-1 GenAI 廣告行銷（GenAI advertising marketing） 7-16
　　7-2-2 Google AI 動態搜尋廣告 7-20
　　7-2-3 亞馬遜 DSP 平台和零售媒體網路（RMN）和 Meta GenAI 廣告 .. 7-24
　　7-2-4 生成式 AI 程序化廣告（GenAI programmatic advertising） . 7-28
　　7-2-5 客戶旅程地圖 RAG 行銷系統—用戶行為追蹤埋點管理系統
　　　　　（Tag Management System） 7-29
7-3 AIoT 智能行銷 7-32
　　7-3-1 AIoT 定義範圍運作 7-32
　　7-3-2 AIoT 行銷 7-34
　　7-3-3 GenAI 新消費者行為 7-36
　　7-3-4 AIoT 智慧零售 7-40
問題解決創新方案—以章前案例為基礎 7-44
案例研讀—熱門網站個案：物聯網—智慧家管 7-46
本章重點 7-47
關鍵詞索引 7-48
學習評量 7-48

Part 4　網路行銷應用篇

chapter 8　資料庫行銷和資料挖掘

- 章前案例情景故事：問題回饋的資料庫行銷 ... 8-2
- 8-1　資料庫行銷 ... 8-2
  - 8-1-1　資料庫行銷的定義 ... 8-2
  - 8-1-2　資料倉儲的資料庫行銷 ... 8-6
  - 8-1-3　顧客資料庫 ... 8-7
  - 8-1-4　知識庫的網路行銷 ... 8-8
  - 8-1-5　知識倉儲的資料庫行銷 ... 8-9
- 8-2　決策型的資料庫行銷 ... 8-11
  - 8-2-1　決策支援系統 ... 8-11
  - 8-2-2　網路行銷和決策支援系統的關係 ... 8-11
  - 8-2-3　決策型的資料庫行銷例子 ... 8-12
- 8-3　網路行銷服務（web-service） ... 8-13
- 8-4　網路行銷代理人（agent-based） ... 8-15
- 8-5　資料挖掘（data mining） ... 8-21
- 問題解決創新方案─以章前案例為基礎 ... 8-25
- 案例研讀─Web 創新趨勢：行動 App ... 8-27
- 本章重點 ... 8-29
- 關鍵詞索引 ... 8-30
- 學習評量 ... 8-31

chapter 9　虛實整合和平台共享行銷

- 章前案例情景故事：智能物聯網 App 停車 ... 9-2
- 9-1　虛實整合行銷 ... 9-2
- 9-2　平台經濟和共享生態 ... 9-6
- 9-3　數位匯流：App 和聊天機器人 ... 9-11
- 問題解決創新方案─以章前案例為基礎 ... 9-17
- 案例研讀─Web 創新趨勢：網路商機模式 ... 9-19
- 本章重點 ... 9-21

關鍵詞索引 9-22

學習評量 9-23

chapter 10　成長駭客和大數據行銷

章前案例情景故事：網站行銷的知識運用 10-2

10-1　成長駭客行銷 10-2

10-2　大數據行銷 10-9

10-3　智慧消費行為 10-14

問題解決創新方案—以章前案例為基礎 10-20

案例研讀—Web 創新趨勢：情境感知 10-22

本章重點 10-23

關鍵詞索引 10-24

學習評量 10-25

Part 5 行銷趨勢與未來發展

chapter 11　RFID 及行動商業之網路行銷

章前案例情景故事：無線行動訂單處理 11-2

11-1　行動商務之網路行銷 11-2

　　11-1-1　行動商務定義 11-2

　　11-1-2　行動商務的特性 11-3

　　11-1-3　行動商業之網路行銷 11-7

　　11-1-4　企業 M 化 11-9

　　11-1-5　行動通訊 11-11

11-2　RFID 之網路行銷 11-15

　　11-2-1　RFID 概論 11-15

　　11-2-2　RFID 應用 11-15

　　11-2-3　RFID 案例 11-16

11-3　嵌入式之網路行銷 11-20

問題解決創新方案—以章前案例為基礎 11-22

案例研讀—Web 創新趨勢：興趣圖譜 11-24

本章重點	11-26
關鍵詞索引	11-27
學習評量	11-28

chapter 12　雲端商務與電子商業

章前案例情景故事：顧客普及服務	12-2
12-1　電子商業（e-Business）	12-2
12-1-1　電子商業概論	12-2
12-1-2　電子商業架構	12-4
12-1-3　電子商業跨區域網路系統模式	12-6
12-2　電子商業與網路行銷	12-8
12-2-1　電子商業與網路行銷關係	12-8
12-2-2　入口型的企業行銷網站	12-9
12-2-3　學習型的企業行銷網站	12-11
12-2-4　電子商業與網路行銷的結合	12-13
12-2-5　電子商業與網路行銷的整體觀	12-15
12-3　企業電子化的網路行銷	12-16
12-4　雲端運算與網路行銷	12-22
12-4-1　雲端運算定義和種類	12-22
12-4-2　企業資訊系統變革	12-25
12-5　物聯網與網路行銷	12-26
12-5-1　物聯網定義	12-26
12-5-2　EPCglobal 定義和架構	12-28
12-5-3　物聯網的嵌入式系統技術	12-29
12-5-4　物聯網化服務	12-30
問題解決創新方案—以章前案例為基礎	12-31
案例研讀—熱門網站個案：社交過濾網	12-34
本章重點	12-36
關鍵詞索引	12-38
學習評量	12-38

Part 6 創新服務之網路行銷應用案例

chapter 13 應用案例1：
產業資源規劃系統時代的來臨—以雲端商務為驅動引擎

企業實務情境：出貨協同作業個案 13-2
13-1 問題定義和診斷 13-2
13-2 創新解決方案 13-4
    13-2-1 論述 13-4
13-3 本文個案的實務解決方案 13-12
13-4 管理意涵 13-13

chapter 14 應用案例2：
商務和商業整合—IRP-based C2B2C 商機模式

企業實務情境：C2B2C 的整合流程 14-2
14-1 問題定義和診斷 14-2
14-2 創新解決方案 14-3
    14-2-1 IRP-based C2B2C（Consumer to Business to Consumer）模式 14-3
    14-2-2 商務和商業整合 14-6
14-3 本文個案的實務解決方案 14-10
14-4 管理意涵 14-12

CHAPTER 01

網路行銷導論

章前案例：電子標籤

案例研讀：NFC 企業行銷

學習目標

- 探討網路行銷定義和結合
- 說明網際網路特性如何影響網路行銷模式
- 探討網路行銷範圍和內容
- 說明網路策略如何影響網路行銷
- 探討企業實體活動如何利用網路行銷
- 說明網路行銷效益
- 說明網路行銷架構和各章主題

| 章前案例情景故事 | 企業數位行銷整合數位轉型：電子標籤 |

身為主管賣場運作的黃經理，常常為貨架上商品價格標籤更換作業，所造成的高度作業成本和人工繁瑣作業而大傷腦筋，甚至為節省少許作業程序，對於數位行銷顧問所提出的動態價格策略的行銷做法，也都覺得難以實現，因為此更換作業已耗盡黃經理的工作熱忱。

1-1 網路行銷定義

在知識經濟和網際網路的環境影響下，產生了網路新經濟學，網路新經濟對所有產業市場交易機制皆會產生衝擊，例如：傳統中間商或經紀人皆應迅速調整服務作業流程，以避免去中介化之危機。故於知識經濟時代內，在網路行銷的模式將會有別於傳統行銷對市場交易機制模式。

網際網路所造成之產業網絡，將形成市場需求或供給變動對市場均衡影響的模式，而在這模式下，其企業將會面對不同於傳統知識經濟的市場交易模式，進而改變市場需求者和供給者面對知識經濟的交易行為機制。這樣的機制，就個人消費者而言，**是反應在購物行為習慣改變，和對產品價值觀的多重認知**，尤其是數位產品。就企業而言，是反應在產業上下游各交易環節中，**企業與其顧客或供應商將透過競爭性、策略性、議價性市場交易相互連結**，而與產業體系成員整合成互補生產、協同作業、共創價值、共享資源等，為促成交易資訊流通的網際網路平台。

從上述說明，即知道在知識經濟和網際網路的衝擊下改變了市場行銷，也就是興起了所謂的「網路行銷」。

那麼什麼是「網路行銷」呢？從字義上來看，可分成「行銷」和「網路」。

首先是「行銷」部分：

Stanton 認為「行銷是一整體性的企業市場活動流程，用於產品定價、企劃、促銷、服務和分配產品給現有及潛在的顧客，期以能滿足顧客的需求品質」。Kotler & Armstrong 認為「行銷活動是個人或組織成員藉由生產與交換，得到所需價值的社會與管理活動」。

美國行銷學會（AMA, American Marketing Association）認為「行銷的主要目的在於把商品供應者所提供的產品或服務，交接至消費者的手中」，並且提出網路行銷研究的概念：行銷研究的作用是透過用以確認和掌握行銷機會的活動，來整合消費者、顧客和社會大眾三者與行銷人員，用以產生、改善和評估行銷活動，進而增進對行銷程序的了解，如圖 1-1。

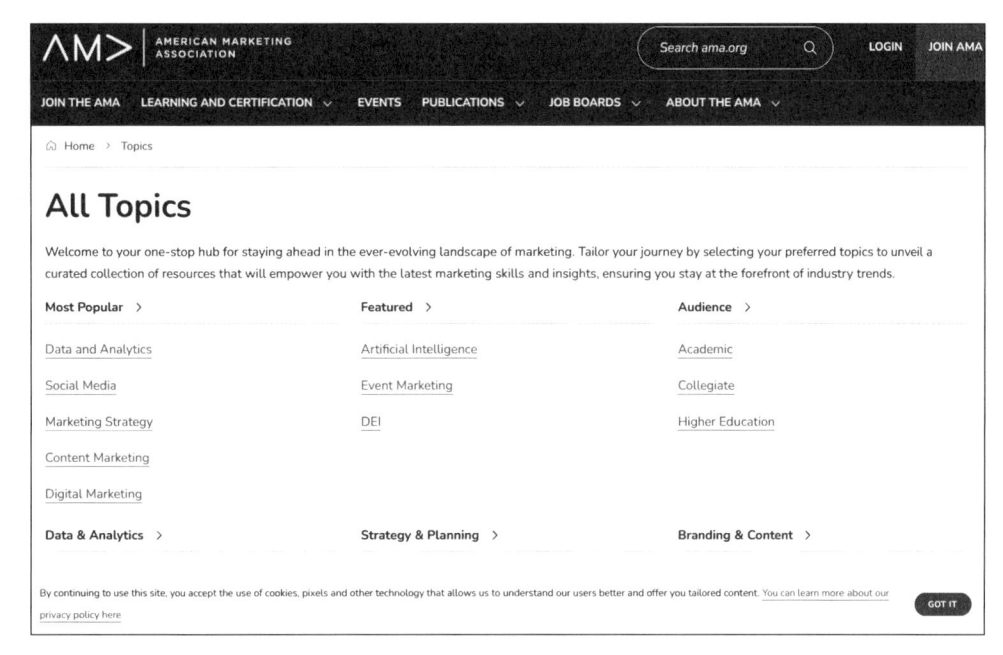

圖 1-1　資料來源：http://www.ama.org 公開網站

行銷是透過產品或服務的產銷活動，來達成供應者和需求者的效益，其效益是經由商品、服務的產銷所造成的滿足需求的作業及結果。一般在行銷過程活動有產製形成（produce activity）、需求供應（demand activity）、通路運送（channel activity）、交換需求（exchange activity）等，而這樣的行銷過程活動形成了行銷功能，包含企劃並執行商品或服務的生產和流程、產品定價、促銷推廣及配送通路等活動的過程，其最終目的是創造並維繫能滿足個人及企業需求的效益。

再則是「網路」部分：

網路是指網際網路的基礎環境，它最主要的強大功能就是在任何時間和地點，只要有電腦和上網的簡單條件，就可幾乎完成任何事情，例如：網際網路能作為一個有效的溝通和交易媒介的平台。在網際網路效應中，最明顯的就是數位化產品產生及其傳播媒介快速便宜，如此的特性結構化改變，也創造了過去沒有的電子商務模式。這樣的模式影響在知識經濟時代的企業經營特徵，就是**正結合顯現數位產品取**

代傳統的有形產品的另一行銷的世界，透過網際網路搜尋產品資訊的低成本和快速達成，並能在不同的供應商之間方便地比較相似產品的價格，因此網際網路不斷成長創新，也相對衝擊**市場行銷的結構化改變**。

從上述說明，可知網路行銷就是在網際網路的基礎環境下，企劃並執行市場行銷的活動作業。但這只是字面上的定義描述。

網路行銷其實不只是在網路做生意交易和線上購物機制而已，網路行銷是一切電子商務活動的基礎（Vassos, 1996），網路行銷由於其網際網路具有互動、不分區域等特性，使其可以發揮傳統行銷無法發展的部分，它將行銷概念、行銷策略的內容網路化或數位化。因此網路行銷是和傳統行銷結合的最佳方式，它也是企業經營規劃的一環，從市場區隔、目標市場、產品及市場定位、品牌價值、整合行銷等和實體行銷活動做搭配，甚至是新的經營模式基礎。故**整合傳統實體與網際網路的多樣化行銷，是網路行銷的真意所在**。

Cockbrun 與 Wilson 認為網路行銷的活動有傳遞資訊、銷售、廣告、顧客服務、溝通等。Catalano 與 Smith 則認為網路行銷活動的進行分為三個階段：

- 第 1 階段：銷售前（pre-sales）階段，包括市場調查、關係建立、新產品與服務的說明會、web 上搜尋。
- 第 2 階段：銷售中（sales）階段，包括 web 上報價、交貨與計費。
- 第 3 階段：售後（post-sales）階段，包括問題回饋、產品更新、售後服務、維修作業。

Krauss 認為網路行銷是依賴資訊技術來達成傳統行銷的管道。它可透過網路互動介面以及資料庫的建立，在市場上與客戶建立直接的銷售行為。

他認為網路行銷對顧客消費的期望有三項重點：

1. 對產品滿意度的期望：提供更好的產品及服務以符合顧客的需求。
2. 對個人服務的期望：提供符合對顧客本身的客製化需求。
3. 對行銷關係的期望：建立顧客同類社群與偏好習慣。

從上述的說明,茲整理一些文獻對網路行銷的定義:

Nisenholtz 與 Martin(1994)認為網路行銷即為企業運用網際網路進行銷售活動,且可運用網際網路工具,來從事與顧客之間的雙向溝通。

Daniel(1995)認為網路行銷是針對使用網際網路和商業 web 上服務的特定客戶,建立銷售產品和服務的 web 上系統。

Mehta、Sivadas 與 Eugene(1995)認為網路行銷是為企業在網際網路上進行直效行銷之活動。

在行銷的過程時期中,網路行銷也是某一時期階段的行銷,茲整理行銷的過程時期如下:

一、生產導向時期(Production)

以具有生產製造優勢的賣方市場為主,若生產好的產品自然會有銷路。在這個時期,其產品種類少,不具有多樣化。

二、銷售導向時期(Sale)

在這個時期,其產品種類多,利用廣告、銷售人員方式,來說服消費者購買。

三、行銷導向時期(Marketing)

以具有掌握商品優勢的買方市場為主,其產品開發是以消費者導向,注重在先分析消費者潛在的需求,做市場企劃行銷,再設計和生產產品來提供符合消費者的需要。

四、關係導向時期(Relationship Marketing)

在這個時期,其產品種類不僅多,且具有多樣化和客製化,消費者所需求的不只是產品功能而已,必須有更多的產品附加價值,因此企業必須能長期發展出具有創造附加價值的關係,企業和企業之間必須依賴策略聯盟(strategic alliances),才能提供更多的產品附加價值。

五、整合式導向(Integrated Marketing Communication, IMC)

整合行銷傳播是九十年代市場行銷的新趨勢,它要求企業必須重視並分析目標市場消費者個人化的生活型態與消費模式,並透過有效的互動溝通介面,來找出消費者深層的需要。Schultz(1993)認為整合行銷傳播是企業長期深入針對準顧客、現有

顧客、潛在顧客及其他內外部相關目標市場，發展、執行並分析出可衡量的整體性行銷策略的計畫。

Shimp（2000）認為整合行銷傳播有五大特點：

1. **影響消費者行為**：它的目的不僅在於影響其品牌認同或購買物品，更是為了影響消費者行為的習慣和模式。
2. **以現有或潛在消費者為主**：企業應該要以消費者回饋為主，由外而內的觀點，來傳播行銷內容。
3. **整合所有的傳播媒體**：需考慮所有可能接觸到現有顧客或潛在顧客的傳播管道，進而藉由此媒介來傳播行銷內容。
4. **產生整合性的綜效**：將傳播的各媒介之間做相互連結，來達到所有媒介的效果。
5. **建構其網絡關係**：以網絡關係方式，建立其長久關係的行銷傳播。

六、網路整合式行銷導向

網路整合式行銷導向是結合整合行銷傳播和網路平台的行銷系統。它注重透過網路平台的互動介面，來達到整合行銷的功能。Steuer（1992）認為互動性是指使用者可以即時地參與行銷傳播媒體的互動溝通。Meyer 與 Zark（1996）認為互動性是指消費者進行主動選擇、處理資訊，以符合本身特定需求的介面功能。

Hoffman 與 Novak（1996）認為傳統上的實體行銷，即廠商透過銷售等各種手法主動說服客戶，屬於單向的行銷流程，如圖 1-2。

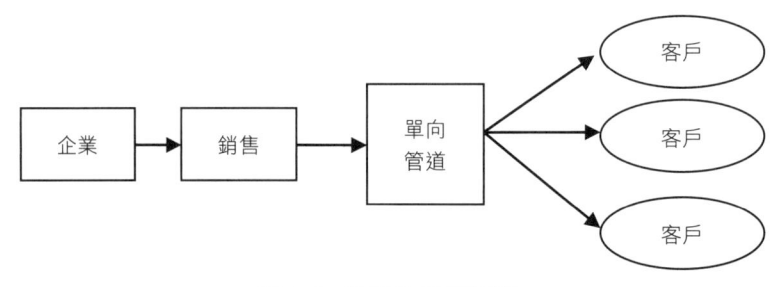

圖 1-2 單向的行銷流程

而網路整合式行銷導向模式，其互動方式具雙向特性：一對一或多對多的溝通，即指服務供應者對消費者及消費者對消費者的互動。另外，消費者和企業服務提供在行銷資訊的管道內容，如圖 1-3。

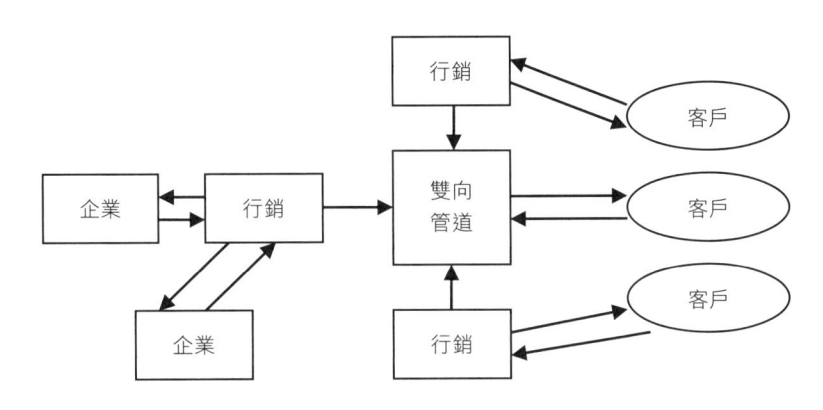

圖 1-3 雙向的行銷流程（資料來源：Hoffman、Donna L. 與 Homas P. Novak）

茲將上述時期整理成如下：

表 1-1 行銷時期階段

時期階段	市場	產品
生產導向	賣方市場	產品種類少
銷售導向	說服消費者	產品種類多
行銷導向	買方市場	符合消費者的需要
關係導向	策略聯盟	產品附加價值
整合式導向	整合傳播	消費者深層的需要
網路整合式行銷導向	網路整合傳播	個人化數位產品

1-2 網路行銷特性

在網路行銷的時代環境中，其網路特性會影響到網路行銷，進而成為網路行銷特性。因為網際網路行銷的運作需依賴資訊科技的環境才能執行，故網路行銷的成功與否，行銷與網路科技兩個功能的協同作業將是關鍵因素。

在網路行銷的模式中，是運用網路的資源來達到行銷的目標，在全球資訊網的資源是具有讓使用者可以無限制地複製與下載的特性，顯示出資源供應會持續產生來滿足需求，因此，網路資源不但沒有供給匱乏的問題，反而呈現了大量需求的情況。

在資訊科技環境上，全球上 internet 人口急速增加，且由於寬頻網路技術的突破，電子商務環境及技術和成本已漸趨成熟。所以企業運用資訊科技來建構「電子化企

業」的效益就愈來愈廣泛了,包括建立良好的客戶關係、提升企業流程的運作效率、產品與服務創新、新市場的發展、快速溝通平台、掌握技術應用能力、與合作夥伴建立互信互助的關係等。因此,網路市場不再只是買、賣雙方價值交換的場所,更是合作網路各成員多元交流的平台,如此造成知識流通與加值的網際網路效應。

以下說明網際網路特性如何影響網路行銷模式,如圖1-4:

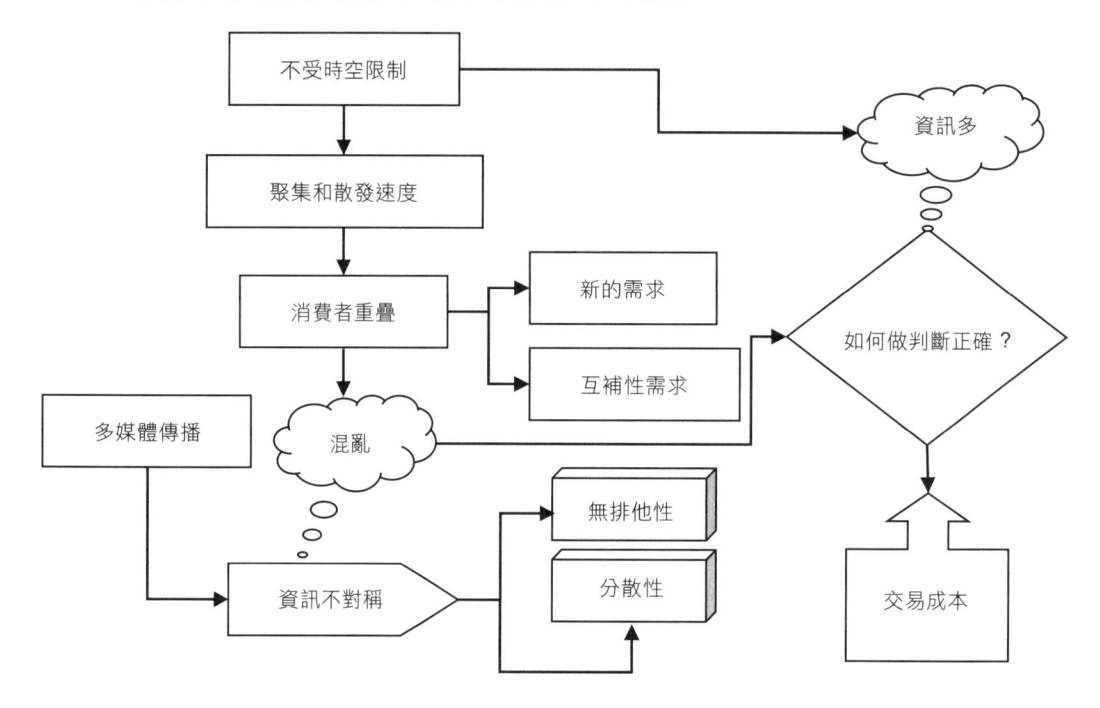

圖 1-4 網際網路特性如何影響網路行銷模式

1. 不受時空限制的快速變遷

網際網路具有不受時空限制的特性,因此利用網際網路進行行銷,可產生許多優勢,例如:立即回應、一對一和多對多交易、多媒體的資訊呈現、人機互動介面等。它具有其他的傳統媒體所沒有的特性,例如:低成本、多媒體、客製化、跨地域、任何時間等。

在網路新經濟市場上,來自不受時空限制的力量如同海嘯般來得快但也去得快,它主要來自網路的使用者人數,參與的人數愈多,網路的影響力將愈大,它就像磁鐵一樣聚集無限商機。例如:足球網路社群聚集了許多球迷,使得該社群充滿了人潮,有人潮就會產生錢潮。但這樣不受時空限制性的力量效應,也正反應了2個可能發生的狀況:

第 1 個狀況：消費者重疊

同樣的消費者人潮會出現在不同網路社群中，也就是說，雖然足球網路社群有大量的人潮，但在另一個足球網路社群也有大量的人潮，然而可能是同一批的人潮，如此將會造成人潮重疊，亦即總人潮是不變的，故總人潮的需求是有限的，它可能帶來某一個網路社群的外部性影響，但對整個經濟效應仍是和以前一樣。Varian 與 Shapiro（1998）認為：「若某一方加入一個網路系統所願意支付的價格，與網路中現有的顧客數量或對象是有關的，則網路外部性即存在」。故網路外部性是否對知識經濟時代有正面影響，必須看是否能帶來新的需求。

第 2 個狀況：網路聚集速度很快，但散發速度也很快

當網路社群本身出了問題或是有了一個新的更好的網路社群競爭者，透過網路快速傳播，人潮很快就會退潮，這就是一體兩面的力量，故網路外部性是否對知識經濟時代有正面影響，必須看人潮在移動時是否能帶來互補性的需求。

2. **網路資訊的多和亂**

網路媒體特性使其在進行網路消費行為時，具有低成本、立即性、多元化等優勢，使得網路行銷的資訊非常多，但同時也是很混亂。

在以往經濟活動中，資訊的傳播和擁有是不容易和不公平的，這樣的現象造成資訊不對稱，資訊不對稱將造成經濟活動中佔有資訊優勢者，利用此不對稱現象賺取利得，而資訊薄弱的一方則蒙受損失。資訊不對稱的另一方面就是資源配置不均勻，如此，不但資源配置不具有效率，更造成企業競爭的不公平和整體產業的損失。但在知識經濟和網際網路環境下，具有「無排他性」和「分散性」特性，則可使資訊快速傳播和擁有，如此可避免訊息不對稱下所發生的隱藏訊息和隱藏行為。但也因為如此，而延伸出大量和混亂的資訊如何做正確判斷，及資訊財產權和個人隱私權的爭議。

3. **多媒體的傳播和交易**

透過網路來傳播分享，除了在資訊對稱影響上外，另外一個就是促成交易行為的發展。在傳統上，因為交易行為的不方便，會影響到買賣雙方的交易意願和完成，這就是交易成本的負擔，交易成本（transaction cost）在傳統的經濟學中多不受重視，經濟學在探討許多問題時，多假設交易成本為零。但實際上，交易成本的大小，常會影響個人或廠商是否能夠進行若干經濟活動，而在網路上交易成本幾乎為零，而且具有多媒體的豐富人性化介面，使得交易行為的過程容易進行，進而促成網路行銷的發達。

Peterson、Balasubramanian 與 Bronnenberg（1997）認為以網際網路作為行銷管道時，有以下的特性：

1. 銷售者可以在不同的網際網路環境，以低成本來交易多量資訊。
2. 透過搜尋、分送這些資訊，來加以重新組織這些交易的多量資訊。
3. 網際網路的運用可依照銷售者需求，提供符合的資訊。
4. 網路透過多媒體人性化介面，來提供顧客的經驗感受，比傳統文字目錄來得符合人性。
5. 透過網際網路平台，可以作為交易的媒介。
6. 網際網路可以作為某些數位產品的實體消費和配送管道，例如：遊戲軟體。

Papows（1999）認為網際網路帶來三個重要的特性，分別是邊際成本效益、大量客製化及應用的需求滿足化：

1. **邊際成本效益**

    網際網路軟體本身的開發成本高，但複製和儲存成本卻非常低，故其邊際成本愈低，其使用的邊際效益愈高。因此，軟體的開發平均成本隨著消費者的增加而快速下降，而使用效益則愈高，如圖 1-5。

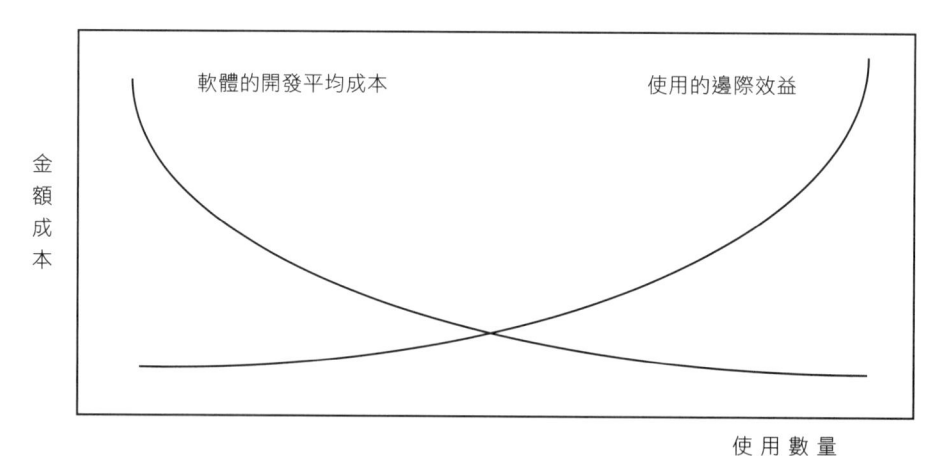

圖 1-5 邊際成本效益（Papows,1999）

2. **大量客製化**

   多媒體和資料庫技術的發達,使得數位產品客製化的技術可行性已容易發展和成本已大幅降低。最初發展時系統的成本是較高的,而當規模擴大時,客製化的平均成本會被分攤,如圖 1-6。

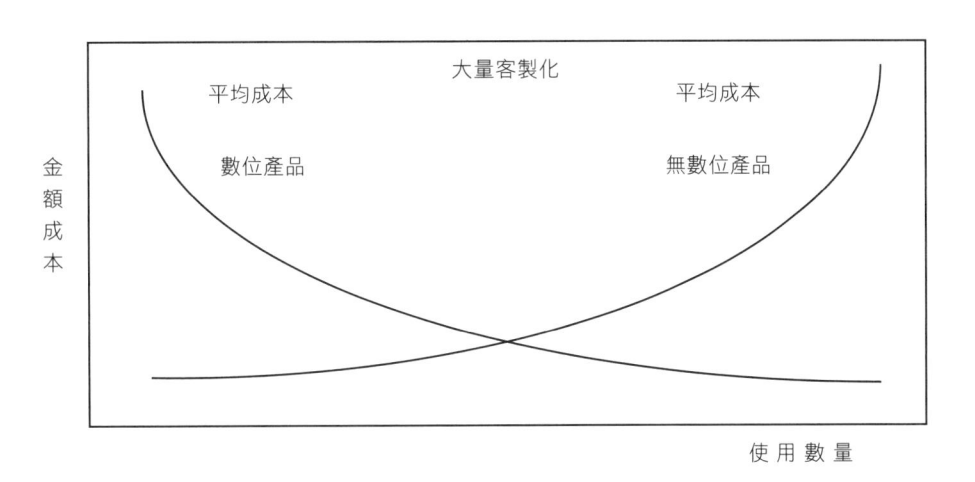

   圖 1-6 大量客製化(Papows,1999)

3. **應用的需求滿足化**

   複製和儲存成本非常低,幾乎趨近於零,故在網際網路上,可以同時滿足資訊應用的需求和成本的考量。

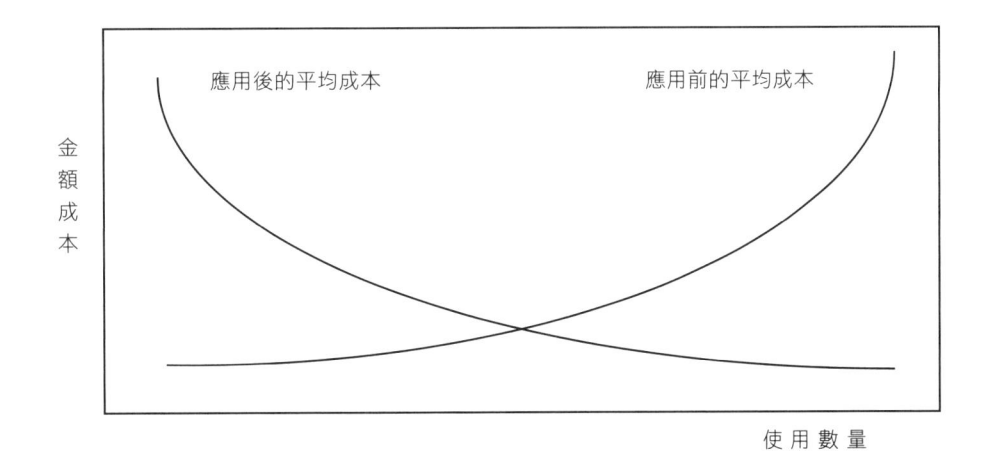

   圖 1-7 應用的需求滿足化(Papows,1999)(資料來源:Papows, J.)

1-3 網路行銷範圍

從網路特性來看傳統行銷的範圍,就會得出網路行銷範圍。網路行銷範圍是落在網路環境內,若以社群環境角度來看,就是網路虛擬社群。網路虛擬社群是網際網路上經營的環境模式。而在這個環境模式內互動的,就是網路消費者和行銷人員。

Duboff 與 Spaeth(2000)認為網路消費者的共同特質有下列三項:

1. **進入成本(cost of entry)**:網路消費者在網路環境上購買商品的考慮點,是商品項目的價格,故其商品取得成本是同業進入此商品市場的障礙因素。
2. **產品的獨特性(relevant differentiators)**:若以產品的獨特性來看,消費者在產品或品質上沒有替代的考慮或選擇,就有可能成為寡佔市場。
3. **使用網路的進入(needs)**:消費者對網路行銷的使用,會因資訊呈現的方式是否有功能需求或有著多媒體效果而不同,因此,對消費者未被滿足的使用需求,可成為潛在競爭者切入獲利的機會,未被開發的部分則成為新產品的主要功能。

網路虛擬社群對於行銷人員的價值,是在於虛擬社群實際上改善了顧客交易溝通的品質,並且廠商可根據顧客行為模式,來規劃設計出個人化的行銷方案。在網路虛擬社群的環境裡,行銷人員可以主動利用顧客的想法來設計產品,更可以藉助顧客的參與來行銷產品。

Hagel III 與 Armstrong(1997)認為網路虛擬社群對行銷人員的潛在影響如圖 1-8:

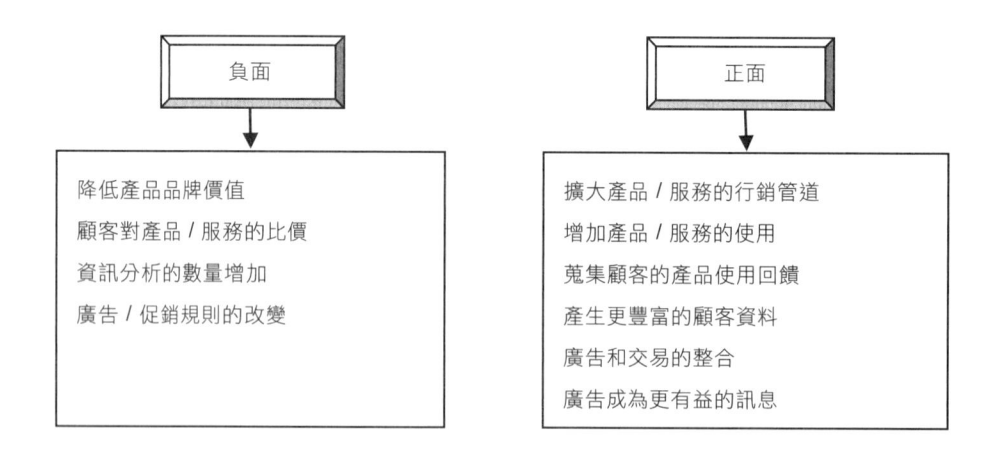

```
        負面                              正面
          ↓                                ↓
┌─────────────────────┐         ┌─────────────────────┐
│ 降低產品品牌價值     │         │ 擴大產品/服務的行銷管道 │
│ 顧客對產品/服務的比價 │         │ 增加產品/服務的使用   │
│ 資訊分析的數量增加   │         │ 蒐集顧客的產品使用回饋 │
│ 廣告/促銷規則的改變  │         │ 產生更豐富的顧客資料   │
│                     │         │ 廣告和交易的整合      │
│                     │         │ 廣告成為更有益的訊息   │
└─────────────────────┘         └─────────────────────┘
```

圖 1-8 對行銷人員的潛在影響(資料來源:Hagel III, J. 與 A. G. Armstrong)

從上述可知，網際網路行銷不僅是一種功能強大的行銷手法，同時是兼具通路、電子交易、客戶服務與市場資訊蒐集等多種功能的資訊系統，尤其是新的行銷方式，在網路環境中更能發揮，例如：一對一互動式行銷能力與資料庫行銷、分眾行銷、直接行銷等。故網路行銷的資訊系統，應重視顧客使用的人性化介面，除了要考量顧客的需求與服務外，也要注重企業對資訊的掌握。

茲將網路行銷範圍整理如圖 1-9。

從圖 1-9 中，可知角色有消費者、行銷人員、供應者。而在網路行銷的組合部分有促銷、產品品牌、推廣、通路等。其網路行銷的方式有利用網路廣告與宣傳，來增加用戶對產品的了解，和網際網路可經由非同步的溝通方式，例如電子郵件和名片，來進行一對一行銷和資料庫行銷。而其在電子交易作為上包括定價、成交價格、議價、付款交易過程與方式、貨物運送給顧客等功能。

因此網路行銷對於企業而言，可作為行銷通路，讓消費者可方便地購買到商品，並做訂單處理和運輸、倉儲通路，進而可做到存貨控制。

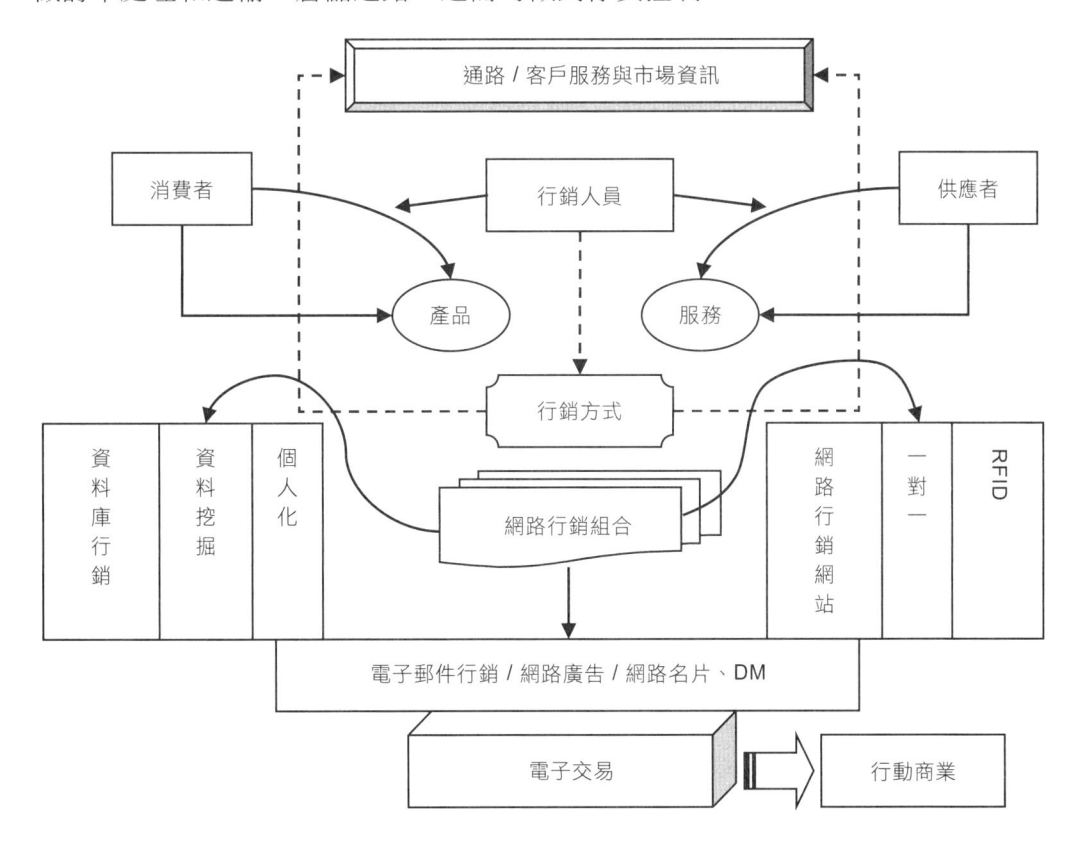

圖 1-9 網路行銷範圍

從網路行銷範圍中可知有三個重點：

1. 企業如何應用網際網路來成功地執行網路行銷？
2. 企業行銷策略與網際網路如何成為網路行銷策略？
3. 應用網際網路於行銷活動後的需求？

茲將三個重點分別說明如下：

Peppers 與 Rogers（2009）認為要成功地執行網路行銷，必須做到以下幾點：

1. 集中式資料庫管理：將客戶和相關的資料隨時更新，並儲存在同一個資料庫內，並將資料提供給行銷所有需要的管道。
2. 工作流程管理：建構工作流程平台，在該平台上執行訓練、組織與授權，來分享網路行銷的知識與資訊。
3. 人性化互動的介面：人機介面的客戶溝通，以引導客戶理性的消費行為。
4. 行銷生命週期的管理：從感受、接觸、詢價、合約、協商、承諾、交貨、安裝、回饋和再次銷售等各階段，並進而有效追蹤和管理客戶。

Angehrn 與 Meyer（2010）認為網路策略區分為四種型態：

1. **虛擬資訊空間**（Virtual Information Spaces, VIS）：發布與存取公司的產品與相關服務等資訊。
2. **虛擬溝通環境**（Virtual Communication Spaces, VCS）：從事交易關係與客戶服務等活動。
3. **虛擬交易環境**（Virtual Transaction Spaces, VTS）：執行企業作業的交易。
4. **虛擬行銷環境**（Virtual Distribution Spaces, VDS）：配銷產品與服務的通路。

應用網際網路於行銷活動後的需求，最主要是將需求（need）轉為需要（want）。需要對於消費者而言，才會產生購買行動，否則只是需求的意念。

由於網際網路的盛行，政府、個人及企業紛紛連上網際網路，使得運用網際網路成為一種新的行銷管道，它既具有自身的獨特性，也具有整合其他傳統行銷方式的特性。然而，將網際網路行銷和企業原有實體活動整合，才是企業運用網際網路行銷的最大效益及成功之道。

企業實體活動如何利用網路行銷？一般有下列方向：

1. **網路上互動式資訊和活動**（interactive brochures/workshop）
2. **虛擬商店**（virtual storefronts）
3. **顧客服務**（customer service tools）
4. **關係行銷**（relationship marketing）
5. **內部行銷**（internal marketing）
6. **多媒體行銷**（multimedia marketing）

茲就多媒體行銷舉例說明：一般有人物行銷（person marketing）、景點行銷（place marketing）、意念行銷（intend marketing）、事件行銷（event marketing）、視覺行銷（video marketing）等。

人物行銷：是以比較著名和公開型的人物，來作為行銷賣點的主體，不過在此的人物不一定就限於實際人類，它也可能是卡通人物，故最重要的是能塑造成良好形象，以取得消費者的認同。

圖 1-10 人物行銷（資料來源：https://www.brandingmag.com/rob-baiocco/character-building-the-untapped-power-of-brand-icons/ 公開網站）

景點行銷：以地區特色來吸引和服務消費者，其地區特色包含文化、風格、主題、外觀、及歷史等地點獨特性和差異性，來作為行銷賣點。

圖 1-11 景點行銷（資料來源：https://www.taiwan.net.tw/ 公開網站）

意念行銷：善用溝通方式，將行銷內容轉換成意念表達的行銷，其意念是指給消費者一個主觀感知的形式，它可呈現於產品、服務或製程上，其重點是在於能促使創新的意念轉換成有價值的行銷。

圖 1-12 意念行銷（資料來源：https://www.cht.com.tw/home/consumer 公開網站)

事件行銷：以活動事件來作為行銷表達，例如：綠色行銷就是以環保活動，來產生能辨識、預期及符合消費者與社會需求的行銷活動，故運用一些公關活動，使得事件行銷拉近與目標群眾的關係，以便達成企業品牌形象與品牌資產。

圖 1-13 事件行銷（資料來源：https://www.epson.com.tw/Promotion 公開網站）

視覺行銷：運用多媒體的視覺效果，使得人機介面的互動媒體設計，融入於行銷中，也就是讓消費者從體驗視覺化行銷的觀點，來產生對企業的產品、服務的認可。

圖 1-14 視覺行銷（資料來源：https://www.lg.com/tw/promotions/ 公開網站）

網路行銷可用在營利企業,當然也可用在非營利機構行銷,不過非營利機構行銷的特性和營利企業是不一樣的,它的行銷目標是廣大社會大眾,而且由於非營利,故對顧客購買行為模式較難控制非營利機構的決策營運,但若是有經費贊助,則就可能會干涉非營利機構的行銷活動。

1-4 網路行銷效益

如何利用網路低成本、人性化互動、個人化、跨地域與不受時間限制的優點,以降低買賣雙方交易的成本,並產生後續客戶服務,是網路行銷的效益。因此,網路行銷可達成的目標為:(1)提高品牌的價值觀,(2)促進消費者的互動速度和關係,(3)新商品上市的行銷活動,(4)蒐集和分析消費者的潛在需求,(5)通路的整合和快速,(6)經營企業形象。

Hoffman、Novak 與 Chatteriee(1996)認為衡量網際網路作為一個行銷管道時,應考量對消費者及企業雙方都有的加值效益。對企業而言,其效益可分為三方面,即配銷訂單、行銷互動與行銷作業效益:

1. **配銷訂單**

    (1) 對電子數位產品、資訊服務來說,配銷與銷售成本趨於零,使配銷訂單管道更有效率,也減少人工成本與時間費用。

    (2) 在銷售訂單的過程中,經由 web 下單,促進交易的效率和快速。

2. **行銷互動**

    (1) 網際網路可雙向傳送企業和客戶資訊,不僅對外部溝通有利,也促進內部溝通。互動的本質可以促進客戶良好關係,增進了顧客關係行銷與客戶支援服務的成效。

    (2) 網際網路行銷提供了在產品和價格因素以外的行銷手法,因為網際網路可以透過程式軟體技術,整合行銷組合中的任二項以上內容,成為另一個新的行銷手法,例如:email 和 DM 的結合。

3. **行銷作業**

    (1) 網際網路可以透過程式軟體技術,設計檢核機制,來減少資訊處理過程中的錯誤、和加速作業完成的時間。

(2) 建構線上資料庫，作為和相關其他角色的關聯整合，以減少與其他角色間的作業成本，和減少營運流程中不必要的作業。

(3) 加速新產品上市和進入新市場，使銷售業績更好。

總而言之，網路也成為企業形象和強化企業識別的宣傳媒體。它不僅是一個傳媒，更是市場行銷、企業服務的**一種商業模式**。

對消費者而言，其效益可分為三方面：

1. 消費者在購買時有許多隨時更新的資訊可供參考。
2. 消費者可使用深入且非線性的搜尋互動。
3. 消費者可運用的多媒體功能，加強消費互動的樂趣。

網路行銷對消費者的利益，總而言之，也就是說消費者的上網時間和地點不受限制，一天 24 小時隨時隨地都可上網查詢或訂購產品，或者不需離開家中便可找到許多相關資訊，以及不受銷售人員說服的情緒影響。

就消費者的滿意度而言，網路行銷溝通活動能有效提升客戶滿意度。就企業行銷的成效而言，**網路行銷溝通活動能有效降低企業溝通成本與提升溝通效率**。除了對消費者和企業有效益外，還有對行銷者的效益。

網路行銷對行銷者的利益：

1. 網際網路具有全球化的行銷能力，可與世界各地的商店與個人消費者在 web 上互動和交易。
2. 行銷者可迅速從網路行銷工具得知市場最新訊息，快速因應市場情況，在行銷組合上做快速的改變，並正確掌握消費者的需求。
3. 網路行銷可節省行銷者營運作業的相關成本和時間，及不必要的作為。
4. 新產品及資訊服務的充分公開，行銷者可以運用資料庫，了解和分析客戶消費習性。
5. 以網際網路為行銷者和消費者整合的平台，其交易溝通可經由網路跨平台能力來完成。
6. 網際網路可將各種行銷活動整合在一起，並且降低發展和轉換行銷工具的成本，來達成行銷整合的綜效。

7. 行銷者可針對每個顧客進行深入個人化和潛在需求的服務。
8. 行銷者可與顧客立即互動交談,獲得第一手資訊,並建立良好的顧客關係。
9. 行銷者透過網際網路來行銷,其變動和複製成本幾乎為零。

1-5 網路行銷架構

在網路經濟時代中,企業將面臨兩種世界的競爭:虛擬世界與實體世界。企業經營必須同時整合如何在實體與虛擬世界中創造價值,但必須了解在此二種世界中創造價值的方式和運用方法是不同的。

整個網路行銷架構就是建構在此觀念下,如圖 1-15。

在此架構中,是以網路行銷為中心,發展出網路和行銷,並且在實體世界和虛擬世界的環境中,得出網路、行銷、實體世界、虛擬世界等四個象限的交集:在網路和虛擬世界交集有網路行銷網站和資訊安全;在網路和實體世界交集有資料庫行銷和資料挖掘、RFID 及行動商業、生成式 AI 行銷、數據決策和 AIoT 智能行銷;在行銷和實體世界交集有顧客關係、e-business、知識管理;在行銷和虛擬世界交集有多媒體、個人化、一對一等。

在上述所言的網路行銷結合網路、行銷的內容後,成為以網路行銷為中心的發展,可分成實體世界和虛擬世界的發展。在網路行銷於實體世界的發展有網路行銷導論、網路行銷規劃、網路行銷管理等;而在網路行銷於虛擬世界的發展有 internet 世界、網路行銷策略、網路行銷組合等。

在虛擬世界和實體世界的整合,是將虛擬世界的網路軟體技術應用於實體世界的企業實體活動中。在虛擬世界以雲端商務為主,其雲端運算(cloud computing)是以數以萬計的伺服器,叢集成為一個龐大的運算資源。它包含 IaaS、Paas 與 SaaS 等三種模式。在實體世界以物聯網為主,其「物聯網(Internet of Things)」是指以 internet 網絡與技術為基礎,將感測器或無線射頻標籤(RFID)晶片、紅外感應器、全球定位系統、雷射掃描器、遠端管理、控制與定位等裝在物體上,透過無線感測器網路(Wireless Sensor Networking, WSN)等種種裝置與網路結合起來而形成的一個巨大網路。

在以網路行銷為中心,發展出網路和行銷,在行銷組合中有產品、通路、價格、推廣等,在網路技術中有網頁和網路特性等。

圖 1-15 網路行銷架構

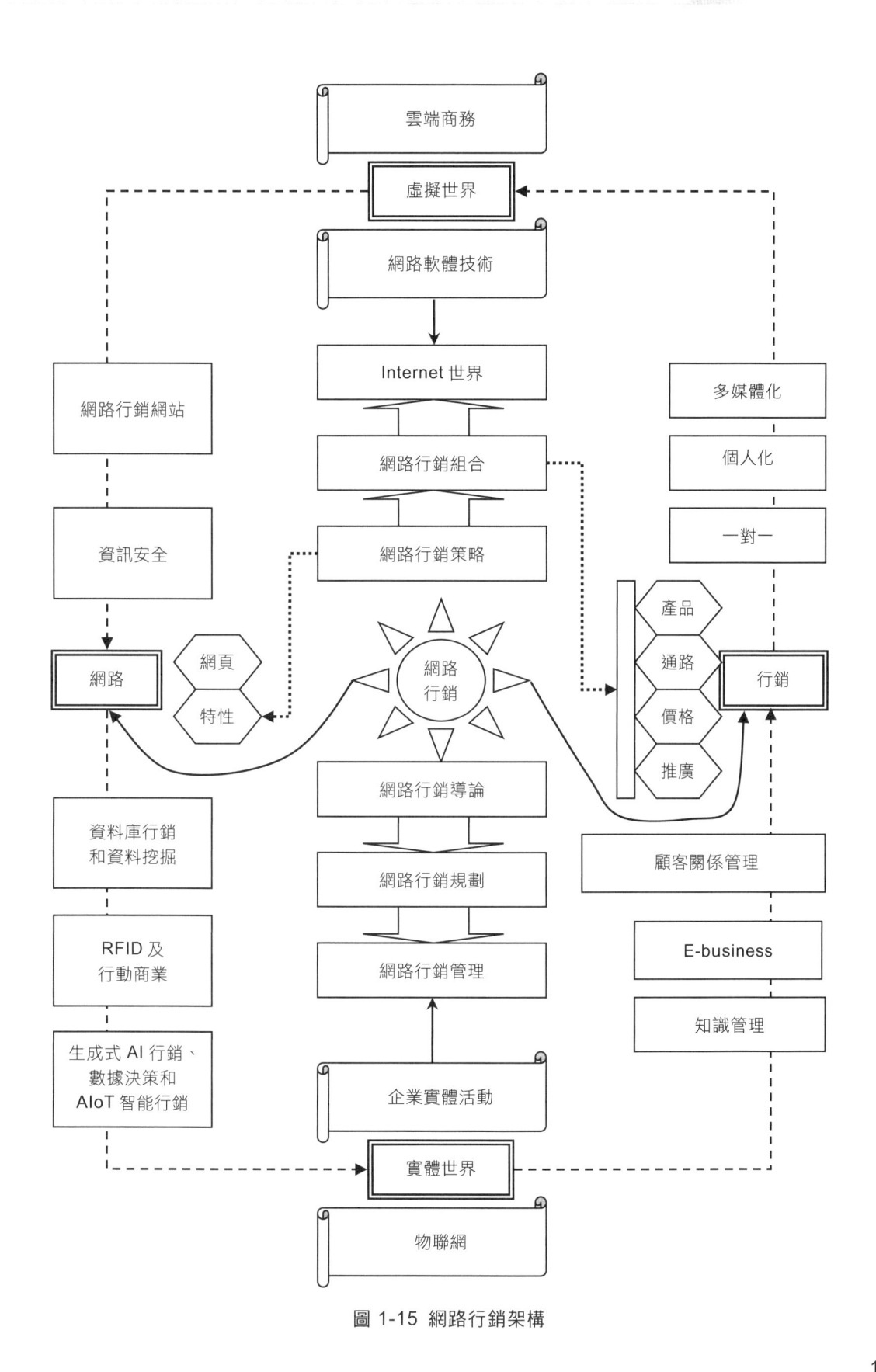

問題解決創新方案—以章前案例為基礎

（一）問題診斷

依據 PSIS 方法論中的問題形成診斷手法（過程省略），可得出以下問題項目：

■ 問題 1：如何快速更換賣場商品價格標籤

往往大賣場的商品就高達數千個種類，若遇到公司提出優惠折扣商品活動，或更新和進貨商品時，其現場作業就很忙，此時更難以從容態度和時間來面對客戶的接待和溝通。

■ 問題 2：賣場商品價格如何發展行銷 4P 策略？

在企業經營三層次中，若企業運作太花費在第三層作業執行層次時，其競爭優勢績效難以實現，因為都把大多精力和資源用在作業執行上，故由第一層策略規劃導向就難以達成，因此應以策略為主為重，來引導發展作業執行層次，就可降低此作業的運作比重。

（二）創新解決方案

■ 問題解決 1：建置電子標籤軟體系統

在賣場上最惱人繁瑣且作業成本高的工作，就是對貨物在貨架上貼價格標籤，尤其是商品種類非常多的時侯，故若在貨架上安裝電子標籤，原則上是可解決上述問題，因為它主要利用此電子標籤軟體系統，在一台電腦主機上，設定修改某些物品價格，則在貨架上電子標籤介面就會自動即時更新。這樣的做法產生很有效率和節省大量成本的績效。

■ 問題解決 2：發展規劃動態價格策略

電子標籤不僅有如解決方案 1 的成效外，還可結合動態價格策略，也就是在此策略下，會依不同情境來設定不同但適切性價格定位，以吸引此適切性價格的客戶群組，促進加速客戶早點下單購買，這種做法結合 AI 演算法運算分析出適時適地適價的動態價格策略。

（三）管理意涵

■ 在人工智慧衝擊企業經營做法之際，其企業經營主要應轉換到策略和決策層次上，而管理分析和作業執行層次，應以軟體系統和機器人的自動化以及自主性的運作為主。降低人為作業操作和介入，不僅可以降低人為疏失和無效率，更能創造出更多商機和客戶溝通及服務，這就是一種數位轉型。

（四）個案問題探討

請探討企業經營三層次如何應用於數位行銷 4P 策略？

案例研讀
Web 創新趨勢：NFC 企業行銷

依據維基百科的定義：「近場通訊（Near Field Communication, NFC）是一種短距離的高頻無線通訊技術，允許電子設備之間進行非接觸式點對點資料傳輸」（https://www.wikipedia.org/）。因此，NFC 重點在於近距離的無線通訊，它是一個能讓廠商將技術應用於產業作業上，使得服務流程能提升附加價值的一項自動感知應用。NFC 和藍牙（bluetooth）、無線區域網路（Wi-Fi）、二維條碼（QR Code）等同屬於近端的通訊技術。

NFC 可製作成標籤，所謂標籤是經過程式化設定的小型資訊區域，它可內嵌於零售產品、海報、布告欄或其他物件。因此，在使用電子設備時 可直接透過 NFC 功能下載資訊，例如：下載文章資訊來打發你無聊的通勤時間，並利用其 App 告訴使用者最近的圖書公司在哪裡，引導使用者可以前往購書。

NFC 和 QR Code 有什麼差異？主要在於 NFC 滲透率高且使用較無限制性的感應晶片，因此，比起 QR Code 必須下載 App 和條碼用掃描的方式，NFC 顯得既簡單又快速。因此，NFC 可說是一種智慧型裝置感應技術。

NFC 的應用非常廣泛。例如：圖書館的館藏查詢和作品介紹等服務，它的做法是將書架上的標籤嵌入了 NFC 晶片，接著藉由 NFC 手機感應圖書館區內的指引牌（也嵌入了 NFC），如此就可立即了解圖書館的館藏查詢訊息和圖書

存放位置，以便使用者能更快速的進行借書需求。再例如：兩個 NFC 裝置相互靠近觸碰，即可啟動標籤來交換或下載提供其他資訊，例如名片、地圖、產品資訊、影音內容、優惠券、票券、網址和促銷品資訊等。

NFC 能夠讓設備進行非接觸式點對點通訊，讀取 / 寫入非接觸式卡，運作上可分為「主動模式」和「被動模式」。主動模式是指 NFC 的兩端設備都必須要支援全雙向的資料交換，而被動模式是指啟動端要有電源的供應，它會傳輸訊息並發送到 NFC 的接收端，而接收端會利用發送端所產生的電場回應訊息給 NFC 的啟動端。

NFC Forum 定義了三種 NFC 的溝通模式：卡模式（Card）、點對點模式（P2P）、讀卡器模式（Reader）。卡模式不需供電也可以工作，點對點模式則傳輸距離短，傳輸速度較快且功耗低，例如：交換音樂、圖片。讀卡器模式則作為非接觸讀卡器使用，例如：在智慧電子看板、產品包裝、雜誌廣告、海報上讀取相關內容等（參考來源：NFC Forum）。

NFC 應用於網路行銷的例子很多。例如：一台已裝置 NFC 功能的自動販賣機，它可支援行動付款的功能（包括 Visa payWave 及 MasterCard PayPass）。也就是說只要拿起已進行銀行聯網的 NFC 手機，在自動販賣機裝置上觸控便可以進行付款，並透過螢幕看到付款的資訊。

再例如：「手機信用卡」，只要把信用卡資訊傳輸到手機裡的 SD 卡中，就可進行小額消費或是行動點餐，如此即可讓使用者方便消費，也可以說是電子錢包（手機就能取代錢包）。再例如：NFC 互動看板，除了可提供即時更新的附近商家之促銷優惠券、抵用券之外，還可讓消費者下載多媒體廣告內容以及路徑指引資訊。

本章重點

1. 網際網路所造成之產業網絡,將形成市場需求或供給變動對市場均衡影響的模式,而在這模式下,其企業將會面對不同於傳統的知識經濟的市場交易模式,進而改變市場需求者和供給者面對知識經濟的交易行為機制。

2. 在網際網路效應中,最明顯的就是數位化產品產生,及其傳播媒介快速便宜,如此的特性結構化改變,也創造了以前沒有的電子商務模式。這樣的模式影響知識經濟時代的企業經營特徵,就是**正結合顯現數位產品取代傳統的有形產品的另一行銷的世界**。

3. 在網路行銷的時代環境中,其網路特性會影響到網路行銷,進而成為網路行銷特性。因為網際網路行銷的運作需依賴資訊科技的環境才能執行,故網路行銷的成功與否,行銷與網路科技兩個功能的協同作業將會是關鍵因素。

4. 網際網路帶來三個重要的特性,分別是邊際成本效益、大量客製化及應用的需求滿足化。

5. 從網路行銷範圍中可知有三個重點:
   - 企業如何應用網際網路來成功地執行網路行銷?
   - 企業行銷策略與網際網路如何成為網路行銷策略?
   - 應用網際網路於行銷活動後的需求?

6. 網路行銷可達成的目標為:(1)提高品牌的價值觀,(2)促進消費者的互動速度和關係,(3)新商品上市的行銷活動,(4)蒐集和分析消費者的潛在需求,(5)通路的整合和快速,(6)經營企業形象。

關鍵詞索引

- 行銷（Marketing） 1-2
- 美國行銷學會（American Marketing Association, AMA） 1-3
- 生產導向（Production） 1-5
- 行銷導向（Marketing） 1-5
- 關係導向（Relationship Marketing） 1-5
- 整合式行銷導向（Integrated Marketing Communication, IMC） 1-5
- 進入成本（Cost of Entry） 1-12
- 產品的獨特性（Relevant Differentiators） 1-12
- 虛擬資訊空間（Virtual Information Spaces, VIS） 1-14
- 虛擬溝通環境（Virtual Communication Spaces, VCS） 1-14
- 虛擬交易環境（Virtual Transaction Spaces, VTS） 1-14
- 虛擬行銷環境（Virtual Distribution Spaces, VDS） 1-14

學習評量

一、問答題

1. 針對金融業、製造業、服務業的大型企業、中小企業和 SOHO 等規模背景來說明找出實際個案公司的網路行銷重點。

2. 網路行銷的定義為何？

3. 行銷的過程時期為何？

二、選擇題

( ) 1. 在知識經濟和網際網路的環境影響下,產生了什麼經濟學?
   (a) 網路新經濟學
   (b) 交易經濟學
   (c) 知識經濟學
   (d) 古典經濟學

( ) 2. 行銷是什麼?
   (a) 一整體性的企業市場活動流程
   (b) 用於產品定價、企劃、促銷
   (c) 服務和分配產品給現有及潛在的顧客
   (d) 以上皆是

( ) 3. 網路行銷的真意所在?
   (a) 整合傳統實體與網際網路的多樣化行銷
   (b) 傳統實體與網際網路是無關的
   (c) 傳統實體與網際網路是衝突的
   (d) 傳統實體的行銷

( ) 4. 網路行銷的效益?
   (a) 低成本
   (b) 人性化互動、個人化
   (c) 跨地域與不受時間限制的優點
   (d) 以上皆是

( ) 5. 行銷者透過網際網路來行銷,什麼成本幾乎為零?
   (a) 開發成本
   (b) 複製成本
   (c) 維護成本
   (d) 人力成本

CHAPTER 02

網路行銷策略

章前案例：網絡基礎之數位行銷策略

案例研讀：主動需求的數位匯流

學習目標

- 探討行銷策略基本要素
- 說明網路為基礎的行銷策略架構
- 說明整合式行銷和行銷社群的定義
- 探討網路行銷策略架構
- 探討網路行銷策略和企業整體策略的關係
- 說明網路上市場行銷策略

| 章前案例情景故事 | **網絡基礎之數位行銷策略** |

在數位網路行銷環境上，對於剛進入職場擔任行銷企劃師的小張而言，就是要幫公司規劃智能音箱商品如何擴大市場佔有率的市場情報報告，經過一番研讀折騰後，終於思考出在某些知名社群媒體平台上播放促銷廣告，促使新客戶因優惠誘因而加入會員並進而下單。然而在運作一個月後，發現其效果不是很明顯，這該如何好？故又再次蒐集研讀行銷方面相關知識後，發現到若從網路思維來看，似乎只在點線上的數位行銷層次上，當然沒有網絡密布綿綿拓展的效果。此時小張就思考是否應發展網路般的數位行銷？

2-1 行銷策略

2-1-1 行銷策略基本要素

Chaffey（2000）將網路行銷分成狹義和廣義兩種，狹義的網路行銷（internet marketing）是運用軟體科技在網際網路平台中來達成行銷目的；廣義的網路行銷是指電子化行銷（e-marketing），泛指運用任何整合性科技來達到行銷目的。

從上述對網路行銷的說明，可延伸至行銷策略的規劃。在規劃上，須針對行銷策略基本要素做擬定。行銷策略基本要素主要包含顧客需求、環境、經濟活動等三種。

▓ 顧客需求

衡量潛在顧客需求，從產品角度可包含有形產品、無形服務；從購買行為角度可包含有能力嘗試性購買、有意願經常性購買等。「有意願經常性購買」的消費者對於網路行銷策略下所展開的網站功能與互動溝通的效果是非常重視的，至於「有能力嘗試性購買」的消費者，對於網路行銷策略下所展開的網站感覺與整合程度的效果是非常重視的。

網站功能與互動溝通在行銷策略是非常重要的。Kotler（2000）認為互動溝通是由包括廣告、銷售、推廣、公共關係和直效行銷活動所組成的，目的是要達到其行銷策略的目標。他將互動溝通分成五種主要的活動，如下：

1. **廣告（advertising）**：提供並表達及推廣各種產品觀念，以非人員、呈現化的方式，將商品或服務相關資訊呈現給顧客。一般會採用視覺上的豐富設計，以影響消費者的購物意願。

2. **銷售（selling）**：由公司的銷售人員對顧客做購買產品的說明，其目的在促成交易與建立顧客關係。

3. **推廣（promotion）**：刺激商品及服務的購買，是在某一期間的激勵和優惠措施，以便快速將商品銷售出去，例如：超低價、折價券、免費樣品等。

4. **公共關係（public relation）**：藉由互動良好媒體介面，和各種組織建立良好的關係，例如：獲得有利的報導、塑造企業優質形象等。

5. **直效行銷（direct marketing）**：針對個人化的需求，直接與特定的消費者溝通，以期能獲得直接和立即的回應，例如：使用信件包裹、個人化網站、電話、傳真、電子郵件等。直效行銷一般也會用建立品牌熟悉度的方式及進行不斷重複的廣告，來加強品牌印象，以便易於直效行銷。

對於所購買的產品愈有意願，則涉入深度愈高，所謂涉入深度是指消費者在購買過程中，所投入的關注心力和購買交易可能性的程度，相同的人對於不同時間同樣產品會有不同的涉入深度，不同的人對於同樣產品也會有不同的涉入深度，故涉入深度和購買成功率就有很大的關係。

環境

一般影響行銷的環境可分成如下：產業環境、社會文化環境、科技環境、經濟環境、政治法律環境。

上述的環境會造就市場的形成，而行銷就是從分析市場需求開始，它試著分析滿足特定市場的需求，並且在該市場環境內可展開成上下游的產業。企業欲維持和消費者的長期互動，就必須考慮到產業鏈的關係。市場環境依是否可營利而分成營利及非營利市場組織。另外，在市場環境中的產品會有產品生命週期，也就是說會經歷萌芽期、成長期、成熟期、衰退期等。雖然產品有生命週期，但也可以用一些方法延續商品生命週期，例如：學校教室可利用為教室商品尋找新的用途來增加使用次數，也就是說舉辦政府或民間檢定考試；冰棒可利用環境調整來增加使用商品的頻率，也就是說冬天亦可吃冰棒。

經濟活動

經濟活動是指在環境下對於顧客需求所展開的消費活動，它是從規劃至展開執行其市場需求、商品化、服務的生產、定價、促銷及配送通路等活動的過程，這樣的活動目的是在於創造並維繫能滿足個人及組織的需求，故經濟活動必須和消費者需求相結合，它包含產品定位、包裝設計、品牌名稱、商標、售後保證、客服作業等與消費者需求結合的經濟活動。

在這個經濟活動可產生行銷上的 4P：產品品牌（product）、定價（price）、配銷通路（place）、行銷推廣（promotion）等。Harris（1998）認為除了行銷的 4P 之外，還必須重視權力（power）與公共關係（public relations），才能獲致競爭優勢，因此他將 4P 擴充成 6P，構成所謂的巨大行銷（mega-marketing）。

在重視權力的經濟活動，會因產品本身的複雜性和價格化因素，而有 2 種購買權力，它分別是涉入深度低的權力，和涉入深度高的權力。在產品本身的複雜性和價格較低情況下，其會產生涉入深度低的權力，這些產品購買多半只是習慣使然，不是很重要，故使得購買交易可快速產生，例如：書本、便當等；在產品本身的複雜性和價格較高情況下，其會產生涉入深度高的權力，這些產品購買可能牽涉到決定代價很高，故使得購買交易必須有一段期間才會產生，例如：珠寶、電腦等。

Peterson 與 Bronnenberg（1997）認為配銷通路（place）通常有三種型態：（1）配售通路（distribution）；（2）交易通路（transaction）；（3）溝通通路（communication）。

經由網路行銷來發揮其配銷通路的彈性和互動性，以使得組織之間可以快速交易；在這樣網路行銷策略的配銷通路下，可能會有以下 2 個問題重點：

1. 網路行銷運作能否取代傳統通路中間商的功效？
2. 網路行銷運作是否能夠超越傳統通路中間商的績效？

在網路行銷的經濟活動中，會產生所謂的網路產業鏈，也就是說在網路鏈中可延伸從行銷企劃到顧客回應整個可追蹤的過程。Hanson（2000）認為網路產業鏈中的價值評估有四個要項，分別來自於印象（impression）、預期（prospect）、新購顧客（new customer）及再次購買顧客（repeat buyer）。

從上述對網路行銷的運作，就行銷策略來擬定規劃，可整理出以網路為基礎的行銷策略架構，如下圖：

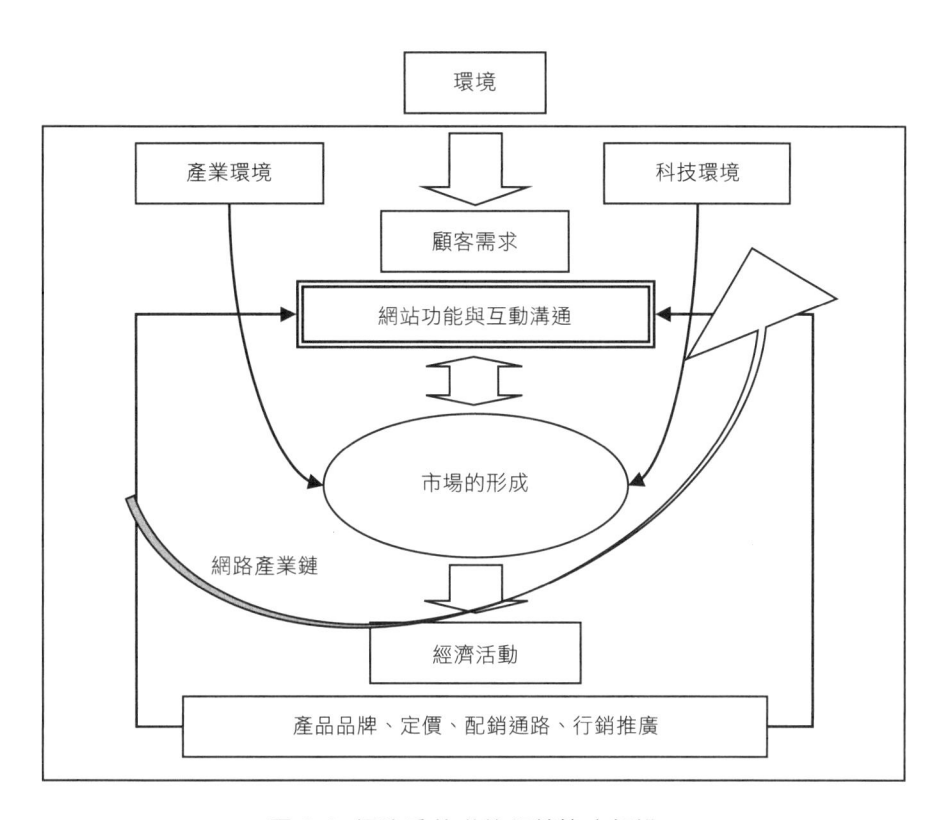

圖 2-1 網路為基礎的行銷策略架構

2-1-2 整合式行銷

「整合式行銷溝通（Integrated Marketing Communication, IMC）」，重點在於「整合行銷」。顧名思義，整合式行銷溝通是利用多樣化行銷工具，來達到行銷溝通。

整合式行銷溝通是系統模式化，如下圖：

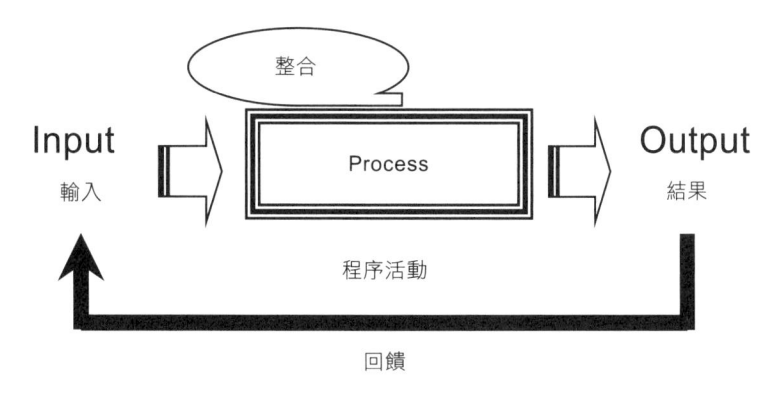

圖 2-2 系統模式化

Schultz（1993）認為整合式行銷溝通是一種長期間對顧客及潛在顧客發展、執行不同形式的行銷溝通的過程。其將所有與產品或服務相關的資訊加以系統化的過程，使顧客與潛在顧客接觸整合式行銷的資訊，進而產生消費者購買行為。

Duncan（1996）認為「整合式行銷溝通是行銷的策略方法，它利用行銷策略來影響產品或服務相關的訊息，並鼓勵企業組織與顧客雙向互動，藉以創造良好關係」。

在整合式行銷溝通中，如何利用企業和消費者之間的行銷溝通，來達到整合式行銷的效益，是非常重要的，其中行銷中間組織的通路就是一例。

Kotler（1994）認為行銷通路主張企業製作者皆透過行銷中間機構，將其產品由製造者移轉到消費者手中，而這些行銷中間機構即組成了行銷通路（marketing channel）。若從交易角度，又可稱為交易通路（trade channel）；若從分配運輸角度，又可稱為配銷通路（distribution channel）。

若再以網路行銷的構思來看整合式行銷溝通，就會產生消除中間組織的通路，它是指 disintermediation，也就是說消除特定價值鏈中負責某些中間組織的通路的層次。這裡的消除中間組織的通路，其實重點是指企業流程再造，並不是完全地消除。

Philip Kotler（2008）將無店面行銷分為四大類：「直接（直效）行銷」、「直接銷售」、「自動販賣」、「購物服務」。

1. **直接行銷**（direct marketing）：是指運用各種不同的行銷企劃直接引起消費者的動機，以期獲得消費者的直接回應。
2. **直接銷售**（direct selling）：企業人員的拜訪。
3. **自動販賣**（automatic vending）：例如：投幣式的自動販賣機。
4. **購物服務**（buying service）：為顧客做選擇和訂購產品，從中收取服務利潤。

2-1-3 行銷社群

因為網路行銷的技術，使得它打破傳統行銷的限制，在傳統行銷不可行的方式，在網路行銷就有可能執行。其中行銷社群的策略模式就是一例。

企業將可以運用「行銷社群」的功能，來達到快速成長、降低風險、提升顧客忠誠度的方法目標。如下圖：

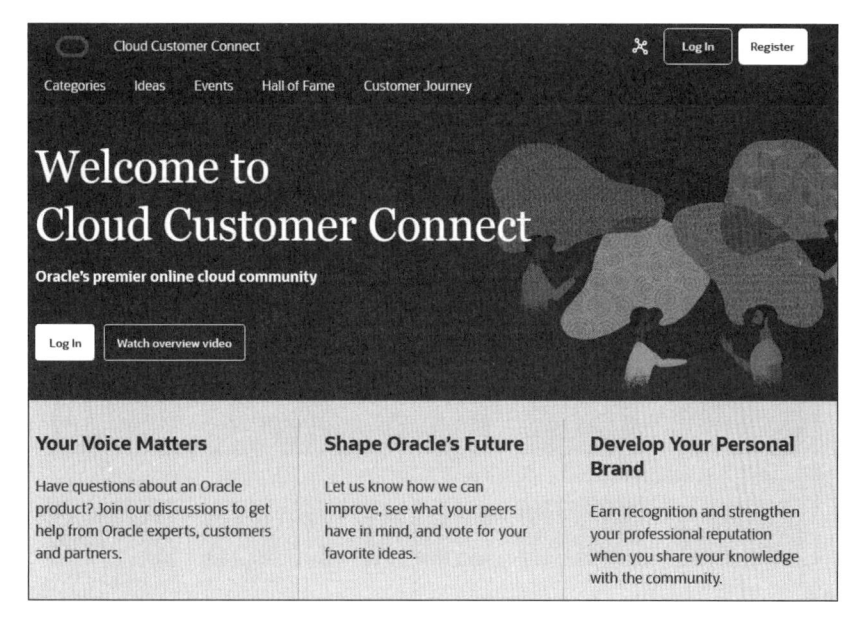

圖 2-3 資料來源：https://community.oracle.com/customerconnect/ 公開網站

Wu（2002）認為行銷社群，可分成四種社群種類：

1. 個人特性（personal characteristics）
2. 生活風格（lifestyle）
3. 知覺需求（perception needs）
4. 上網狀態（situations）

行銷社群可以對網路行銷在消費者行為的涉入深度產生影響；網路行銷利用行銷社群的策略模式來了解消費者行為的特徵，它可藉由搜尋、資訊處理等作業軌跡，來加以分析消費者行為的涉入深度，進而形成一個顧客消費的回應模式。

將行銷社群的策略模式應用在產業鏈中，就會產生先前所提及的網路產業鏈，對網路鏈進行分析，可幫助降低行銷投入的成本和產生消費行為價值，Hanson（2000）稱之為網路鏈（web chains of events）。如下圖：

圖 2-4 資料來源：https://ic.tpex.org.tw/ 公開網站

2-2 網路行銷策略

2-2-1 網路行銷策略架構

網路行銷（internet marketing），主要是針對網際網路的使用者，透過網路的虛擬世界，來行銷產品和服務的一系列行銷策略及活動。故又稱為虛擬行銷（cyber marketing），另外透過網際網路，使得消費者可以運用超連結方式連上任何允許的網頁，進而運用網頁上的工具和作業來取得資訊及購買產品，故又稱為超行銷（hyper marketing）。

從上述對網路行銷的說明，再加上前面章節所提及的以網路為基礎的行銷策略架構，可以了解到網路行銷策略是網路行銷規劃和執行的重要基礎。Angehm 與 Meyer（2009）認為網路行銷策略可分為四種種類：

1. **虛擬資訊環境**（Virtual Information Spaces, VIS）：企業將網際網路應用於行銷的產品與相關服務等資訊，它會公布與存取在公司內的資訊環境中。

2. **虛擬溝通環境**（Virtual Communication Spaces, VCS）：企業在網際網路上從事行銷溝通和客戶服務等活動。

3. **虛擬交易環境**（Virtual Transaction Spaces, VTS）：企業在網際網路上執行訂單交易的活動。

4. **虛擬行銷環境**（Virtual Distribution Spaces, VDS）：企業在網際網路上配銷產品與服務的過程。如下圖：

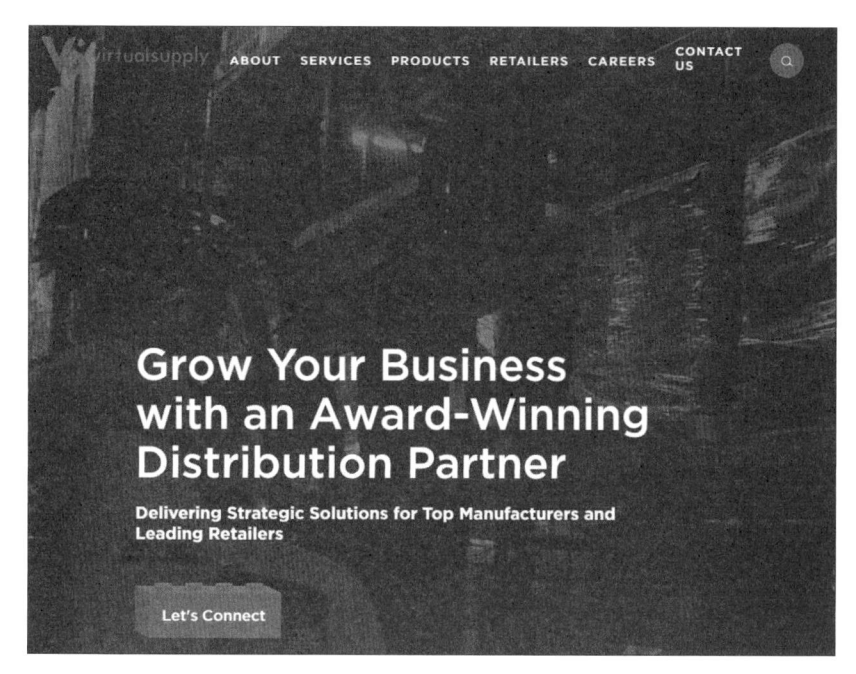

圖 2-5　資料來源：https://virtualsupply.com/ 公開網站

在目前網際網路盛行的時代中，網路行銷在企業的行銷活動中，已經扮演愈來愈重要的活動，網路行銷不只是在網際網路上做行銷，更是企業經營模式的另一延伸。例如：以手機為例子，手機產業的價值鏈很長，故手機原本是通話的功能，但它卻衍生出 email、多媒體影音、網路的互動、視訊的傳輸內容等功能，而這樣的內容就取決了該手機的價值，也就是說傳輸服務內容才是主角。故運用手機來發展網路的資訊傳輸以作為企業產品的行銷工具，同時更能在網路上行銷延伸作為提供服務內容的企業經營平台。

2-2-2　網路行銷策略和企業整體策略

行銷策略在企業整體策略架構中，是很重要的一環，同樣地，網路行銷策略也必須和企業整體策略整合。只是和行銷策略不同的是，網路行銷策略必須建築在網路特性和模式下。

網路的特性之一,就是可以漫無目的、隨心所欲地查看任何有某些主題的內容,而且可以在彈指之間即刻切換到另一個不同主題的內容,這樣的任意遨遊功能,使得愈來愈多人沉迷於上網。

從上述的網路特性,可導引出網路行銷策略。那就是如何將使用者潛在的需求挖掘並且呈現。這樣的策略對使用者會產生驚喜的需求發現,進而產生購買行為,而且最重要的是對消費者而言,他可以發現自己真正的需求。如下圖:

圖 2-6 資料來源:https://www.datamining.com/ 公開網站

從這個網路行銷策略來看,可以展開網路行銷運作模式,首先將消費者所感興趣的主題,經過曾經上網的網頁內容記錄 log,來交叉分析得出主題的所有關鍵屬性,這些關鍵屬性可以 RFM(Recent、Frequency、Monetary)方法,來得出這些關鍵屬性的重要優先度,再根據這些重要優先度,由網路行銷的企業來挖掘並組合成消費者潛在需求的產品,並主動告知消費者這個產品的優惠價格,和塑造促進購物的情境,使得消費者真正下單。最後再運用這些重要優先度,組合成免費的另一商品或訊息給消費者,讓消費者購物後,仍覺得滿意和窩心,這是一種「再次消費動機」的手法,如此才可永遠保住這位消費者,如圖 2-7。

網路行銷能在網際網路上做行銷活動,最主要是在於將行銷活動內容數位化,而數位內容就可以運用軟體技術來做更深一層的加值服務,例如:將產品型錄內容轉為數位產品型錄的圖片內容,該內容可以用資料庫軟體技術,加值為交叉關聯的產品型錄資料庫,進而掌握產品客製化需求屬性和產品交易資料分析。故若要將網路行銷從原本單純訂單促銷活動,轉為更有價值的服務,就必須依賴軟體技術的應用。

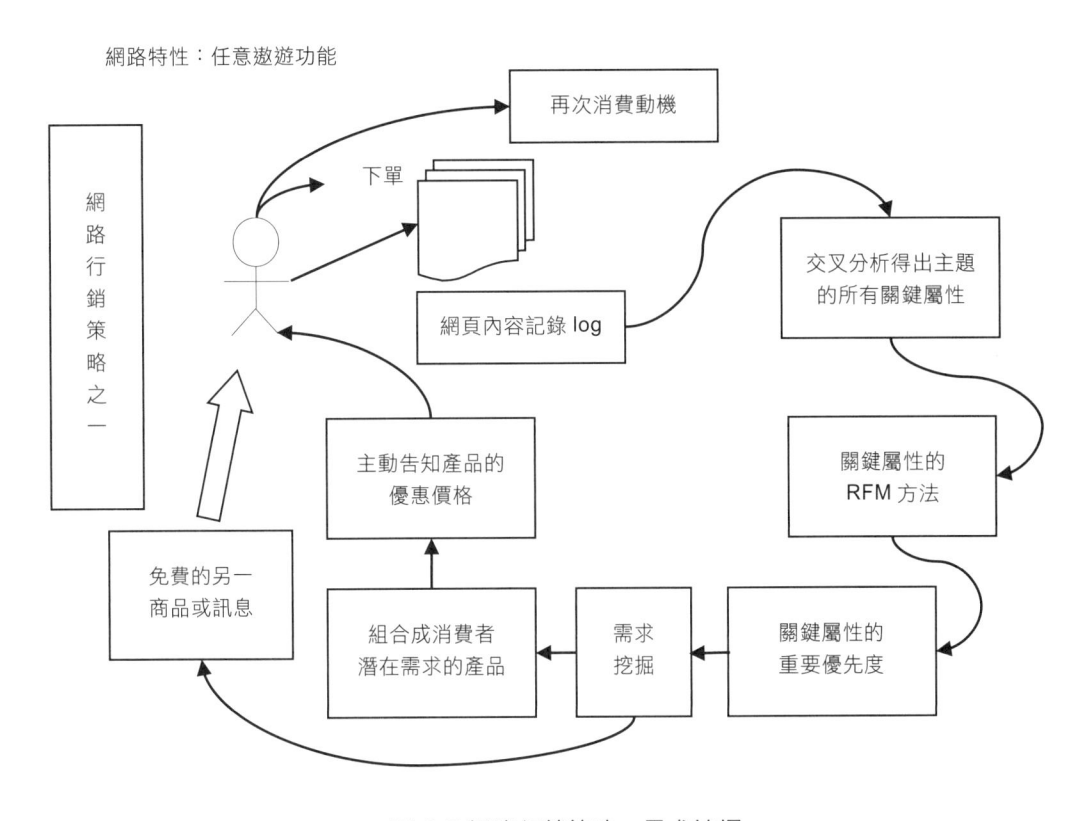

圖 2-7 網路行銷策略—需求挖掘

軟體技術是一堆程式碼，它可被規劃設計成軟體產品。這是以前的想法和應用。軟體不只是一個可製作出應用程式產品，它是一個需求上的服務。亦即網路行銷運用軟體技術的加值，應該是在於需求服務上，而不是產品應用上，如此才能將網路行銷推至極致創新的境界，最後達到的不只是行銷商機的延伸，更是行銷模式的新商機。

網路行銷不是只是傳統行銷活動的另一延伸舞台，它是企業行銷的新模式，更是企業經營的創新模式。故網路行銷必須加入 IT（資訊科技）和需求的內容，來達到最終目標是在做經營及整合。

透過網路行銷策略，來整合客戶、供應商、客戶中客戶、供應商中供應商等資訊和作業流程。

網路行銷策略就是要想盡任何方式和運用不同媒體，將欲銷售的產品或服務推銷給目標客戶，以達到營運利潤目的。故如何快速低成本的行銷推廣就變得非常重要。而在網際網路環境的網路行銷上，就具有快速低成本擴展特性，網路也具有不斷超連結的功能，也就是網網相連，無遠弗屆。但這往往是一體兩面的，也就是說雖然

網路行銷可正面帶來行銷擴展的效益，但若適用不當，也會造成負面行銷排山倒海而來。不過若用反面角度思考，則也可以用負面方式來達到行銷目的。如下圖：

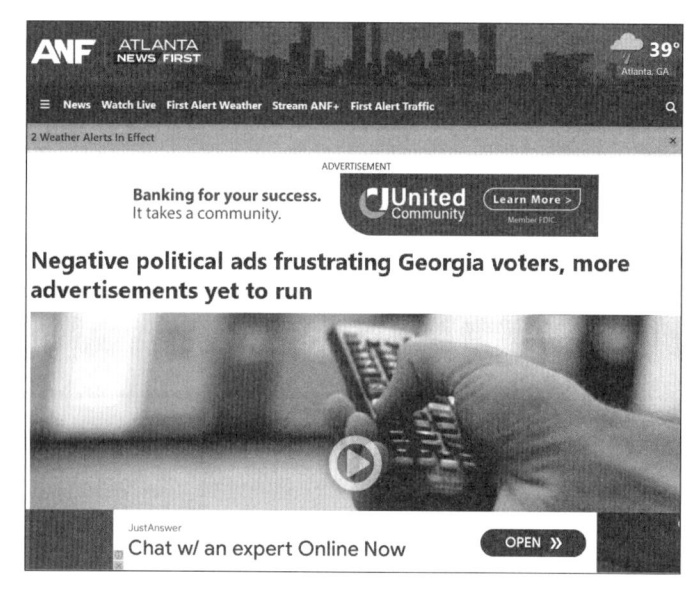

圖 2-8　資料來源：https://www.atlantanewsfirst.com/2024/10/11/negative-political-ads-frustrating-georgia-voters-more-advertisements-yet-run/ 公開網站

網路行銷可使資訊不對稱的狀況不發生，進而不會產生反選擇（adverse selection）現象。所謂反選擇現象，是指買方在資訊不對稱的情況下，無法知道賣方的商品價格和資訊，導致在買賣交易過程出現逆向的選擇。例如：本身風險高的客戶，愈會想去投保；而風險低的客戶，反而不太會投保。

網路行銷在企業上的應用會因需求內容型態和技術方式不同而有所不同應用的層次，分別為如下 8 層應用：

1. 網路上宣傳告示：網路廣告、留言板、email、網路名片。
2. 網路上蒐集調查：網路市調、網路群組、搜尋。
3. 網路上互動溝通：部落格、企業網路。
4. 網路上行銷分析：web 資料庫、知識搜尋引擎、RFID。
5. 網路上訂單交易：訂單、採購、詢報價。
6. 網路上行銷經營：電子商店、網路購物。
7. 網路上經營行銷：電子化企業、CTI 客戶服務。
8. 網路上整合：網路行銷資訊系統。

Catalano 與 Smith（2000）認為網路支援行銷活動可分為三個階段：

1. **銷售前（pre-sales）階段**：包括詢報價、產品與服務的展示、事先預售。
2. **銷售（sales）階段**：包括 web 上訂購交易、產品與服務資訊、產品型錄訂購、與定價。
3. **售後（after-sales）階段**：包括產品功能更新、售後服務、與問題解決。消費者對產品的相關資訊需求，不僅在銷售前，而且在銷售後使用的相關資訊需求更是重要，因此提升對於顧客售後需求、客戶抱怨與售後服務等回應能力，是有效保有消費者再次購買行為的關鍵。

2-2-3 網路行銷策略的模式

網路行銷，若以軟體技術角度而言，它本身就是資訊科技的呈現。資訊科技必須和企業經營需求整合，才真正能發揮資訊科技的效用。故網路行銷必須善用資訊科技應用，才能達到網路上的行銷綜效。網路行銷不能只是將傳統行銷方法搬到網路上複製而已，或只是傳統行銷程序電腦自動化而已，其中包含有傳統行銷的方法論和善用資訊科技技術來達到網路行銷的綜效（synergy），例如：資料庫科技行銷就是一例，其中跨領域的顧客整合也是一例。

跨領域指的是不同領域之間的介面整合，領域包含從企業功能和企業角色的維度來分類。以企業功能維度來看，可分成研發、業務、製造、採購、財會領域。若以企業角色維度來看，可分成客戶、供應商、客戶中客戶、供應商中供應商領域，這二個維度領域的交集，可整合分類出更多關聯的領域，以達到立體式的跨領域整合。

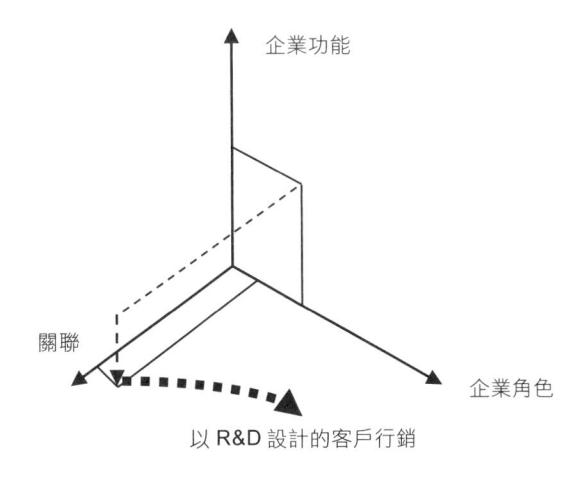

圖 2-9 跨領域的介面整合

網路行銷的應用，若是在更多跨不同領域之間則其產生綜效也愈大，但相對上顯現效益的反應時間也比較長，這樣會造成企業可能無法忍受太久，或短期效益無法彰顯。

從上述說明可知網路行銷策略的模式，是善用資訊科技技術來達到網路行銷的跨領域綜效。

消費者對於產品資訊豐富多的產品需要蒐集更多產品資訊，因此在上 Yahoo! 入口網站時，就會在網站的分類目錄不斷瀏覽，如此會造成瀏覽成本與整合時間的認知程度較久。故若運用資訊科技技術，使得產品資訊透過網路媒體來曝露，並且進而運用跨領域方式，來加速呈現其產品相關資訊。例如：股票產品利用 Yahoo! 入口網站的股票分類目錄，及運用協會和銀行跨領域組織超連結方式，來呈現其股票產品的相關資訊。如此網路行銷策略的模式，可使屬於數位化的產品，較易達到網路行銷的綜效。如下圖：

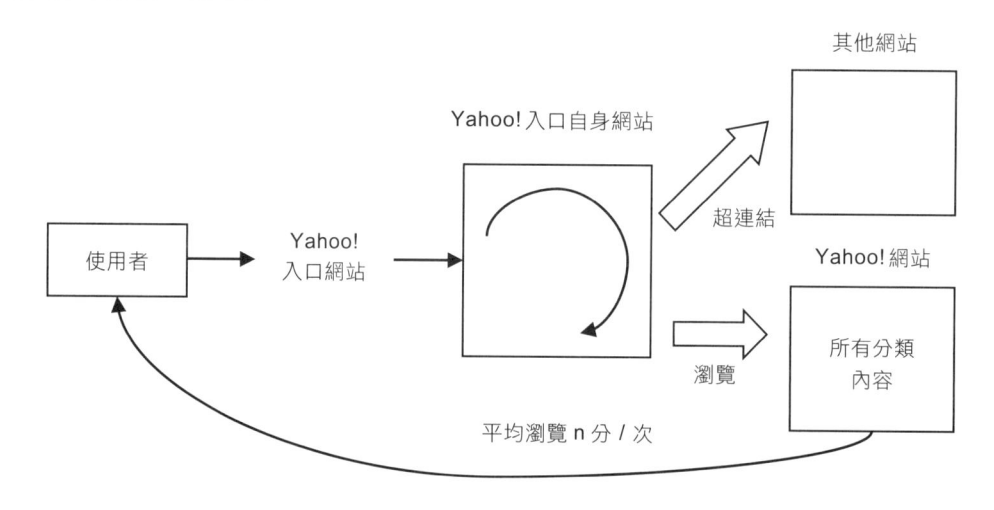

圖 2-10 網路行銷策略的模式—分類目錄瀏覽

消費者對於產品資訊豐富低的產品只需要蒐集產品資訊，因此在上 Google 搜尋網站時，就會直接在網站上做關鍵字搜尋，如此會造成搜尋成本與確認時間的認知程度較久。故若運用資訊科技技術，會使得產品資訊透過網路媒體來曝露，並且進而運用跨領域方式，來加速呈現其產品相關資訊，例如：書本產品利用 Google 搜尋網站的排行關鍵字搜尋，及運用網路書店廠商和 Amazon.com 書本專業通路商等跨領域組織超連結方式，來呈現其書本產品的相關資訊。如此網路行銷策略的模式，可使屬於實體性的產品，較易達到網路行銷的綜效。如下圖：

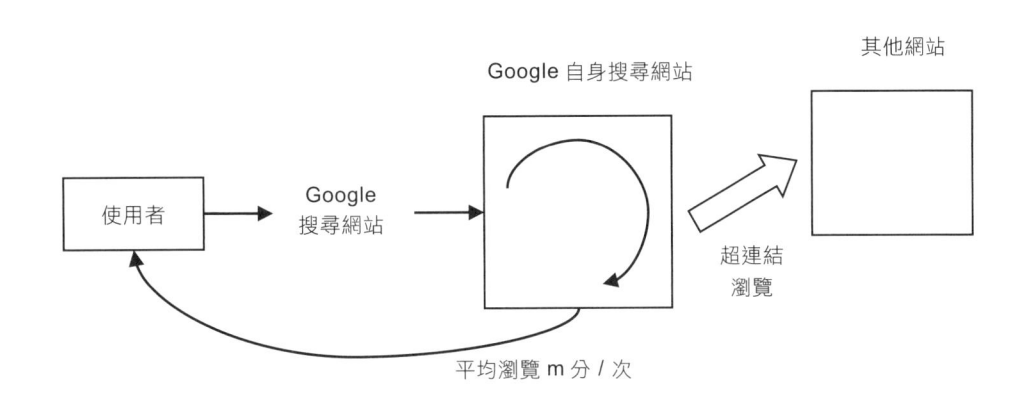

圖 2-11 網路行銷策略的模式—關鍵字搜尋

從上述說明可知，產品資訊豐富多的產品固然需要蒐集更多產品資訊，但如果能以建立品牌認同感，並且強調產品或品牌的差異化，提高較豐富的相對性資訊與顧客化的需求，則可提高網路行銷的成功度，因為可藉由品牌來降低其瀏覽成本與整合時間。例如：IBM 透過網路賣個人電腦，因為品牌的知名度使消費者對於網路上的產品依然有信心，故透過網路可以購得品質有保證而價格又較低的電腦。

圖 2-12 資料來源：https://logostore-globalid.com/ 公開網站

從上述說明也可知，產品資訊豐富低的產品固然只需要蒐集產品資訊，但該產品類型的網路行銷模式很容易被模仿，故如何不斷地利用產品擴充與更新，來擴大產品種類與產品組合變化；和使得購物與取得貨品的便利感與一次購足滿足感，進而提高消費者再次購物的動機；並且實體的服務據點與通路等結合，都能夠彌補網路行銷無法充分表達產品資訊的弱點，如此才可吸引並保有消費者，這是非常重要的。例如：零售超商與大盤商、「宅急便」網站結合的方式便是一個典型的案例。

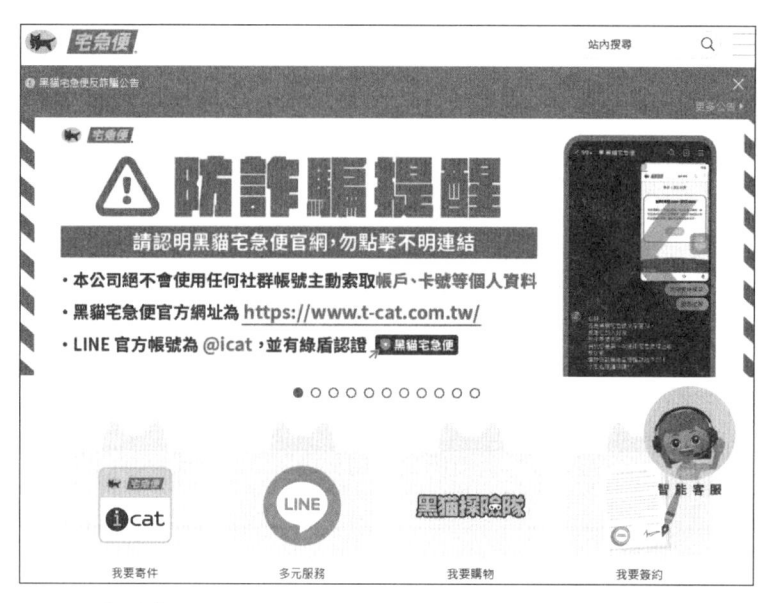

圖 2-13 資料來源：https://www.t-cat.com.tw/default.aspx 公開網站

網路行銷策略的模式，可善用資訊科技技術來擴大網路流量，如此可讓產品訊息在網路媒體大量的資訊傳播效果之下，使消費者能經由多管道，包括傳統傳播媒體與社群的連結，來得到該產品的相關資訊，以達到網路行銷的綜效。以下是針對資訊委外知識社群和國際電子化行銷平台的資訊科技技術，來擴大網路流量的案例：

案例一：資訊委外知識社群

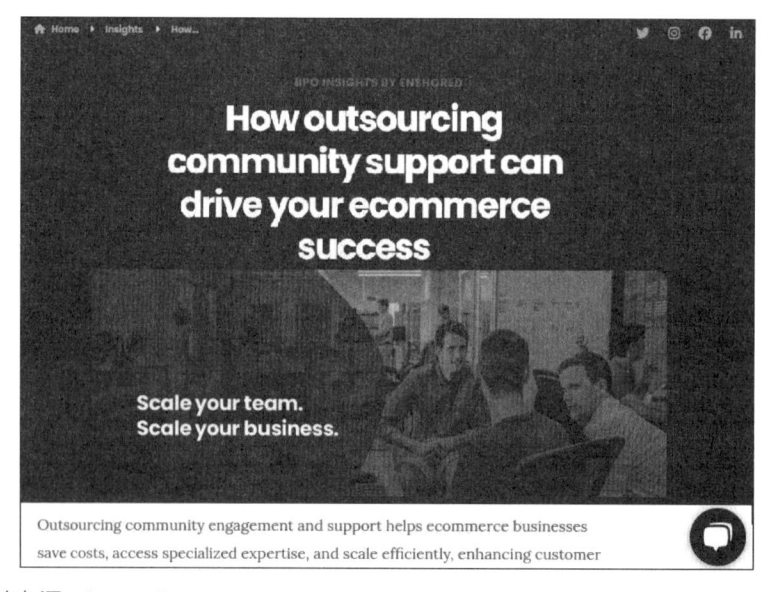

圖 2-14 資料來源：https://www.enshored.com/what-are-the-benefits-of-community-engagement-and-support-outsourcing-for-ecommerce/ 公開網站

案例二：國際電子化行銷平台建置與推廣可行性分析計畫

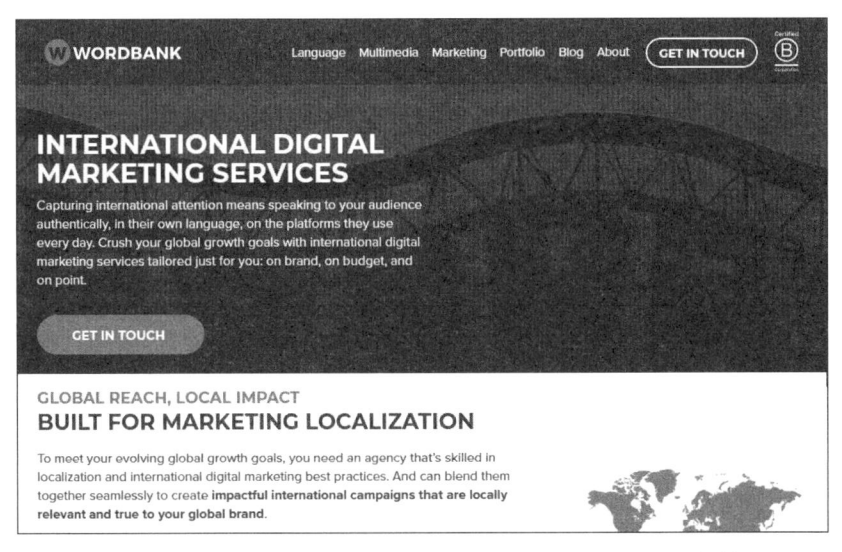

圖 2-15　資料來源：https://www.wordbank.com 公開網站

2-3 網路上市場行銷策略

2-3-1 網路上市場

企業在網路上設立網站銷售商品，可以在無時間地點的限制下，任意地進行交易活動，進而產生網路上市場。

Hamill（1997）認為在網路上市場做行銷，應有以下的重要考慮因素：實體通路的代理商結合、永續經營的目標、國際化的規劃、區隔適當市場、建立顧客關係、策略規劃及發展、快速的溝通管道、彈性的產品組合。

Roth（1998）認為在網路上市場做行銷經營應該用差異化方式來運作，差異化可從以下四構面來看：

1. **內容**：了解顧客想要什麼，並要提供對的內容。
2. **商務**：企業能提供什麼價值的產品及服務給顧客？
3. **客製化**：企業所提供的產品或服務是否能做到一對一的顧客化？
4. **社群**：在網站上創造社群網站。

Wedgbury（2010）認為企業應透過網路上市場，提供經常更新的內容與擁有互動性功能，進而發掘顧客需求，給予所想要且有用的資訊，以便開發新顧客及潛在客戶。

2-3-2 市場行銷策略

顧客是市場行銷策略的分析基礎，藉由分析顧客的規模、結構與分配，可以了解市場行銷的策略規劃。根據市場調查分析，可知失去一位顧客可能需花 5 倍以上時間才能挽回，故保有一位長期的顧客較新顧客更能為企業提供更高利潤和真正獲利的來源，這就是「市場行銷策略」。

因此透過市場力量來成立網絡組織和增進顧客的附加價值，以便強化有相同需求顧客之間的行銷，是市場行銷策略的重點。在這個重點規劃下，可訂出：

顧客在市場行銷的價值 = 產品功能 + 品牌價值 + 使用效用
— 購買費用 — 消費時間 — 機會成本

根據上述的網路上市場，則可將市場行銷策略分成：

1. **集中行銷**（concentrated marketing）：將市場行銷主力集中於焦點區隔市場。
2. **差異化行銷**（differentiated marketing）：將市場行銷集中在不同的焦點區隔市場，用差異化的行銷方式去滿足不同區隔市場。
3. **無差異行銷**（undifferentiated marketing）：將市場行銷分散在無特定的市場。
4. **利基行銷**（niche marketing）：針對區隔市場。
5. **及時行銷**：將市場行銷滿足顧客當時的需求。

這樣的市場行銷策略，可利用資訊科技來建立針對顧客的市場行銷策略模式，如下：

1. **建立完整顧客資料庫**：將網路瀏覽與購物行為的過程建立顧客資料庫。
2. **分析顧客消費行為**：根據分析顧客消費行為，提供差異化、個人化行銷，並結合其他具有知名度與形象良好的企業。
3. **評估顧客的終身價值**：根據分析顧客交易狀況，分析其顧客的成本及效益，進而可評估顧客的終身價值。

2-3-3 市場行銷的策略互動

在網路上市場的消費者,因為網際網路具有互動性,使得網路的使用者從過去的資訊被動接受者轉變成主動蒐集者。

Steuer(2009)認為互動性是指使用者可以即時參與修改媒體環境的型式與概念。

Hoffman 與 Novak(1996)認為網際網路互動模式可分為機器互動(machine interactivity)及人機互動(person interactivity)兩種互動模式。所謂機器互動是指透過機器學習(machine learning)方法來產生互動性的內容;而所謂人機互動則是消費者透過人機介面系統,來進行產品交易的互動。如下圖:

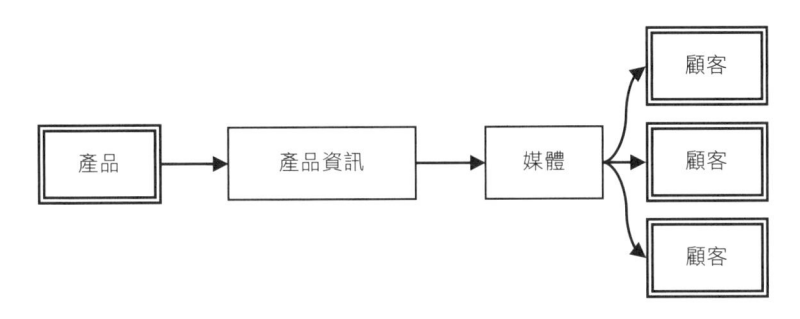

圖 2-16 傳統一對多互動(資料來源:Hoffman, Novak)

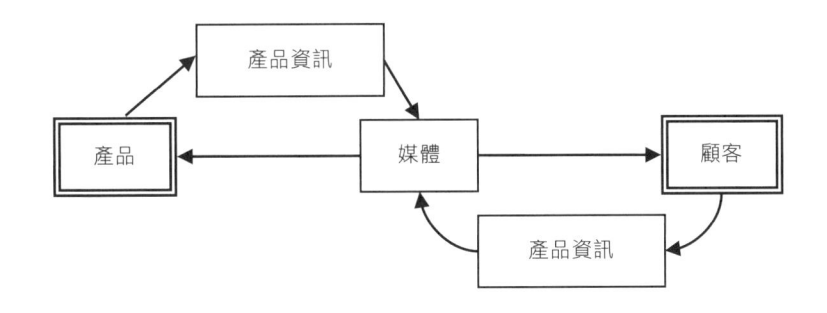

圖 2-17 人機互動(資料來源:Hoffman, Novak)

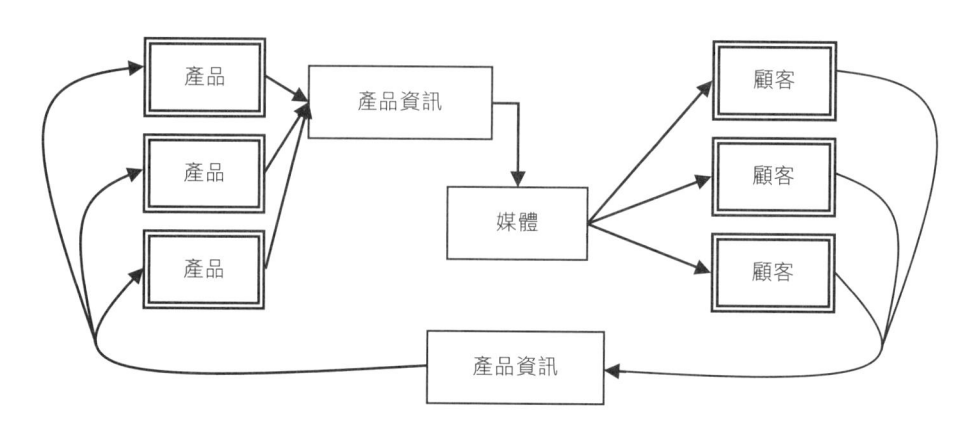

圖 2-18　市場行銷的策略互動（資料來源：Hoffman, Novak）

Deighton（1996）認為在不同顧客反應下的互動溝通，會有兩個特性，以便能發展出具辨識顧客的能力：一為認得顧客的能力，另一為蒐集及記得顧客的反應。

Meyer 與 Zark（1996）認為互動性是指顧客進行動態處理、整合，以便符合顧客某種特定的需求。

從上述對市場行銷的策略互動的說明，可知網路行銷不是只有產品的展示，還必須了解顧客的需要是什麼，進而發展出顧客導向的行銷活動。例如：玉山銀行是透過數位平台服務，來了解顧客的需求是什麼，如下圖：

圖 2-19　資料來源：https://www.esunbank.com/zh-tw/personal/digital 公開網站

問題解決創新方案──以章前案例為基礎

（一）問題診斷

依據 PSIS 方法論中的問題形成診斷手法（過程省略），可得出以下問題項目：

■ 問題 1：數位行銷並不是只須用軟體技術即可

在社群媒體平台上播放促銷數位廣告，是常用的軟體技術，但技術的應用必須結合管理知識思維，才能達到行銷營運的績效。

■ 問題 2：智能商品銷售不能只就商品來做行銷

智能商品是 AIoT 物聯網應用的基礎，因為智能商品可擴展出延伸性整合服務，因此在推銷該公司智能音箱時，不是只就商品本身的狹窄思路來推銷，這樣會使得客戶只能針對該商品效果滿足需求而已。

（二）創新解決方案

■ 問題解決 1：數位軟體技術結合數位行銷環境

數位行銷環境的特色之一就是網路效應，網路效應是指用戶不斷使用數位行銷活動就會更倍增行銷的績效，其中流量倍增就是典型的績效，也就是客戶訪問網站流量愈多，則其邊際效益就更多。這可從邊際效用遞增原則來解釋，也就是在數位行銷網路上，增加一個用戶，其邊際成本約為零，而邊際效用卻增加，故在播放數位廣告的活動時，必須利用此特色，結合能讓用戶持續透過超連結傳遞給其他潛在用戶，促使反饋導引至此數位廣告，進而產生類似網路效應的擴大用戶接觸點。

■ 問題解決 2：善用 AIoT 延伸性服務來形成商業生態系統

智能音箱對於用戶的基本需求，在於可做查詢諮詢或操作家電的介面管道，然而也由於正是「介面」特徵，故它可不斷持續超連結到任何網站，因此若能將此智能音箱作為介面出發，進而產生網絡上不同利用關係人的整合，包括供應商、分銷商、外包公司、運輸服務公司…等，如此可發展形成鬆散耦合但相互依存的商業生態體系，進而創造更多滿足客戶的需求，以使客戶認為智能音箱商品是超值和必需的。

（三）管理意涵

■ 數位行銷環境的改變和內容，是影響數位行銷做法的關鍵所在，因此就環境的特徵和效應，必須能理解和運用，才能讓數位行銷不是只靠軟體技術而已，因為這沒優勢競爭力，大家都可使用軟體技術，但如何突顯數位行銷軟體技術的適用性和績效性，則須回歸整合行銷經營管理知識的思維。

（四）個案問題探討

請探討 AIoT 延伸性服務可為企業創造什麼價值？

案例研讀
Web 創新趨勢：主動需求的數位匯流

數位匯流（digital convergence）是以無縫匯流和跨平台裝置為主軸，它朝向跨平台匯流（包含電腦、電信、電視數位）、跨終端匯流、內容服務匯流（包含語音、數據、視訊透過網路傳遞），也就是將通電話、看電視與上網整合在一起的應用服務。如此主動需求的數位匯流將重新打造整個產業的價值鏈，其數位匯流相關產業範疇涵蓋了技術標準、硬體製造、軟體內容等的產業。總而言之，將企業和消費者等利害關係人之銷售產品或使用裝置等物體，連接成物聯網，並透過此網絡快速感知與蒐集物體變化的資訊，根據各利害關係人的需求，來提供對應的主動型數位匯流解決方案。

數位匯流在網路行銷應用的重點如下：

1. **隨選所需**：就是使用者在任何時地都可隨意選擇只需要的服務即可。例如：隨選列印（print on demand）。

2. **無縫匯流**：在任何空間設備環境中，不因個別廠牌專屬限制條件的影響，可以沒有縫隙的將需求順利地做匯集和流通。例如：無論哪種廠牌印表機，只要連上網和傳真機，就可將透過 internet 擷取的某圖片或文件、訊息直接列印，並傳送給傳真機傳真出去。

3. **跨平台多面貌裝置**：thin-client 裝置可以是任何形式的設備或物體，並且能跨越不同軟體作業平台，執行雲端上的應用。例如：手機、PDA、平板電腦、冰箱、印表機、椅子等。

4. **產業基礎**：以前企業、消費者都是考量單體的營運，然而在產業價值鏈的趨勢下，企業競爭和營運已轉至產業競爭和營運，所以雲端商務必須考量整個產業基礎利基來運作，例如：產業聚群行銷。

5. **數位神經**：透過雲端運算架構，其在雲端的應用服務都是即時且敏銳的，就如同人體神經一般的即時感應和回應。例如：透過雲端印表機可連線上網得知碳粉即將不夠，而即時感應得知並提早通知經銷商來準備出貨。

6. **資源整合**：在節能減碳的衝擊下，就是資源有限，然而以往資源都是依據企業環境來思考，所以若以產業角度而言，就會造成資源過剩、浪費或不足，難以運用資源最佳化，但在產業基礎的雲端商務就可做產業資源整合，即達到資源最佳化效益。

我國繼資通訊與半導體產業之後，數位發展便是另一項前瞻性的高科技產業，其行政院推動的數位發展網站如下：

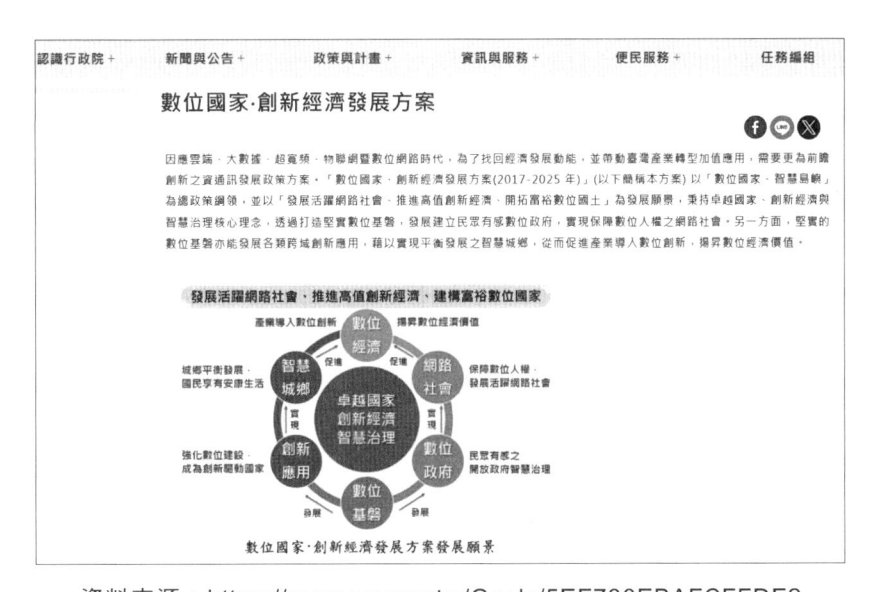

資料來源：https://www.ey.gov.tw/Goals/5EF730EBAFCFFDF2

本章重點

1. 行銷策略基本要素主要包含顧客需求、環境、經濟活動等三種。

2. 直效行銷（direct marketing）：針對個人化的需求，直接與特定的消費者溝通，以期能獲得直接和立即的回應，直效行銷一般也會用建立品牌熟悉度的方式，及進行不斷重複的廣告，來加強品牌印象，以便易於直效行銷。

3. 配銷通路（place）通常有三種型態：（1）配售通路（distribution）；（2）交易通路（transaction）；（3）溝通通路（communication）。經由網路行銷來發揮其配銷通路的彈性和互動性，以使得組織之間可以快速交易。

4. 整合式行銷溝通（Integrated Marketing Communication, IMC）：重點在於「整合行銷」。顧名思義，整合式行銷溝通是利用多樣化行銷工具，來達到行銷溝通。

5. 虛擬資訊環境（Virtual Information Spaces, VIS）：企業將網際網路應用於行銷的產品與相關服務等資訊，它會公布與存取在公司內的資訊環境中。

6. 網路行銷能在網際網路上做行銷活動，最主要是在於將行銷活動內容數位化，而數位內容就可以運用軟體技術來做更深一層的加值服務。

7. 網路行銷策略的模式，可善用資訊科技技術來擴大網路流量，讓產品訊息在網路媒體大量的傳播效果之下，使消費者能經由多管道，包括傳統傳播媒體與社群的連結，來得到該產品的相關資訊，以達到網路行銷的綜效。

關鍵詞索引

- 網路行銷（Internet Marketing） 2-2
- 直效行銷（Direct Marketing） 2-3
- 巨大行銷（Mega-Marketing） 2-4
- 超行銷（Hyper Marketing） 2-8
- RFM 方法 2-10

- 集中行銷（Concentrated Marketing）..2-18
- 差異化行銷（Differentiated Marketing）..2-18
- 機器學習（Machine Learning）..2-19

學習評量

一、問答題

1. 行銷策略的基本要素為何？
2. 在網路上市場做行銷，應有哪些重要的考慮因素？
3. 網路支援行銷活動可分為哪三個階段？

二、選擇題

（　）1. 網路行銷是指？
   - （a）電子化行銷
   - （b）e-marketing
   - （c）泛指運用任何整合性科技來達到行銷目的
   - （d）以上皆是

（　）2. 「有意願經常性購買」的消費者對於什麼效果是非常重視的？
   - （a）電子郵件
   - （b）網站感覺與整合程度
   - （c）展開的網站功能與互動溝通
   - （d）以上皆是

（　）3. 直效行銷是指？
   - （a）indirect marketing
   - （b）針對大眾化的需求
   - （c）間接與特定的消費者溝通
   - （d）以期能獲得直接和立即的回應

(　　) 4. 「整合式行銷溝通」是指？

    （a）Integrated Sale Communication

    （b）利用多樣化行銷工具,來達到行銷溝通

    （c）非系統化的過程

    （d）以上皆是

(　　) 5. 網路行銷的重點是？

    （a）只是在網際網路上做行銷

    （b）是企業經營模式的另一延伸

    （c）取代實體行銷

    （d）以上皆非

CHAPTER 03

網路行銷規劃

章前案例：CDP（客戶資料平台）環境的客戶流失分析
案例研讀：物聯網－智慧電冰箱和食用感測

學習目標

- 網路行銷企劃程序的階段
- 運用策略考量的網路行銷分析
- 網路行銷分析的輔導階段
- 網路行銷設計的流程
- 網路行銷的角色定位
- 網路行銷與實體行銷的差異
- 網際網路市場對消費者的特性
- 網路行銷的規劃步驟

> **章前案例情景故事　CDP（客戶資料平台）環境的客戶流失分析**

客戶資料對於人工智慧數位行銷而言是基礎來源所在，一家專營電子商務交易媒合的平台，旨在讓賣方和買方可透過此平台來媒合交易，但是如何讓賣方願意加入此平台，關鍵在於有大量目標買方客戶願意來此購買。上述是該平台公司王經理的想法，但如何建立客戶資料以及讓客戶在此平台消費呢？

3-1 網路行銷規劃程序

3-1-1 網路行銷企劃

網路行銷專案計畫若以軟體開發角度來看，是一種客製化軟體開發程序專案，它是指為開發某一特定功能需求且在約定期限內應交付完成從無到有的程式設計之專案，故運用何種軟體開發流程模式、採用何種軟體程式之技術架構及如何符合客製化功能需求應用，就是該程序在計畫過程中的探討重點。網路行銷企劃程序可分為行銷概念、行銷系統、行銷執行三個階段，從這個開發程序可了解到，它和消費者的參與有很大的互動，主要考慮到以下 3 點：

1. **購買之重要性考量**：了解不同設計型態的消費者在使用產品時的決策差異，此差異因各消費者的價值觀、消費習慣及對產品的需求不同而不同。例如：對於喜愛文化類書籍的消費者，在網路購買時比較傾向於具有文化感受價值觀的網路行銷。

2. **產品之功能需求考量**：了解不同功能型態的消費者對創新功能的接受度，同時依不同的實際需求來提供適當符合消費需求的功能。例如：在手機產品之功能型態中，分成可照相和上網的功能，對於這二種不同的功能需求，消費者會有不同的接受程度。

3. **產品的使用方式考量**：了解不同介面型態的消費者對產品的操作使用模式，使產品更貼切消費者的喜好，在產品開發時將依據消費者的參與，以減少其操作上的不方便感。例如：對於喜愛在網上聽音樂的消費者，其對網上產品的操作使用模式，是期望有音樂效果和視覺搭配。

從上述說明可知,網路行銷企劃程序可分為行銷概念、行銷系統、行銷執行三個階段,在行銷概念階段有需求分析、概念形成;在行銷系統階段有企劃設計、系統分析;在行銷執行階段有擬定專案、資源分派、測試回饋等。

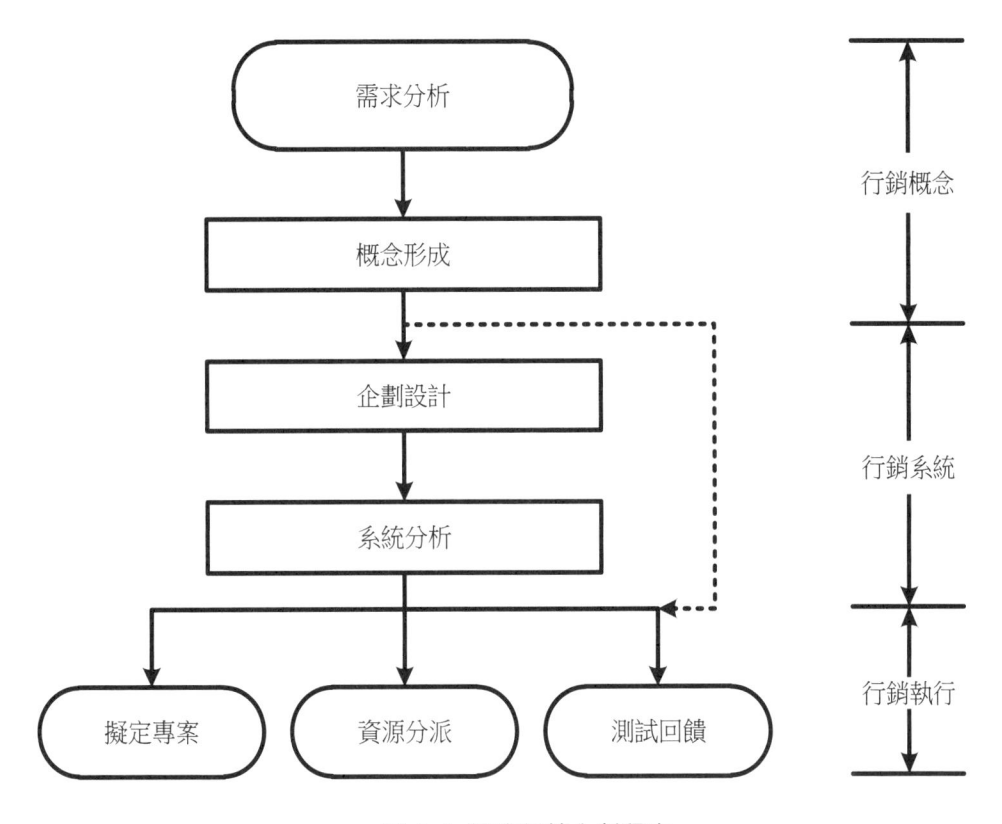

圖 3-1 網路行銷企劃程序

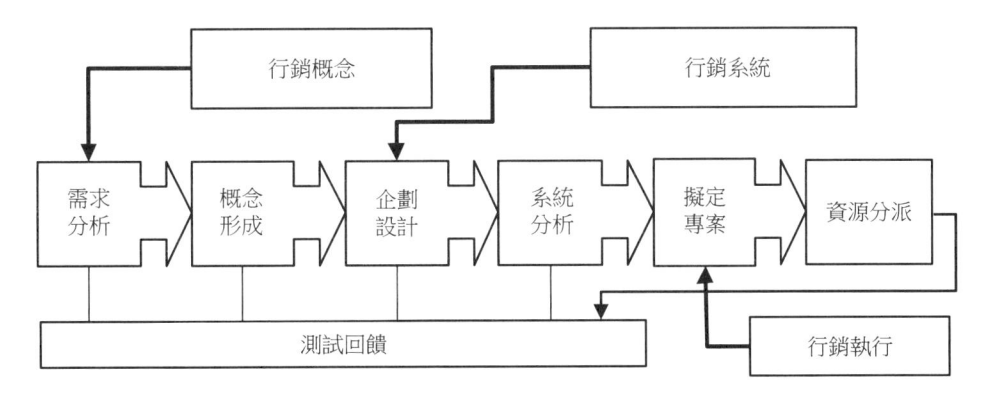

圖 3-2 網路行銷企劃程序

茲將細節說明如下：

1. **需求分析**：針對該網路行銷專案的內容和背景環境，並且同時考慮條件和目的，做可能性的評估，它包含描述計畫的範圍、選擇方案和可行性。

   例如：主題—網路行銷教學平台（e-learning）。

   目的—以網路動畫、聲光效果與大量圖片，使課程更吸引人，也讓學習者有身歷其境的感覺。

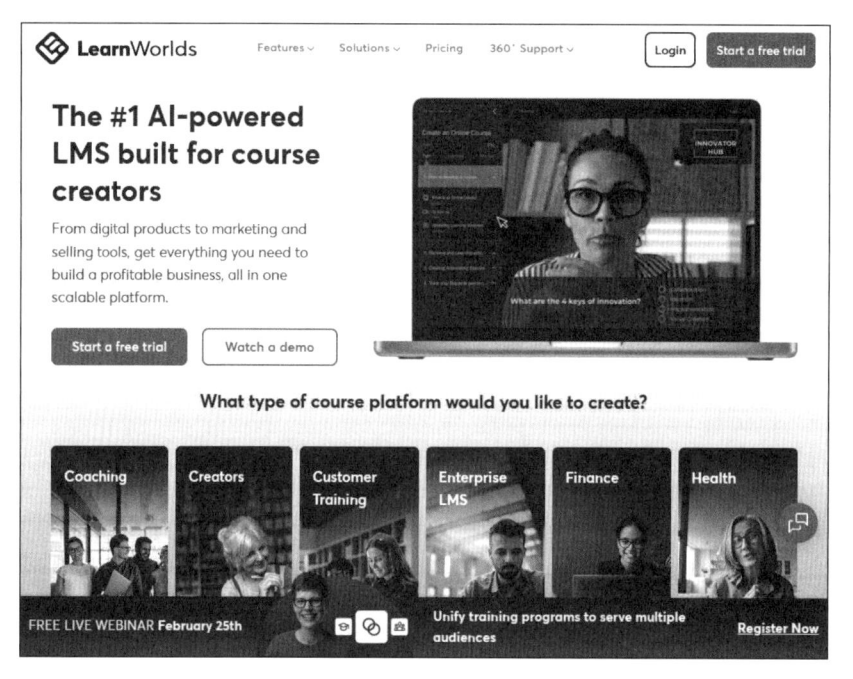

   圖 3-3 資料來源：https://www.learnworlds.com/ 公開網站

2. **概念形成**：是一種含有理解（或認知）、感覺、想像、情感等元素的複雜運作，它尚未成為可驗證的產品雛型。

   例如：網路行銷概念形成：企業形象概念 。

   圖 3-4 概念形成

3. **企劃設計**：它包含定義問題、探討問題的原因、問題的環境分析、企劃案情報蒐集的技巧與方法。其提案程序如下：

    (1) 開發溝通計畫：提出企劃提案的需求溝通

    (2) 決定計畫標準和程序：擬訂流程標準化和執行步驟

    (3) 確認和評估風險：分析風險的種類和可能因應方法

    (4) 建立初步預算：包含人力預算和相關軟硬體的預算

    (5) 發展操作說明：執行步驟的說明

    (6) 計畫方案里程碑：在整個方案中，設計於某個或某些階段應停下來回顧展望，用以檢視的里程碑

    (7) 監督計畫過程：制定整個專案進行過程中的檢核和追蹤

    (8) 維護計畫工作：當某一個階段工作完成後應進行的維護事項

4. **系統分析**：針對網路行銷系統的人機介面定義與操作消費者定義、介面設計流程互動與介面的影響性等系統上分析，它包含：

    (1) 功能模組架構及關聯圖：它包含主功能、第一層功能、第二層功能、第三層功能。

主功能	企業首頁
第一層功能	企業文化和歷程
第二層功能	企業經營
第三層功能	營業項目

    (2) 主功能名稱：包含消費者和功能的關聯。

功能	消費者
企業經營功能	員工專業發展
	經營管理之道
	經營者的話

(3) 介面設計書：包含消費者介面、情境介面。

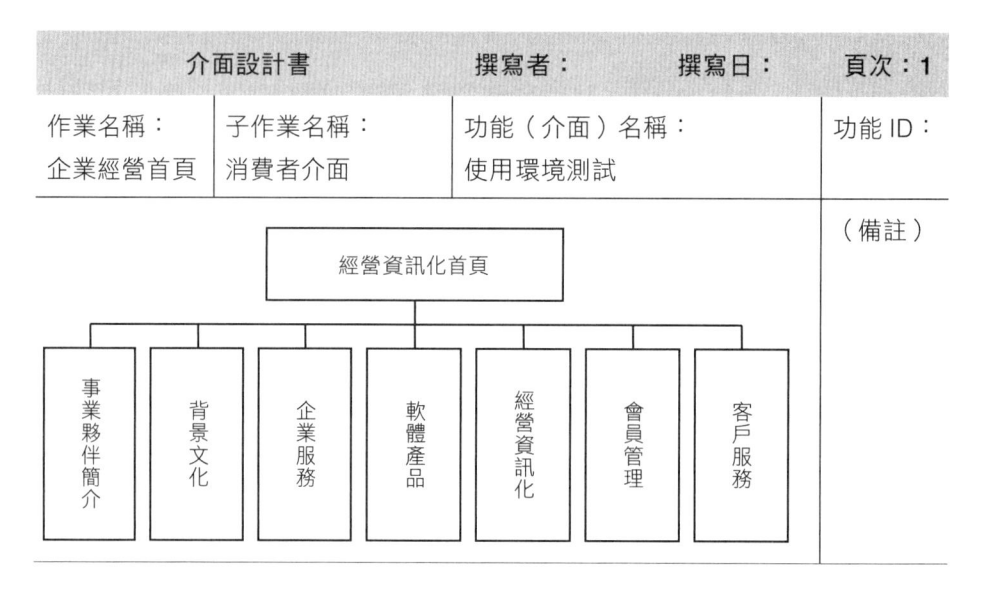

介面設計書		撰寫者：	撰寫日：	頁次：1
作業名稱： 企業經營首頁	子作業名稱： 消費者介面	功能（介面）名稱： 使用環境測試		功能 ID：
經營資訊化首頁 ├─ 事業夥伴簡介 ├─ 背景文化 ├─ 企業服務 ├─ 軟體產品 ├─ 經營資訊化 ├─ 會員管理 └─ 客戶服務				（備註）

(4) 細部規格描述：包含在專案下的功能名稱，以及某功能下的流程名稱，其中最主要是要能呈現人機介面、邏輯流程、網路行銷資料庫等這三者的關聯。

PROJECT：企業經營首頁			
功能名稱	軟體產品	製作人	
流程名稱	產品內容	文件編號	
備註		日期	
人機介面	圖 3-5 資料來源：https://www.ibm.com/products 公開網站		
邏輯流程	首頁 → 軟體產品 → 確認 → 進入產品內容介面		
網路行銷 資料庫	產品內容		

5. **擬定專案**：擬定專案名稱、組織人力、時間、資源、目的、技術等。
6. **資源分派**：將整個專案劃分成為管理的資源項目。
7. **測試回饋**：對整個計畫做測試，並蒐集消費者回饋資料，以利後續的再規劃參考。

3-1-2 網路行銷分析

對企業而言，網路行銷分析是用來分析滿足消費者需要的功能，它必須運用策略考量，例如：溝通內容的獨創性形式。在網路上，獨創性的溝通形式特色比傳統媒體更有效，在傳統的情況下，產品屬性和消費者之間是以面對面或實際環境之溝通形式來運作，它的溝通內容是藉由店員或接觸、感覺產品的消費行為所傳遞的，這樣的傳遞可能會造成不同的購買情境，以致於消費者的購買決策也不同，當然就影響到消費者購買行為。故應運用獨創性形式塑造情境影響，因為消費者行為是會受產品消費情境的影響而改變彼此之間的互動情況，故應善用網路行銷中溝通內容的獨創性形式，來減少 web 上產品品質及行銷交易的不確定性。

從上述說明可知，網路行銷分析在網路行銷規劃程序中是非常重要的。

網路行銷分析是建築在網路行銷策略上，在策略上必須考慮到行銷活動的起源和行銷在社會中的角色。行銷的起源是從了解消費者，再到消費者行為，接下來是消費者價值，最後是會帶來什麼附加價值。行銷活動的起源是來自於行銷的起源，進而產生經由相互放棄及取得一定價值的物品，來獲得需求滿足的整個活動，這就是交換過程。

在這樣的交換過程中，會產生有形商品耐久性或服務的感受性，和無形的消費者滿意度。有了這個交換行為產生後，慢慢就築成行銷與社會之關係，也就是說，行銷在企業外在環境運作及受到環境影響，而形成行銷對環境的回應。

在傳統行銷上，其行銷活動是從吸引未知消費者，進而找到可能消費者，最後和消費者完成交易。

在現代行銷上，其行銷活動是和消費者建立並維繫互利的長期關係，它是從內部行銷影響到外部行銷，例如：關係行銷（relationship marketing）。

網路行銷分析也是建築在企業營運模式上，在營運上必須考慮到行銷活動，也就是網路行銷分析必須考慮到企業是屬於何種產業產品和何種營運模式。

企業的經營型態是屬於哪一種模式，會和網路行銷是否適用有關，其實現在套裝網路行銷系統都標榜適合於大部分不同環境運作，不過由於網路行銷系統產品競爭白熱化，故已經有一些廠商開發出專屬某產業適用的網路行銷系統，但企業客戶競爭也是白熱化，故企業有可能經營型態不只一種，這些思考都會大大影響到網路行銷成功與否。從這個觀點延伸出網路行銷系統應如何取得，亦即應採取何種方式較有利。一般約有下列三種選擇：購置套裝軟體、自行開發、委外設計開發，這些各有其優劣點。不過，由於網路行銷系統需求功能和軟體技術是非常複雜和專屬性，不是一般套裝系統可做到的，故大都採取自行開發、委外設計方式，再加上局部客製化修改。從企業的經營型態決議是屬於哪一種模式後，接下來就是作業細節的展開，而這個就牽涉到對網路行銷系統提供怎樣的功能與管理的理念。

「網路購物」只是整個「網路行銷」流程中，消費者透過網路商店來購物的 B2C 部分而已。網路行銷是以商品行銷的角度，探討如何運用產品品牌、價格定價、配銷通路、促銷廣告策略（例如：宣傳 DM、折扣券、試聽音樂等手法）等行銷過程，吸引消費者前來購買。但這些行銷過程會和 B2B 有關，因為必須和整個上下游廠商、通路中商間配合。例如：Amazon.com 公司是一個非常大的網路購物的電子商務，但在整個商務交易作業中，也同樣有強大的後勤配送作業。

3-1-3 網路行銷輔導

從上述的網路行銷分析說明內容，可引申出網路行銷分析的輔導階段，說明如下。它可分成五個作業和三個階段，如圖 3-6。

作業	階段
專案計畫及組織作業	計畫定義階段
企業流程模式作業	差異需求階段
功能性教育訓練及參數設定作業	
系統資料準備及轉換計畫及消費者訓練作業	導入應用階段
情境模擬及導入完成及檢核作業	

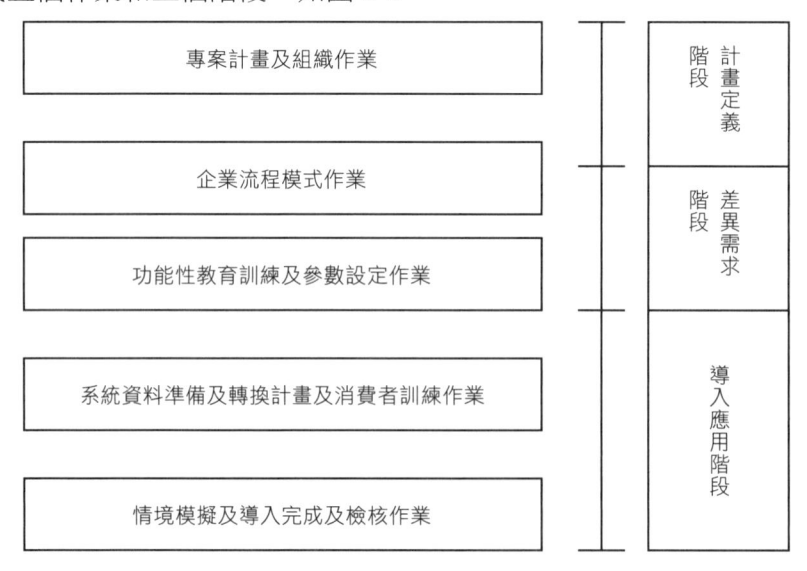

圖 3-6 網路行銷分析的輔導階段

1. 專案計畫及組織作業

因為網路行銷系統的導入，本身就是一個專案，故在開始推導時，就必須控管訂單專案工作項目和進度，及其相關負責人員和文件化的報告。當然，需成立一個組織單位來推動和執行。其組織單位最主要有專案委員會、專案領導人、關鍵消費者、顧問、廠商、資訊人員。其專案委員會的角色定位，是積極主動地支援和協調配合專案的各項作業及專案小組的需求、擬定專案的目標及衡量方式，以及在工作權責方面適當地提供各項資源給予專案的執行，並協助解決有關專案於組織架構及經營流程所發生的重大問題作業，一般都一定要有高階主管來參與作業，其工作重點是在於定期舉行週期性之會議和追蹤考核，以及文件化整合，最後完成專案計畫之報告書。其專案領導人的角色定位，是全程參與專案之推行並協助專案小組完成專案目標，以及在工作權責方面是計畫和管理全部的專案計畫，及解決排除所有專案所遇到之問題障礙和安排指定資源分配，並撰寫整個導入專案之報告，以便追蹤評估專案導入的品質及效果，其工作重點是在於完成書面專案計畫和控制專案的進度及範圍，以及專案進度的報告。而關鍵消費者主要分成模組功能的 key 消費者、主管和功能別的消費者（function key user），前者重點是在於跨部門功能的流程最佳化思考，其模組功能分成生產運籌、財會人事、客戶銷售、研發工程，而具備的能力條件必須有開放溝通組織能力、經理級（含）以上職等、熟悉該模組整體作業、有企業資訊化概念等，工作職掌有整體最佳化作業流程及管理機制規劃、各 module 客製化需求確認、各部門 function 作業協調、各網路行銷第一層作業流程分析、導入進度及品質控管、導入系統功能需求確認等。另外，後者重點是在於網路行銷功能的流程效率化，工作職掌有各網路行銷作業流程及管理機制規劃、各部門網路行銷細節作業客製化需求分析、部門內網路行銷作業協調、各部門網路行銷作業流程分析、各部門網路行銷導入進度及品質控管、各部門網路行銷導入系統功能需求確認單一窗口、對 end user 系統功能教育訓練等。

2．企業流程模式作業

企業流程模式定義是在於設計能整合各部門的流程，建立流程規範並加以控制，再則提供可供稽核之架構，但必須注意的是該企業的商業模式是如何，以便模擬企業作業流程，和整合關鍵性的企業流程，如此才可明確了解需求的流程及可行的修訂，當然這必須透過小組討論，再進而制定決策。

3. 功能性教育訓練及參數設定作業

以系統產品的標準化功能，根據上述設計出整合的網路行銷各部門的流程，來對某些功能彈性做參數設定，以便符合該企業的作業流程特性。最後，再依照這些參數設定後的功能，建立正確功能性的訓練教材和試用。

4. 系統資料準備及轉換計畫及消費者訓練作業

當完成流程設計和規範及參數設定後，就必須於正式情境模擬測試前蒐集相關正確資料，以便能驗證資料合理性、功能正確性。接下來是轉換計畫，它包含確認所需的相關資源及於某個期間的資料中，設計進行資料轉換的方法，並提出經確認之轉換計畫，最後切入即時完成資料轉換程序。若以上沒有問題，則開始做消費者之教育訓練，包含製作基層消費者教育訓練的計畫及教材，檢核基層消費者的上課效率及系統使用技巧，當然必須考慮如何降低基層消費者因上課對現行工作所帶來的衝擊。

5. 情境模擬及導入完成及檢核作業

當完成流程設計和規範，及參數設定和蒐集資料後，就必須做正式情境模擬測試和正式地對導入專案做全盤性的考核，以便評估最終消費者的熟悉度與未解決的問題，和系統的運行效率。最後，確認並擬定專案計畫下一個階段步驟。

而三個階段的計畫定義階段包含專案計畫及組織、企業流程模式定義這二個作業，而差異需求階段包含企業流程模式定義的作業後半部、功能性教育訓練及參數設定這二個作業，而導入應用階段則包含系統資料準備及轉換計畫及消費者訓練、情境模擬及導入完成及檢核這二個作業。

3-1-4 網路行銷設計

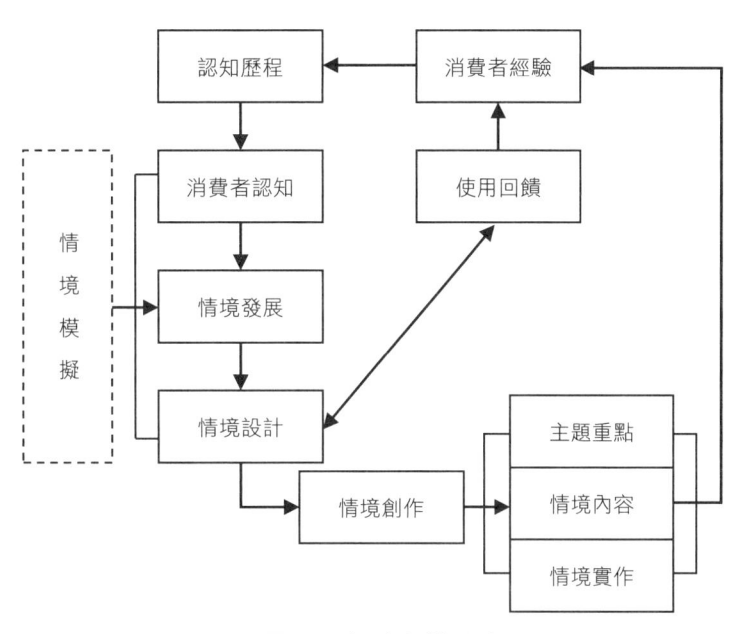

圖 3-7 網路行銷設計

從上圖中,可得知網路行銷設計的流程,它主要是以消費者的認知歷程去發展情境模擬,進而產生情境創作,在這個過程中有 4 個重點:

1. **設計的多樣性**:可從產品的觀點來思考設計的多樣性。例如:行銷、產品、功能、角色、價值、成效…等等的多樣性。

2. **設計的時潮性**:在人們的生活思考上,有追求新文化的傾向,同時也有維持及懷念舊文化的傾向,因此在設計的時潮性應掌握消費者之心理狀態,一種懷念舊文化的包裝設計,也可以產生新文化的創意。

3. **設計的生活化**:以往的設計是強調功能性,然後要求華麗或裝飾性的設計,但今天產品設計最重要的是要開發出符合人們生活型態的設計,就如同「科技始於人性」,終究須回饋人性面。

4. **設計的技術性**:網路行銷系統所產生的影像、音樂等檔案,在傳送之前盡量將資料壓縮到最小,如此傳輸速度才會快。若在設計時考慮消費者不同頻寬的瀏覽路徑,如此可在適用性上選擇低頻寬與高頻寬的需求。當然在設計每一個網路行銷元件時,若能以更有效率、較緊密方式設計分割這些元件,而不是全部設計在一起,則在整個網路行銷系統,就可依需求做不同的組合設計,例如:國內有一家廠商訊連科技所製作的「串流大師」產品,該產品可利用串流傳輸

技術來傳送現場影音，當觀看者在收看這些影音檔時，影音資料在送達觀賞者的電腦後會立即由特定播放軟體播放。

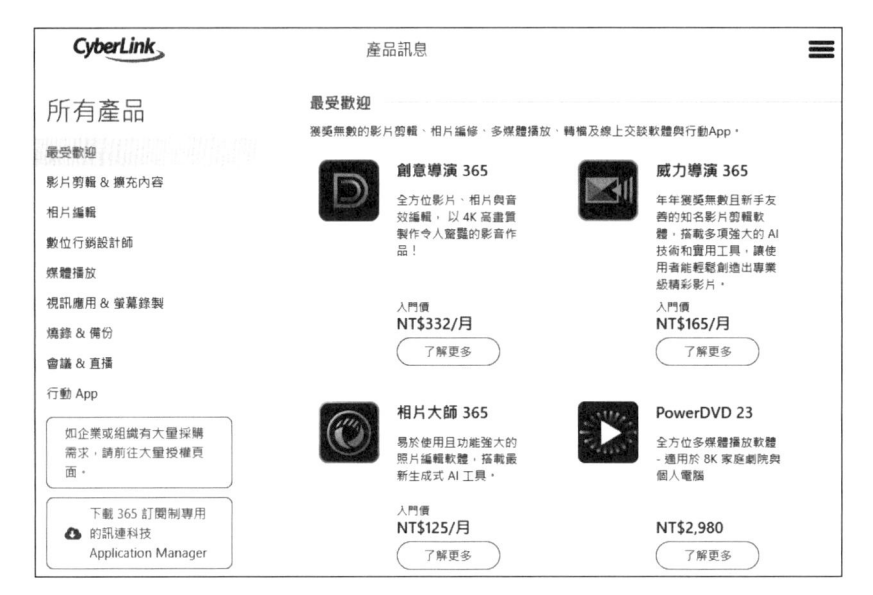

圖 3-8　資料來源：http://tw.cyberlink.com/products/index_zh_TW.html 公開網站

5. **設計的策略性**：在網路行銷系統設計時，應有產品設計策略，它包含：

   (1) 產品的功能和消費者需求

   (2) 產品的行銷包裝

   (3) 產品的外觀造型

   (4) 產品的價格策略

   (5) 產品的簡易使用方式

3-1-5 網路行銷的角色

在網路行銷專案確定要進行後，為了讓專案順利進行，因而先成立了專案開發小組，它包含內容顧問 1 人、系統分析者 1 人、系統設計者 1 人、程式設計者 5 人、專案經理 1 人，除了這些基本角色外，無論電影或是網路行銷製作，應用的是多麼先進的科技技術，其中最重要的部分是「行銷腳本」，因此有代表行銷做法的腳本設計者。另外在網路行銷專案進行時，會有技術性作業，例如：影片、動畫、音效，故相對上也必須有這些角色。

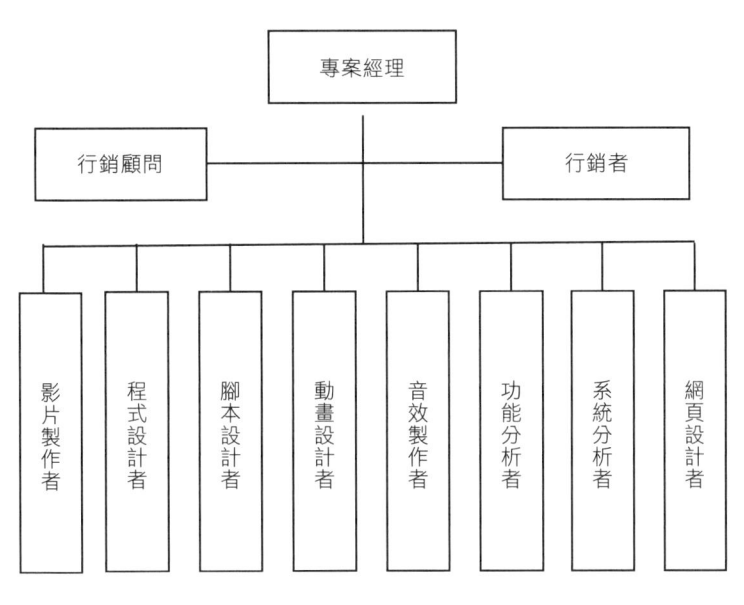

```
                    ┌──────────┐
                    │ 專案經理  │
                    └────┬─────┘
         ┌───────────────┼───────────────┐
    ┌────┴────┐                      ┌───┴────┐
    │ 行銷顧問 │                      │ 行銷者 │
    └─────────┘                      └────────┘
         │
 ┌───┬───┬───┬───┬───┬───┬───┐
影片 程式 腳本 動畫 音效 功能 系統 網頁
製作 設計 設計 設計 製作 分析 分析 設計
 者   者   者   者   者   者   者   者
```

圖 3-9 角色

1. **以專案經理企劃角色**：有文書處理、文化風格、行銷製作架構、可行性分析、流程架構、媒體整合、設計流程控制。

可行性分析	成本效益可行性分析：	（％）成本／效益
	功能可行性分析：	web 的介面
	技術可行性分析：	Flash 技術
	成本效益可行性分析：	（％）成本／效益

2. **以網頁設計者角色**：網站規劃與建立、網頁基本介紹、內外部超連結、網頁編排與設計、動態網頁設計、JavaScript 的基本語法、web 元件插入應用、表單之設計與製作。

3. **以行銷腳本設計者角色**：行銷分鏡腳本（storyboard）可以將網路行銷內容以視覺化的方式呈現，它包含故事結構、場景說明、角色對話、角色動作或表情註解等。

4. **以動畫設計者角色**：動畫概論及 DHTML 文件格式、Flash 動畫軟體應用、動畫檔案格式轉換技巧、2D 及 3D 特效與過場動畫運用效果、影像剪接及合成技巧。

5. **以影片、音效製作者角色**：電腦繪圖要素、點陣圖影像處理基本概念及功能、向量圖影像處理基本概念及功能、視訊編輯與擷取、影像剪接及特效、音效編

輯及錄製、影音的結合、網路行銷轉換管理及簡報功能、動畫及影像配音與配樂製作。

在視覺介面的產品設計中，必須把情境設計的內涵轉換成可描述的元件，它包含意象、景物、意念。意象可以代表一個人對具體事物的實體形象，它具體呈現某種感官察覺不到的東西。例如：選擇某些圖案，去激發消費者感官印象或情緒上、理智上的反應。

圖 3-10 意象圖案：在描繪的圓圈中有一個缺口

有了意象後，可把它轉移成景物，它是藉由想像力與聯想力，從而透過景物的媒介，間接加以陳述的表達方式。

圖 3-11 景物媒介表達：把描繪的圓圈中的缺口轉成耳機

有了景物媒介的表達後，可將該景物設計成意念具體化，它是指從零碎的意念到完整的意念時，經過了圖像思考與推理過程。

圖 3-12 意念具體化

3-2 網路行銷與實體行銷的差異

3-2-1 網路行銷與傳統行銷

Kalakota 與 Whinston（1996）認為網際網路行銷與傳統行銷有很大的差異，傳統行銷是在於大量行銷，它的觀點是在於以散播訊息來做行銷，例如廣告的方式告知或推廣。但網際網路行銷卻由於具有互動的性質，因而允許消費者瀏覽、搜尋、查詢等，並且可使顧客有客製化的功能。

網際網路是一種行銷管道：它具有自身網際網路的特性，但同時也具有其他傳統行銷方式的特性。Kalakota 與 Whinston（1996）認為網際網路市場對消費者來說具有某些特性：

1. **消費者的極大化**：在消費者使用網際網路市場的機制時，消費者可在尋找所需產品與服務時發揮極大化的上網消費產品、數量、金額。
2. **產品購買的獨立性**：消費者在網際網路市場中具有獨立評估與互動，不只消費者可以購買銷售的產品或服務，同時亦可比較產品品質與價格合理性。
3. **協調與議價**：買者與賣者可以討論至互相滿意為止，談論內容包含優惠價格、交易方式與條件、遞送與付款方法等。
4. **新產品與服務**：網際網路市場是一互動式資訊提供的服務，如此可加速並支援創新的產品。
5. **連結無縫隙的介面（seamless interface）**：就企業有 B2C 網路服務來完成訂單作業，相對消費者有一套標準的付款機制。
6. **消費者抱怨的管道（recourse for disgruntled buyers）**：網路服務需要具有解決買賣雙方爭端的機制，和回應消費者抱怨的管道。

傳統行銷是建築在實體世界內，其整個價值鏈是由一連串的線性模式的活動所組成，並能定出該模式的投入與產出；實體通路成本化和效率化的方式是為垂直行銷模式（vertical marketing），亦即將製造商、經銷商與零售商、消費者整合。

3-2-2 網路行銷的虛擬世界

Rayport 與 Sviokla（2007）認為企業將面臨兩種世界的競爭：虛擬世界與實體世界。企業必須同時面臨到如何在實體與虛擬世界中取得平衡，進而創造在此二種世界中不同的價值。虛擬世界價值鏈的活動為非線性的，是由潛在投入與潛在產出組成的矩陣，並分散在各種不同的管道上。

Rayport 與 Sviokla（2010）提出五個經濟的法則：

1. **數位資產**：數位化資產可在無限次的潛在交易中，不斷創造價值和再次重新獲益。
2. **新規模經濟**：虛擬世界中能讓小公司和大公司不分其規模大小，都可提供低單位成本的產品及服務在市場中。
3. **新範疇經濟**：虛擬世界中能讓小公司和大公司不分其市場種類，都可提供多種的產品及服務在市場中。
4. **交易成本被壓縮**：在虛擬世界的交易成本是較實體世界來得低。
5. **供給與需求重新分配**：透過虛擬世界，其市場的供給與需求可重新分配。

透過虛擬世界，使得互動式的網購購物在 2024 年台灣市場規模達 84.1 億美元，其網路零售將會在緊接著的未來減少消費者對實體店鋪的需求，也就是說有愈來愈多的超市購物透過無店鋪的網路通路來進行交易。完全虛擬的店鋪能夠充分提升後端管理效率和減低實體經營的成本。

Janal（2010）認為網路行銷的做法如下：

1. 運用 web 上資源來了解商品市場，規劃行銷計畫。
2. 利用社群來拓展開發行銷。
3. 以電子郵件發展直銷業務。
4. 利用 web 上分類廣告來推銷商品。

虛擬世界的網路行銷組成程序：

1. **網路促銷宣傳**：利用廣告與宣傳加強消費者對產品的深度了解。
2. **網路互動行銷**：網際網路可經由非同步的溝通方式，和消費者互動討論其產品的問題。

3. **網路議價**：消費者可和企業議價。
4. **網路交易**：付款條件與方式。
5. **網路追蹤配合實體遞送**：貨物運送給消費者的過程。

Peterson、Balasubramanian 與 Bronnenberg（1997）認為以網際網路作為行銷管道時，有以下的特性：

1. 可以在不同的虛擬空間，以免費的成本儲存大量資訊。
2. 可以快速和精準地搜尋這些資訊。
3. 可按照消費者需求，提供個人化資訊。
4. 可提供視覺化的經驗感受，並提供消費者在達成購買決策前，所需要的產品資訊之豐富程度。
5. 可以作為訂單交易的媒介和管道。但有些卻會因交易成本的考量，消費者反而較不傾向在網路上購買諸如便利品之類的產品。
6. 可以作為數位產品的配送通路。
7. 網際網路的進入以及建置成本相對比較低。

虛擬世界的網路行銷本身是著重情境互動的介面，因此情境設計在虛擬世界中是非常重要的，設計者如果能透過情境模擬，來幫助消費者感覺出自身所欲呈現的需求認知內容，這對資訊傳播的目的而言，是具創新性且有互動性的；而對於設計者而言，將情境互動建構在設計者和消費者的共同感受經驗平台，則對於實踐虛擬世界的設計理念也是會有創新性。

3-2-3 網路行銷的虛擬特性

網路行銷的虛擬特性可分成三種，說明如下：

1. **網路行銷的影響性**
   - 沒有考慮到實體市場的人為複雜性和異質性。
   - 網路對於非網路公司而言，只是行銷所使用的眾多工具之一。
   - 網路行銷對後勤作業的影響不如前端業務。

2. **網路行銷的安全性**
   - 網路上的隱私、付款的安全性、商業廣告的打擾和課稅的問題。
   - 網路行銷具有成效時,才能作為傳統通路的中間媒介。
3. **網路行銷的科技化**
   - 生產和配送技術的改變。
   - 造成市場不連續(market discontinuities)。
   - 文化規範和科學上的影響。

Clemente(2008)提出在網路上行銷的五階段,分別是:

1. 建立知名度
2. 發展直效行銷
3. 聯盟合作廣告
4. web 上產品型錄
5. 客戶服務

網路行銷的方法,是會不斷因技術的突破而有更新的方法產生,例如:網路上的「隨選服務」模式,一般有以下幾種:

1. 「隨選視訊」(Video on Demand, VOD)
2. 「隨選運算」(Computing on Demand, COD)
3. 「隨選儲存」(Capacity on Demand, COD)
4. 「隨選影像」(Image on Demand, IOD)
5. 「隨選列印」(Print on Demand, POD)

其中 POD(Print on Demand)是希望能透過出版產業的垂直整合,推廣現行的數位出版的解決方案。如下圖:

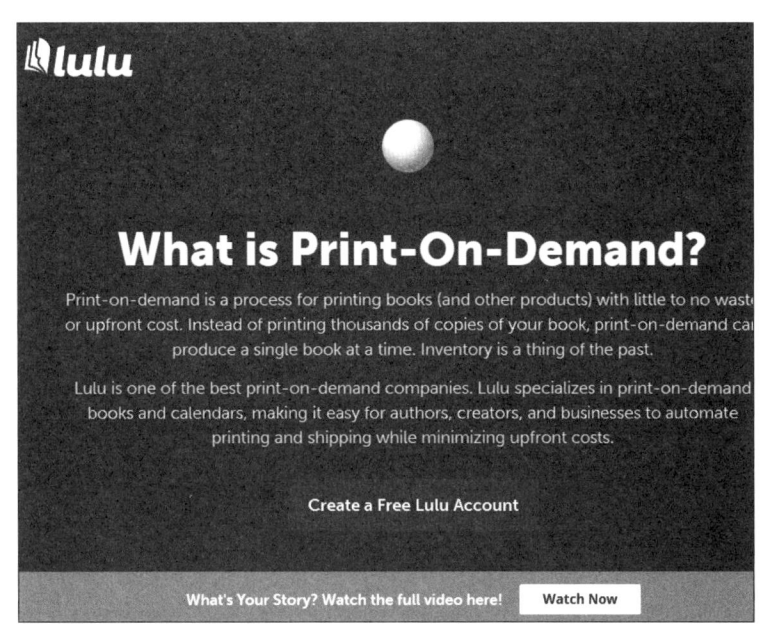

圖 3-13 資料來源：https://www.printondemand.com/ 公開網站

問題解決創新方案─以章前案例為基礎

（一）問題診斷

依據 PSIS 方法論中的問題形成診斷手法（過程省略），可得出以下問題項目：

■ 問題 1：不適合和非優質的商品造成客戶流失

買賣雙方媒合運作其實是兩面刃現象，也就是若客戶買方願意購買的話，那麼賣方也必須能提供適合和優質的商品，這可避免造成客戶流失，故如何做呢？可從客戶流失模型探索出為何流失的原因，來分析哪些商品可達到客戶需求。

■ 問題 2：散亂無集中和無關聯的客戶資料

由於此電子商務交易媒合平台，有多家賣方廠商和多個買方消費者，但彼此之間是散亂無集中的買賣行為資料，故也沒建立和賣方商品關聯性的客戶資料，因此難以配對出適切商品給個人化的客戶需求。

（二）創新解決方案

■ 問題解決 1：在客戶資料中心的客戶流失模型

若從客戶資料角度來看，它是利用數據和行為之間關係的一種探索過程，包括：客戶基本資訊資料（客戶的職業、家庭狀況、年齡、性別…）、客戶行為資料（客戶會員登入行為、客戶的 cookies 記錄、客戶訂閱、購買清單、售後服務狀況）、客戶互動資料（客戶投訴、業務諮詢、客戶營銷活動回應）等。因此首先要建立在客戶資料中心的客戶流失模型。

■ 問題解決 2：建立有關聯性且集中中心的 CDP 平台

在 CDP 平台的 360° 客戶視圖，可全貌了解客戶每個接觸點以及個人化的體驗，進而透過分析客戶個人化 RFM（最近購買期間、購買頻率、購買總金額）資料幫助企業識別潛在客戶流失的模式。例如，藉由在 CDP 基礎上的訂閱服務所蒐集的個人化見解，來發現哪些管道數據對於流量和轉化表現不佳，造成客戶暫時停止訂閱，此時須轉化成能提供獨家折扣或客製化內容的行銷方案，來主動解決客戶的不滿，進而更能識別消費者行為對於訂閱內容的新興趨勢和變化。

（三）管理意涵

■ 在人工智慧運算時代來臨，其面對數位行銷已不再只是用軟體技術來做資訊處理分析，而是用數學演算法技術來做模式運算洞察，故在此案例面對買賣雙方媒合問題，可用客戶流失模型來洞察這個問題，當然人工智慧運算最根本基礎就在於客戶資料，故 CDP 是一個解決方案。

（四）個案問題探討

請探討 CDP 平台有哪些功能？

案例研讀
熱門網站個案：物聯網─智慧電冰箱和食用感測

智慧電冰箱將引發超級市場或賣場的未來之智慧零售服務模式，它是以店內物聯網環境創新應用為主，結合商品供應鏈物流的 RFID/NFC 應用為輔，運用冰箱購物管理與日常採購行為，建立整合商品供應鏈的一種智慧型連動模式。

茲將智慧電冰箱運作程序說明如下：

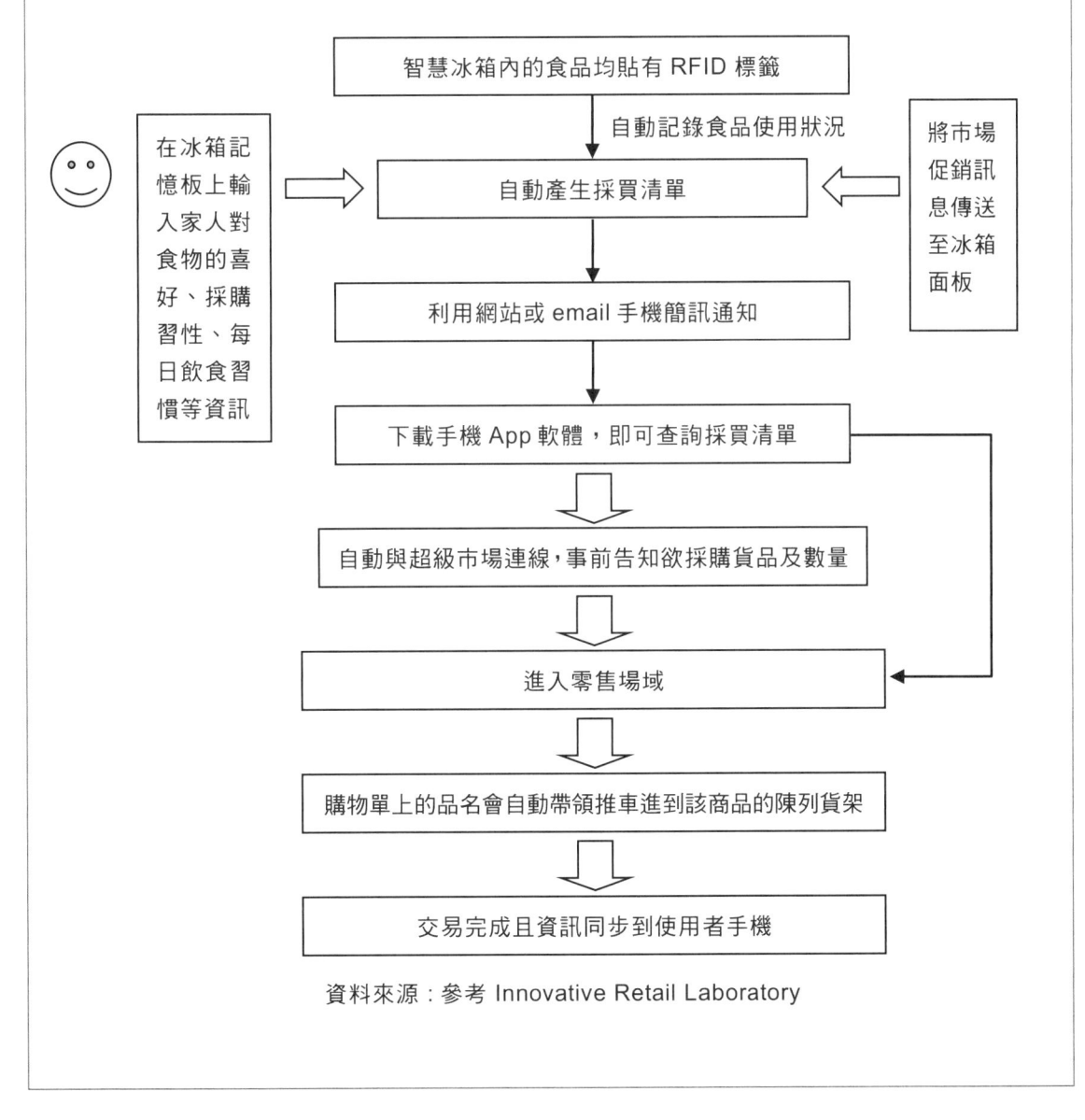

```
                    智慧冰箱內的食品均貼有 RFID 標籤
                                │
                         自動記錄食品使用狀況
在冰箱記憶板上輸入         │                    將市場促銷訊息
家人對食物的喜好、    →   自動產生採買清單   ←   傳送至冰箱面板
採購習性、每日飲食         │
習慣等資訊           利用網站或 email 手機簡訊通知
                                │
                    下載手機 App 軟體，即可查詢採買清單
                                │
                   自動與超級市場連線，事前告知欲採購貨品及數量
                                │
                            進入零售場域
                                │
                 購物單上的品名會自動帶領推車進到該商品的陳列貨架
                                │
                      交易完成且資訊同步到使用者手機
```

資料來源：參考 Innovative Retail Laboratory

Part 2　行銷策略篇

智慧電冰箱

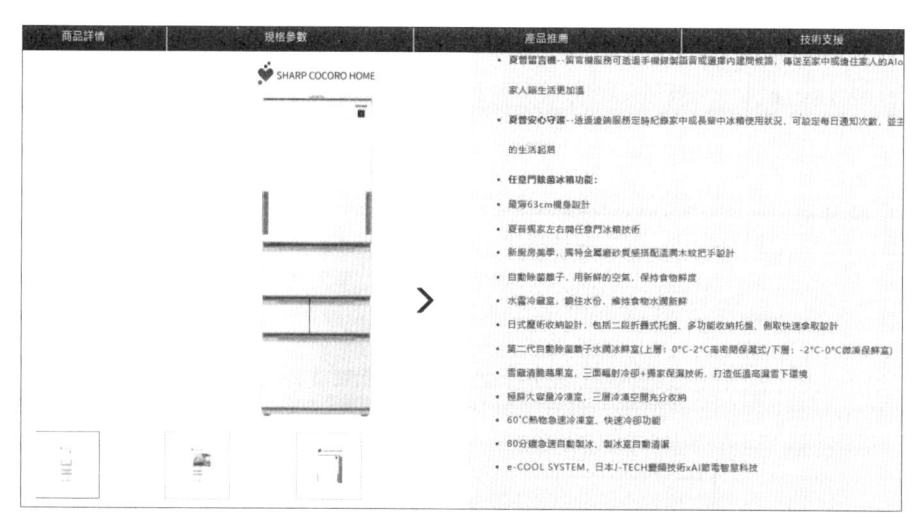

資料來源：https://tw.sharp/products/sj-mw46at

智慧食用感測

茲將食用式健康感測器運作程序說明如下：

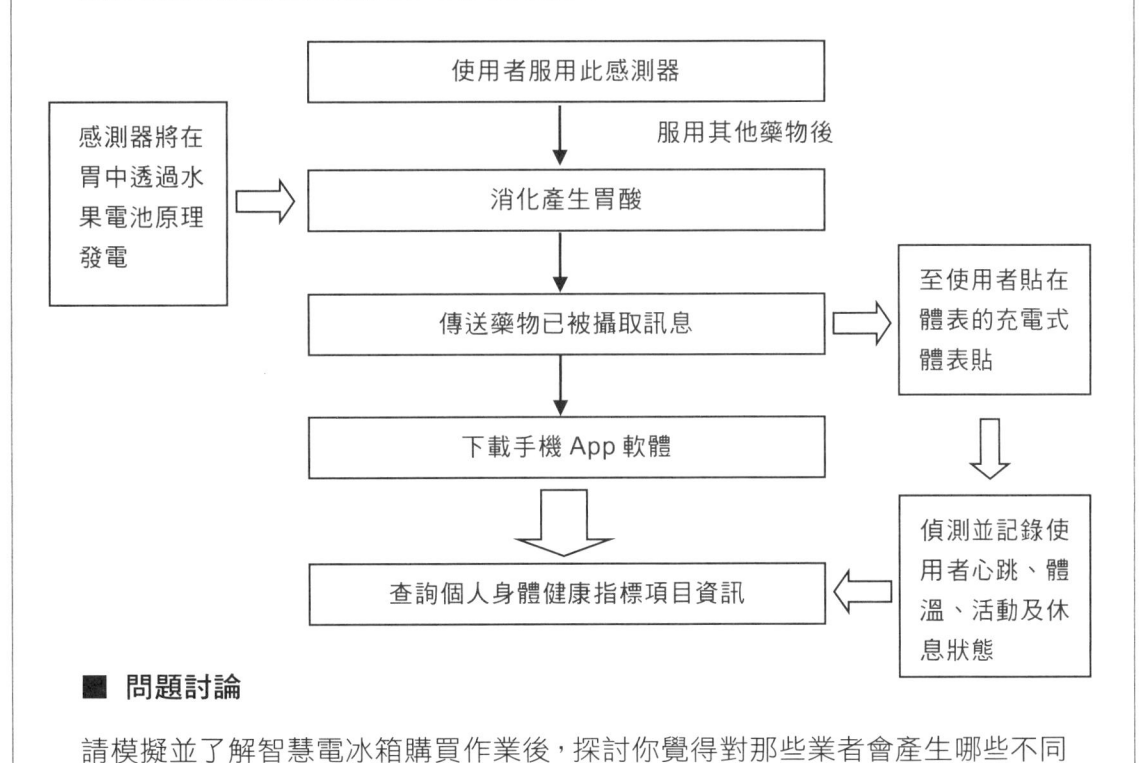

```
                        使用者服用此感測器
                               │
                               │  服用其他藥物後
                               ▼
感測器將在              消化產生胃酸
胃中透過水    ═══▶
果電池原理              │
發電                    ▼                          至使用者貼在
                  傳送藥物已被攝取訊息   ═══▶    體表的充電式
                               │                    體表貼
                               │                      ║
                               ▼                      ▼
                        下載手機 App 軟體         偵測並記錄使
                               │                 用者心跳、體
                               ▼                 溫、活動及休
                  查詢個人身體健康指標項目資訊 ◀═══ 息狀態
```

■ 問題討論

請模擬並了解智慧電冰箱購買作業後，探討你覺得對那些業者會產生哪些不同的新營運模式？

本章重點

1. 網路行銷分析是建築在網路行銷策略上,在策略上必須考慮到行銷活動的起源和行銷在社會中的角色。行銷的起源是從了解消費者,再到消費者行為,接下來是消費者價值,最後是會帶來什麼附加價值。

2. 企業流程模式定義是在於設計能整合各部門的流程,建立流程規範並加以控制,再則提供可供稽核之架構,但須注意的是該企業的商業模式是如何,以便模擬企業作業流程,和整合關鍵性的企業流程。

3. 網路行銷設計的流程,它主要是以消費者的認知歷程去發展情境模擬,進而產生情境創作。

4. 消費者的極大化是指在消費者使用網際網路市場的機制時,消費者可在尋找所需產品與服務時發揮極大化的上網消費產品、數量、金額。

5. 網路行銷的虛擬特性可分成三種,網路行銷的影響性、網路行銷的安全性、網路行銷的科技化。

關鍵詞索引

- 關係行銷(Relationship Marketing) 3-7
- 串流技術(Streaming) 3-11
- 腳本(Storyboard) 3-13
- 市場不連續(Market Discontinuities) 3-18
- 隨選視訊(Video on Demand, VOD) 3-18
- 隨選運算(Computing on Demand, COD) 3-18
- 隨選儲存(Capacity on Demand, COD) 3-18
- 隨選列印(Print on Demand, POD) 3-18

學習評量

一、問答題

1. 網路行銷規劃程序為何？
2. 網路行銷的虛擬特性為何？
3. 網路行銷與實體行銷的差異為何？
4. 試說明網路行銷設計的流程是如何規劃的？
5. 探討消費者的特性如何影響到網際網路市場？

二、選擇題

（　）1. 對企業而言，網路行銷分析是用來分析什麼的功能？
　　　（a）滿足企業廠商需要
　　　（b）滿足消費者需要
　　　（c）滿足行銷者需要
　　　（d）以上皆非

（　）2. 網路行銷系統應如何取得有哪些選擇？
　　　（a）購置套裝軟體
　　　（b）自行開發
　　　（c）委外設計開發
　　　（d）以上皆是

（　）3. 傳統行銷的特性是：
　　　（a）傳統行銷是在於大量行銷
　　　（b）傳統行銷是在於個人化行銷
　　　（c）傳統行銷是在於高互動行銷
　　　（d）傳統行銷是在於少量行銷

（　）4. 網際網路行銷的特性是：

（a）網路行銷是在於大量行銷

（b）網路行銷是在於大眾行銷

（c）網路行銷是在於具有互動的性質

（d）網路行銷是在於少量行銷

（　）5. 網際網路市場對消費者來說具有哪些特性？

（a）極大化

（b）無縫隙的介面

（c）獨立性

（d）以上皆是

CHAPTER 04

網路行銷組合

章前案例：核心客戶價值驅動的數位行銷
案例研讀：深度媒合之社群媒體

學習目標

- 探討行銷組合的種類和應用
- 探討行銷組合的策略
- 說明網際網路上行銷 4P 與顧客關係的轉變
- 探討產品使用週期的定義和應用
- 說明網路行銷如何和 4P 的整合
- 說明網路行銷方法及工具和行銷 4P 的結合應用
- 說明網路行銷運作模式定義與種類
- 探討電子交易市集如何從純粹買賣交易行為演化成企業經營模式？

> **章前案例情景故事**　核心客戶價值驅動的數位行銷

行銷者都知道不可為了數位行銷而數位行銷，那麼應該如何發展？作為提供企業品牌主數位行銷方案的 AI 科技公司陳總顧問，在客戶教育訓練演講場合中提出：「應以核心客戶價值驅動的行銷需求，作為數位行銷方案規劃設計的初始思維」這樣論點，此時某客戶提問：「那核心客戶價值在哪裡？」。

4-1 行銷組合

行銷組合（marketing mix）包含：產品策略、促銷策略、通路策略、價格策略。

產品策略

商品是指一個產品（或服務）的功能（或流程），但經過包裝設計、商標加入、品牌加值、產品服務等，則就是一種商品上的解決方案，而不是只有產品（或服務）的功能（或流程）。若以消費的觀點來看，必須加上需求的滿足，它是一種使消費者達到需求滿足的實體服務及感覺的組合。

故產品策略的重點是在於滿足市場需求，其中最顯著成效的方法就是建立其好品質的品牌形象。

產品品牌可抑制價格競爭、增加附加價值，進而成為網路企業運用差異化策略的重要方法。但產品品牌的建立在網際網路上是受到客戶如何於線上運作來認同的挑戰，因為品牌是由雙方透過實體上的互動而建立的，故必須強化網路行銷的互動性來使產品品牌更加具有價值，故網路品牌是網路行銷的重點趨勢。

產品價格在網路行銷的運用：

1. **消費性產品**：例如：成本較低的便利品、選購品、貴重商品，較不適於在網路銷售。
2. **數位化產品**：數位化的產品，因為無實際產品的外觀和使用問題，故特別適合於網路行銷。
3. **產品差異化**：當產品價格白熱化，可透過網路行銷做服務差異化，進而有效做市場區隔，以引導消費者對產品價格較不在意。

消費者交易是買賣雙方之間的銷售行為，而消費者在購買產品時，會比較價格、品質、外觀、服務、方便、品牌用途、競爭地位等因素，故如何了解並挖掘出消費者考慮因素，則有利於消費者交易成功，其中資料挖掘就是一種做法。下列是一般適合資料挖掘技術來處理的項目：交叉銷售（cross sell）、廣告分析、風險管理、安全行為。

促銷策略

促銷策略包含廣告、公關促銷活動、銷售點促銷工具、傳遞正確訊息給顧客等，一般方法包含人員推銷、廣告等可以促進產品銷售的行銷活動陳列、展售會、贈品、折價券、虛擬商展、競賽、抽獎、打折等。

促銷的目的是在於提供消費者資訊，進而促進需求，以達到商品成效的創造、商品價值的提升、商品銷售的穩定（例如：夏季時銷售火鍋）。

通路策略

通路是可促進買賣雙方產品和服務的交換，包含運輸方式、倉儲、存貨控制、訂單處理、行銷通路，若欲在網路行銷做通路，則網際網路購物環境的設計，必須能夠體現其較於傳統商店的不一樣優勢，例如：通路階層的簡化就是一例。

所謂通路階層是指一項產品從原製造一直到送達消費者手中，其間所經過的通路角色階層，故網路行銷在通路上可提供溝通平台，以促成買賣雙方之間的訊息交流。但有可能產生通路衝突，一般會有實體通路與網路行銷的衝突，和製造代工與經銷體制商的衝突。不過若能將虛擬與實體的溝通活動結合，則可有效地降低溝通成本，進而加速購買決策。例如 amazon.com，如下圖：

圖 4-1 資料來源：https://www.amazon.com/gp/yourstore/home?ie=UTF8&ref_=topnav_ys 公開網站

在通路上的企業應用有三個重要的名詞：行銷通路、後勤通路、物流通路，茲說明如下：

1. **行銷通路**（distribution channel）：由不同行銷組織及交易關係所組成之通路。
2. **後勤通路**（logistics）：對通路成員之間產品及服務的流動和資訊管理。
3. **物流通路**（physical distribution）：將產品運送至使用者等過程的流動，例如：第三物流。

價格策略

網路定價政策可分成：

1. 市場上的價格
2. 利潤價格
3. 市場佔有價格
4. 政策固定價格
5. 高品牌價格

網路定價策略可分成：

1. 低價的策略
2. 固定價格的策略
3. 支付較高的價格

市場特性在經濟學的分類下，會對價格的定價政策有所影響，例如：完全競爭市場，則廠商是價格的接受者。又例如：獨佔市場，則由該獨佔企業來決定價格。

4-2 網路行銷和 4P 的關係

Dutta 與 Segev（1999）學者利用傳統行銷模式的 4P 來發展其理論架構，在此研究中，利用網際網路中獨特的互動性與連結性，來衡量企業轉換其營運模式的程度。它分為技術能力（technological capability）與策略性經營（strategic business）2 個構面。技術能力構面是指互動性與連結性。他們將網際網路上行銷 4P 與顧客關係的轉變整理成如下圖：

產品面	促銷	定價	通路	顧客關係
-相關資訊 -附加資訊 -選擇產品	-線上促銷 -顧客參與 -線上廣告	-產品價格 -動態價格 -協商價格	-線上下單 -即時處理 -線上付款	-顧客回饋 -顧客服務 -顧客確認

圖 4-2　網際網路上行銷 4P 與顧客關係的轉變（資料來源：Dutta, S. & Arie Segev）

網路行銷的出現和盛行，並不是代表傳統一般行銷就沒落，或者以為行銷是無用的。其實一般實體行銷也會因創新和環境變化而有新的行銷手法出現。就如同早期是談 4P：product、promotion、price、place 這四個，但後來不同學門又演變成更多 P，例如：performance（績效）等。故網路行銷和一般實體行銷應是做最佳的結合，絕不是偏廢一方或者沒有用。

若要做最佳的組合，其不論是有多少的結合變化，都是脫離不了上述的基本 4P，故以下將針對 4P 和網路行銷關係分別介紹說明：

product（產品）

產品是行銷的標的，它可因實體有形的分類，包含有形產品和無形服務。前者著重在實體產品的呈現和功效，故就消費者觀點，它著重在產品使用可靠度，在產品介面的設計中，探討可用性（usability）概念，是最常應用在產品使用介面的設計評估上及行銷的手法。

它把可用性的多樣化及複雜層面作了評估，可用性評估考量到產品、用戶、活動和環境特性方面之因素。在產品設計行銷的手法上，是讓使用者在執行績效（performance）和形象＆印象（image & impression）兩項上皆感覺有滿意度的程度，在執行績效上，有包含理解認知、學習記憶、控制活動等。在形象＆印象上，又包含基本感受、形象的描述、評估感覺等。

從上述說明，可知產品介面設計是影響一個產品的可用性，而透過可用性的評估，可作為產品行銷的手法。例如：產品介面不良的引導設計、不好的螢幕和版面配置設計、不適當的回饋、缺乏連貫性等資訊內容，對於產品的可用性就很差。

從上述產品使用可靠度，可整理出產品和網路行銷關係模式：

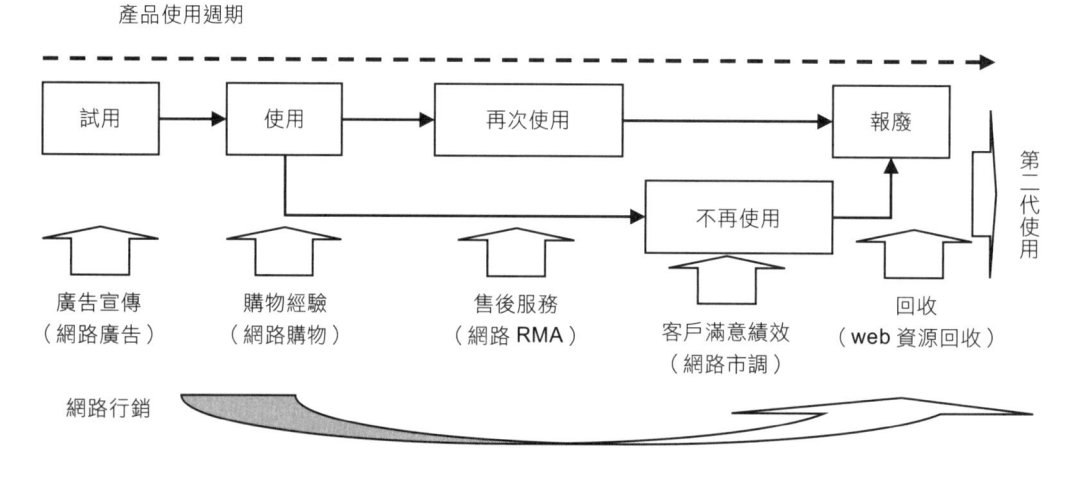

圖 4-3　產品使用週期

從上述說明，可知消費者在使用產品時，一般會有週期上使用路徑，可分成試用、使用、再使用、不用、報廢。相對於產品使用週期，有產品生命週期。產品生命週期如下：

產品生命週期	商品數量	行銷重點	市場結構	4P
萌芽期	新上市商品的需求	行銷和研發	強調新產品的新功能→新商品市場	產品
成長期	銷售量快速增加	行銷的促銷	吸引競爭廠商加入→建立品牌	促銷
成熟期	達到銷售最高水準	行銷的差異性	競爭廠商進入市場→市場區隔	通路
衰退期	銷售量下降	行銷的轉換	退出市場→下一次新上市商品	價格

price（價格）

從行銷的觀點來看，其價格可分成市價、成交價、優惠價、底價、成本價等。一般而言，市價是最高的，然其市價的訂定方式，會來自於成本價的參考，所謂成本價是來自於買賣業取得價格或製造廠生產成本，故成本價的波動是會影響到市價的訂定，進而影響到買賣雙方的成交價，故成本在行銷價格上是非常重要的。

一般成本的議題是在於成本會計，成本會計是可從部門組織和產品製造這二個觀點來看產品成本的分攤和對產品銷售利潤的計算。若就部門組織之觀點來看，對於部門將產生的成本，會轉化為組織的費用支出，並可作為支援部門費用之規劃、預算編制、成本控制與歸屬的依據。它是用來決定直接製造部門和其他間接部門的預算費用參考。若就製造業產品製造之觀點而言，成本中心所匯集的費用資料將被歸屬於產品，以決定產品成本。產品成本一般是由原料成本、人工成本及製造費用所構成的。產品成本是用來決定業務對客戶的報價參考，及製造部門的成本控管的依據。

成本計算的重點是在於將成本合理的歸屬到每一個在製品與製程成品的身上，而分攤的方式是將成本分成三大類：直接原物料、直接人工、製造費用。

從上述說明可知成本影響市價，市價影響成交價，因此在網路行銷上，必須從價格的計算訂定來運作，如下圖：

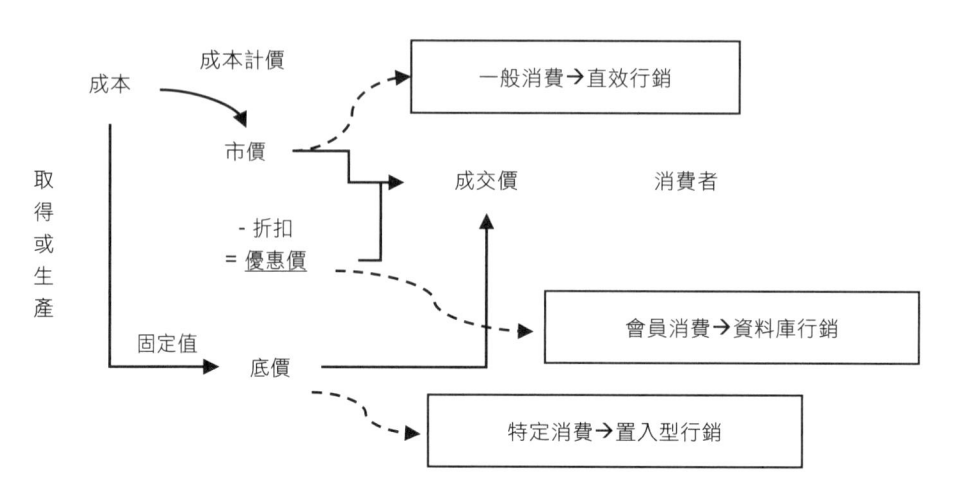

```
                        成本計價
         成本 ────────┐        ┌─────────────────────┐
取                    ↓    ┌──→│ 一般消費 → 直效行銷  │
得                   市價 ──┤    └─────────────────────┘
或                         │
生                   -折扣 │    成交價        消費者
產                   =優惠價┘      ↑
                                  │
         固定值              ┌────┤     ┌─────────────────────┐
          ↓                 │    └────→│ 會員消費 → 資料庫行銷 │
         底價 ───────────────┤          └─────────────────────┘
                            │
                            │          ┌─────────────────────┐
                            └─────────→│ 特定消費 → 置入型行銷 │
                                       └─────────────────────┘
```

圖 4-4　網路行銷上價格的計算訂定

從上圖中可知消費者最後成交的價格可能來自於不同的價格，至於如何決定是哪種價格，可由一些政策來設計，例如：以身分別來訂定，若是一般消費者身分，則以市價，若是較有忠誠度的會員消費者，則就以固定值的底價來運作。在上述不同的行銷手法，可對應不同的網路行銷方法。

▉ promotion（促銷）

促銷的目的就是在於加速消費者購買進度，進而快速產生產品流動或出貨。因此，促銷是在行銷上常用的策略，至於促銷的方式是很多，且因事而異、因人而異等，故在規劃網路行銷時須考慮促銷的方式，一般促銷的方式是建立於促銷情勢的考量，可分成時間差異、地點優勢、產品等級、市場區隔及銷售狀況等，如下圖。

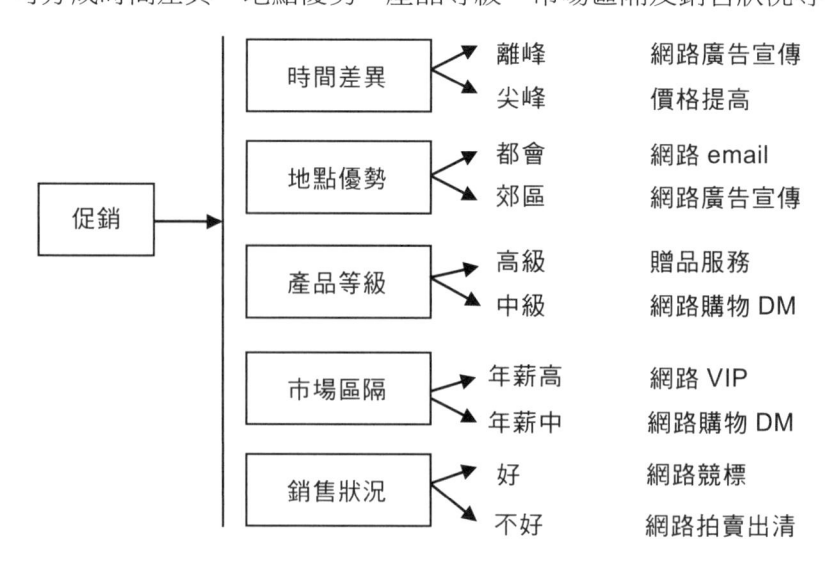

```
                    ┌──────────┐    → 離峰      網路廣告宣傳
                    │ 時間差異 │
                    └──────────┘    → 尖峰      價格提高

                    ┌──────────┐    → 都會      網路 email
                    │ 地點優勢 │
                    └──────────┘    → 郊區      網路廣告宣傳

    ┌──────┐        ┌──────────┐    → 高級      贈品服務
    │ 促銷 │───→    │ 產品等級 │
    └──────┘        └──────────┘    → 中級      網路購物 DM

                    ┌──────────┐    → 年薪高    網路 VIP
                    │ 市場區隔 │
                    └──────────┘    → 年薪中    網路購物 DM

                    ┌──────────┐    → 好        網路競標
                    │ 銷售狀況 │
                    └──────────┘    → 不好      網路拍賣出清
```

圖 4-5　網路行銷上促銷情勢的考量

從圖中可知,在不同促銷情勢下,所採取的促銷手法也不同。其重點是在於加速促銷成功,例如:若銷售狀況不好,有很多呆滯庫存,則就可採取網路拍賣出清的促銷方式。

網路行銷在促銷上的運用有以下例子:家樂福公司所提供可直接從網路列印的型錄,如下圖:

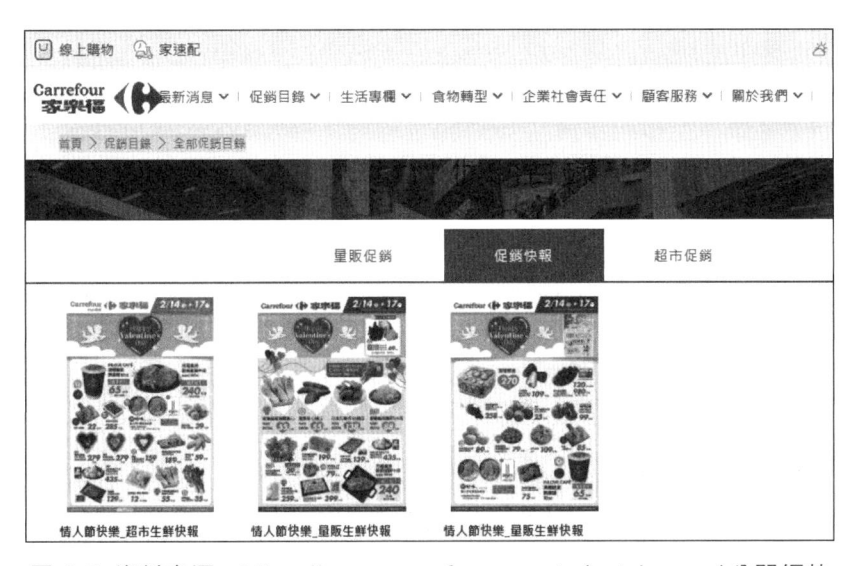

圖 4-6 資料來源:https://www.carrefour.com.tw/catalogues/ 公開網站

例如:提供可以在網路上使用的 e-coupon 等,如下圖:

圖 4-7 資料來源:https://xincoupon.com/books-promo-codes-coupons-discount-codes-deals/ 公開網站

例如:虛擬貨幣或線上遊戲的累積點數。

網路行銷的平台和工具,可使得促銷的成效更加廣泛和顯著,但同樣如同前面幾章提到的,網路行銷的策略、管理、規劃才是重心,它們會影響促銷手法和工具是否有利於發展出行銷成效的方向。

說明完前面 3P 後,可知網路行銷不是只有運用單一某個 P 的方式而已,它必須將這四個 P 一起整合運用,甚至再加上其他學者所提出的 P,故總而言之,就是整合運用的綜效,會大於任一工具或方式的成效。

place(通路)

以行銷的觀點來看通路,最主要是在通路過程上,如何達到行銷目的,故依此觀念,可將通路分成產品展示販賣通路、銷售出貨通路、售後服務通路等三階段,如下圖:

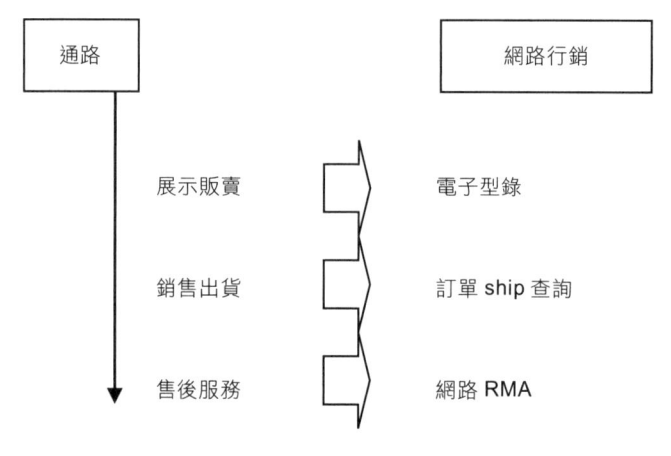

圖 4-8 網路行銷上通路程序

在網路行銷的通路中,其售後服務的通路是可產生再次銷售的機會,也就是說可運用銷售後行為。一般銷售過程,可概分成銷售前、銷售中、銷售後,在傳統行銷較注重銷售中,也就是從推銷開始,而在現今行銷就會考慮到銷售前,也就是說在客戶不知道需求前,就先做售前服務。至於在網路行銷上,因為網路技術關係,更能往銷售後的服務發展。因此在網路行銷的通路中,應善加利用售後服務,例如:網路 RMA 資料的蒐集、整理分類,進而做智慧型分析,以便將分析結果作為再次吸引顧客的依據。

在現有實體的通路中,最令人不滿意的就是通路作業的效率和狀況掌控,而這二項正好是網路行銷最擅長的,故在 4P 中,其最能發揮加乘效果的就是通路的網路行銷。

在網路行銷的執行運作中,唯有整合 4P(product、price、promotion、place),才能發揮綜效。

在市場中須具有足夠的購買能力,及有意願能夠合法進行交易,則才有市場可言,其中內部行銷就是一例,所謂內部行銷是指促進員工對公司目標、政策、顧客需求的了解、提高公司內部員工滿意度,它可產生目標市場,所謂目標市場是指市場中針對特定商品可使客戶具有消費意願,如此可發展出購買可能性高的特定市場。

Quelch(2009)認為網際網路對行銷的 4P,可以提供以下的功能:

1. 滿足顧客需求的產品
2. 直接銷售的目的
3. 以多媒體達到廣告、促銷的目標
4. 進入全球化市場

4-3 網路行銷和 4P 的整合

在網路行銷的運作下,其利基行銷和微行銷的運作,更能透過網路行銷和 4P 的整合,來達到它們的成效,所謂利基行銷(niche marketing)是指集中資源於單一市場區隔,所謂微行銷(micromarketing)是指針對較小市場區隔進行行銷概念。

行銷的 4 個 P,網路行銷絕對不可單獨運作,它必須和傳統行銷上的 4 個 P:產品品牌、價格、促銷、通路做結合,如此才能發揮網路行銷的綜效。那麼如何結合呢?以下是筆者以網路行銷方法及工具為基礎,來探討和行銷 4P 的結合應用,整個結合模式如下。

```
                                              產品品牌
                       一對一行銷                價格
   供應商        企業                  客戶
                                                促銷
           存貨管理    置入型行銷
                                                通路
                     RFID

                              網路廣告 / 電子刊物 / 名片

                              網路行銷工具
```

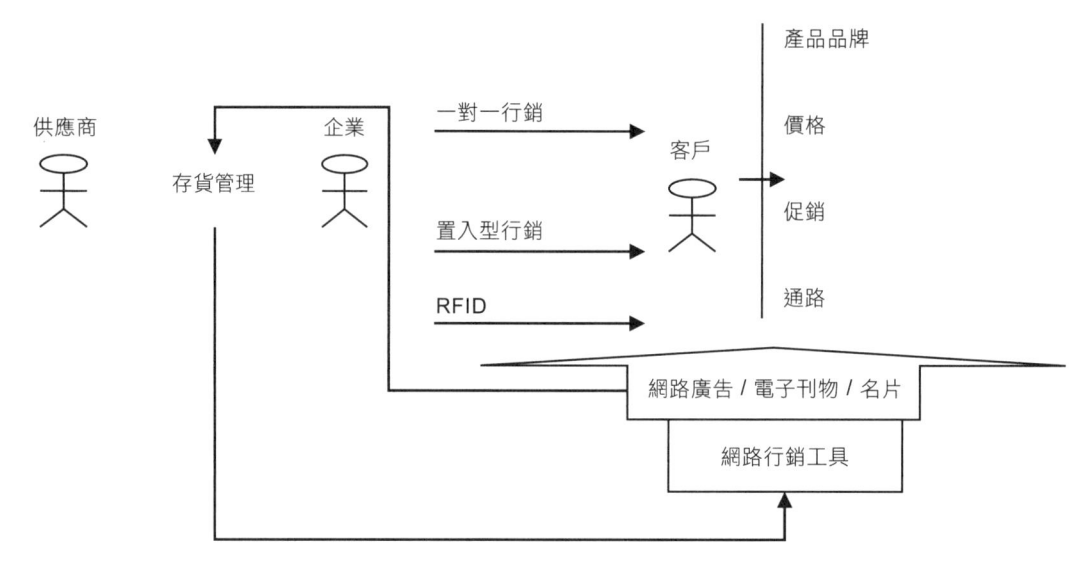

圖 4-9 網路行銷方法及工具和行銷 4P 的結合應用

網路行銷方法和工具是很多的，甚至又有創新的方法和工具產生，故在做網路行銷 4P 結合，應隨著環境條件變化而調整修改之。

在此，網路行銷方法以一對一行銷、置入型行銷及 RFID 和存貨管理結合等為例子，其在網路行銷工具以網路廣告、電子刊物、名片為例子做說明。

在上個章節已說明行銷 4P 的定義和重點，在此就僅以結合觀點來探討，而為了讓讀者易於了解，故也舉一個營運人力資源的企業例子做說明。

就一對一行銷而言，企業以網路技術規劃建置具有一對一效果的行銷網路，它能使客戶就本身產品需求，和企業做一對一的溝通，這樣的溝通，可應用在企業行銷的 4P 上。以產品品牌為例，它可結合企業本身形象和品牌優勢（例如：獲得國家品質獎或品牌獎），就這個優勢可呈現在一對一行銷內容，例如：人力資源網站設計一個針對個人求職者的一對一職場諮詢平台，個人求職者可透過該平台和專家一對一互動諮詢，而為了讓這一對一諮詢平台更有成效，該企業就運用本身形象和「人力資源知識」產品品牌及專業師資，來推銷給個人求職者；另外，在這行銷過程中，也可運用網路廣告的行銷工具，作為一對一行銷的支援和搭配，例如：將產品品牌轉換為廣告的優質設計，以作為網路廣告，來達到透過品牌作為一對一的行銷。

再則，就置入型行銷而言，企業可運用電子刊物網路工具，以達到顧客的促銷。在免費的電子刊物裡，可提供顧客所感興趣的資訊或專業性內容，這對顧客而言，當然樂意接受，這時，企業會在這刊物內放入跟產品有關的訊息，讓讀者不知不覺中也吸收

到某產品訊息。這樣的做法，可將產品促銷訊息放入電子刊物內，以作為顧客促銷之用，例如：人力資源網路提供求職方面資訊的電子刊物，而在這電子刊物裡可放入產品訊息（例如：人力資源書籍），以及優惠價格促銷，以達到顧客促銷之用。

最後，就 RFID 存貨管理結合模式而言，企業可將實體產品貼上 RFID 標識，利用該 RFID 來記錄、追蹤其產品交易過程訊息，若以存貨管理角度來看，可透過 RFID 的資訊蒐集，來立即了解存貨的現況，包含目前各據點的存貨、銷售量狀況、物流運輸進度等狀況。這樣的結合模式，可應用在行銷 4P 中的通路（place），它利用 RFID 技術，將產品服務的通路提供給顧客，顧客可利用這個通路來滿足交貨進度、是否有存貨、維修店面服務等需求，這時企業可運用網路名片的行銷工具，將網路名片透過 RFID 無線讀取的產品交易資訊，記錄在「個人化網路名片」上，以便傳送給顧客，透過網路名片顧客可超連結瀏覽對產品功能規格的探索需求過程，而企業業務員也能因此掌握顧客訊息，以作為後續行銷活動的展開。例如：人力資源網站所出版的相關產品書籍，可貼上 RFID 標識，利用出版通路來得知書籍產品的銷售狀況，以利反應市場需求，及時印刷適當數量以同時降低成本和滿足客戶需求，而在推廣書籍方面，可運用網路名片結合 RFID 資訊，透過通路的過程，快速且立即傳送給顧客。如下圖：

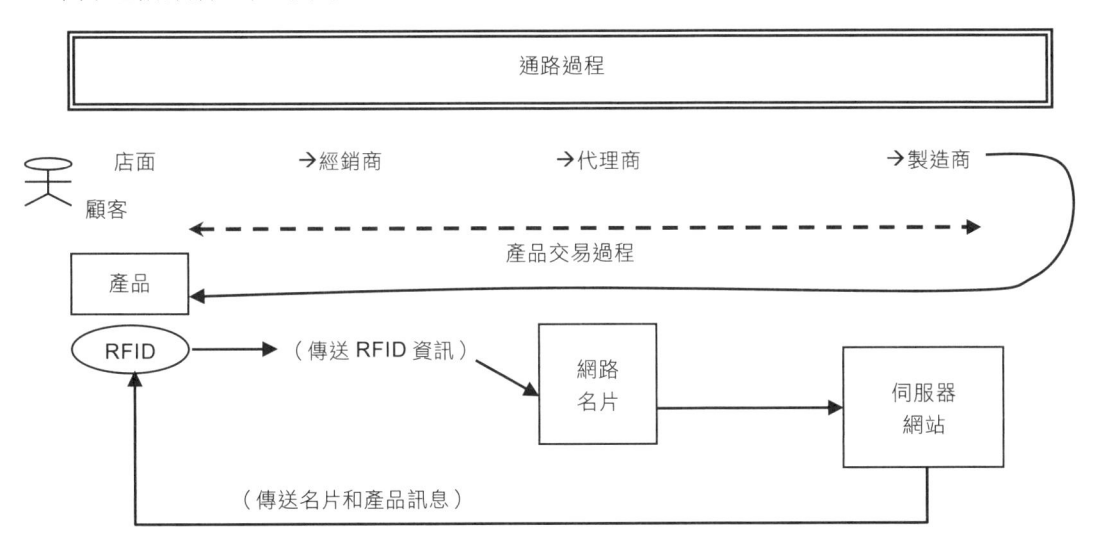

圖 4-10 RFID 存貨管理結合模式

4-4 網路行銷運作模式

網路使用者在網路上使用或購買動機，會受到網站技術、服務品質、購買成本等網路使用特性影響，進而反應在網路消費者的滿意度及忠誠度上，網路使用特性包含：網站技術、網站設計、交易安全性、服務品質、購物便利性、服務可靠性、個人化服務等，這些特性的程度高，則網路消費者滿意度和忠誠度就高，若是購買成本高、商品價格高、系統反應時間長，則網路消費者滿意度和忠誠度就低，因此消費者的滿意度對於消費者的忠誠度有正向的影響。

網路使用特性會影響到網路行銷的成效，一個好的網路行銷模式必須具有下列基本單元：

- 吸引的介面
- 豐富的內容
- 主題的效益
- 收費的來源
- 網路的技術

這些單元功能無非就是要吸引買方，故要成功地做網路行銷，就必須要能聚集大量消費者，符合買賣雙方的需求。要達到這個重點，就必須善用網路使用特性，將這些特性應用在網路行銷上，以建立市場需求服務的加值解決方案。

在不同的網路行銷模式下，其網站技術、服務品質及購買成本對消費者滿意度的影響會有所差異。下列針對不同模式的網路行銷，對網路使用特性的影響做說明：包含電子目錄模式、經營模式、內容模式、情報資訊模式、電子市集模式、廣告模式、中介代理／經紀模式等。

4-4-1 電子目錄模式

採用「電子目錄（e-category）模式」的網路行銷是藉由某一特定產業的網上目錄，將目錄資料庫化，以便於查詢、分析及交易，亦即利用大量的網上目錄資料，來整合買方與供應商交易、節省交易成本、加速作業效率，進而創造價值。買方主要是向具有商譽的大型供應商購買，買賣雙方很分散且交易頻繁，但是每次交易量卻很小，故網站技術對消費者滿意度的影響會很重要。例如：JAGGAER One，它是可提供企業在搜尋物料來源的供應需求平台，如圖 4-11。

圖 4-11　資料來源：https://www.jaggaer.com/solutions

4-4-2 撮合模式

採用「撮合模式」的網路行銷是藉由替買賣雙方的需求面與供應面進行快速配對來創造價值。其產品主要是民生用品或標準化商品，故購買成本對消費者滿意度的影響很重要。例如：Statista，它是提供企業在供應買賣過程的流程平台，如圖 4-12。

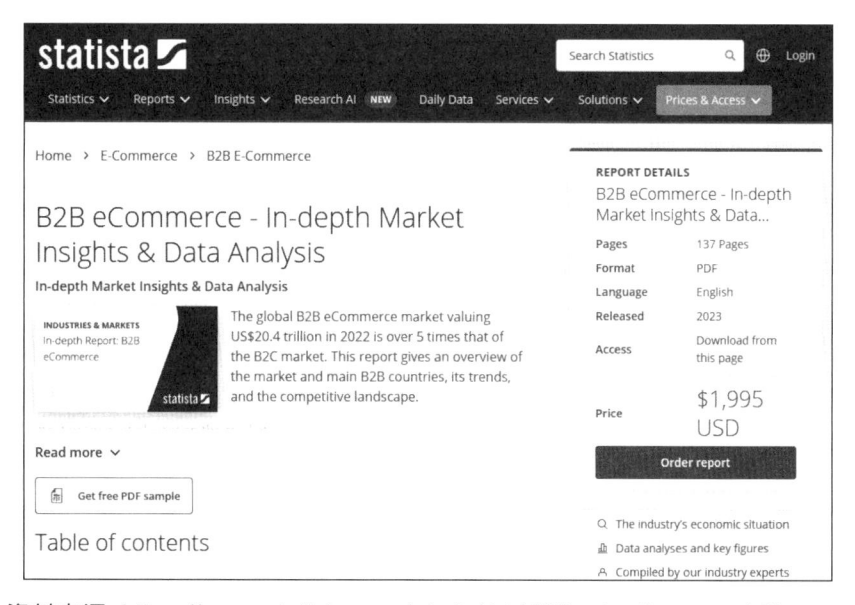

圖 4-12 資料來源 https://www.statista.com/study/44442/in-depth-report-b2b-e-commerce/

4-15

Statista 公司是一個提供企業在供應買賣過程的共同平台，它可讓買賣雙方在此平台中做商品交易。

4-4-3 經營模式

主要包括販賣各種商品的批發商，或提供商品、服務的零售商。採用「經營模式」的網路行銷是藉由提供產品與服務給消費者的整個價值創造過程，包括：支援性活動和主要服務活動所組成的作業，例如：提供產品與服務的推廣行銷方式。故服務品質對消費者滿意度的影響會很重要。例如：一些貿易網，它是提供企業在全球貿易市場的訊息和活動的平台，如圖 4-13。

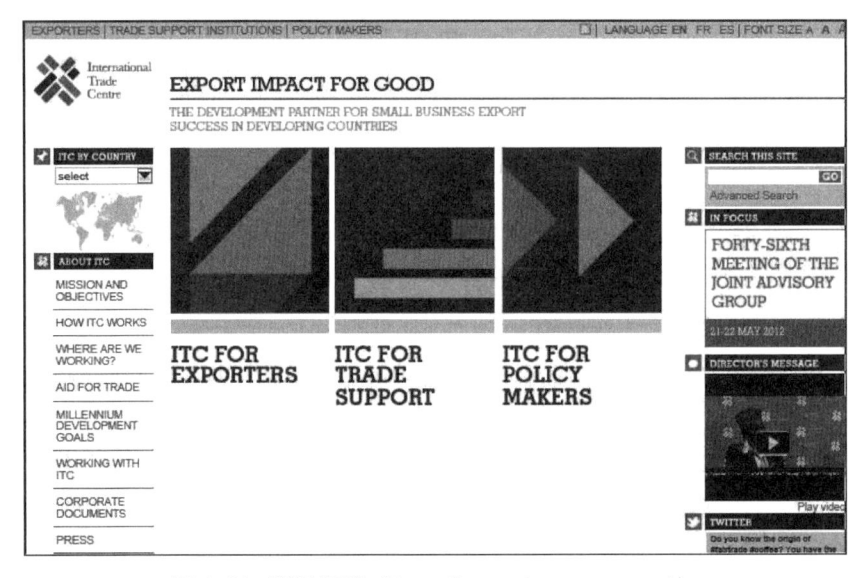

圖 4-13 貿易網站（http://www.intracen.org/）

International Trade Centre 是一個全世界貿易網，它是提供企業在全球貿易市場的訊息和活動的平台。

另外，製造商也可用直銷方式，讓消費者直接和廠商接觸，如此可省去中間商的角色而節省成本。另外，製造商也可用產品租賃方式，使用者支付租金，在特定期間交換獲得使用某產品或服務的權利。例如：E-junkie、OpenTable、DressPhile、Rent the Runway、37Signals。

4-4-4 內容模式

採用「內容模式」的網路行銷是藉由發展出內容網站,以「內容」吸引消費者,它會以各種方式來設計和編排有用或吸引人的內容主題,進而再推銷公司產品或服務,如此可以先得到消費者的信心和認同,以便在做網路行銷時,比較容易切入,不至於讓消費者產生排斥。業者提供具有高附加價值和時效價值的文字、影音內容給訂閱用戶,並藉此獲得效益。故服務品質對消費者滿意度的影響會很重要。例如:Picnik、Spotify、ebay,如圖 4-14。

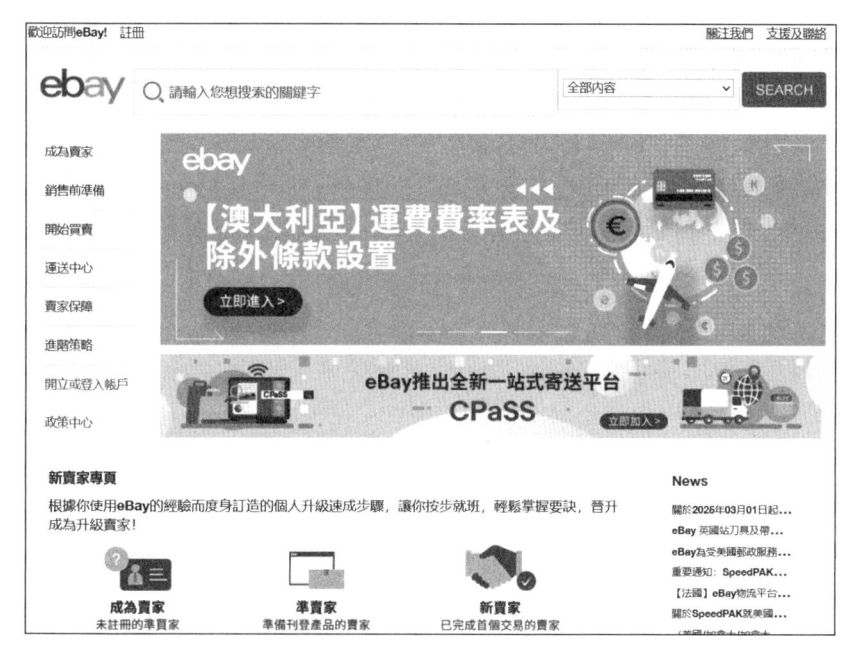

圖 4-14　ebay 網站（http://www.ebay.com.tw/）

ebay 公司是針對一般消費者買賣所提供的網路平台,透過該網路平台,可做查詢、拍賣等交易需求。

另外,在加盟夥伴的網站或部落格內撰寫內容,來吸引客戶觀看,進而刊登廣告或擺放商品銷售的程式碼,來增加曝光機會,而且只要商品、服務順利售出,或廣告被點選,即可和廠商拆分收益。

另外,也可採取品牌內容整合方式,也就是將產品品牌置入於客戶瀏覽的網站內容裡,加強消費者對產品、服務產生印象。例如:Polyvore、Mint、Gala Online。

4-4-5 搜尋模式

採用「搜尋模式」的網路行銷是藉由搜尋引擎（search engine）技術，在資料數量龐大的網際網路世界中，讓消費者可以搜尋到自己要的資料，如此，可吸引大量消費者使用該搜尋引擎網站，進而向想要透過網路行銷的企業主收取媒合費用。需求搜尋和蒐集是為客戶的需求提供報價服務，盡力找到賣家，並滿足交易行為（如訂購機票），其可從中賺取差價或處理費用。故需求搜尋和蒐集網路技術對消費者滿意度的影響會很重要。例如：DressPhile、TripAdvisor、Yahoo!。

4-4-6 情報資訊模式

採用「情報資訊模式」的網路行銷是藉由蒐集整理來自於企業營運或其他方面的資料，進行彙整統計與分類等加值處理運用，包含：客戶資料、商機媒介、投資諮詢、顧問諮詢服務、有價資訊以及產品情報等，這些做法可以吸引對該主題有興趣的消費者使用該情報資訊網站，進而按照訂閱或是使用的次數來收費。故服務品質對消費者滿意度的影響會很重要。例如：Infoplease 網站是提供情報資訊給企業經營或個人需求參考的平台。

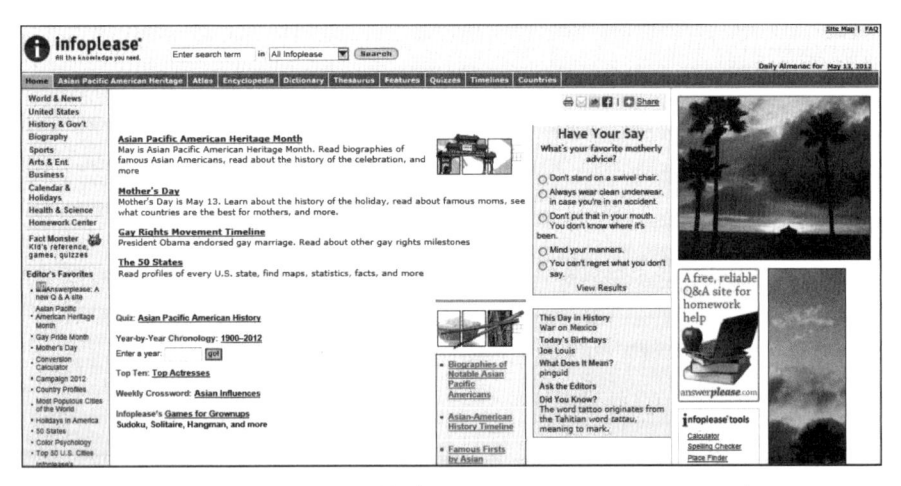

圖 4-15 Infoplease 網站（http://www.infoplease.com/）

又例如：針對大眾的閱聽行為提供監測、調查分析，如收視率調查、流量調查等服務，例如：RatePoint、Get Cliky、Quantcast。

4-4-7 電子市集模式

在網際網路的技術衝擊下，企業的經營模式得以改變，並且延伸至產業的交易，其在網路使用者特性的影響下，產生了產業的網路環境，對於行銷的重點而言，就是產生了電子市集（e-marketplace）。電子市集可分成產業別（垂直式）、功能別（水平式）。它比較偏向於產品服務複雜度高，且需具備專業知識才能提供企業所需資訊，並在複雜的市場中，快速地依企業客戶需求找到供應商或買方完成交易。

電子市集是須能解決產業供應間的問題，主要包含：採購供應、設計開發、資料資訊交換等問題的需求，如表 4-1。

表 4-1 產業供應間問題

	產業供應間問題	
採購觀點	缺乏整合的採購供應	缺乏採購供應的支援
設計觀點	缺乏整合的設計	缺乏新材料和替代材料的採購供應
交換觀點	缺乏整合異質資料	缺乏整合的平台交換

在採購供應的採購挑戰（procurement challenge）：

- 市場來源（sourcing）決策的最佳化
- 銷售成本的控制
- 存貨需求的最佳化
- 供應商的資料庫

在設計開發的設計挑戰（design challenge）：

- 在產品生命週期中降低成本
- 產品生命週期縮短
- 生產技術快速成長
- 產品多樣化

在資料資訊交換的挑戰（data exchange challenge）：

- 企業之間的關聯檔案（profile）建立
- 與企業內後端系統資料及流程整合
- 不同 data format 整合性

從這些產業供應之間的採購供應、設計開發及資料資訊交換等問題，可以建構出產業在網路行銷上的電子市集，其應用架構如圖 4-16。

Marketplace 整合 ERP/SCM 計畫功能架構

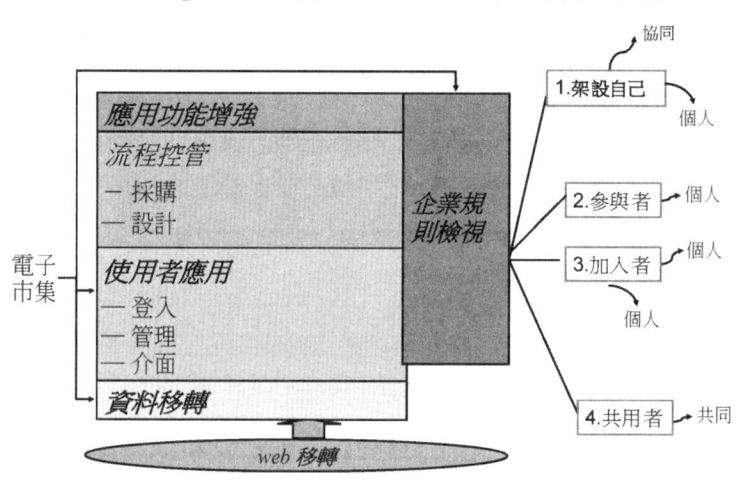

圖 4-16 電子市集系統應用架構

從圖 4-16 中可知，最低層是資料交換和對照的機制，接下來是使用者應用介面，再者是企業流程控管，最上層是加強型的應用功能。這些機制功能會針對不同使用者的涉入程度種類，來執行企業規則的確認。也就是說，不同使用者進入電子市集內，會依公司本身涉入條件程度，產生相對應的規則，進而應用那些機制功能層次。企業欲和電子市集做自動化整合，就必須做到企業內部 ERP/SCM 系統的流程和資料，可自動連接到電子市集平台的流程和資料，而這就必須運用到如同圖 4-16 的整合功能。

不同使用者可分成架設自己 ecosystem 的角色（指企業使用者有能力和素質來自行建立伺服端系統）、參與者 web server 的角色（指企業使用者有能力和素質來自行建立客戶端系統）、加入者 turnkey 的角色（指企業使用者只有以轉資料軟體方式，來和電子市集的系統連接）、共用者 turnkey 的角色（指企業使用者只有以 browser 上網方式，進入電子市集的系統做資料輸入和查詢），其應用模式如表 4-2。

表 4-2 使用者應用模式

種類	資訊方法	資料庫	確認企業規則功能	客戶家數	公司規模
\multicolumn{6}{c}{Marketplace 整合 ERP/SCM 計畫系統模式種類}
1.架設自己	伺服器 web server	在自己公司內	自己公司的規則 rule	少數	大
2.參與者	客戶端伺服器 client server 檔案傳輸 ftp server	在自己公司內	自己公司的規則 rule	普通	中
3.加入者	三層次 three-tier	在電子市集內	自己公司的規則 rule	普通	中
4.共用者	瀏覽器 browser	在電子市集內	類似公司的模組規則 rule	多數	小

產業在網路行銷上的電子市集，其系統範圍如圖 4-17。從圖中可知它包含採購循環流程：訂單循環作業、進出口作業、財務稅務應付帳款作業等，以及設計循環流程：新零件／廠商作業、專案協同作業、工程圖檔／ECN 資料作業。這些功能作業是針對直接材料的運作所規劃設計的，所謂直接材料是指企業將這些購買的材料，直接運用在產品的生產過程；也就是說，直接材料的使用是需考慮到企業製造過程中的適當時間和數量及品質，其價格因素並非是最重要的考量，而且也不是用來做消耗使用，它必須再投入生產過程。

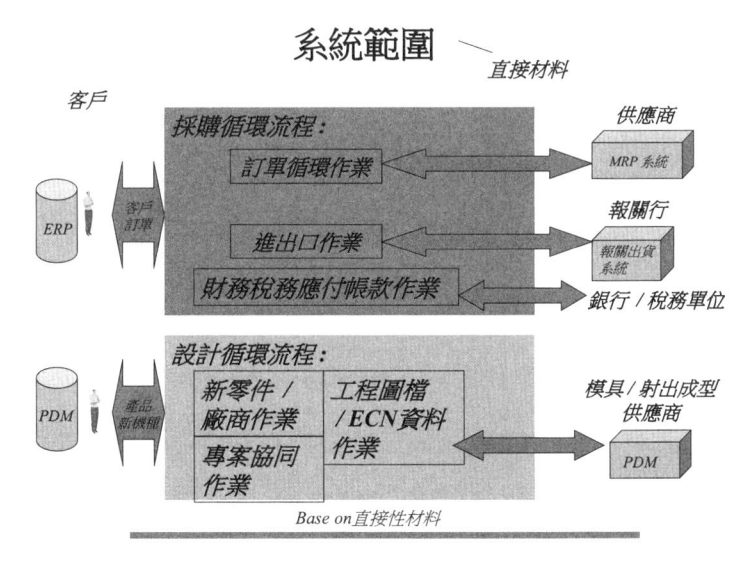

圖 4-17 系統範圍

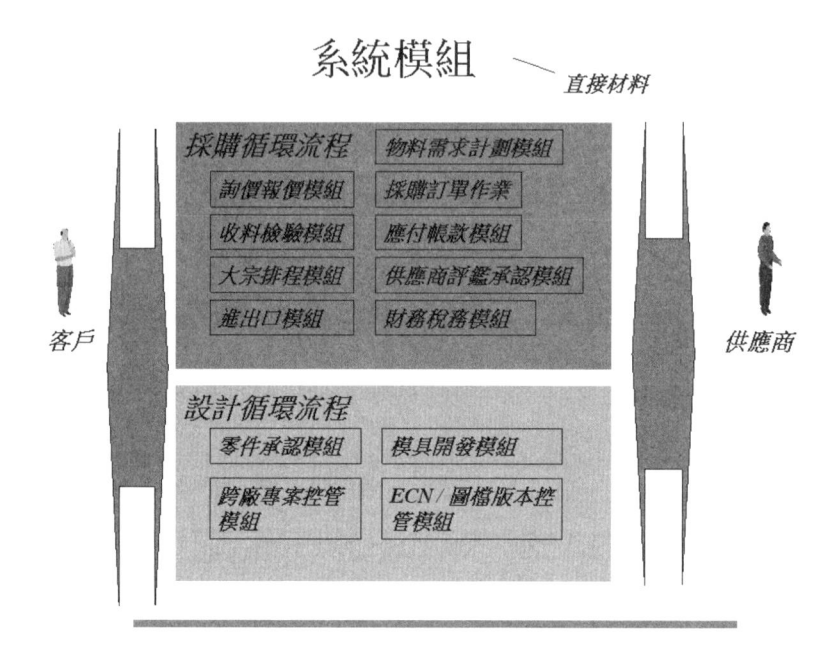

圖 4-18 系統模組

從產業在網路行銷上的電子市集系統範圍，可展開系統模組，如圖 4-18。

從上述的產業在網路行銷上的電子市集系統範圍和模組來看，若以交易專業性而言，可分為「水平產業」及「垂直產業」兩種電子交易市集，水平產業電子交易市集是藉由一個交易平台，讓所有企業對非專業的共同業務進行採買或交易。而垂直產業的交易架構是針對同一產業的上下游廠商做作業整合。

故「水平產業」電子交易市集提供這些商品或服務，是不分企業大小也不分產業別，它提供一套共同機制的平台進行交易，因此水平式產業電子市集如同一個電子社群，它偏向於提供交易、議價、拍賣等行銷機制。

「垂直產業」電子交易市集是依據某一產業做垂直整合交易，如圖 4-19，這類市集要具有該產業領域的專業知識，其提供的服務通常先將作業自動化，再進一步垂直整合到其上、下游廠商。例如：台塑網電子交易市集，如圖 4-20；金屬產業的 e-Steel Exchange；塑膠產業的 PlasticsNet，如圖 4-21…等。

圖 4-19　上、下游廠商垂直整合

圖 4-20　台塑網電子交易市集（https://www.e-fpg.com.tw/j2pt/html/）

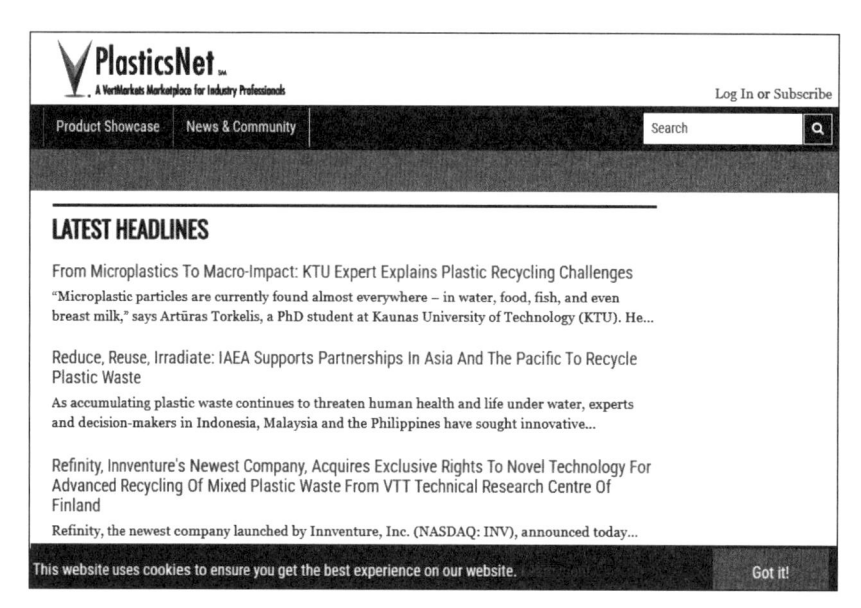

圖 4-21 PlasticsNet 網站（http://www.plasticsnet.com/）：PlasticsNet 是提供塑膠產業的電子市集平台

電子交易市集從純粹買賣交易行為演化成企業經營模式，茲將發展階段過程說明如下，它主要分成三個階段（phase）：

階段 1：自動單一連接

它是以個別企業針對客戶和供應者做單一資料的連接。

供應者 ←Phone/mail/fax→　　　←Phone/mail/fax→ 客戶

階段 2：企業資源功能單元

它是以個別企業針對客戶和供應者做功能別流程的連接。

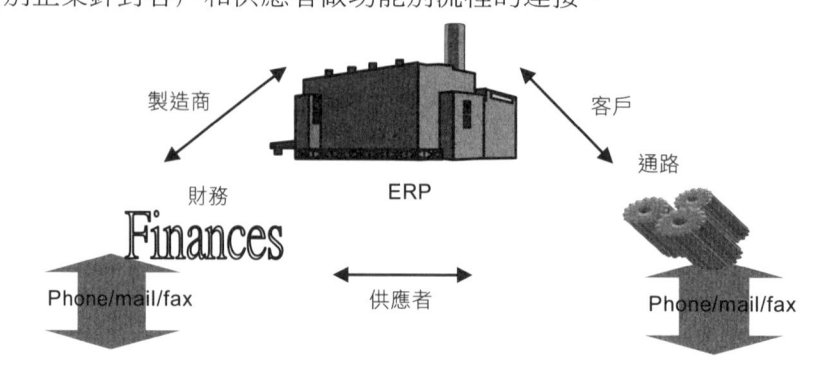

製造商　　ERP　　客戶
財務 Finances　　通路
Phone/mail/fax　　供應者　　Phone/mail/fax

階段 3：公司之間的產業資源整合

它是以企業和其他企業在網路平台上，**做買賣交易的連接**。可分成四個子階段，在第 3-1 子階段是指**企業和其他企業直接做買賣交易的連接**，在第 3-2 子階段是指**企業在私有及公有電子市集平台中做買賣交易的連接**，在第 3-3 子階段是指**企業透過中央平台的電子市集做買賣交易的連接**，在第 3-4 子階段是指**企業跨越很多的電子市集做買賣交易的連接**。

階段 3-4：
跨越很多的電子市集

階段 3-1：
買賣雙方非間接連接

階段 3-3：
中央平台的電子市集

階段 3-2：
單獨電子市集／
私有及公有電子市集

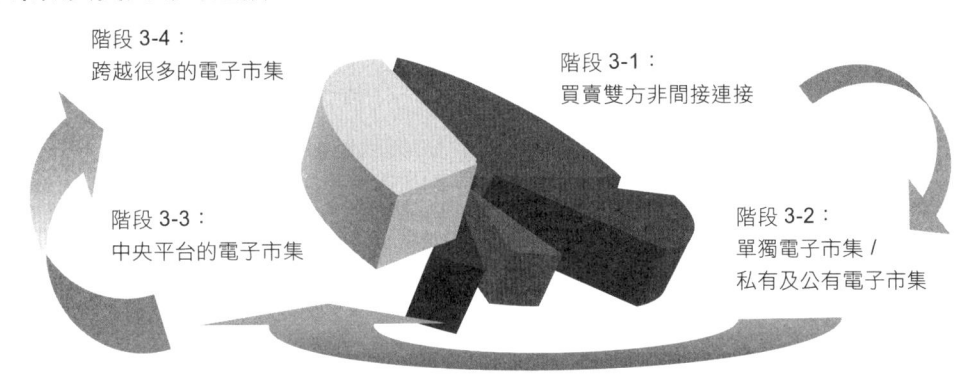

所謂跨越很多的電子市集，是指有很多單獨電子市集，會透過中央平台的電子市集，做跨越整合來延伸企業的經營鏈，如下圖。

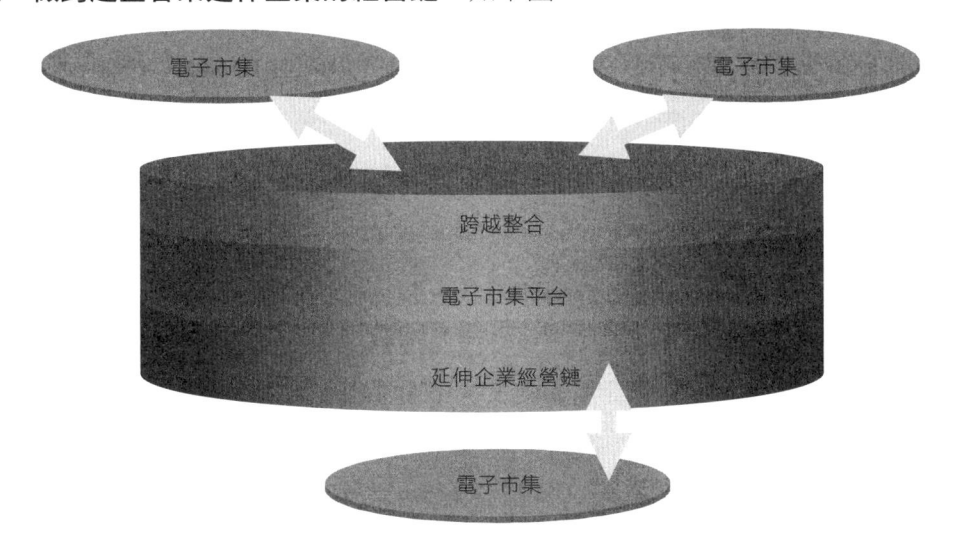

電子市集

電子市集

跨越整合

電子市集平台

延伸企業經營鏈

電子市集

在上述不同發展階段的電子交易市集，以階段 3-3 比較有可行性和價值的實際運作，例如：以採購內容為中心的交易市集，主要集合不同產業的產品交易。例如：cs-cart.com，如圖 4-22。一般在上述的電子交易市集內，其網路行銷內容來源包含：來自欲刊登該公司訊息的廣告，分類維護商家和買家的產品目錄，蒐集有價值的市場統計資料加以分析等，再根據這些內容來源從事網路行銷。

圖 4-22 cs-cart.com 網站（https://www.cs-cart.com/）

cs-cart.com 公司是以採購內容為中心的交易市集，結合不同產業的產品交易。

電子交易市集預期效益：

成本類：

1. 節省網路及系統建置費。
2. 預期可降低整體營運成本 20%~30%。

時間類：

1. 大幅降低下單時間，透過與下游的零組件供應商流程整合，可快速增加庫存週轉率及庫存金額。
2. 對客戶快速且即時的回應。
3. 外包品質及交期得以適當控管。

效率類：

1. 上、下協力廠商整體流程控管，包含零組件的品質控管、主要生產流程、設計變更的事前通知及不良品的即時掌握和改善。
2. 發展出在工程變更、交期變動、品質異常等回應及溝通需求的即時回應和解決方案，單一零組件供應商供貨之掌握，支援跨國製造工廠及全球產品售後服務之整合。
3. 新產品即時上市，共同研發及協力開發。

電子交易市集成功關鍵因素：

- 整合性強大之流程協同整合平台。
- 全年無休運轉。
- 跨國運作符合客戶全球運籌中心需求。
- 全面監控、即時反應、主動連結功能。
- 提供流程再造、網路建置等附加服務。
- 提供 e-service platform。
- 整合 e-marketplace 和 ERP/SCM/CRM。

4-4-8 廣告模式

網路廣告模式是網路產業最常見的獲利來源，藉由提供內容服務（如電子郵件、新聞、社群）來換取注意力的販售。它提供商品或服務的網站，透過夥伴計畫為每個有效的用戶點擊廣告而付費。包含：

1. **分類廣告**：提供具有商業價值的分類商品資訊（如商品買賣、租屋），靠刊登廣告獲利，例如：Daily Burn、yelp。
2. **入口廣告**：在入口網站打廣告容易吸引客戶，入口網站提供客戶需求的資訊，藉以吸引大量人潮，例如：騰訊、盛大、阿里巴巴。
3. **媒體廣告**：以多媒體型式所設計的互動廣告，藉此吸引用戶的關注，並達到廣告效果，例如：Gala Online。
4. **撰文行為廣告**：當用戶的滑鼠停駐在網頁的某些特定關鍵字上時，就會跳出相關的廣告和資訊視窗。它是以文字連結和觸發的方式呈現，或是在產品中自動呈現廣告，例如：FiLife。
5. **廣告投放交換**：加盟夥伴計畫的會員網站，彼此交換橫幅廣告的刊登，可獲得獎金。例如：MyAdEngine。

4-4-9 中介代理 / 經紀模式

為買家和線上商家進行撮合，中介可以從企業對企業（B2B）、企業對消費者（B2C）或是消費者對消費者（C2C）這些模式來提供交易行為和服務，例如：買賣履行服務（經紀人向買方或賣方提供服務，收取交易費用），所以它是屬於一種複合型的商業服務，並從中賺取一定比例的佣金收入。例如：OpenTable、Imshopping、kaChing、MyAdEngine、Smokin Appss。

問題解決創新方案—以章前案例為基礎

（一）問題診斷

依據 PSIS 方法論中的問題形成診斷手法（過程省略），可得出以下問題項目：

■ 問題：核心客戶價值在於資料運作和管理

企業為何會有營業收入？因為企業提供好的商品和服務交付給客戶，這就是一種核心客戶價值。那企業的好商品和服務如何來？它是從企業流程的有效率之營運運作結果而來，而在這樣有績效的作業流程執行中會產生資料，因此這些資料就會呈現營運運作後的經營狀況，故如何發展資料運作和管理就是重點。

（二）創新解決方案

■ 問題解決：資料運作和管理工具和方法

Informatica Axon 是一套資料編輯和存取的資料治理平台。Dataddo 是一個無須程式編碼就可連接各種資料來源在雲端的資料整合平台。Alteryx 提供能分析其資料工作流程的資料管理生態系統。Oracle Fusion Data Intelligence Platform 是一種以 AI 和機器學習（ML）模型來發展業務資料即時分析洞察見解，以加速將決策過程轉化為可操作的智慧平台。其功能包括直覺智慧儀表板、結合企業應用系統（例如：ERP、SCM）、洞察轉化為決策行動方案、組織資料互聯視圖等可讓資料資產實現最大價值的效益。從上可知，透過數據治理，可使得數據驅動的行銷決策更能達成目標受眾的聚焦視野。

（三）管理意涵

■ 客戶資料就是金礦，掌握客戶資料就可創造出很多商機！因此現在全世界國際大公司都在爭取資料中心（data center）據點和空間設備、解決方案。

（四）個案問題探討

請說明什麼是核心客戶價值？

案例研讀
Web 創新趨勢：深度媒合之社群媒體

社群媒體是目前很熱門的行銷平台，社群媒體的力量是非常迅速且強大的，企業可透過社群媒體來管理及回應他們的顧客。若企業能夠運用社群媒體模式，自然能夠帶來可觀的效益。其所建立的平台整合各主要的社群媒體服務，包含：Twitter、Facebook、Foursquare、Gowalla、Yelp、MyTown、Loopt、Whrrl 及 Brightkite 等。

但如何做到精確行銷和深度媒合，則是社群媒體的進化論。其中 LocalResponse 就是一例，它能結合自身技術及社群媒體的力量來深度挖掘忠實顧客，也能為企業提供判斷是否進入特定市場區隔的重要依據。例如：它提供整合資訊，列出企業客戶自身的社群討論及分析。

LocalResponse 其核心技術，是可精準在對的時間將對的資訊傳給對的人，例如：當有顧客在 Twitter 上面打上「我想找知識型書籍」時，在短時間內他可能就會隨即看到「平衡計分卡」的廣告資訊。根據 New York Times 的統計，即有非常多的企業透過所提供的平台服務功能，直接傳遞資訊給自己顧客。

LocalResponse 讓企業用戶可以隨時登錄，並且透過簡單的操作介面，來和其他社群媒體做結合，並能提供客流量及相關討論，以及直接回應個別顧客的言論建議。

本章重點

1. 商品是指一個產品（或服務）的功能（或流程），但經過包裝設計、商標加入、品牌加值、產品服務等，則就是一種商品上的解決方案。

2. 產品差異化：當產品價格白熱化，可透過網路行銷做服務差異化，進而有效做市場區隔，以引導消費者對產品價格較不在意。

3. 所謂通路階層是指一項產品從原製造一直到送達消費者手中，其間所經過的通路角色階層，故網路行銷在通路上可提供溝通平台，以促成買賣雙方之間的訊息交流。

4. 產品介面設計是影響一個產品的可用性，而透過可用性的評估，可作為產品行銷的手法。例如：產品介面不良的引導設計、不好的螢幕和版面配置設計、不適當的回饋、缺乏連貫性等資訊內容，對於產品的可用性就很差。

5. 網路行銷的平台和工具，可使得促銷的成效更加廣泛和顯著，但同樣地如同前面幾章所言，網路行銷的策略、管理、規劃才是重心，它們會影響到促銷手法和工具是否有利於發展出行銷成效的方向。

6. 網路行銷絕對不可單獨運作，它必須和傳統行銷上的 4 個 P：產品品牌、價格、促銷、通路做結合，如此才能發揮網路行銷的綜效。

關鍵詞索引

- 行銷組合（Marketing Mix） ... 4-2
- 交叉銷售（Cross Sell） ... 4-3
- 行銷通路（Distribution Channel） ... 4-4
- 物流通路（Physical Distribution） ... 4-4
- 產品（Product） ... 4-6
- 價格（Price） ... 4-7
- 促銷（Promotion） ... 4-8

- 通路（Place）.. 4-10
- 微行銷（Micromarketing）.. 4-11

學習評量

一、問答題

1. 行銷組合（marketing mix）包含哪些？
2. 網際網路對行銷的 4P，可以提供的功能為何？
3. 產品生命週期為何？

二、選擇題

（　）1. 產品差異化有什麼重點？
　　　（a）有效做市場區隔
　　　（b）可透過網路行銷做服務差異化
　　　（c）引導消費者對產品價格較不在意
　　　（d）以上皆是

（　）2. 行銷組合（marketing mix）包含？
　　　（a）產品策略
　　　（b）通路策略
　　　（c）促銷策略
　　　（d）以上皆是

（　）3. 從行銷的觀點來看，其價格可分成？
　　　（a）市價
　　　（b）二手價
　　　（c）普通價
　　　（d）以上皆是

(　　)4. 促銷的目的是？

　　（a）加速消費者購買進度

　　（b）宣傳

　　（c）買賣

　　（d）以上皆是

(　　)5. 利基行銷（niche marketing）是指集中資源於什麼市場？

　　（a）部分市場區隔

　　（b）大眾市場區隔

　　（c）單一市場區隔

　　（d）以上皆是

CHAPTER 05

網路行銷管理

章前案例：企業的管理整合網路行銷
案例研讀：遺失物品服務

學習目標

- 網路行銷的管理涵義
- 網路行銷管理的規劃內容
- 網路行銷的專案管理
- 網路行銷的網路特性和行銷功能
- 網路行銷的管理模式架構和內容
- 如何做好網路消費者的管理
- 網路行銷的影響層面內容
- 網路行銷的影響指標種類

| 章前案例情景故事 | 企業的管理整合網路行銷 |

在政府推動企業 e 化的政策下,使得已在傳統人工作業化數年的傢俱製造廠大盤商,也邁入了企業 e 化的行銷,這對於身為公司 CEO 職位的張老闆,更是覺得光榮無比,想像以前是黑手出身,什麼是電腦都不知道,一直到建立公司的網站做直接面對消費者的行銷,因而使得公司營業額大增,而最重要的是在客戶面已從地區化擴大到全國化,當然這段過程也是很艱辛的。不過,雖然有新的成效產生,但運作了幾個月後,卻發現了一個很嚴重的問題…

公司以前是直接面對經銷商的大盤商,但因網路行銷直接切入消費者的行銷,而使得經銷商的生存空間進而被削減了,這可從數日前經銷商的抗議就可了解。使得張老闆面臨了兩難,並且也深刻體驗到網路行銷不只是運用技術上的效益那麼簡易而已,更應該考慮到和企業的管理做整合。

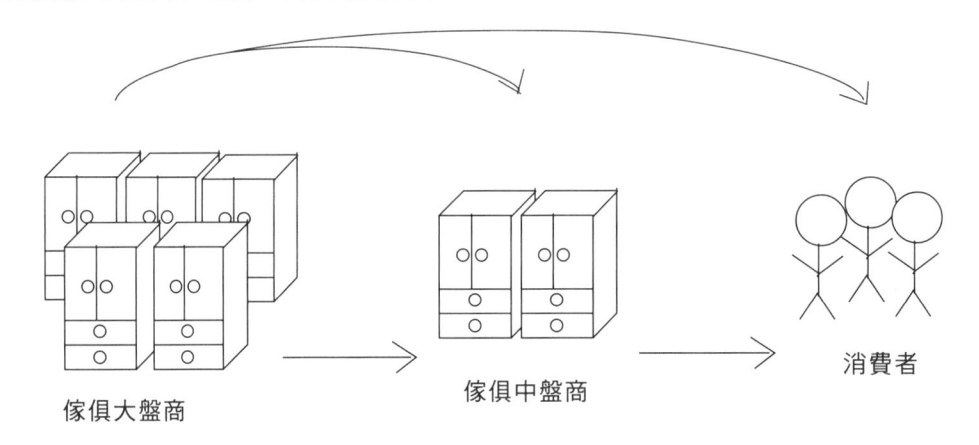

傢俱大盤商 → 傢俱中盤商 → 消費者

5-1 網路行銷管理程序

5-1-1 網路行銷管理定義

網路科技對商業和行銷領域造成結構性的創新改變,它是結合實體與虛擬兩種模式,發揮網路與傳統平面兩種媒體的綜效,成為現今網路行銷的重要課題。

網路行銷管理是將網路行銷和企業經營做結合,也就是說必須以經營管理來規劃、分析、執行網路行銷,並和企業其他資訊系統功能整合。這是網路行銷的精神。故在規劃建置完成網路行銷之後,接下來就是如何來管理網路行銷的議題。

網路行銷的管理，就如同一般的管理學一樣，具備管理的內涵，但唯一不同的是，它會加上科技管理和資訊系統的應用。網路行銷很重視創新和知識的運用，而有關創新和知識的議題，是會在科技管理領域內。至於資訊系統應用就更無須遑論，因為網路行銷本身就是資訊技術的呈現。

網路行銷的管理，對經營者而言，是用來滿足消費者的需求策略；對消費者而言，是用來滿足購買交易的需求管道。社會的型態造就了網路行銷，網路行銷改變了社會的型態，因此在網路行銷的管理必須考慮到社會型態的改變，社會型態是指人口成員和生活方式的改變。例如：許多家庭現在都擁有兩份收入、愈來愈多的女性勞動人口、一家之主的平均年齡增加、出生率愈來愈低等現象，使得消費者能夠隨時隨地的購買及消費更多的產品。也就是說，消費者從傳統受制於時間和地點的購物方式，逐漸朝向不受制於時間和地點，能自由隨時隨地的購物方式。例如：超市提供網上訂貨和送貨到府服務、網路銀行、遠距教學等。

從上述說明，可知網路行銷的管理是必須建築在消費者的環境。而網路行銷管理的程序可分成三大類：

- **管理控制**：又分成規劃、組織、專案、人力、控管 5 個項目。
- **科技管理**：網路行銷技術知識，網路行銷知識生命週期。
- **資訊技術**：系統規劃和控管。

以下將分別說明網路行銷管理的程序。

5-1-2 網路行銷管理的規劃

網路行銷管理的規劃是以真正的需求來進行的，一般而言，規劃需求都是由某部門某使用者，依照舊有的習慣提出使用者自己認知的工作內容，當作規劃需求來提出，但所謂真正的需求定義，不應是從使用者角度所提出來的需求來分析，應是有一個機制管道來產生和確認需求定義的過程。也就是說，以需求來作為規劃的內容。其規劃內容如下，分成六個階段：

第一階段是由懂得行銷功能和資訊軟體的單位，了解使用者角度所提出來的需求後，依對行銷 know-how 的專業和整體作業最佳化，來整理出需求問題形成及提出。

第二階段是分析確認需求及設計作業流程機制（包含軟體系統）。

第三階段是和其他部門使用者確認該作業流程機制。

第四階段是該作業流程機制簽核及宣告,對象是所有相關部門,此階段後,須經高級主管審核通過,才可往後發展,並同時評估分析軟體系統是否須新增或修改。

若「是」則進入第五階段,做軟體系統修改。

若「不是」則進入第六階段上線運作。

網路行銷管理在做規劃時,必須考慮下列三個問題:

1. 某部門某使用者所提出來的需求,通常只針對該部門的成效,但企業整體最佳化之價值觀,才是真正的需求。
2. 使用者所提出來的需求,是以他認知的工作內容來表達,不會轉為軟體呈現的表達,這時候,就會造成程式開發內容和當初需求分析內容有所差距。
3. 規劃需求並不是為了軟體而軟體。

5-1-3 網路行銷管理的組織

網路行銷的組織訂定,不能以古典派的組織架構來訂定,因為就如同上述提及的網路行銷是需創新的,故應以創新組織來訂定。

在創新組織中,最主要就是人和資料對組織的互動結果,也就是說它會透過組織部門的運作,來實施落實人的執行力和資料整合。

首先,先來看人在組織部門的執行力落實,對於員工而言,會以個別實務上的習慣作業觀念,來一再重複以前經驗上的做事方法,這和以嚴謹的講究系統方法論的理論而言,是完全不同的做事思考方法,對前者而言,是可比較接近務實面,但失去了整體觀和改善的可能性,但對後者而言,剛好可彌補這個缺點。不過,若只是單從理論著手,可能會流於太理想化,因此,應該是結合上述兩種的平衡點,亦即理論和實務的整合。透過這個整合,來產生企業經營管理和資訊系統功能,其企業經營管理方面產生管理機制辦法,然後員工依照此辦法直接管理使用,以便相關作業落實和資料轉移成合理性的資訊,由於作業複雜和資料繁瑣,故須依賴軟體應用系統來整合,這三個彼此之間的運用,缺一不可。最後會透過內聚力觀念,分割成為企業模組功能,以便能快速回應市場詭譎多變的環境,但這些模組化的企業功能,其之間的關係耦合性需很低,如此才可依照企業環境的變化和規模的成長,更快速

改革回應。當然,雖然是切分成各個模組化企業功能,但最後必須部門協同作業,以達到企業的成功目標,如下圖:

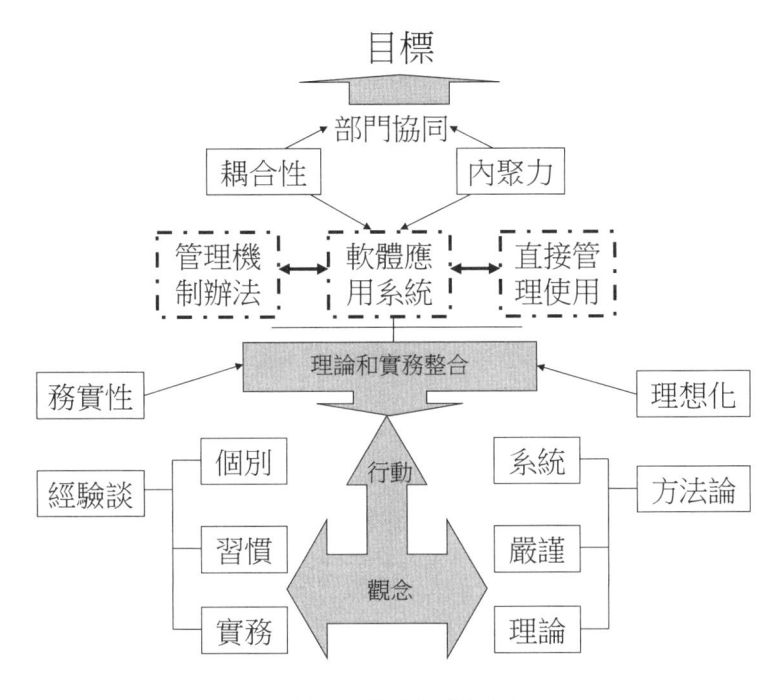

圖 5-1 創新組織架構

從上述說明可知:所謂創新組織和古典組織是不同的,它強調由下而上溝通互動、扁平化組織、開放氣氛、重視結果、績效導向等方法,期許以創新率、市場佔有率、產品研發率等指標來量化其創新組織的成效。

再者,資料在組織部門的整合,若以組織在企業環境中的展開,可知道有企業外部和企業內部的層次,而在企業內部層次的再展開,就會有工作群組層次,當然工作群組層次是由個人所組合的,因此,從企業外部→企業內部→工作群組→個人的過程,就會產生對資料不同的演變。若就資料的主體本身而言,有所謂的資料層次,亦即是沒有經過整理分類的原始資料,若經過整理分類且呈現某方面的意義,則就是資訊層次,若把資訊經過過濾、分享、萃取、累積、再使用後,就會成為知識層次,它具有結構化的型態,對於企業是最有幫助的。

總而言之,創新組織是期望能開創更大的格局,而不是在既有市場範圍和規模內來探討最小成本化、最大效率化,進而限制其企業成長。

表 5-1　創新組織和一般組織差異

創新組織	一般組織
由下而上	由上而下
績效導向	例行作業
結果	程序
創意互動	分工切割
扁平化	垂直化

5-1-4 網路行銷管理的專案

網路行銷的專案管理，和一般的專案管理是不太一樣的，最主要不一樣的地方，是來自於網路媒體的製作特性，和強調行銷介面的產品設計。

網路媒體的製作特性包含：聲音（audio）、影像（image）、圖形（graph）、視訊（video）、動畫（animation）等，因此這些製作是否完成，會影響整個專案進度。若可先把各種網路媒體製作成樣板（template），儲存在共同資料庫中，再根據該專案所需的媒體元素，找出類似樣板，進而製作出實際所需的媒體元素，這時就可預料每種媒體樣板，若要製作出實際媒體元素，必須花費多少人力時間，以便控制專案進度。

專案管理的三個主要目標為時程、成本與品質，亦即專案應在預定的時間內、預算的金額內，達到產品規格的要求，以滿足消費者的需求。專案管理流程包含規劃、監督和控制專案等專案管理活動。

其如何做時程、成本的專案管理將在下列的控管部分內容說明，其品質的專案管理現說明如下：

CMMI（Capability Maturity Model Integration），它是可用來控管網路行銷軟體的專案開發過程品質。

1986 年 11 月美國卡內基美隆大學（Carnegie Mellon University, CMU）的軟體工程研究學院（Software Engineering Institute, SEI），進行軟體流程改善的量化研究，而於 1987 年 9 月首度發表軟體流程成熟度架構的研究成果，後來經過不斷地研究與改善，終於在 1991 年正式發表目前頗為盛行的軟體能力成熟度模式（CMM, Capability Maturity Model）v1.0 版，在 1997 年 10 月整合原有與即將發展的各種能

力成熟度模式成為一種整體架構,即所謂的能力成熟度整合模式(Capability Maturity Model Integration, CMMI)。

在專案管理的時程包含需求分析、系統設計、程式開發、驗收、系統運作等五大階段步驟,在需求分析方面包含專案控管(文件/工作項目是專案進度及內容、協調)、功能架構(功能模組架構)、系統需求分析(流程關聯圖)。系統設計包含介面設計、情境設計。程式開發包含程式分析(媒體元素定義)、程式 coding & test(程式編碼文件和程式測試文件)。驗收包含模擬情境、功能 test、客戶 test(模擬情境測試文件)。系統運作包含系統導入、教育訓練(使用手冊文件和系統導入的問題回饋)。

工作重點項目	需求分析			系統設計		程式開發			驗收	系統運作及維護
	專案控管	功能架構	系統需求分析	介面設計	情境設計	程式分析	程式 coding & test	模擬情境、功能 test、客戶 test	系統導入、教育訓練	
文件化	專案進度及內容和協調	1.功能分析 2.作業流程分析及改善	功能模組架構和流程及關聯圖	介面模組架構及關聯圖	1.訊息傳達 2.情境傳達 3.傳達效果	1.程式流程 2.媒體元素 3.程式架構圖	1.程式文件 2.系統測試文件	模擬情境測試文件	1.使用手冊文件 2.維護手冊文件	

圖 5-2 專案管理的時程

5-1-5 網路行銷的人力管理

在網路行銷專案確定要進行後,為了讓專案順利進行,因而成立了專案開發小組,它包含行銷顧問 1 人、系統分析者 1 人、系統設計者 1 人、程式設計者 5 人、專案經理 1 人,除了這些基本角色外,無論網路或是媒體製作,都會應用到科技技術,其中最重要的部分是「網路行銷功能」,因此還要有行銷功能的設計者。另外在網路媒體製作進行時,會有技術性作業,例如:影片、動畫、音效,故相對上也必須要有這些角色的工作人員。

上述的人力角色於專案運作時，必須評估人力資源和分派，進而擬定一些資源方案，來達到人力平準化，所謂人力平準化是指在專案運作時，每日用人數量的平均程度。

網路行銷的人力都是比較偏向於創意性人才，故專業技能和不斷學習就變得非常重要。如下圖的公部門數位學習資源整合平台。

圖 5-3　資料來源：https://elearn.hrd.gov.tw/mooc/index.php 公開網站

網路行銷的人力管理，和目前很重視的人力資源一樣，要如何管理這些創意性人才是非常重要的，故必須以專業人力資源來做好人力管理，其人力管理與服務方式及內容，應朝著人性、效率、優質的目標邁進。也就是說除了人事的管理之外，更應該朝著積極發掘人才、著重教育訓練、累積公司重要人力資產等目標。

例如：群組化人才控管，它採用嚴密而具彈性的管理功能，可依角色或人員權限查詢資料。

人力資源網站：

圖 5-4　資料來源：https://www.taiwanjobs.gov.tw/ 公開網站

5-1-6 網路行銷管理的控管

控管模式

網路行銷的控管模式，必須考慮到網路特性和行銷功能，如此才可做好控管。在這裡僅以下列內容來舉例說明，網路特性有任意遨遊、跨不同系統或裝置、實體和虛擬使用者這三項，茲說明如下：

任意遨遊特性是指使用者可利用網際網路任意的超連結（ref）。

跨異質系統或裝置是指在網路行銷的運作可利用網路、PDA、iPod 等不同裝置。

實體和虛擬使用者是指在網路行銷的使用者，因為是在 client 端使用，使得企業主並不知道這位使用者到底是誰。當然可用 ID 和密碼來確認真正實體使用者，但若被盜用的話，就不是本人了，況且很多上網情況是沒有 ID 確認的，故在網路 client 端使用的人，是虛擬使用人，若確定該虛擬使用人就是本人，則是實體使用者。

其行銷功能有目標客戶、促銷廣告、產品查詢這三項。由這些考慮的內容，來控制其網路行銷的規劃、建置、執行整個過程，其控管過程是以進度、成本、功能這三方面為控管的標的，整個模式如下：

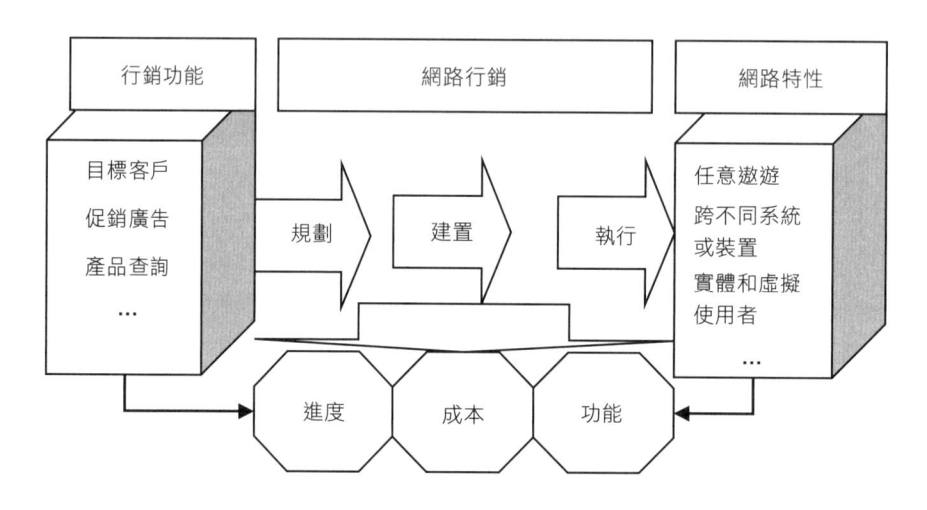

圖 5-5　網路行銷的控管模式

茲以進度、成本、功能這三方面控管的目標項目來做說明：

1. **進度的控管**

就如同上述所言，網路行銷的過程主要可分成規劃、建置、執行三個大步驟，前兩大步驟必然比較有進度上需要控管的重點。故茲將在進度控管於上述模式下，就規劃、建置的過程運作，說明整理如下表：

規劃的方面：

行銷功能	任意遨遊	跨不同系統或裝置	實體和虛擬使用者
目標客戶	目標內容	客戶可用裝置技術	鎖定實體使用者
促銷廣告	焦點廣告	廣告流通	廣告需求
產品查詢	交叉查詢	查詢介面	查詢層級

- **目標客戶在任意遨遊方面**：必須控管其任意遨遊的網頁內容，是針對真正目標客戶的需求設計，也就是說以真正目標客戶需求來規劃網頁內容範圍，不可漫無關聯的設計，使得內容進度太長。

- **目標客戶在跨不同裝置方面**：跨不同裝置在規劃時，應針對目前使用者較普遍使用的網路行銷裝置技術，以便不影響到進度。

- **目標客戶在實體虛擬使用者方面**：實體虛擬使用者的使用過程，在網路行銷規劃上必須以實體使用者為主，因為真正購物交易的是實體使用者，以便不影響進度。

- **促銷廣告在任意遨遊方面**：在規劃時，應針對目標客戶的焦點來做廣告，勿為廣告而廣告，否則就會影響到進度。
- **促銷廣告在跨不同裝置方面**：廣告的流通性是須能展示在不同裝置的介面中，如此才可達到打通廣告的成效。
- **促銷廣告在實體虛擬使用者方面**：實體使用者的需求才是廣告的有效指標，故規劃時必須以廣告需求來設計廣告內容，以達 80/20% 效用，不至於影響進度。
- **產品查詢在任意遨遊方面**：在規劃時，應以各個不同關鍵字或主題來做交叉查詢，以便達到精準查詢，不要做太多查詢內容而影響到進度。
- **產品查詢在跨不同裝置方面**：在不同裝置上規劃，會因裝置設備特性，使得查詢介面會不一樣，或是介面人性化程度不同，故應就介面技術性可行性來規劃，不可一概論之，否則會影響進度。
- **產品查詢在實體虛擬使用者方面**：在針對查詢層級方面，應以虛擬使用者角度來設計產品查詢層級，所謂層級是指查詢功能應以多層維度範圍，如此才可適用於不同實體使用者的不同查詢需求，否則每次遇到不同實體使用者的需求差異時再回來修改，就會影響進度。

建置的方面：

行銷功能	任意遨遊	跨不同系統或裝置	實體和虛擬使用者
目標客戶	指標客戶	常用裝置	角色使用者
促銷廣告	情境廣告	模擬裝置	常用廣告型式
產品查詢	查詢主題	模擬裝置	常用查詢型式

指標客戶是針對找比較有指標性或代表性的客戶，來做目標客戶的建置，而不要隨意選擇客戶資料來建置，否則會影響進度。

常用裝置是指找市面上普遍且價格大眾化的裝置來做建置，勿找較冷門或高價格的裝置，否則會影響進度。

角色使用者是針對角色來設定使用者，例如：業務員角色，勿以某特定人員來做建置，因為特定人員會變，而且網路行銷的使用者其實就是扮演某個角色。

情境廣告是指以某種需求情境來引導建置過程,如此可使建置具有成效,進而縮短進度。

模擬裝置是以一套軟體來模擬裝置上的運作,如此可加速進度。

常用廣告(查詢)型式是指就廣告(查詢)分成常用型式樣板(style)來做建置,如此可加速進度,查詢主題是針對某些是有意義需求性的來做建置,以取得需求成效,進而加速進度。

2. 成本的控管

同樣地,在網路行銷的成本控管,也是以規劃、建置、執行步驟階段說明。但在成本計算方向可簡單分為二類:單次成本(one-time cost)和後續成本(recurring cost)。單次成本是指系統啟用相關成本:

- 系統發展(system development)
- 新的硬/軟體(new hardware and software purchases)
- 使用者訓練(user training)
- 場所準備(site preparation)
- 資料圖片/系統轉換(data/image or system conversion)

後續成本是指系統運作維護成本:

- 系統維護(application software maintenance)
- 逐步增加資料圖片儲存成本(incremental data storage expense)
- 新的硬/軟體(new software and hardware releases)
- 消耗品(consumable supplies)

茲以這二種成本類別,來說明在網路行銷的成本控管。

	規劃	建置	執行
初始成本	功能多、特性強→成本高	應用在特性上功能多、使用人多→成本高	
後續成本			功能特性不完整和有問題→成本高

初始成本的發生在於規劃和建置上,當網路行銷功能很多,或是應用網路特性程度很強(例如:可以跨很多異質裝置),則相對上規劃成本就高。另外,若很多行銷功能在網路特性整合很多,或是使用人和後台管理者多,則在建置上就比較複雜,而使建置成本提高。

後續成本的發生主要是在執行階段上,若當初功能特性規劃或建置不完整,或是有問題,則須後續的再規劃建置和補救,使得執行成本高。

3. 功能的控管

網路行銷的功能就是在解決消費者的需求。而這個功能是涵蓋行銷功能和網路應用功能。因此,功能控管是強調功能成效性和使用度,前者是指設計出來的功能是否能達到需求功效及其成效程度如何。後者是指有多少使用者在使用這個功能的頻率次數。茲以此二個構面來說明如下:

	規劃	建置	執行
成效性	需求分析和系統分析的差異化	功能特性測試	網路特性帶來的使用成效
使用度		功能特性的再次使用	行銷功能帶來的利潤

在規劃上的功能成效控管,應降低需求分析和系統分析的差異,如此可使得功能符合需求。

在建置上的功能成效控管,應以網路功能特性來測試,以控管網路行銷功能和特性。

在執行上的功能成效控管,應評估網路特性可帶來的使用成效。

在建置上的功能使用控管,應以網路特性的再次使用狀況來了解使用效用。

在執行上的功能使用控管,應以使用者在使用行銷功能後可帶來多少利潤,來控管功能項目和程度。

5-1-7 科技管理

網路行銷管理會運用到科技性產品和知識,故有關科技管理和知識管理的內容,會影響到網路行銷管理。

「科技管理(technology management)」是一種運用技術科學的管理性方法論,它的基礎觀念是結合學術理論與應用的綜合領域,包含將科學、技術與管理結合在一

起,其內容重點是在於如何將科技創造轉換為價值商品化、如何研發新技術、藉由技術替代提升競爭力、如何利用科技取得競爭優勢與如何整合企業技術策略等。

網路行銷技術知識,是指企業經營行銷,在同時考慮內部和外界環境變動時必須面對的重要關鍵變數,技術性改變會影響到產品需求的彈性。例如:功能表現的改善(functional change)時,產品需求的彈性就會跟著改變。這些產品需求的彈性延伸出技術需求的彈性。技術的需求彈性,會影響到技術能力的發展效益,需求彈性愈大,則技術能力的發展空間就愈好。

網路行銷知識生命週期,是指知識的生命週期管理的循環過程,將以創新性知識管理載具為平台運作,它分為知識創造與形成、知識儲存與蓄積、知識加值與流通等三個階段。

5-2 網路行銷管理模式

網路行銷管理會因不同角色的認知和需求觀點不同,而使得其網路行銷管理的服務模式不一樣,一般角色可分成客戶面、企業面、員工面。

企業擬定網路行銷策略,選擇將非屬企業核心能力的網路資訊技術外包(outsourcing)給企業外部的專業廠商,則會影響到網路行銷的管理。

企業雖可將網路資訊技術外包,但主導和了解網路資訊技術,是網路行銷溝通成功的必要條件,因為網站技術和服務品質、滿意度與忠誠度等構面是有很大的關係。茲分別說明如下:

▓ 客戶面

又分成現有客戶、準客戶、潛在客戶、未知客戶等客戶階段,若再加上不同「產品」、「時間」維度,則在同一個客戶可能因時間和產品不一樣,會產生在客戶階段中做轉換。

▓ 企業面

又分成使用工具、應用方法、經營整合三階段的企業網路行銷發展階段,若加上「規模」、「目的」維度,則在同一企業可能因規模發展大小和目的變化過程不一樣的考量因素,會產生在企業於網路行銷發展階段移轉。

圖 5-6 客戶面

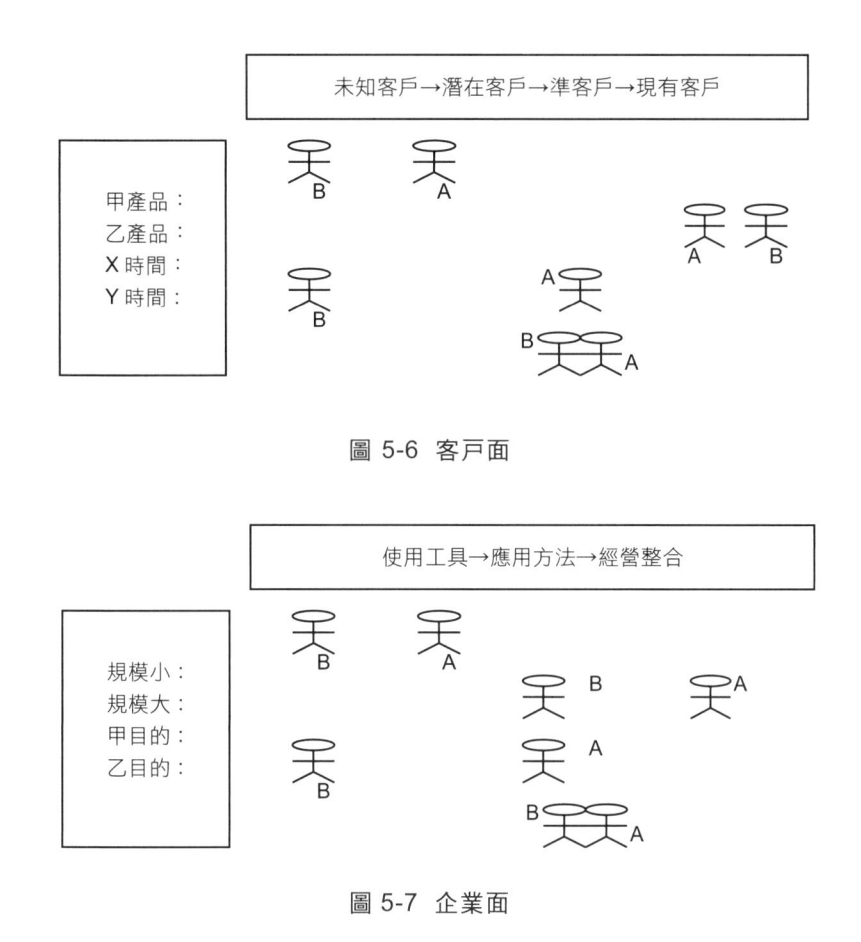

圖 5-7 企業面

員工面

又分成操作性、管理性、決策性的員工職能階段,若加上「技能高低」、「主要工作關聯高低」等維度,則同一員工可能因技能高低和網路行銷與本身員工主要工作關聯性高低不一樣,會產生在員工職能階段轉移。

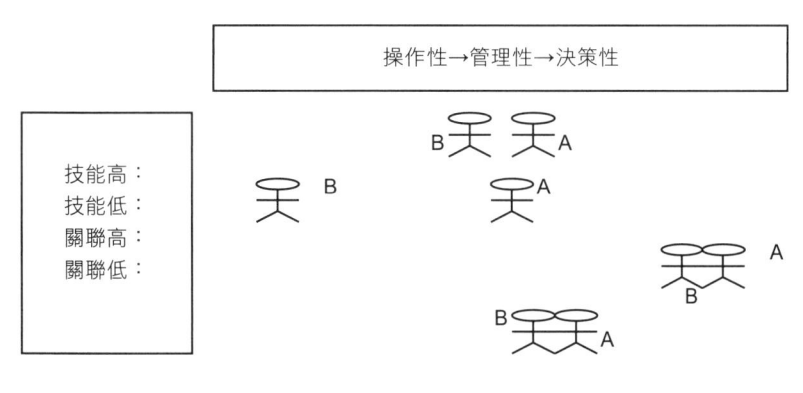

圖 5-8 員工面

5-3 網路消費者管理

5-3-1 網路消費者型式

網路消費者型式可分為:「老顧客」的消費者、「偶而性」的消費者、「第一次」的消費者。

而在不同的網路消費者下,其影響消費者之購物決策的因素,可分為下列三大類:個人因素、心理因素、社會因素。

在這樣的因素下會影響到消費者的購買行為,故在這樣狀況下,若欲使消費者的購買行為可對產品交易有正面的效果,則須對消費者做好網路行銷的管理,也就是說把網路消費者做好管理,對消費者目前的行為會有示範性及系統化的效果。在個人因素下,會考慮到個人的方便性,例如:個人送達方式。

一般網路消費者藉由郵局寄交服務,也就是說網路系統將訂購資訊送至特約商店,並經廠商的付款管道確認後,就可透過郵局送達。在心理因素下,會考慮到消費的感受性,例如:可立即的滿足需求。

一般網路消費者為特定需求的目的上網時,通常消費者希望能立即得到答案或產品。在社會因素下,會考慮到社會的消費環境,例如:消費的資訊。網路消費者在網路上的消費,就如同在實體通路上,也會有一些消費狀況,例如:如何消費、小心詐騙等。故目前有二個網路消費上的相關組織,如下:

1. 行政院消費者保護會:https://appeal.cpc.ey.gov.tw/WWW/Default.aspx
2. 台灣網路暨電子商務產業發展協會:https://tieataiwan.org/

5-3-2 網路消費者特性的管理

■ 何謂網路消費者管理?

透過消費者的購物決策過程,來了解不同類型消費者的購買行為。做好網路上的消費者管理,以便使消費者感受到產品與服務使用價值的提升。網路消費者管理最主要是必須考慮到適合性、意願性和衡量性。

在適合性上,有一些因時因地的外在因素,會造成不適合網路上的應用。以下是三種不適合在網路銷售的情況:

1. 可以很方便地購買到
2. 希望在購買前想體驗商品的消費者
3. 只是在需要時才去購買,事先幾乎不需要尋找購買資訊

在意願性上,以下六種情況是會影響到消費者使用網路的意願:網路連線品質、線上購物操作難易度、產品品質不確定性、線上購物公司信譽、網路交易安全性、網路交易隱密性等。

在衡量性上:網路行銷不只是架設一個網站,也就是說雖然不適合在網路銷售,但請注意,並不是不能用網路行銷,網路行銷和網路銷售是不一樣的,故網路行銷不是單純看流量或網站設計的美觀與獨特性,而是如何設定行銷溝通的目標與效果衡量,來作為網路消費者管理的成效,並且與公司的價值、信念、經營一致,如此才是真正的網路行銷。

其中消費者態度可作為網路行銷管理的有效衡量。要了解消費者態度,其評量的技術相當複雜,且變異性相當大。視覺體驗是可作為一種溝通方式的消費者態度,因為網際網路提供的視覺體驗是愈來愈超過對商品的傳統描述,從網際網路的視覺體驗來顯示其對該網路行銷的偏好程度,進而作為消費者管理的有效衡量。例如:以停留時間情況及消費者態度之間的關聯,來評估網路消費者行為是否能成為網路行銷的衡量因素。以下是在網際網路的視覺體驗下可作為衡量的因素:

例如:廣告曝光率、接觸率、到達率、累積率、瀏覽時間、購買率、下載數、曝光度(exposure)、點選率(click through)、停留時間(visit duration)、瀏覽深度(browsing depth)、購買結果等。這些因素又可總計分析成網路月統計、個人月統計等統計性因素。

網路消費者管理除了以上必須考慮到適合性、意願性和衡量性之外,其技術上的管理也是非常重要的。技術上的管理主要是指 cookie/session/application。

以往傳統的網頁程式處理完資料後,結果是存在 server 內,雖然這些結果可以用網頁的方式呈現在 client 端,或是以 ftp 或 email 的方式來傳送,但是在 client 端,無法立即使用這些資料且須花費很大的時間來重建資料。雖然後者可以省去重新鍵入的時間,但是交易頻繁時,這種非即時處理和沒有資料結構化的模式,會嚴重影響到作業流程的效率和正確性。

cookie 是指使用者在瀏覽網站伺服器時，其個人資訊儲存在使用者瀏覽器中的紀錄。也就是說當你瀏覽網站時，一些 cookie 將被設定於瀏覽器內，使瀏覽器記下一些曾經瀏覽過的特定資訊。

session 是指使用者在瀏覽網站伺服器時，其個人資訊儲存在伺服器使用者瀏覽中的紀錄。也就是說當你瀏覽網站時，一些 session 將被設定於伺服器內，使伺服器記錄一些個人個別的特定資訊。

application 是網站伺服器儲存在應用軟體伺服器中的共同資訊。也就是說當你瀏覽網站時，一些 application 將被設定於伺服器內，使伺服器記錄一些共同的特定資訊。

5-4 網路行銷環境管理

5-4-1 網路行銷環境

Kotha（1998）認為成功的網路經營者應建立網路行銷的環境，例如：社群環境，經營社群環境不僅可以達到吸引大量消費者的聚集優勢，也可以建立消費者的忠誠度，進而提高消費者再次消費。例如：Amazon.com，如圖 5-9。

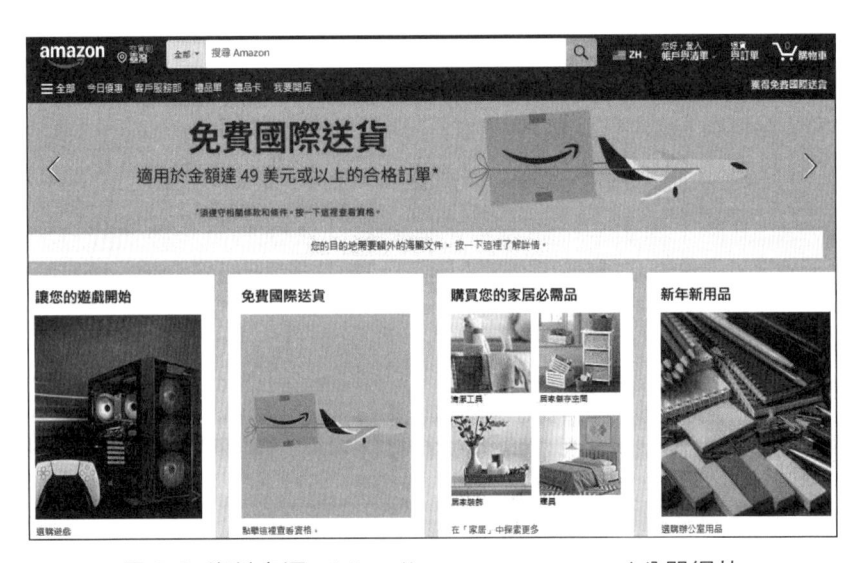

圖 5-9　資料來源：https://www.amazon.com/ 公開網站

Hagel III 與 Armstrong（1997）認為虛擬社群裡面聚集了許多興趣和性質類似的消費者，故在這個虛擬社群環境中，行銷人員可以接觸到同類的消費者，如此使產品的行銷易於推展。

Rheingold（1993）認為虛擬社群是一種社會的集合體，它的運作來自於網路行銷環境的人、事、物。

就資訊科技而言，目前網路行銷環境有以下重點項目：動畫環境和虛擬實景、無障礙導覽、串流媒體等環境。

動畫環境

目前網頁設計的型態分為動態網頁與靜態網頁兩種，唯有動態網頁的機制才能與瀏覽者產生互動。

網際網路的發展從單純的文字演進到多風貌圖像的訊息表達，可以了解人類對於動態視覺傳達的需求，故 Adobe Animate CC 所設計的網頁動態圖像在未來的寬頻網路市場上愈來愈受到重視。

虛擬實景（virtual reality）環境

需要強大計算能力的電腦計算來產生 3D 幾何物件，如電腦動畫、侏儸紀公園等。在 WWW 上使用 VRML（Virtual Reality Modeling Language）來撰寫虛擬實景應用。

無障礙導覽環境

網站設計之規範提供網頁導盲磚（:::）、網站導覽（site navigator）、鍵盤快速鍵（access key）等設計方式。網頁導盲磚是指三個連續的半形冒號，它可以分別快速地跳到上方選單區、左方選單區及主要內容區三個區域的左上角，增加身心障礙者瀏覽網頁之便利性與提升閱讀效率，如下圖。

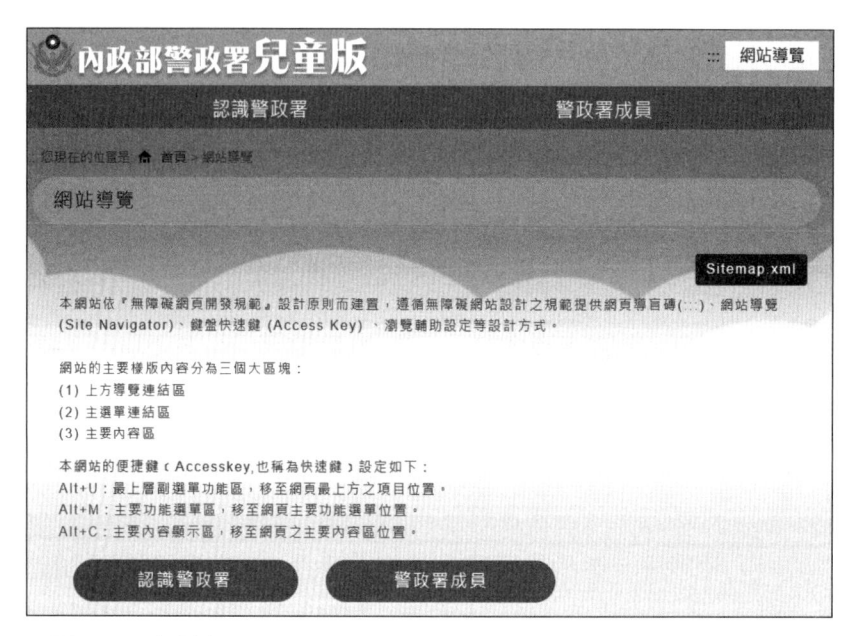

圖 5-10　資料來源：https://www.npa.gov.tw/kids/sitemap 公開網站

▊▊ 串流媒體環境

可分成 3 種：

1. **串流儲存式**（streaming stored）：先從網路下載媒體檔案再播放，也就是事先儲存在伺服器端的網路媒體檔案，使用者可透過網路來控制網路媒體檔案的播放。

2. **串流即時式**（streaming live）：直接透過網路播放網路媒體檔案，使用者不能控制網路媒體播放，只能即時播放。

3. **即時交談式**（real-time interactive）：依照當時需求來播放網路媒體檔案。

媒體播放程式常用的有以下軟體：

1. Windows 所附的 Media Player

2. Realnetworks 所附的 RealPlayer

串流媒體環境：

圖 5-11　資料來源：https://www.streamingmedia.com/ 公開網站

5-4-2 網路行銷環境的管理

從上述說明可知網路行銷環境對網路消費者來說是購物的平台，故它的好壞會影響到網路消費者的決策，因此，做好網路行銷環境的管理是非常重要的。

在網路行銷環境中，會影響到使用者的環境之一就是相關軟體搭配，在很多網路系統介面中會有：Watch Free: Video News Hourly Updates，使用者點選進去後，卻可能發現在使用者的電腦中沒有適當的 Windows Media 軟體來播放，這時就應該考慮須能引導使用者點選 Windows Media 下載的地方，例如在圖中有 Get the Player 就是引導使用者來點選。如此的環境管理就是有考慮到能和使用者相關軟體搭配。

例如：新竹市門牌位置查詢系統（如下圖），使用者能以門牌地址查詢相關地圖，以便可了解金融、醫療機構、大賣場及觀光景點等資訊，但必須先有看圖程式環境，否則就無法查詢相關地圖。

圖 5-12 資料來源：https://addressrs.moi.gov.tw/address/index.cfm?city_id=10018 公開網站

5-5 網路行銷影響

5-5-1 網路行銷的影響層面

Ouelch 與 Klein（1996）認為網際網路的影響層面有三方面：對市場的影響、對企業內部的影響與對企業外部的影響，說明如下：

1. **對市場的影響**：主要是指影響到市場的效率

    (1) 標準定價：網路行銷的功能可很快速且隨時地調整價格。並且價格亦可隨消費者做到個人化，使得消費者在每次購物時會有不同的優惠價格。

    (2) 改變中介者的角色：消除中介商的費用成本後，企業可以較低的價格在市場上交易。但也就有可能出現新的中介商角色，例如：資訊中介商的出現為網路行銷的特色。

    (3) 創造市場：電子拍賣的實行，使得大部分的產品均可能經由網際網路來交易，它創造了網際網路的市場。但當消費者習慣於電子交易時，則網際網路的市場才會存在。

    (4) 有效的資本流動：因為網際網路的市場盛行，使得資本流動與國外的直接投資也可能因而增加。

2. **對企業內部的影響**：指企業內網路

   企業內網路可促進企業內部的作業互動和資訊安全，其方式不僅包含了一對一，更包含了多對多與一對多等溝通方式。

3. **對企業外部的影響**：指企業外網路

   (1) 新產品往企業外部發展：公司可同時注意且測試多樣新產品。

   (2) 融入當地消費者：在網際網路的溝通模式，採取開放和人性化介面的溝通。使得網路行銷能融入當地消費者，如此才能與當地消費者做生意。

   (3) 有利基性的產品：透過特有利基（niche）的產品較能達到關鍵多數的消費者群。

   (4) 克服進口限制：數位的產品可透過網際網路來達到跨國界交易，也就是說企業可以經網際網路直接銷售數位產品給消費者，而省卻許多運輸、稅率等成本，如 CD、音樂或視訊、影片等。

5-5-2 網路行銷的影響指標

網路行銷的影響指標可以用消費者滿意度與忠誠度，來作為重要性影響的分析。

對消費者滿意度最重要的影響因素為「購物方便性」、「購物時效性」、「產品品質性」、「產品的價格」、「產品的售後服務」。

對消費者忠誠度重要的影響因素為「個人化服務」、「購物方便性」、「網站功能」、「產品多樣化」、「產品的價格」。

「購物方便性」：進行人性化介面的消費行為、提供客戶 web 上付款機制，最重要是與實體通路搭配整合，以達到方便快速。

「網站功能」：企業直接架設網站，建構電子商店的系統功能，例如：下訂單、電子產品型號等，提供企業主要的商品或服務在網路上交易。

「產品的售後服務」：可塑造企業形象、及透過售後服務來做促銷服務。

「產品的價格」：其利潤來源可來自於銷售利潤、廣告收入等。

「產品多樣化」：影響消費者對特定網站內容的偏好。

「個人化服務」：在網路消費者與網路行銷之網站內容溝通效果之間的個人化程度。

關於上述對網路行銷的影響因素,可以一些指標來衡量,例如:消費者停留時間。而「產品多樣化」及「個人化服務」的網路媒體效果會影響到消費者停留時間。透過消費者停留時間,可來了解分析網路消費者行為和消費者對網站內容的偏好程度。如下圖:

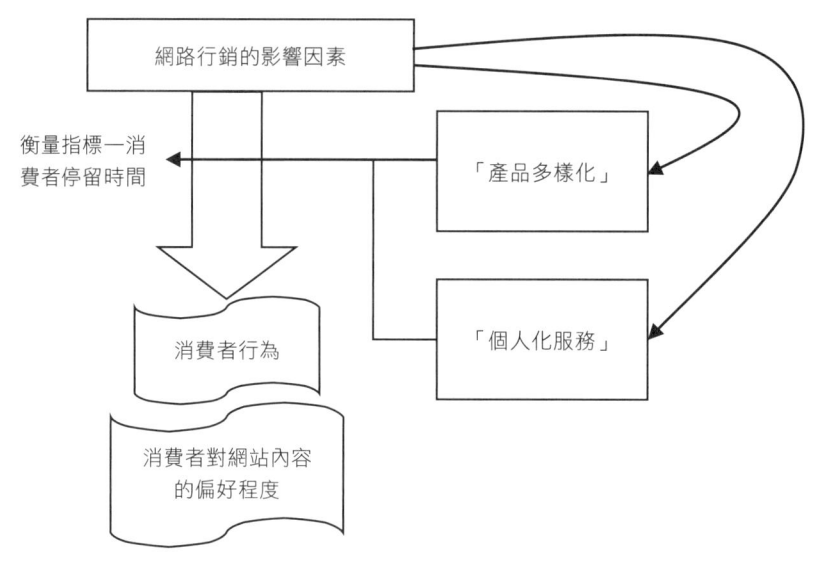

圖 5-13 消費者停留時間的指標

例如:連結相同網站次數。「購物方便性」及「產品的售後服務」的網路服務目的,會影響到消費者再次連結相同網站的次數。而透過連結相同網站次數,可來了解分析網路消費者對網站吸引力和消費者對網站內容的有效性程度。如下圖:

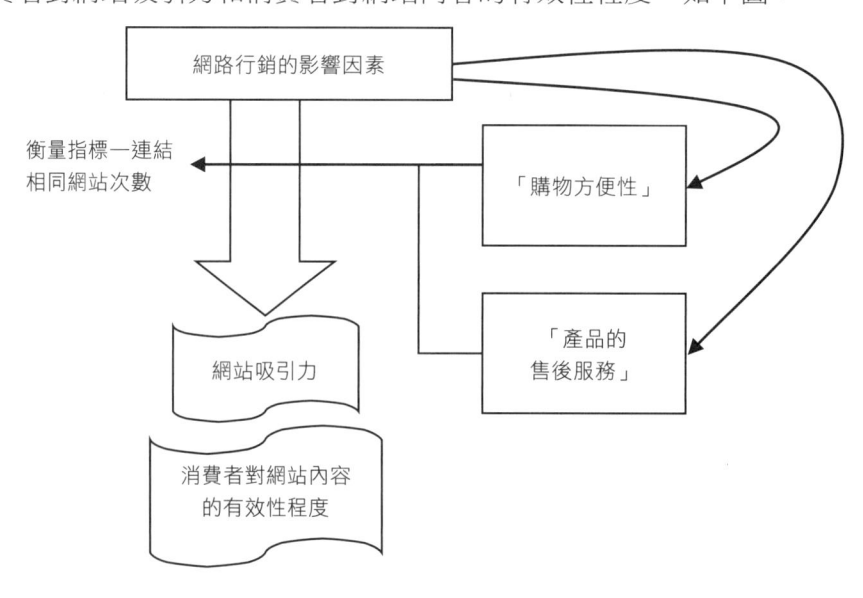

圖 5-14 連結相同網站次數的指標

5-5-3 網路行銷和規劃程序的結合影響

網路行銷管理常是影響下一次網路行銷規劃的關鍵,若管理不當,會對企業造成負面影響,進而產生對網路行銷不信任感和不知如何運用。故在運作網路行銷管理時,應必須和網路行銷規劃程序結合。一般有下列 3 個考慮項目:

▓ 第 1:文件化輔助

在做網路行銷規劃程序時,會產生很多文件化的內容,這些內容的文件應做好文件檔案管理,如此在管理時,可運用這些文件做控管作業。

例如:了解不同介面型態的使用者對產品的操作使用模式,使產品更貼切使用者的喜好,在產品開發時將依據使用者的參與,以減輕其操作上的不方便感。

▓ 第 2:即時回應、彈性修改、經營整合

在網路行銷控管過程中,應對有問題的行銷功能或消費者使用後的重大意見,必須能即時回應,並且針對網路行銷系統或做法,立即且有彈性地做適當的調整和修改。至於能否做彈性的修改,須視當初在規劃建置網路行銷系統時,是否以模組化、元件化方法來建構之。

例如:了解不同設計型態的使用者在使用產品時的決策差異,此差異來自各消費者的價值觀、消費習慣及對產品的需求性不同而不同。

其實,行銷環境是瞬息萬變的,故整個策略、規劃、建置應都能因應變化而彈性修改。另外,最重要的是,網路行銷不只是企業行銷,而是企業經營,以及整合其他企業功能或系統,故連結的方便性也是在管理時須考慮的重點。

▓ 第 3:落實於日常作業機制

網路行銷是須經營的,故它的整個功能應能落實於員工的日常工作,而不是臨時專案或單一事件處理,如此才能使網路行銷效益真正發揮,而不是為了網路行銷而網路行銷。例如:了解不同功能型態的使用者對創新功能的接受度,同時依不同的實際需求來提供適當符合消費需求的功能。

若能落實於日常工作範圍內,則其網路行銷也比較容易控管,因為透過日常作業的會議、表單、考績等,會使員工重視,員工其實也是一種消費者,若員工都很注重品質,也很滿意的話,自然而然真正的消費者也會感受到那股有 power 的熱忱。

問題解決創新方案—以章前案例為基礎

（一）問題診斷

依據 PSIS 方法論中的問題形成診斷手法（過程省略），可得出以下問題項目：

■ 問題 1：對同公司的各網購平台沒有整合

因為各網購平台來自不同利益的各 B2C 廠商，因此，各網購平台和公司本身 B2C 平台的客戶及其訂單相關資料無法即時效率的整合。這樣會造成相關於網購的訂單、客戶資料無法統一控管和一致性，並且導致消費者須在不同網購平台上重複登錄的無效益動作。

■ 問題 2：資訊策略沒有和企業策略結合

以為資訊策略只要能輔助企業策略所展開的作業即可，這是沒有達到結合的綜效，因此，各網購平台的策略，並沒辦法解決消費者市場行銷策略，因為消費者在使用此 IT 策略的網購平台時，該企業並沒有得到五力分析中的顧客價值和經銷商夥伴價值（從案例的抱怨事件可得知），這就是企業和資訊策略沒有結合，因此所影響的就是在消費者市場營業狀況不佳。

（二）創新解決方案

■ 問題解決 1：整合各自不同來源的網購平台

以往，整合不同企業應用資訊系統，都是用資料轉換（XML）、流程介面程式（API）、流程連接（EAI）這三種不同層次效用的方式來解決整合性問題，但這些都是仍以各自企業資源規劃最佳化方式來發展各自系統的連接。但在雲端運算的產業資源規劃構面下，在各網購平台的下單系統功能都統一在公用雲環境下發展，則訂單資料就可統一且消費者只需登錄一次即可，以達到產業資源規劃最佳化效益。

■ 問題解決 2：從企業策略展開來分析 IT 策略的價值所在

以各網購平台當作拓展消費者市場的此種 IT 策略，就是沒有考慮到和企業策略結合，因為企業在行銷策略上是要從消費者市場上擴大營收來源，和直接面對消費者，以便了解需求喜好來作為產品設計的重要依據。但只是以輔助性工具平台來作為 IT 策略，則就無法達到企業策略效益，因此，解決之道就是以企業策略的內外在環境分析，一直展開至 IT 策略的五力分析。

（三）管理意涵

■ 中小企業背景說明

中小企業的優勢是在於敏捷和快速，它對於市場的環境變遷，是比大型企業更容易快速因應而改變，因此在網路行銷的管理應注重在如何掌控產品精準搜尋的行銷功能，以便能快速因應市場需求，而推展出新的商品。

■ 網路行銷觀念

該中小企業在做網路行銷的管理時須強化產品搜尋的方式，也就是應以各個不同關鍵字或主題來做交叉搜尋，以便達到精準查詢，不要產生過多的無意義查詢內容，而影響到客戶對中小企業的產品搜尋意願。

■ 大型企業背景說明

大型企業的優勢是在於有豐富的資源，它對於市場的環境變遷，是以領導市場方向來因應環境變遷，因此在網路行銷的管理應注重在如何掌控目標客戶的行銷功能，以便能使相關資源運用在目標客戶的需求內容上，進而獲取貢獻率最高的目標客戶。

■ 網路行銷觀念

該大型企業可利用全球化的網路行銷資源管道，集中控管真正目標客戶的需求內容設計，也就是說以真正目標客戶需求來規劃網頁內容範圍，不可漫無關聯的設計。

■ SOHO 型背景說明

SOHO 型服務業的優勢是在於有獨特差異化的服務,它對於市場的環境變遷,是隨著市場方向來因應環境變遷,因此在網路行銷的管理應注重在如何掌控促銷廣告的行銷功能,以便本身獨特差異化的服務,可讓客戶了解和進而產生商機。

■ 網路行銷觀念

該 SOHO 型企業可利用情境廣告來展現其本身獨特差異化的服務,也就是說以某種需求情境來引導吸引客戶的過程,如此可使獨特差異化的服務更具有成效。

(四)個案問題探討

請討論如何整合各自不同來源的網購平台?

案例研讀
熱門網站個案：物聯網—遺失物品服務

Tile 服務運用物聯網技術和巨量分析來發展快速尋找失物服務的 system。

其應用程序如下：

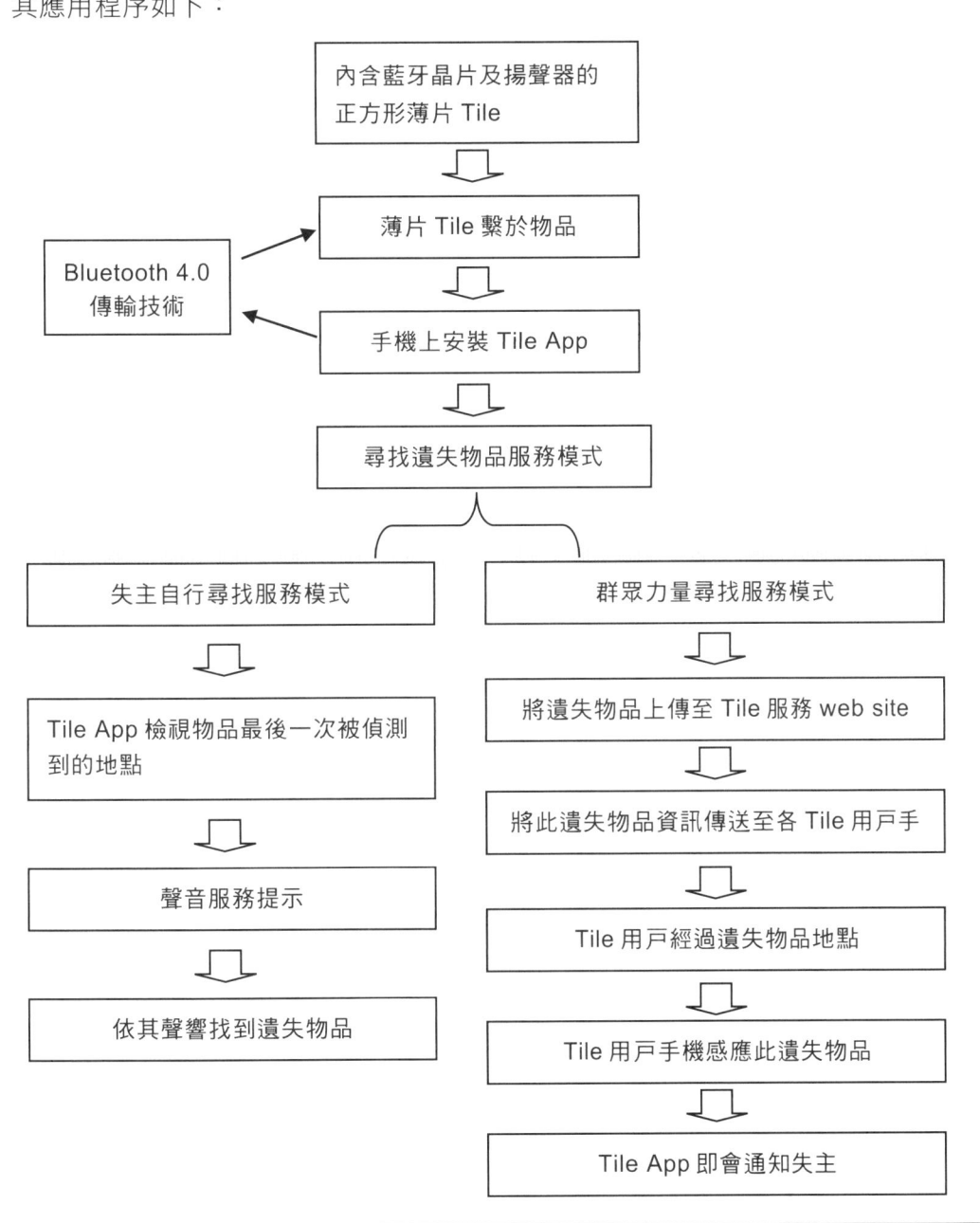

```
                    ┌──────────────────────┐
                    │ 內含藍牙晶片及揚聲器的 │
                    │    正方形薄片 Tile    │
                    └──────────┬───────────┘
                               ↓
  ┌──────────────┐    ┌──────────────────┐
  │ Bluetooth 4.0│ →  │  薄片 Tile 繫於物品 │
  │   傳輸技術   │    └──────────┬───────┘
  └──────────────┘               ↓
          ↑           ┌──────────────────┐
          └───────────│ 手機上安裝 Tile App│
                      └──────────┬───────┘
                                 ↓
                      ┌──────────────────┐
                      │  尋找遺失物品服務模式 │
                      └──────────┬───────┘
                         ┌───────┴────────┐
                         ↓                ↓
              ┌──────────────────┐  ┌──────────────────┐
              │ 失主自行尋找服務模式 │  │ 群眾力量尋找服務模式 │
              └──────────┬───────┘  └──────────┬───────┘
                         ↓                    ↓
              ┌──────────────────┐  ┌────────────────────────────┐
              │ Tile App 檢視物品最 │  │ 將遺失物品上傳至 Tile 服務 web site│
              │ 後一次被偵測到的地點 │  └──────────┬─────────────────┘
              └──────────┬───────┘             ↓
                         ↓            ┌────────────────────────────┐
              ┌──────────────────┐    │ 將此遺失物品資訊傳送至各 Tile 用戶手│
              │   聲音服務提示    │    └──────────┬─────────────────┘
              └──────────┬───────┘               ↓
                         ↓              ┌──────────────────────┐
              ┌──────────────────┐      │ Tile 用戶經過遺失物品地點│
              │ 依其聲響找到遺失物品│      └──────────┬───────────┘
              └──────────────────┘                 ↓
                                        ┌──────────────────────┐
                                        │Tile 用戶手機感應此遺失物品│
                                        └──────────┬───────────┘
                                                   ↓
                                        ┌──────────────────────┐
                                        │  Tile App 即會通知失主 │
                                        └──────────────────────┘
```

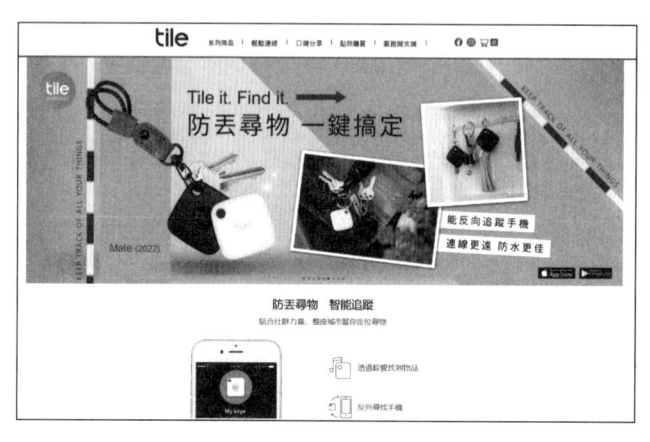

資料來源：https://www.thetileapp.com.tw/

■ 問題討論

請探討巨量資料功能對於企業作業流程有何影響？

本章重點

1. 網路行銷管理是將網路行銷和企業經營做結合，也就是說必須以經營管理來規劃、分析、執行網路行銷，並和企業其他資訊系統功能整合。這是網路行銷的精神。

2. 在創新組織中，最主要就是人和資料對組織的互動結果，也就是說它會透過組織部門的運作，來實施落實人的執行力和資料整合。

3. 網路行銷的專案管理，和一般的專案管理是不太一樣的，最主要不一樣的地方，是來自於網路媒體的製作特性，和強調行銷介面的產品設計。

4. 網路行銷的控管模式，必須考慮到網路特性和行銷功能，如此才可做好控管。而網路特性有任意遨遊、跨不同系統或裝置、實體和虛擬使用者這三項。

5. 網路行銷管理會因不同角色的認知和需求觀點不同，而使得其網路行銷管理的服務模式不一樣，一般角色可分成客戶面、企業面、員工面。企業擬定網路行銷策略，選擇將非屬企業核心能力的網路資訊技術外包（outsourcing）給企業外部的專業廠商，則會影響到網路行銷的管理。

關鍵詞索引

- 能力成熟度整合模式（Capability Maturity Model Integration, CMMI）......5-7
- 單次成本（One-Time Cost）...............5-12
- 後續成本（Recurring Cost）...............5-12
- 科技管理（Technology Management）...............5-13
- 虛擬實景（Virtual Reality）...............5-19
- 串流儲存式（Streaming Stored）...............5-20
- 串流即時式（Streaming Live）...............5-20
- 即時交談式（Real-time Interactive）...............5-20

學習評量

一、問答題

1. 試說明網路行銷管理模式。
2. 何謂網路行銷的控管模式？
3. 何謂實體和虛擬使用者？
4. 試探討網路行銷的影響指標，是如何用消費者滿意度與忠誠度，來作為重要性影響的分析。
5. 試說明網路行銷的影響層面。

二、選擇題

（　）1. 網路行銷管理是什麼？
　　　　（a）將網路行銷和企業經營做結合
　　　　（b）以經營管理來規劃、分析、執行網路行銷
　　　　（c）和企業其他資訊系統功能整合
　　　　（d）以上皆是

（　）2. 網路行銷的管理，對經營者而言，是用來滿足什麼？
　　　　（a）行銷者的需求策略
　　　　（b）經營者的需求策略
　　　　（c）消費者的需求策略
　　　　（d）以上皆是

（　）3. 網路行銷的管理，對消費者而言，是用來滿足什麼？
　　　　（a）行銷者的需求策略
　　　　（b）購買交易的需求管道
　　　　（c）消費者的需求策略
　　　　（d）以上皆是

（　）4. 創新組織是和古典組織不同，它期許以什麼指標來量化其創新組織的成效？
　　　　（a）成本最小化
　　　　（b）創新率
　　　　（c）效率最大化
　　　　（d）以上皆是

（　）5. 若能確定該使用人就是本人，則是？
　　　　（a）虛擬使用者
　　　　（b）實體使用者
　　　　（c）都可
　　　　（d）以上皆是

CHAPTER 06

生成式 AI 行銷

章前案例：思維鏈提示工程應用於客戶價值驅動之數位行銷策略

案例研讀：個性化適地性服務（LBS）

學習目標

- 探討生成式 AI 定義、模型種類
- 說明生成式 AI 和判斷式 AI 差異
- 探討生成式 AI 運作方式階段
- 探討生成式人工智慧開發流程的步驟
- GenAI 行銷定義、應用功能
- 說明相似建模 AI 行銷
- 說明文本分類（text classification）行銷應用
- 說明增強 GenAI 模型生成內容品質程序
- 探討 Retrieval Augmented Generation（RAG）行銷

> **章前案例情景故事** 思維鏈提示工程應用於客戶價值驅動之數位行銷策略

在生成式 AI 系統於全球盛行之際，愈來愈多企業工作者或學習者開始使用生成式 AI 系統於工作流程和自主學習，以增加生產力和加速學習效果。當然，這對於成為行銷業務新鮮人的小許而言，也開始嘗試使用，有一次在工作報告會議中，它就以生成式 AI 模型整理出公司商品（指空氣清淨機商品）欲在明年促銷方案的策略報告。但在使用整理過程中，發現多次輸入幾乎相同的問題描述後，每次生成出的結果內容會不太一樣？而且換一種輸入問題說法，則生成結果內容就會受到影響？此刻，她明白了，原來如何問問題的內容，會影響生成結果的內容和呈現。那麼該如何問問題呢？這對於工作生產力和學習成效會有什麼影響？經過數日研讀相關資料後，發現到若生成式 AI 應用在商管教學和行銷經營角度的話，則其提示工程（prompt engineering）技術是非常關鍵的！

6-1 生成式 AI 簡介與運作

6-1-1 生成式 AI 定義、模型種類、架構、運作方式

人工智慧在數十年前就已出現且在學術界不斷發展，而在最近這數年，類神經網路和深度學習更加速創新不同演算法。根據經濟合作暨發展組織（Organization for Economic Cooperation and Development）對於人工智慧的定義，主要是針對人類所設下的目標，以一種基於機器的系統，來發展在真實或虛擬環境的預測、推薦或決策。而至今人工智慧範疇可包含機器學習（machine learning），其機器學習包含深度學習（deep learning），其深度學習包含生成式 AI（GPT, Generative Pre-trained Transformer），是一種生成式預訓練。如圖 6-1：

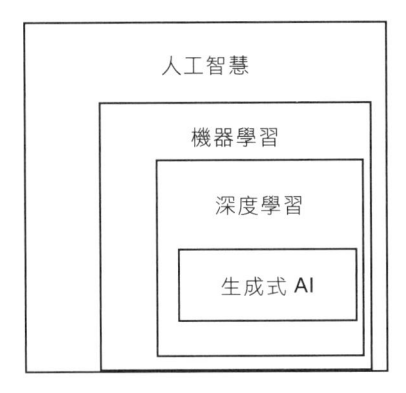

圖 6-1 人工智慧範疇

生成式 AI（Generative AI, GenAI）是以預訓練方式根據原始數據內容來創建生成新的內容，其模態（mode）包括圖像、音樂、文字、合成數據資料（synthetic data）、影片等多模態（multimode）。而 GenAI 和傳統人工智慧（指判斷式 AI（Discriminative AI）或決策式 AI 或預測式 AI）是不一樣，其差異如表 6-1：

表 6-1 生成式 AI 和判斷式 AI 差異

構思項目	生成式 AI	判斷式 AI
主軸	自動化新的但相似內容	決策判別預測內容
學習	沒有標記（但可結合有標記）	有標記
運算	強大 GPU、NPU 算力	CPU
資料	大量的資料	程度上的資料
應用領域	內容創作、人機互動	自動駕駛汽車、人臉辨識、推薦系統
演算法	NLP 語言模型、圖像模型	支持向量機（SVM）、決策樹（Decision Tree）、羅吉斯迴歸（Logistic Regression）
用途	創意和內容生成	數據分析和決策

根據上述，可知 GenAI 是近年新興的趨勢發展，但實際上其相關演算法早在數十年前就已見端倪，而且至今能蓬勃發展，主要是有其他整合的科技同時出現，包括：更強大的電腦晶片、雲端設施、大數據海量資料集技術等方案，當然現今演算法也比之前更加優化，故其實 GenAI 真正要具體定義的話，應是朝向 AIoT 整合科技，包含上述和物聯網、區塊鏈、數位軟體等整合，才能讓 GenAI 得到如今天時人和的大爆發。目前 GenAI 以 OpenAI 公司的 ChatGPT 模型獨佔鰲頭，但也有其他模型，例如：Microsoft's Bing、Google's Bard、Anthropic's Claude、Baidu's Ernie 等，上述是文字生成文字，而文字生成圖像模型有 DALL-E、Midjourney、Stable Diffusion。

從上述可知 GenAI 是以語言模型來生成，它利用自然語言輸入經由大型語言模型（Large Language Models, LLM），來執行自然語言處理（Natural Language Processing, NLP）。大型語言模型（LLM）利用 Transformer 神經網路架構來發展模仿類似人類思維溝通的語言。

在 LLM 模型中，自然語言處理扮演關鍵角色，它是依照使用者提問輸入語言文字，來模擬人類語言試著去理解使用者的意圖，進而生成回答的溝通訊息過程，在方法上它是採用語言文字編碼技術，來推理對於人類的認知能力，這其中包括嵌入相關上下文中，根據上文而推測下文是什麼的技術，故如此做法是一種人類自然語言理解和文本生成領域的創新技術。另外，為了讓 LLM 模型更能理解專業領域或通俗名稱識別，也可以進一步利用命名實體識別（NER, Named Entity Recognition）來理解特定專業知識和人類社會實體的意義，例如：前者包括新聞術語、醫學學名等，後者包括：人名、地名、組織機構名等。故從上述可知 LLM 模型欲運作則須規模大的資料量，但有些單一企業，它的規模需求相對不是很大，且在有限運算設施能力和成本考量下，則可採取小語言模型（SLM, Small Language Model），並且這也考慮到企業資訊安全措施。故如此 SLM 的做法，則是可在更小或自身裝置的設備上運行，如此能達到高效且回應速度快的優勢，而這樣的運作方案，剛好整合「邊緣運算」和物聯網技術的發展。從上述語言模型理解和生成能力，它的成功性在於演算法模型、資料預處理訓練和使用者互動介面等功能組件的實踐，如此才能進而發展出生成應用程式案例的實現，例如：在搜尋引擎優化（SEO）應用案例中，以 GenAI 實現出相關性內容生成。SEO 的做法是以關鍵字和網站結構等程式技術來優化搜尋排名，進而提升點擊率績效。但若從可見度績效來看，這裡的可見度是指用戶透過搜尋引擎的行為過程中，系統網站如何理解用戶搜尋背後的真正意圖，則須發展出生成式引擎優化（Generative Engine Optimization, GEO）技術，它是以 GenAI 驅動的搜尋生成引擎，關鍵在於創建新的內容，而這個新的內容可更準確性且洞察式的做查詢及互動回應之解決方案。然而，從上述可知，SEO 和 GEO 其實各有其不同定位和功能。

生成式 AI 運作方式階段

分成初始化階段、開發階段、部署階段，如圖 6-2。

一、初始化階段

主要是針對資料的準備,以作為模型訓練前的初始化作業,此初始化是後續階段的成效基礎,它包括蒐集資料、資料標記等一連串資料預處理步驟。

- **步驟 1. 資料蒐集**:資料來源的設定,包括企業內部和外部資料。若是屬於企業專屬模型,則這些資料會以企業內部知識庫為主,其中資料格式也會影響到有些模型擷取資料的可行性。另外,資料的結構化和非結構化型態,也是模型運作的考量因素。另外,為了模型發展作業,故需將資料分為訓練集(訓練模型用)、驗證集(微調超參數和模型性能評估用)、和測試集(以實際案例模擬最終模型的效能)。

- **步驟 2. 資料清理與標準正規化**:GenAI 模型運作是需要高品質且相關和多樣化的資料內容,故先前資料清理是有其必要,包括清除雜訊、重複、損壞、不相關或不完整的資料。另外,若是數據資料,則包括資料進行正規化和標準化的處理。

- **步驟 3. 資料標記**:資料標記的目的是協助模型為訓練資料提供相關性上下文,如此在訓練過程中學習可理解的一組標記和符號。預訓練是對巨大文本資料集的無監督學習過程,資料標記技術包括眾包(crowdsourcing)標記、主動學習(active learning)。所謂眾包標記,是以群眾外包方式於數位平台上標記任何事件資訊。例如:crowdmapping(眾包地圖標記)應用於全球救災區域標記的作業,它可分析追蹤醫療用品供應地區情況,以進而推測後續提供援助的優先區域。所謂主動學習是以其演算技術,在現有資料來發展認為最重要但尚未標記的有限資料,如此可降低標記的時間和成本。其做法可透過軟體演算自動篩選出具有特徵的資料後再進行標記。上述資料標記可用在機器學習過程中來識別模式,而模式確認後,接著以該模型對新的資料數據進行預測,當然愈少的標記可實現更高的準確性,則是資料標記的目的效益。

- **步驟 4. 資料增強和特徵萃取**:將訓練資料根據人為思考或 AI 演算法自動來萃取某種事件的特徵,如此可降低資訊維度以便於有效處理。而在這樣的資料特徵有利於 AI 訓練下,再加以產生多樣性的新資料點來增強訓練資料的完整性。

- **步驟 5. 選擇合適的生成式人工智慧演算法模式**:不同的生成式人工智慧企業應用,應採用適當演算法,來達到 AI 訓練模型適切性。目前生成式人工智慧

模型有五種類型：Generative Adversarial Networks（生成對抗網路）、Large Language Models（大型語言模型）、Diffusion Models（擴散模型）、Transformer-based Models、Variational Autoencoders（VAEs，變分自動編碼器）等。

二、開發階段

首先要準備好開發環境，包括：程式語言或其平台（Python 或 Google colab）、演算法模式框架和開發（TensorFlow 或 PyTorch）、資料處理（NumPy、Pandas、spaCy、NLTK）、AI 晶片 GPU（NVIDIA CUDA）、雲端服務（AWS、Microsoft Azure、Google Cloud）。有了開發環境，接下來就可開始程式編碼，而優化程式碼效能是可加速 AI 訓練過程。

三、部署（deployment）階段

生成式 AI 模型部署到相應的生產環境中，以利最終用戶可在此生產環境介面使用，而在部署過程中必須考量與現有系統或外部系統的整合，以及部署後完整測試，之後還須有持續監控和防範錯誤、預防檢測等措施，進而達成實現效能最佳化。由於在部署生產環境中，使用者有不同情境需求，故在部署的配置模型也有不同做法；

1. **開箱即用的 GenAI（out-of-the-box generative AI）的配置**

    它是指預先以 package（套裝方式）的解決方案，不需要做任何系統上的修改，就可直接使用。例如：OpenAI 的 ChatGPT。

2. **自訂應用程式的配置（基於開箱即用的部署模型）**

    它是在某一 GenAI 模型配置之上，根據自身需求的特定案例來客製化設定，以增強基本模型的適用範圍。例如：在 OpenAI 的 GPT 模型基礎上，整合其他專有 AI 功能。例如：Jasper（https://www.jasper.ai/），它主要針對電子商務、行銷廣告等用戶市場。

3. **自訂應用程式的配置（在微調（fine-tuned）模型上）**

    它也是一種客製化模型方案，但是以微調（fine-tuned）生成式 AI 方式創建不同用例的專屬模型。例如：在 Hugging Face（https://huggingface.co/）平台上來客製化。

4. **建立自身企業內部構建模型配置**

   從某企業產業而言，其 GenAI 應用範疇主要在本身或相關的領域上，故建立客製化應用程式為企業專屬的 GenAI 模型，就成為生成式 AI 應用於產業的重大指標，這其中還包括處理敏感資料和保護私人資料的資訊安全議題。例如：利用 Microsoft copilot studio（https://www.microsoft.com/zh-tw/microsoft-copilot/microsoft-copilot-studio）自訂或建立 Copilot 平台我的 GenAI 模型。

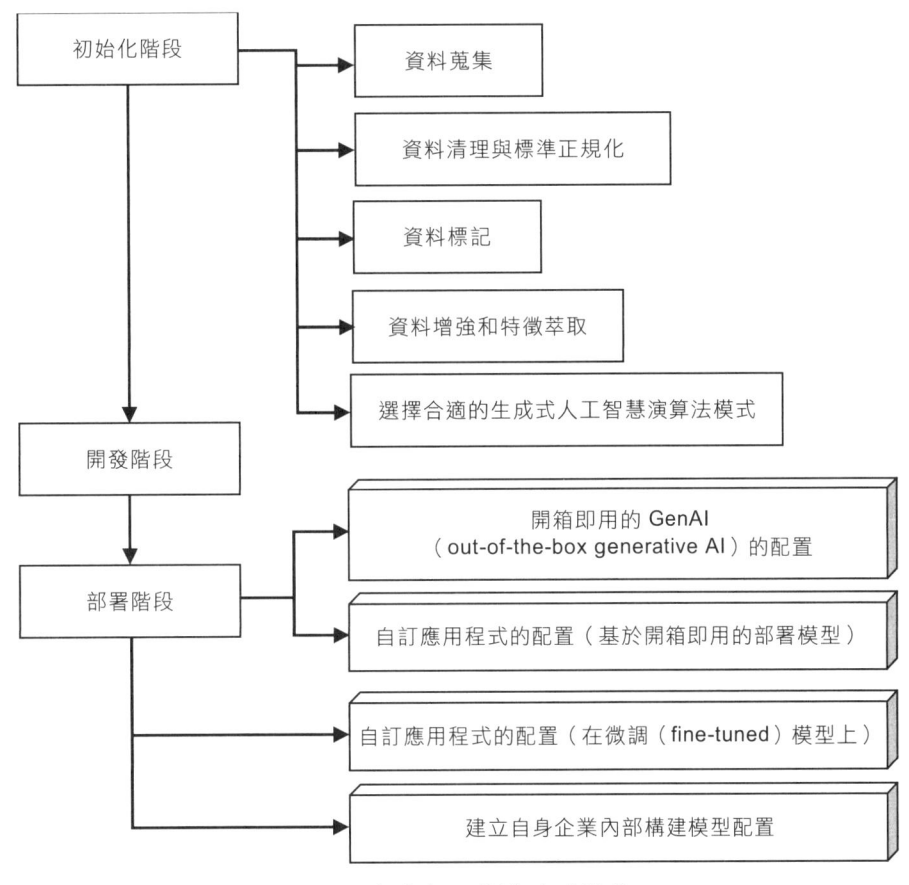

圖 6-2 生成式 AI 運作方式階段

■ 生成式人工智慧開發流程的步驟

當企業欲使用 GenAI 模型於作業流程中，則必須先開發建置整個 GenAI 系統，如此才能上線運作，其步驟包括使用介面平台、模型選擇、超參數調整（hyperparameter tuning）、模型微調（fine-tuning）、提示工程（prompt engineering）、檢索增強生

成（Retrieval-Augmented Generation, RAG）和軟體代理人（agent）、繼續模型預訓練等。

步驟 1. 使用介面平台

透過介面平台的初始操作，可讓使用者以類似 GenAI（例如：ChatGPT）的介面框架來進行，如此可簡化對話式 AI 應用程式的創建。它可以結合 React 框架，提升與聊天機器人的溝通體驗。例如：Chainlit Overview - Chainlit 生產環境的對話式 AI 平台，它是一種開源的 Python 程式。故當開發使用介面平台來驅動後續的整個使用流程，可讓使用者順暢進行 GenAI 工作作業，並且此平台可透過應用程式介面 API 與 LLM 整合，並以此介面來快速部署到其他 web 系統。

步驟 2. 模型平台選擇

在上述的介面平台框架，可連結嵌入不同的模型平台，若是以雲端伺服器方式連結 **GenAI 模型平台**，則就必須考慮到採用雲端平台，例如：AWS Bedrock（Amazon）、Azure OpenAI（Microsoft）、GCP VertexAI（Google）等。其中 GCP VertexAI 提供多種開發需求工具模式，例如：自動化機器學習流程 AutoML、本身 Gemini LLM 模型、外部開源 LLM 模型（例如：Llama）。

步驟 3. 超參數調整

每家企業使用 GenAI 都有自身的特定需求，而 LLM 模型可透過超參數調整來符合其需求。超參數是在 LLM 訓練過程中設定可控參數來調整模型的行為。例如：模型大小的設定，因為較大的 LLM 模型成本更高，企業需視實際需求來決定是否採用。又例如：epochs 數量的設定，它是指訓練資料集通過演算法的迭代總次數，也就是說，1 個 epoch 表示整個資料集完整地通過演算法一次。故它是一種模型訓練過程的超參數，其主要作用是增強模型對其語義關係的理解。這使得 LLM 可足夠學習從訓練資料中得到高品質的生成內容。故超參數調整的意義是透過設定一些參數值來完成最佳效能任務需求。其參數值包括：學習率、Token 長度（length）、神經元數量、溫度（temperature）…等。其中溫度參數是控制模型生成內容的隨機性結果，所謂隨機性結果是指可預見或不可預期的生成內容，若將溫度參數調較高，則產生不可預測的內容就較高，這有利於欲生成創造性的結果，但若欲生成較可確定性的內容，則以低溫數值來設定。例如：溫度從 1.0 調降為 0.5。另外，Token 長度是指在 LLM 模型中輸入文字的長度限定，而這個長度限定會影響到生成內容的輸出。也就是太長限定，可能使得生成出不相關的輸出。若太短，則難以運算出

具有實質相關性的上下文內容。從上述可知超參數設定是具體影響到 LLM 模型生成行為。但不論如何，記得超參數配置設定是在模型訓練過程開始之前就要完成。

步驟 4. 模型微調（fine-tuning）

模型微調是一種基本深度學習（deep learning）的監督學習過程技術，在生成人工智慧的基礎模型上，它用於調整預訓練模型的過程中，能達成特定任務的需求。故它也是屬於遷移學習（transfer learning）領域。而微調作業是期望以更少的運算資源和訓練時間來達成更好的預訓練模型，但原有模型中先前的專業知識仍然存在。其微調運作的步驟包括：選擇預訓練模型（例如 BERT、GPT）、分析微調需求（例如：情緒認知任務）、資料集蒐集準備（例如：情緒認知在數位行銷上的資料集）、針對 tokens 選擇分詞器 Tokenizer 解析資料集（例如：GPT3 Tokenizer）、評估和驗證微調模型的績效（例如：生成情緒認知的行銷方案）、測試與部署到模型生產環境（例如：智能客服行銷 GenAI 系統）。從上述微調運作程序，可知它可解決企業專屬特定領域模型和 LLM 通用預訓練模型之間的差異問題。在此就智能客服行銷在情緒認知上應用的例子做說明：有一家零售公司欲以 GPT 模型來協助行銷主管根據客服系統中客戶的對談紀錄產生客戶情緒認知分析報告。但目前這個 GPT 模型仍是一般通用模式，沒有該公司商品的特有術語和在行銷客戶情緒認知方面的知識。故該公司蒐集匯入上述對談紀錄、商品術語、客戶情緒知識等資料集，接著利用微調作業，使得此 GPT 模型更加熟悉理解該公司專用的智能客服行銷 GenAI 系統之任務需求。

步驟 5. 提示工程（prompt engineering）

上述微調作業會影響 GenAI 模型生成內容的品質，除此之外，提示工程也是其中一項。提示工程主要是針對使用者輸入階段，因為 GenAI 模型運作是一種人機協作，故人類和機器交流溝通的方式和內容，都會影響彼此之間的理解和認知。

基於上述，可知提示工程方法是 GenAI 運作時非常重要的步驟，其方式有很多種技巧和技術。在技巧上，包括：「具體清楚地表達問題內容」、「特定直覺的上下文相關的語言」、「在某領域的模版範例」、「不斷以之前提示回答來迭代下一次的生成」…等。在技術上包括：零樣本提示（zero-shot prompting）、少樣本提示（few-shot prompting）、思維鏈（chain-of-thought, CoT）、提示連結（prompt chaining）…等。說明如下，其差異如表 6-2 所示：

表 6-2 提示工程方法差異

構思項目	零樣本提示	少樣本提示	思維鏈	提示連結
任務標的	明確簡單任務	不易理解的輕微複雜任務	專業領域的複雜任務	具流程性質的複雜任務
提示方法	提示技巧	範例樣本輸入	建構任務需求的知識圖譜	分解序列各子任務的迭代提示
任務例子	行銷 4P 對客戶市場佔有率有什麼影響	如何利用 STP 行銷發展提升電信業客戶的忠誠度	就智能空氣清淨機商品發展 STP 行銷策略的市場促銷報告	發展旅遊計畫行銷廣告任務

- **零樣本提示（zero-shot prompting）**：是一般以直接提出問題的提示做法，但常搭配上述提示技巧，故它較適用於相對有明確答案的簡單任務。

- **少樣本提示（few-shot prompting）**：和零樣本提示是類同的，但增加一些範例輸入，此範例輸入是為了讓 LLM 模型透過此範例，來訓練理解用戶所問的問題到底是什麼？以及想要表達什麼？和意圖得到什麼？故它較適用於相對有不易理解的輕微複雜任務。

- **思維鏈（chain-of-thought, CoT）**：思維鏈提示是將欲發問的問題以推理層級思考來逐步分解為一系列相關的中間程序進行，而這樣的做法有利於大型語言模型（LLM）的訓練思維過程，故它較適合用於複雜的任務，因為 LLM 模型有利於模仿人類如何思考和理解，這是一種模擬人類認知處理（cognitive processing）形成的過程。思維鏈做法可結合數個提示內容，這些內容具有上下文鏈結的關係，以利在生成回應之前就可發展具邏輯步驟的推理作業。從上述可知思維鏈對於專業複雜知識的生成創建內容，是非常重要的常用技術。但接下來就產生了另一個困擾，那就是如何製作思維鏈提示？因為思維鏈提示本身做法就可能有點複雜。故從此點可知，對於專業複雜知識的生成範圍，並不是任何人都可提問，也就是用戶也必須具備在這專業複雜知識領域中的基礎知識。而有了這樣的基礎知識後，再加上思維鏈提示本身的工具或做法，就可大幅降低進行思維鏈提示的困擾度，其工具或做法包括建立思維鏈提示範本、KT 逐步思考法（Kepner-Tregoe method，一種系統性問題解決與決策方法）等。另外，思維鏈提示也可同時結合先前建立的專屬知識庫，來強化生成內容的廣度與精準度。

- **提示連結（prompt chaining）**：提示連結是將在大型語言模型（LLM）生成的複雜任務，以自然語言處理（NLP）技術，將此複雜任務分割成更多的離散提示（discrete prompts）的子任務，然後依據此序列式子任務，分別作為輸入並生成輸出，此輸出將再作為下一個提示的輸入。之後再經過遵循後續提示來產生所需的輸出，這是一種將各子任務提示連結在一起，而成為無縫的工作流程之提示鏈。這樣的提示鏈使得 GenAI 模型能更優化學習理解上下文和提示之間的關係，如此更準確理解使用者的意圖、進而產生連貫、一致性的生成內容。從上述可知，提示連結做法可簡化複雜的任務，並且在提示鏈中某子任務的具體提示需要調整時，就可專注此子任務的提示內容來解決之。由於提示連結是以離散序列方式來執行提示生成，故對每一序列步驟提示輸出，就可立即檢驗該輸出的品質和結果是否符合使用者的意圖目標。不過，提示連結做法相對於簡單提問較為繁瑣，故它適用於具創造邏輯的任務需求。例如：欲撰寫生成長篇小說任務，這時就可將寫作過程，分解出按章節段落順序的子任務。再例如：欲發展旅遊計畫任務，此時可將此計畫分成數個子任務，包括旅遊目的地和型式、尋找旅行社和機票、篩選旅遊酒店和餐飲、分析旅遊景點特色和費用等順序的各子任務。而這些子任務就可利用提示連結來執行 LLM 生成。

從上述可知可將提示工程做法當作一種學習程序，也就是提示學習（prompt-based learning），它是基於提示工程做法來學習推理，在無須進行微調下，來生成特定於任務的回應，故提示工程設計可朝向模版方式，包括用人類專業知識來設計提示內容，以及使用自動化範本。

步驟 6. 檢索增強生成

檢索增強生成（Retrieval Augmented Generation, RAG）是一種生成式人工智慧（GenAI）架構，用於企業專屬來源的相關內部資源和外部資源資料，其做法是以檢索相關資料和增強上下文技術來優化大型語言模型（LLM）訓練資料的客製化和準確性，故檢索增強生成現已成為業界實際應用標準。它可從 GenAI 生成創造出企業價值。而這樣的發展，主要是通用 LLM 模型有 4 個問題：無法精確地建立企業本身明確的知識庫、無法自訂專屬的知識庫、無法確保企業本身資訊安全和個資產權保護、由於參數化作業無法深度理解更具體主題的資料等。故根據這些問題，RAG 訓練資料和 LLM 生成運算可結合產生更綜效的訓練資料品質，這是可突破專業領域和複雜知識的語言理解障礙，進而創造自動生成對用戶查詢的可靠度回應。基於

上述，RAG 系統可應用於特定系統功能的優化作業，包括：企業知識庫問答聊天機器人、結合搜尋引擎增強內容、知識管理系統引擎驅動。

步驟 7. 繼續模型預訓練

根據上述各步驟的發展，都是有利於 GenAI 模型的預訓練和後續的加強訓練，但由於企業經營資料是隨著時間而有所變動，故持續對 GenAI 模型做預訓練是有其必要的，尤其是在未標記的特定領域資料，包括使用無監督學習的預訓練和使用監督學習進行微調。這其中包括資料預處理作業：過濾阻礙模型性能資料、去掉重複性資料、刪除超過本身語言文本範圍的資料、清除具有攻擊性資料、保護敏感個資的資料等。這些做法都可提升 LLM 模型訓練品質。另外，可再加上標記化（tokenization）作業，它是指在模型演算法運作過程中，將資料句子轉換為 LLM 模型機器可解讀的格式，也就是將文本句子拆成標記子詞（token），它是語言模型處理的最小意義單位。因此標記化是將文本轉換為標記序列（單字、字元）的過程，接著，這些標記子詞可被映射到相應的向量表示，此向量表示是欲將文本形式轉成數字表示，也就是給每個 token 設定一個唯一的整數，作為模型演算法的輸入，而經過模型演算法運作後再次輸出另一整數，隨後再將其轉換回文字。因為語言模型無法僅對文本資料進行運算，故如此標記化作業可加強更廣泛詞彙的處理能力。

6-1-2 大型語言模型（LLM）

LLMs 模型應用方向的種類

若從應用目標方向來看，可分成三大類：general-purpose LLMs（通用 LLMs，一般提示和生成問答，例如 ChatGPT、Gemini）、domain-specific LLMs（特定專業領域 LLMs，專業複雜知識的提示和生成問答，例如建立企業專屬 GenAI 知識庫系統）、multimodal LLMs（多模態 LLMs，包括文字、音訊、視訊和圖像資料等不同格式呈現）。

GenAI 生成應用已對企業業務需求發展造成很大的影響力，故如何評估 LLMs 模型訓練所生成的績效，就變得非常重要。其中 F1 score key metrics 評估技術就是一種方式，其中運算公式如下：

F1 score = 2×Precision×Recall / (Precision + Recall)

Recall（召回率）= TP/ (TP + FN)

Precision（準確率）= TP/ (TP + FN)

TP：True_Positive（學習者認為模型生成出合理答案，人類專家評判合理答案）

TN：True_Negative（學習者認為模型生成出錯誤答案，人類專家評判錯誤答案）

FP：False_Positive（學習者認為模型生成出合理答案，人類專家評判錯誤答案）

FN：False_Negative（學習者認為模型生成出錯誤答案，人類專家評判合理答案）

從上述可知，生成式 GenAI 已經對企業經營管理造成結構上的改變，其中對業務流程管理（BPM, Business Process Management）就是重要一環。GenAI 對 BPM 影響功能為下列三項：自動化日常任務、生成創新流程、流程運作的聊天機器人。

1. **自動化日常任務**：將 BPM 流程程序以生命週期模型方式，針對各個階段流程生成並執行對應的自動化任務，並將這些階段流程的任務連結整合。例如：客戶下單作業流程，分成促發意圖動機、瀏覽比較商品、下單支付出貨、客戶使用回應等四個階段，而這些階段某些步驟可用 GenAI 來自動生成完成，其中「商品功能和價格比較分析」就是一例。

2. **生成創新流程**：GenAI 模型主要生成創建新的內容，故將 BPM 流程也視為內容，則可生成創新流程。例如：在電子商務 B2C 網站流程中，當用戶在瀏覽查詢商品數位型錄，並點選某一 icon 商品圖案時，由於該網站有用 cookies 功能和會員登入功能，故它可於應用程式背景蒐集上述功能運作的資料，此時，在事先已撰寫好事件驅動程式功能（也就是此程式會根據資料在運算驅動邏輯條件下，若運算結果達成滿足驅動條件時，則此程式將會呼叫另一應用程式來執行之），當條件達成時，就會呼叫 GenAI API 來連接執行某個 LLM 模型，而自動執行生成創新流程，而創建廣告影片活動新流程就是一例，它是連接到自動生成廣告影片的資料模態（mode）。

3. **流程運作的聊天機器人**：根據上述對 GenAI 應用功能的說明，可知在流程運作中的使用者和聊天機器人對話，是很常用的一種企業流程應用，實際上就是一種 AI 助理，若從行銷領域來看，其中 GenAI 智能客服助理就是一例。例如：在 CRM 客戶關係管理資訊系統運作時，當行銷者和客戶在促銷競賽的活動功能對話時，若客戶參與此活動時，對於此競賽活動有些內容不甚了解，則客戶可透過智能客服助理來提問而生成回應內容給客戶。

故利用 GenAI 融入 BPM 流程時，LLM 模型將發展出對企業經營流程的識別和理解。這是一種專業知識的 LLM 模型，故 LLM 模型可發展出對於如此複雜和非線性關係的業務流程，學習訓練出具動態化、模擬和預測的業務流程實現及監控。

生成式人工智慧 LLM 架構組成

生成式人工智慧是一個整合性軟體系統，其架構設計將成為其實踐的參考模式（reference architecture），它是指此軟體系統各發展的層次和其模組元件的組成，如此架構可開發和部署 GenAI 驅動的應用程序和資訊治理。其組成基本要素（從最底層發展）如圖 6-3：

```
監控和整合編排層
        ↑
   GenAI 應用層
        ↑
   部署和配置層
        ↑
   評估和反饋層
        ↑
    生成模型層
        ↑
    資料處理層
        ↑
    基礎設施層
```

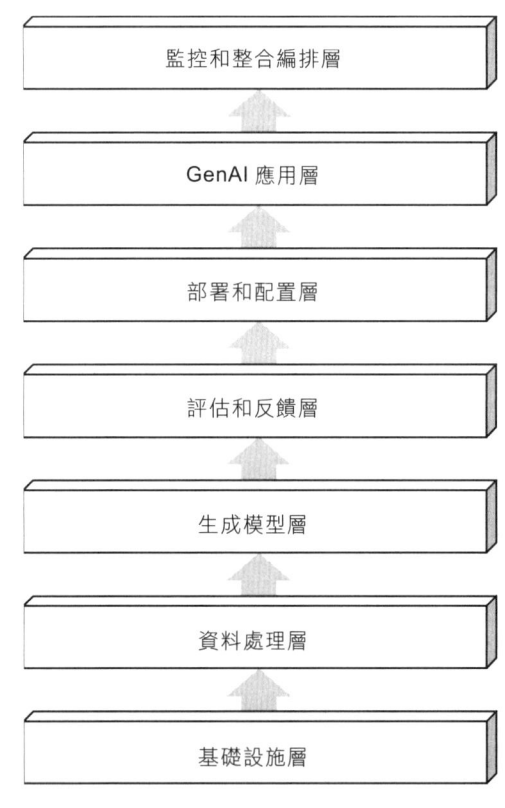

圖 6-3 生成式人工智慧架構

第一層：基礎設施層

它是最底層的硬體平台，包括 GPU 或 NPU 叢集晶片所建置的雲端伺服器電腦，其功能在於訓練資料運算，若以 LLM 模型來看，它可並行處理數十億個參數運算。

第二層：資料處理層

資料處理層是最基礎層次，它可建立成資料中心（data center），包括資料來源儲存和資料預處理和資料存取，同時也儲存 GenAI 生成創建輸出時所獲得的資訊。當然，此層次儲存的資料已是高品質的資料，因為在資料來源擷取和 GenAI 特徵提取的過程中，已萃取過濾成好的資料品質。

第三層：生成模型層

有了上述二層建置後，將進入 GenAI 模型訓練生成過程的運作中，其中包括選擇訓練模型，執行預訓練成為基礎模式（foundation model）或人為智慧的微調，再加上其他優化方法（例如：超參數調整），並做驗證確認，進而以提升生成效能，最後發展出訓練 AI 模型完成版本。此刻模型類型也將依照使用者任務所需來決定生成何種模態（mode）。在此模型層，以模型訓練程度來看，可分成：LLM 基礎模型（例如：openAI 的 ChatGPT）、微調模型和企業專屬專用模型。

第四層：評估和反饋層

經過 GenAI 生成結果後，必須了解使用者期望對於生成結果的滿意度回饋，進而讓開發人員評估此完成 LLM 模型的改善狀況，如此不斷持續專注於提高生成模型的準確性和效率。而這時也可藉助設計演算法來自動識別輸出錯誤，並再次回饋到輸入的修正，如此不斷循環的改善來確保更優化的 LLM 模型，而這就是一種讓 GenAI 從中學習修正的反饋循環演算法。

第五層：部署和配置層

透過上述層次的運作後，最後，就是要將這些完成 GenAI 模型建立在生產環境讓使用者可使用，因此此層是將 LLM 模型完成版部署到 GenAI 系統中，並配置運算資源、API 服務和資料資源且整合前端於後端系統內，來實現可上線生產環境。

第六層：GenAI 應用層

此應用層是企業用戶使用 GenAI 來協助營運管理的解決方案。

第七層：監控和整合編排層

當企業應用 GenAI 的解決方案時，而為了了解 GenAI 模型的使用效用狀況，故須能持續監控，因此在設計 GenAI 架構時，就必須將能支援持續監控的功能納入於內，而透過監控後，可追蹤 GenAI 模型的使用過程，以提出改善方案。而除了監控

外,也必須有整合編排機制,它的作用在於提示、連結、管理功能,這是一種 orchestration 作用,它的意義在於與企業系統無縫整合和管理複雜的操作,以及協助使用者執行複雜任務,進而能夠讓 GenAI 不斷學習和改進。其中技術功能包括:提示工程、API 連線、AI 代理、狀態管理、LLMOps 等。以下簡單說明 LLMOps 功能。LLMOps(Large Language Model Operations)是在於管理和開發維運大型語言模型(LLM)的實踐流程。如同 MLOps 和 DevOps 一樣都是在於實踐軟體系統開發生命週期的方法論和控管資料管理流程的一套自動化平台,但應用的對象目標不一樣,而 LLMOps 是用在大型語言模型的 GenAI 軟體系統。故 LLMOps 提供了大型語言模型開發、部署、維護模型的工具技術。這其中還包括資料蒐集與準備、模型訓練和微調、模型管理等功能。

▓▓ 增強 GenAI 模型生成內容品質

上述說明了 GenAI 和 LLM 運作、架構及相關工具技術後,可知如何增強 GenAI 模型生成內容品質是非常關鍵的能力。在此說明下列三種做法:合成數據資料(synthetic data)、指令調整(instruction tuning)、協定調整(alignment tuning)等。

1. **合成數據資料(synthetic data)**:我們可知生成式 AI 要運作的話,最根本就是資料數據,然而在資料來源蒐集時,由於 GenAI 模型在訓練時須做標記作業,這進而產生了標記成本,故若建立適當的合成數據資料可降低標記成本,所謂合成數據資料是指用電腦模擬或演算法產生具重現特徵標記的資料,它可來代替現實已存在的真實資料,如此可加速訓練資料的模型生成。例如:合成交通現實場景的真實影像資料來訓練自動駕駛的物件偵測任務。如此做法,使得合成數據資料可創建增強現有的訓練資料額外的標記資料,以來試著降低使用更少的標記資料,可更容易訓練 GenAI 模型。

2. **指令調整(instruction tuning)**:它是一種用於 LLM 模型增強可控性的微調技術。它利用具體指令方式來提示可直覺的任務描述,進而對應輸出的標記資料集上微調的技術,如此讓 LLM 模型能準確地依照此使用者提供的指令。通常採用成對的輸入輸出指令範例方式來讓 LLM 模型學習,如此廣泛創建新任務。故市面上產生一些指令調整資料集,例如:natural instructions(learning from instructions)。

3. **協定調整**（alignment tuning）：當 GenAI 模型能力愈來愈強時，就更必須考慮到二個問題：

   (1) 所生成內容必須與使用者偏好期待的上下文的輸出內容是一致且正確的，這牽涉到是否符合其使用者企業的業務規則和政策。

   (2) 要確保生成內容並沒有脫離人類道德標準和價值觀。要達到上述解決目的，可採用協定調整做法，它可解決真實、公正的生成內容，例如 GenAI 生成來解決法律議題，但會不會因錯置法律內容導致可能產生公司政策或道德標準風險。

   其協定調整做法有下列幾種方式：從工具技術而言，包括提示工程（prompt engineering）和人類回饋強化學習（Reinforcement Learning from Human Feedback, RLHF）二種，若從制度作業而言，包括定期審核和政策制定二種。其中 RLHF 技術是從人類回饋循環中學習何者是不符合道德價值，它結合用戶提示輸入來協助模型迭代回饋進行修正。其中提示工程技術，在之前已有論述。

根據上述，茲提供增強 GenAI 模型生成內容品質的程序圖，如圖 6-4。

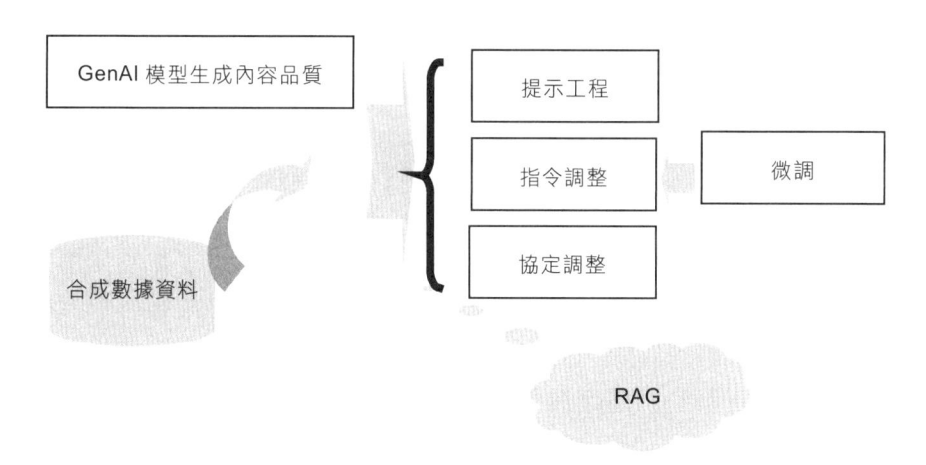

圖 6-4　增強 GenAI 模型生成內容品質程序圖

▋生成式人工智慧模型類型

生成式人工智慧模型主要是以無監督和半監督的機器學習演算法，讓機器系統理解原有內容，來生成創建新的內容。故其根據不同模型演算法會有不同模型類型，茲列出下列幾種模型類型，包括：大型語言模型、變分自動編碼器（Variational

Autoencoders)、生成對抗網路（Generative Adversarial Networks）、擴散模型（Diffusion Models）。

1. **大型語言模型**：大型語言模型是 GenAI 最常用且屬於關鍵地位的一種模型類型，它的重點在於大量文字資料的訓練學習的運算，它利用 transformer 的神經網路建構之，本章節前面內容大都是在討論此大型語言模型的知識。

2. **變分自動編碼器**（Variational Autoencoders, VAE）：變分自動編碼器是利用編碼器（encoder）-解碼器（decoder）技術，也就是先經過資料自動編碼，所謂自動編碼是以用神經網路演算方式來做資料壓縮，從中學習有效的資料編碼，並進而重新產生類似資料集，這樣的做法可創建生成影像和合成數據資料。VAE 是一種無監督學習任務，它的效用是欲產生類似於訓練資料的新資料樣本。

3. **生成對抗網路**（Generative Adversarial Networks）：生成對抗網路（GAN）是由神經網路組成的互相對抗行為所演算生成出新的資料，它是一種無監督學習，它包含兩個互相相反作用的神經網路、一個判別器（discriminator）和一個生成器（generator）。它們之間互相對抗競爭，而透過此競爭使訓練資料生成出更真實、高品質的資料，也就是說生成器創建出資料，但此資料可能是虛假或真實資料，此刻就由判別器來做區分何者是虛假或真實，之後整個神經網路就是不斷迭代訓練虛假和真實資料之間的取捨，最終，生成器學習到創建近乎真實的資料，以及判別器透過區分擷取真實資料來完成最後生成內容。這樣的技術可常用於生成逼真的圖像和影片。

4. **擴散模型**（Diffusion Models）：擴散模型是一種高度進化的先進技術，用於創建新內容。它首先是增加隨機雜訊來破壞訓練資料，之後再學習如何以反轉擴散過程，來消除雜訊並從中學習建立所需的新資料內容，而這是一種逼真合成數據資料，故它很適用於創建生成出高品質影像、音訊和 3D 內容。擴散模型不是使用對抗性訓練，是透過反轉擴散原理來生成具有與原始資料幾乎相同的高維度新資料。

6-1-3 自然語言處理(NLP)、Topic modeling 和 LDA、Google Colab platform

■■ 自然語言處理（NLP）

自然語言處理（Natural Language Processing, NLP）在 GenAI 模型的建構中佔有重要地位。它是一種期望用電腦資訊來理解語言原理的技術，主要包括自然語言理解（Natural Language Understanding, NLU）和自然語言生成（Natural Language Generation, NLG）。自然語言理解的目的是讓機器系統能夠模擬人類的語言理解能力，進而解讀語句背後的情緒、意圖等，屬於一種人機互動（human-computer interaction），故它可協助用於人工智慧聊天機器人、虛擬 AI 助理（亞馬遜的 Alexa 和蘋果的 Siri）和情感分析工具。其運作方式包含：資料預處理、識別資料關鍵組成（實體、句子結構、其關係、屬性）、辨識句子所對應的意圖、上下文相關性理解。自然語言生成是指能夠理解人類語言，並生成可回饋給使用者的資訊內容。包括語義分析、數據分析產生報告，例如：自動生成財務報告或回饋客戶輸入分析。例如：Google 發展 NLP-based 搜尋引擎、Facebook 社交平台可檢測及過濾有問題的言論。

NLP 對於生成式 AI 模型是關鍵運算，進而能發展出協助企業簡化與自動化業務營運的解決方案。故 NLP 可以實現下列對人類語言文字處理的能力：內容洞察（過濾內容來發現其之間關係）、數據理解（數據分析和識別模式）、文件結構（制定在某資料類型下解讀的理解結構）、句子聚合（總結某主題導向的文句組合）、格式呈現（創建語言不同格式輸出）等。從上述可知 NLP 可發展下列的任務應用。

■■ NLP 的任務應用

1. **情感分析（sentiment analysis）**：是將文本的內容以某些情緒特徵，例如以 TF-IDF 產生特徵，其中 TF 是指詞頻（Term Frequency，詞在文本中出現的頻率），IDF 是指逆文件頻率（Inverse Document Frequency，補充衡量詞語對文本的重要性）。故從情感分析來理解使用者的表達意圖，可以簡單以正面、負面或中性來表達。如此來推理使用者對此文本事件的偏好傾向程度。

2. **毒性分類（toxicity classification）**：主要針對威脅、侮辱、淫穢和仇恨等非善意文本來分析其敵對機率，進行預防偵測或壓制這些潛在攻擊性評論，以提早因應或改變調整其文本內容。

3. **機器翻譯（machine translation）**：是自動實現不同語言之間的翻譯，包括識別區分具有相似意義的單字。

4. **命名實體識別（named entity recognition）**：是指能識別出人類社會定義的類別名稱，例如：人名、組織…等，這可有利於在文本中理解語言表達和實體類別，而不會造成混淆視聽。

5. **NLP-based 搜尋引擎**：當在大量文本內執行搜尋引擎時，可依照先前的搜尋歷史內容，以 NLP 技術來理解使用者意圖，進而生成相關且精準的搜尋結果。以往在使用搜尋引擎時，會根據使用者輸入的字面意思內容，來搜尋出相關內文，但在 GenAI 運用 NLP 強化搜尋引擎時，就可預測洞察這些字面意思背後的意圖想法，進而不僅可搜尋也生成出真實且精準的搜尋結果。例如：輸入搜尋某期間航班資訊，則可能會搜尋生成出各飛機航班機種、時間、地點等，但同時生成上述搜尋地點在某期間的氣候預測、附近景點等內容，因為此 NLP-based 搜尋引擎會洞察使用者背後意圖（指旅遊消費），進而生成更相關精準回應。若再加入使用者個別化偏好訊息，例如：對於航班價格偏好，則就會生成客製化的回應內容。

6. **自動完成和更正（autocomplete & autocorrect）**：當使用者在輸入文本句子時，若可預測接下來期望的單字或句子，則更能加速以完成文本任務和達成期望撰寫含義。建立字典正確單字清單和輸入子句進行交叉比對，以演算法來進行識別任何拼字錯誤，並將可能替換子句列示出來，讓使用者可以選擇自動更正。

7. **電子郵件過濾器**：往往電子郵件因為廣告發送或詐欺訊息的濫發，造成很多的垃圾郵件，故以 NLP 運算和垃圾郵件相關文本的型態，則就可過濾隔離掉這些垃圾郵件。

8. **聊天機器人（chatbots）**：以 GenAI 的 NLP 模式來建構客戶服務的聊天機器人，這對於客戶是很好的體驗，而且聊天機器人可蒐集這些客戶對話回饋資料，進而運算分析出有關後續行動方案的自動決策之建議。例如：處理和追蹤回報訂單狀況、安排客戶會議行程、交叉銷售和產品組合向上銷售等。

上述針對 NLP 的應用案例情境，可知 NLP 本身演算法是其發展這些方案的關鍵技術，在此介紹其中主題建模（topic modeling）的一種非常重要技術。主題建模是針對在文本語料庫中，從其中隱藏語義來自動識別其中的主題。例如：確定此文件內容主題是什麼？它可能是合約主題或報價主題等。

主題建模 LDA 和 Google Colab platform

主題建模是一種無監督的文本挖掘任務,它獲取文件語料庫並挖掘該語料庫中的抽象隱藏主題(latent topic)。其中潛在狄利克雷分配(Latent Dirichlet Allocation, LDA)就是主題建模的常用演算法技術,它是一種生成統計模型。其 LDA 做法說明如下:主題模型的輸入有文件,每個文件(document)都有主題(topic)集合,而主題包括單字(word)的集合,且相同的單字可同時出現在不同的文件之間,並也有可能出現在不同的主題之間。上述都有設定其相對應的機率分配比例,如此可將相似的單字分組為創建主題集群。故可知主題、文件、單字這三者是可建構分析出它們之間的關係。上述若使用 LDA 模型分析後,可得出主題的分布以及單字的分布,而從這些分布可推理出機率分布最高的主題,即是挖掘出隱藏主題,這就是 LDA 運算的目標。

茲舉例:以客戶對商品偏好行為分析為例,首先找出有限的商品偏好的意圖(主題,例如:高品質商品和實用商品的偏好),並就此主題設定觀察有哪些單字(例如:高品質商品偏好有高價、奢華等單字,和實用商品偏好有平價、耐用等單字),接著針對某一市場內多個客戶服務對話(文件)分析有哪些主題,並運算分析對話文件和主題內單字來運算出主題之間的關聯,進而挖掘輸出哪個商品偏好是機率分布最高(重要)的(例如:挖掘出在這些客戶服務的市場內,其商品偏好是朝向實用商品的偏好意圖,因此針對此市場應該多提供平價且耐用的商品)。

上述 GenAI 系統運作主題建模的 LDA 運算技術,可利用整合 GenAI 系統的軟體平台來開發,其中 Google Colab(https://colab.research.google.com/?hl=zh-tw)就是一例。Google Colab 是利用 Python 程式語法為基礎,而 Python 是用在人工智慧最常用的程式語言。Python 內含很多 AI 的函式庫和框架,而就 NLP 來看,Natural Language Toolkit(NLTK)就是 Python 的 NLP 函式庫之一。NLTK 是可處理分類、標記、詞幹、解析和語義推理的文本庫,故在 Google Colab 平台就可很容易利用 NLTK 來運作 NLP 運算。而 Google Colab 本身是以撰寫筆記本概念來開發,它是一項託管 Jupyter Notebook 服務,而且是雲端平台,因此可提供有限度的免費存取運算資源(包括 GPU 和 TPU),其中還內建 Gemini 生成式 AI 模型。其中 Jupyter Notebook 是屬於 JupyterLab(https://jupyter.org/)的一套 web 的互動式開發環境的免費應用於程式碼和資料的筆記本編輯平台。因此 Jupyter Notebook 是一個非常強大的工作流程開發工具,它由程式碼、視覺化、敘述文字和多媒體等組成程式編寫筆記本。故 Google Colab 結合 Jupyter Notebook 可說是最佳的 GenAI 開發 Python AI 模式應用的選擇方案。

6-2 生成式 AI 行銷簡介與應用

6-2-1 GenAI 行銷定義、應用功能

■ GenAI 行銷定義

GenAI 行銷是利用生成式 AI 的資料訓練模型、演算法和結合數位軟體來生成出新的行銷內容，它可以是經過整合和知識庫結合而建立專屬企業的 GenAI 行銷系統，例如：智慧客服助理；也可以和原有企業軟體系統連結或嵌入，例如：在 CRM 系統嵌入行銷促銷活動新生成內容功能等。再例如：基於搜尋的定向廣告生成。再例如：電子商務網站上的動態定價生成。而這樣的 GenAI 行銷已發展成數位行銷的改變和精進。它影響層面包括廣告、搜尋、體驗、服務等層次。

若以整體 AI 應用範疇方向來看可分成二大類：預測性人工智慧、生成式人工智慧。其預測性人工智能行銷主要是以標記和基於歷史數據的運算，來發展識別趨勢並進行預測目前執行的一連串自動化行銷程序，包括建立和分析消費者的偏好和行為，運算出細分受眾（segment audiences）目標，來自動執行重複性和個人化的行銷任務。其實這二大類都屬於 AI 行銷，而且在功能應用上都有相同的解決方向（注意：不是指方案），但最大差異就在於 AI 運算技術層次有結構上不同，當然其提出的解決方案也大不相同。但這兩者實可結合，例如：以預測式 AI 分析用戶偏好行為模式，進而結合生成式 AI 創建生成新的廣告內容，促使消費者藉由行為和廣告結合的洞察視眼來滲透性提高購買率。故愈來愈多公司包括新創公司都投入 AI 行銷這龐大商機。例如：Appier 公司（Appier | 透過 AI 技術實現更智慧的全渠道行銷）提出 AI 自動化個人化行銷流程方案。再例如：AI MARKETING 公司（A.I. MARKETING - Digital Marketing made better with AI）提供人工智慧（AI）和機器學習（ML）來管理專案。Addressable 公司（The Web3 Growth Platform | Addressable）提出利用鏈結（on-chain）方式來串結數據和人工智慧，以發展出透過超級目標用戶獲取來推動成長的方案平台。例如：Pecon AI（Pecan AI | Predictive Analytics Software）是提供人工智慧演算來驅動預測分析有關客戶行為、銷售趨勢和關鍵業務指標的平台。Oolo 公司（oolo Home | Deep Monitoring for Monetization & Growth）提供結合行業特定的數據關係之營運知識，來主動監控廣告效果，自動偵測資料異常的業務發展需求。Lemon AI 公司（https://lemon-ai.com/）提供以洞察客戶行為和偏好為基礎的廣告優化平台方案。Marketing AI Institute 則是一家研究教育 AI 行銷的機構（Marketing AI Institute | Artificial Intelligence for Marketing）。

GenAI 行銷應用功能

AI 在行銷應用功能的基礎關鍵在於數據，這個數據包括和行銷相關的整體資訊，例如：競爭對手的資訊、市場趨勢、客戶基本資料和回應評論、產品銷售和設計⋯等。因此其應用功能可從此數據來發展且結合行銷作業流程，例如：客戶對產品評論的情緒分析、競爭對手和市場情報、創意文案內容生成⋯等功能。茲以國際性公司 AI 產品工具在行銷領域的應用功能說明如下：

1. Notion AI（https://www.notion.com/zh-tw）是以 AI 生成功能方式來作為工作上的智慧助手，也就是協助加速完成工作並提高工作效率。例如：快速完成部落格行銷文章建立大綱、Prompt 提示提供欲生成的相關詳細內容⋯等。其功能特點如下：

    (1) Summarizer 彙總管理專案：將其整個行銷文本自動生成摘要重點，不論是筆記、文件、wiki 等，皆可作為專案管理工具的軟體助理。也包括內容翻譯成多種語言。

    (2) 寫作校正和書寫語氣：它能明確呈現行銷報告中的錯誤，並自動修正拼字與語法問題。其中也包含依據不同行銷情境來調整內容的語氣與風格。

    (3) 內容格式和同義詞：依照行銷文本需求來製作結構化段落，以及找到關鍵點總結在表格中，並透過使用同義詞來突顯出適合文本的想法。

    (4) 行動項目（action Items）：它是一種類似任務的工作執行，但更全面表達行銷發展行動流程的操作項目，包括記錄誰、什麼、如何以及何時等行動標註，來揭露下一步需要做什麼行銷行動方案（action）並按時執行。

2. Originality AI（Originality AI Plagiarism and Fact Checker - Publish With Integrity）是可反饋偵測用人工智慧生成內容的工具。由於利用生成式 AI 製作行銷報告，必須再次確認內容是否符合實際、有效且符合情境，故分辨 GenAI 生成和人類自身撰寫的行銷文案，就有其務實性和績效性。

3. Zapier（https://zapier.com/）是以軟體技術發展流程整合的一種樂高積木（LEGO of tech stack）解決方案。它可透過模版技術來整合不同的行銷系統和自訂行銷工作流程，並建立連接以實現行銷流程自動化，整個過程皆無須程式編碼，它是一種應用程式自動化整合平台（application integration platform）。

▓ AI 工具行銷應用功能

上述從 AI 工具來探討行銷應用功能，下列以行銷本身軟體系統功能做說明：

1. **文本分類（text classification）行銷應用**

    文本分類是以 NLP 和機器學習方法自動將文本內容分類成多個有意義類別。它針對任何類型的文本進行結構化的分類，包括非結構化資料，如此分類做法是欲從此類數據中萃取轉換成有用的知識。若以行銷應用來看，可產生下列應用功能：自動識別用戶對產品使用評論的問題、自動識別用戶細分區隔進而洞察產品的市場定位、自動識別目標受眾在消費行為程序的客戶分類、發展客戶分類下的客製化行銷活動、自動識別分析產品新功能的創意、自動即時追蹤且分析品牌數據討論狀況、監控追蹤和分析社群媒體上的品牌情緒和痛點等。

    下列詳細說明文本分類對於客戶回饋趨勢 Net Promoter Score 指標的應用功能：

    - 淨推薦值（Net Promoter Score, NPS）是用於評估衡量客戶體驗和品牌忠誠度的一項重要指標，其指標分數可作為分類出客戶滿意區間，進而掌握哪些是具有正面、負面、持平情緒的客戶，通常以 0-10 等級分數分成三組：推薦者（分數 9-10）是忠誠度高且會購買並推薦給其他人，故會探索提供的其他產品。比較者（7-8 分）是尚滿意但易受到其他競爭性產品影響，故偶爾推薦產品給其他人。挑剔者（分數 0-6）是不滿意且會發表負面口碑的客戶，故不會推薦產品給其他人。

    - 文本分類演算法會對客戶評論，就情緒反應（正面、負面、持平）自動偵測且運算客戶回饋中的語義關係，進而進行分類。而這樣的 NPS 分類做法可持續追蹤監控客戶情緒，然後得出當時 NPS 分數，並和公司本身之前平均分數比較，再加上和本行業平均值做比較，進而分析出哪些客戶需要再加強服務，或哪些商品和行銷作業需要改進。

2. **生成式聊天機器人和智慧虛擬助理**

    在 GenAI 應用中，其智慧助理是最常見的一種應用系統，它可用嵌入 API 的方式和其他軟體系統結合，如此可同步回應許多客戶的詢問，並透過此互動所儲存的資訊，使生成式人工智慧模型來學習並生成消費商品趨勢，而進一步作為掌握商品的設計製造或採購的依據。但客戶助理 Q&A 軟體系統在以前就有，那為何要改成 GenAI-based 客戶助理 Q&A 軟體系統？其 GenAI-based 的獨特價值是什麼？筆者認為在技術功能上，GenAI-based 有二個重點：生成新

的內容和不一樣的深度學習演算法,這樣的重點使得比以往客戶助理 Q&A 系統更精準,更能在不斷使用過程中學習來因應動態環境的改變。

3. AI CRM（AI 顧客關係管理）

茲介紹說明三個 AI CRM 系統：

(1) Salesforce 公司推出智慧虛擬助理 Einstein,它整合到其 CRM 系統流程中,其應用特徵包括：資料就緒（data-ready,不用再建立資料或管理模型）、建模就緒（modeling-ready,自動化機器學習的適切性）、生產就緒（production-ready,無須 DevOps（指軟體系統開發（development, Dev）和營運（operations, Ops））做法,就可做模型管理和監控工具）（資料來源：Salesforce.com）。

(2) Zoho CRM 內建 AI Zia 工具,它可發展出具 AI 演算能力,例如：學習預測（predictions）功能,它可就企業本身和外部資料進行機器學習運算,以預測且監控其資料品質。再例如：交叉銷售（cross-sell）功能,它的效用是分析銷售資料和行為,推薦給客戶具交叉銷售的產品。若再加上預測功能,則可發展出預測何時可能重複購買的方案（資料來源：Zoho.com）。

(3) Attio CRM 是一個以數據驅動、自訂化和直覺協作的無程式碼之 CRM 生態系統,它結合 AI 多個特徵應用,其中推出人工智慧研究的軟體代理人（AI-powered research agent）,它是在運作 Attio CRM 的工作流程時,可發展出具 AI 運算的探索能力,例如：其中的情境相關問題（context-informed questions）功能,它可就企業本身專屬資訊和運作作業歷史記錄,甚至可自訂特定屬性,來生成具體有用的答案。再例如：無縫（seamless）工作流程整合功能,它可根據上述生成解決答案來自動觸發 Attio 工作流程的後續行動任務,這就是從探索到行動的策略,其中「主動識別挖掘機會」就是一種做法（例如：新客戶詢問商品問題,進而探討發現到此新客戶是潛在客戶,並採取後續行動上聯繫和促銷活動）（資料來源：Attio.com）。

6-2-2 相似建模 AI 行銷

在 AI 行銷的發展過程中,其 AI 演算法技術扮演關鍵角色,但就行銷應用功能來看,不應只有演算邏輯,必須有行銷管理方法論來搭配應用,才能真正發揮 AI 行銷的績效,而在此以相似建模（lookalike modeling）的 AI 行銷方式說明。

相似建模是以機器學習演算來識別與企業目前現有優質客戶有相似行為特徵的目標客戶群之分析技術。這樣的做法是欲加速專注在尋找新優質客戶的目標受眾群體，故此技術將受眾群體分成種子受眾和相似受眾二個群體。而這二個群體會以消費行為相似關鍵狀況作為識別特徵，以運算出相似程度的另一目標群體。如此的做法就不會在市場群眾裡盲目無目標地亂找所謂的「目標客戶」，而能精確鎖定新的潛在目標客群，例如：你是以製作影片方式來行銷你的產品，這時若以相似建模 AI 行銷做法，就可讓你的目標客戶點擊觀看你的影片，這樣就可以最小成本最快速度達到你的行銷目標，並可以減少行銷支出提高績效回報，故從上述可知相似建模 AI 行銷的效果如下：

1. 改善潛在線索（lead）新客戶名單生成，這些新客戶和現有優質客戶的消費行為很類同，如此將市場客戶轉換成線索（lead）客戶的機會就提高了。

2. 加速提高曝光品牌知名度，由於此技術會帶來成功的舊客戶和新客戶，因而促進彼此之間的人脈分享，這是一種借力使力策略，借著舊客戶來連接新客戶，因為它們是類似的受眾，自然會成為群聚效應。

3. 深度了解客戶及其專注目標（targeting）需求，由於相似特徵（traits）運算可分析出目標動機和見解，來深度了解受眾區分（audience segments）的客戶精準需求，如此促使針對客戶個性化需求來重新導向此需求所需的活動。

4. 優化且提高行銷過程中的轉換活動，消費行為是一連串不斷轉換到下一階段的最後一哩路活動的程序，例如：點擊廣告活動（點擊率）後轉換成增加商品購物籃（活躍度）的程序。

相似建模 AI 行銷的運作程序：

步驟 1. 蒐集和預處理數據

目前優質現有客戶的相關資料主要包括三大資料集，包括基本資料、消費行為資料、心智認知資料等，且經過預處理來完成具高品質的資料。

步驟 2. 定義屬性特徵和行為基準

根據上步驟資料，針對種子受眾分析其屬性特徵和行為基準，例如：RFM（最近消費、消費頻率、消費金額）、購買通路、興趣偏好…等。而這些特徵基準就是在於過濾相似度不合格的客戶群，至於過濾程度是廣度還是深度，則須看相似建模 AI 行銷的策略方向，主要有轉化行動和廣泛觸及這二種，前者是屬於深度過濾，是為了獲得更專注後續行銷活動的績效，也就是取得種子受眾是非常高度相似現在優質

客戶,故客戶群數相對的少。後者是屬於廣度過濾,是為了能擴大相似的客戶數,其目的在於建立新增更多一般相似的潛在客戶名單。

步驟 3. 匹配且評分分析優先考量相似受眾群體

相似建模 AI 行銷的成效,其資料建構是關鍵因素,故如何建構資料平台是企業發展 AI 行銷的首要目標,其中資料管理平台(Data Management Platform, DMP)是一項方案選項。資料管理平台是廣泛蒐集且建立所有內外部資料來源,主要應用在數位行銷,它可針對個人化或內容客製化的行銷廣告。故建立 DMP 可結合另一程序化廣告(programmatic advertising)的需求方平台(Demand-Side Platform, DSP),需求方平台是一個可定位於特定受眾群體,進行自動執行即時廣告競價出價的決策過程,因它利用程序化廣告來發展自動購買和銷售數位廣告空間的程式執行。從上述可知,若相似建模 AI 行銷是從廣告行銷來進行,則其資料來源可建立成 DMP 和 DSP,就可從中挖掘潛在和未開發的資料集來建立相依性的匹配,和進行評分,以得出相似模型來尋找更好的相似行為的相似受眾,進而提高轉換率和活躍度。

6-3 Retrieval Augmented Generation(RAG)行銷

在生成式 AI 應用於企業經營管理的領域興起浪潮中,很多相關創新技術也因應而生,如此造成更多行銷環境來促進對客戶行銷的通路,其中 Retrieval-Augmented Generation(RAG,檢索增強生成)就是一例。它是在大型語言模型(LLM)技術下,基於 GenAI 文本生成功能結合資訊檢索的方式來生成相關主軸內容。透過 RAG 方式,使得 GenAI 生成內容結果品質更精準。故它可以應用在各領域方面,其中行銷領域的應用更為顯著,因為透過 RAG 可加速和自動化生成廣告促銷內容、與客戶個人化互動的方式等做法。如此 RAG 行銷和傳統數位行銷是有差異的,傳統上是採取預先定義設計好的模版內容,例如:特定的數位廣告促銷文案內容,而且它無法根據外在因素資訊變更來即時改變和自動化生成新的內容,但 RAG 行銷可以做得到,因為它是用背後已存在有價值的行銷知識庫(例如:最新產品詳細資訊、即時用戶評論和市場趨勢情報)為軍火庫,再加上用 AI 演算法以檢索和生成整合技術(例如:上下文相關生成)來即時達成最新且精準的行銷內容,更重要的是若它結合判斷式 AI 領域的技術,則可產生預測偏好行為模式,進而提出對特定受眾群體定位的個人化商品組合。

從上述可知,**RAG 行銷**是 GenAI 行銷的一種,但它結合檢索機制和生成機制。檢索機制是以建立知識庫方式來搜尋廣泛相關訊息,其目前建立知識庫檢索技術有二

種,分別是向量空間資料庫(vector database)和知識圖譜(knowledge graph)資料庫,而後者檢索效益比前者好。另一生成機制則是以原本 LLM 模型上下文相關連結技術的內容為之,但它的主要來源內容是來自於上述檢索出的內容為基準,故可說 GenAI 行銷若加上 RAG 行銷則其行銷績效原則上會更優化。因為 RAG 行銷效益是可提高行銷內容的相關性、自動化、客製力、創造力和準確度。如此效益是和以往數位行銷不同,也可說是數位行銷須轉化增強為具 AI 元素的行銷。但其行銷應用範疇和導向是不變的,只是科技應用不同或是致能科技導致行銷績效更優化而已。例如:個人化行銷活動、內容優化、客戶支援服務等行銷導向是類同的。但用了 RAG-based GenAI 則會產生更優越的效益,包括:提升準確且相關內容品質、提高自動化專業度效率、提高目標受眾自主性和參與度、增強自然搜尋優化可見度。

使用 RAG-based GenAI 的程序如圖 6-5。

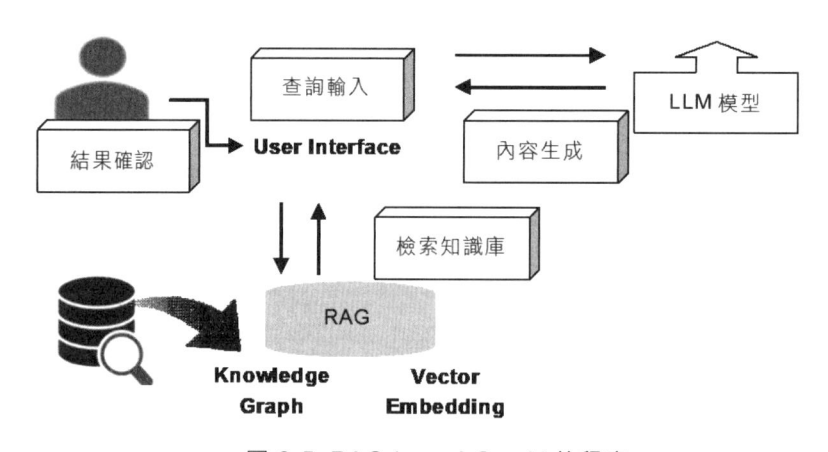

圖 6-5 RAG-based GenAI 的程序

主要分成四個步驟:

1. **查詢輸入**:主要指使用者欲問的問題和期望達成目標之輸入,它可結合提示工程(prompt engineering)提示工程等方法,來強化提問品質以提升生成結果品質。

2. **檢索知識庫**:以 RAG 技術(指向量空間和知識圖譜 2 種),在此知識庫內進行檢索搜尋和第 1 步驟輸入提問內容的相關性訊息。

3. **內容生成**:將第 2 步驟檢索結果內容,結合 LLM 模型來進行生成的運算,以得出最後回應內容,此內容可作為此知識庫領域的專屬應用。

4. **結果確認**：根據第 3 步驟生成內容，透過 web 使用者介面回覆交付給使用者，來做使用需求目標的確認，若對交付內容認為不符合，則可再回第 1 步驟重新修正提問內容。

從上述說明，可知 RAG 行銷是指在市場客戶相關行銷知識庫上以檢索和生成方式來對潛在和目標客戶進行行銷作業，這裡「市場客戶相關行銷知識庫」包括客戶資料、市場產品資料、行銷流程資料等。當企業在執行 RAG 行銷時須注意的重點就是必須分辨和傳統數位行銷差異，如此才能真正發揮 RAG 行銷的效益，其差異點在於如何創建生成內容的方式和管道，以下整理出兩者的差異，如表 6-3：

表 6-3 RAG 行銷和傳統數位行銷的差異

差異項目	RAG 行銷	傳統數位行銷
方式	AI 演算法（檢索和生成）	人類智慧集思廣益（蒐集和審編）
管道	知識庫	數位網頁資料
效益	創建流程更加簡化和自動化	創建流程繁瑣和半自動化

故從上述 RAG 行銷差異重點，可發展出下列應用模式，其模式分成三大類：在原有傳統數位行銷基礎上發展 RAG 行銷、創造新的 RAG 行銷系統、增強型 RAG 行銷。茲分別說明如下：

一、在原有傳統數位行銷基礎上發展 RAG 行銷

1. **創建產品描述、行銷文案和社交媒體貼文**：在 RAG 知識庫可建立產品描述、行銷文案等某企業專屬資料，而電子商務網站的商品型錄就可連結此 GenAI RAG 來生成更詳細更聚焦的產品描述。同樣地，在某部落格的宣傳行銷內容，可根據客戶留言和點選行為的資料來輸入此 GenAI RAG，而生成更相對應符合的行銷文案。

2. **優化登陸頁面（landing pages）和網站優化（website optimizations）**：當客戶在瀏覽電子郵件、社群媒體貼文，或點擊跳彈廣告後，可被引導至登陸頁面。至於如何引導至目標客戶精確定位的頁面內容，可先參考由 GenAI RAG 生成的該目標客戶之知識庫，進而優化其登陸頁面內容和引導時機，如此可加速目標受眾進入銷售漏斗的進程。

3. **撮合長尾關鍵字（long-tail keywords）與相關頁面匹配**：所謂長尾關鍵字是指關鍵字短語（由三到五個單字組成），它的搜尋量很低但更具體且瞄準利基人群和目標客戶。一個企業網站頁面如何在競爭紅海中被客戶搜尋到，對於網路行銷績效是非常關鍵，此時可以使用長尾關鍵字方式，而在生成式 AI 加持下，它可利用 RAG 來檢索生成出何種長尾關鍵字，更能匹配到企業網頁，以俾被搜尋到利基市場。

4. **提高整體使用者體驗並建立品牌忠誠度**：透過 RAG 技術所建立的 AI 聊天機器人，更能專注在企業專屬知識領域，進而產生連貫且上下文相關的互動回應，能讓使用者感覺高效且有滿意的體驗，如此就會在無形中產生品牌忠誠度。

二、創造新的 RAG 行銷系統

1. **建構客戶服務助理回答（RAG based Question-Answering（QA））系統**：此 QA 系統可用於開發專門為零售公司客戶服務的基於內部知識庫的快速回應（quick response）和預測系統。當客戶提出問題時，此 QA 系統可將該問題透過 QA 系統介面傳輸至 RAG 知識庫，其知識庫可分成向量空間和知識圖譜這二種，而它們的來源是該公司的專門客戶 QA 文件（包括：保固維修、商品使用和知識、下單退貨…等內容），接下來就將此問題內容傳輸到 RAG 知識庫來檢索（利用 QA 檢索器元件，FilterRetriever）相關訊息，之後，結合此問題和此相關訊息，傳輸到 LLM 模型，來自動生成回應內容，並透過 QA 系統介面呈現給客戶。此 GenAI RAG QA 系統和以往其他軟體技術的 QA 系統不同，主要是可產生類似模擬人類的回應。因為它不是從現有文件中擷取回應內容，而是會產生適合性的創作內容，真正達到理解客戶提出的問題並創建解決方案的回應，也因為 RAG 的運作，能改善 GenAI 容易出現幻覺、不合理或不適用答案等缺點，並可透過即時回饋來隨時優化整體 QA 系統。

2. **以 RAG 生成市場研究（market research）報告**：透過檢索增強生成（RAG）來挖掘大量的市場情報和企業本身產業相關知識，如此讓研究行銷人員以自身專才經驗結合 GenAI 生成創新市場知識，來發展出更具有深度上下文檢索的關於客戶使用商品體驗和創新產品之真實情境，這樣的 RAG 自適應學習，可即時掌握當前的趨勢和資訊而發展出對於消費者回饋的深度適切見解之市場研究。

3. **透過網路客戶旅程行為強化更深入了解客戶（客戶情緒）**：透過數位系統（例如：電子商務）和客戶互動、交易等過程所擷取的資料來建立成 RAG 知識庫，並以客戶旅程行為來建構其行為的關聯性，這可從識別客戶旅程、形成客戶旅

程和分析客戶旅程三階段來展開,如此可顯現出每個互動接觸點的經歷體驗,這些顯現資料包括認知、蒐集、決策、購買和購買後等程序,並可就消費者行為 AIDA 模式:知曉(awareness)、興趣(interest)、慾望(desire)、行動(action),來分析其客戶旅程不同時間軸的行銷趨勢和機會,進而以識別目標受眾痛點、忠誠度、轉換率、流失率等關鍵指標,來規劃下一步行銷行動方案,以創建新的 CX(Customer Experience)客戶體驗。例如,傢俱零售商在客戶旅程中建立眾多的客戶對商品評論 RAG,進而以 GenAI 生成客戶商品評論重點摘要,讓客戶可快速簡單理解其客戶商品評論,以提高瀏覽了解體驗的整體滿意度。

4. **建構 RAG 更深度規劃的行銷策略**:由於 RAG 具有豐富廣泛行銷的知識庫,故可以此為基礎的深度分析來發展各種行銷策略,這可從產品改進到行銷作業和客戶服務等策略規劃,例如:發展增強改進產品與客戶需求之間偏好緊密結合的行銷策略,透過如此策略來展開後續行動決策。再例如:增強客戶區隔策略,根據客戶相關消費行為數據,針對目標受眾來分析出客戶細分策略,它是依據市場客戶,分析用戶人口統計、線上互動和購買模式等在 RAG 知識庫內的資料,而分類出具有共同特徵的不同群體的消費者群,如此根據客戶群來決策出不同客製化的行銷活動。從上述可知 RAG 系統對於優化特定受眾群體的行銷策略至關重要。

5. **RAG 推薦系統**:儲存先前客戶互動資訊,以進行 AI 推薦相關產品或服務。而這樣的推薦系統在 GenAI RAG 結合下,可增強個人化興趣偏好的精準度,因為 RAG 可融入情境理解,來達成無縫契合的市場產品與客戶需求之推薦作業,故利用 RAG 進行情境學習(in-context learning, ICL)可提高推薦準確率。情境學習是一種在 LLM 模型以自然語言格式整合到提示(prompt)中的任務演示技術,也就是透過結合 RAG 知識庫於某任務的接收提示下,來學習在情境推理過程中檢索生成出任務的解決內容。它的做法包括:提供提示輸出格式或內容的範例、提示中清楚表達任務描述和目標、發展零樣本(zero-shot)/單樣本(one-shot)/少樣本(few-shot)學習的提示。故情境學習的 LLM 無須微調(fine-tune)。這裡所謂的情境若就行銷案例而言,則是泛指行銷相關情境內容。例如:個人化偏好情境,如此可發展出使用 RAG 分析用戶數據的個人化推薦流程(以 RAG 向量技術方法為主),其流程如圖 6-6。

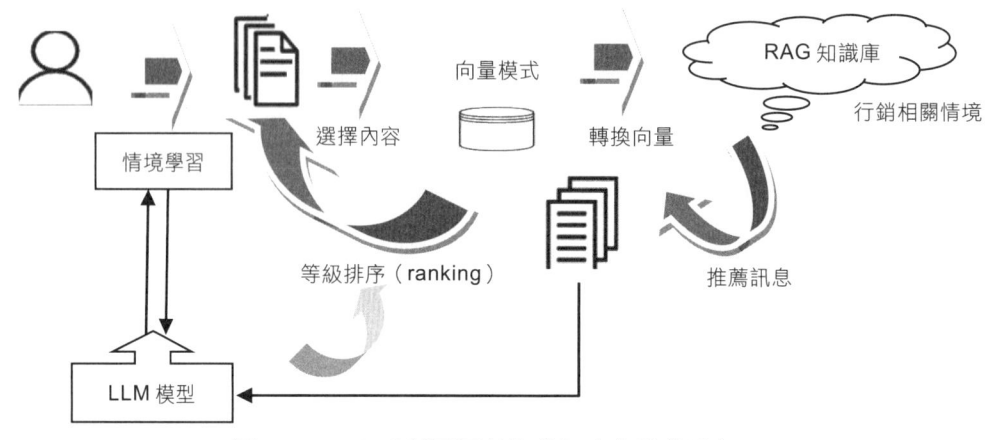

圖 6-6 RAG 分析用戶數據的個人化推薦流程

根據此推薦流程，可知行銷人員可以顯著提高參與度，從而提高轉換率並提高客戶滿意度。此 RAG-based 推薦流程可使行銷活動更加優化和增強客戶參與度的共鳴，如此個人化產品推薦加速了業務成長軌跡。

三、增強型 RAG 行銷

RAG 行銷是屬於生成式 AI 領域，但可以整合早期傳統的判斷式 AI（預測式），以達到更綜效的 AI 行銷。RAG 行銷在 GenAI 領域擁有巨大的潛力和機會，因為 RAG 的增強（augmented）功能可以提高模型效能和知識廣度。故在增強型 RAG 行銷上可用三種方式：

- **第一種方式**：連結或嵌入判斷式 AI 型，例如加入以決策樹為基礎的客戶分類模式，或以協同過濾為基礎的商品推薦模式。

- **第二種方式**：將欲執行的行銷解決方案先分析成知識圖譜資料庫，再置入整個 RAG LLM 系統模式。例如：欲產生客戶拜訪優先名單的解決方案，則將此優先名單相關資料建構成知識圖譜資料庫，在此，舉 Neo4j（https://neo4j.com/）的 graph database（Neo4j desktop）為製作工具。

- **第三種方式**：將此解決方案嵌入知識圖譜演算法，利用此演算法的運算執行，來達成行銷解決方案的目的。例如：利用圖分類（graph classification）演算法，透過節點的結構與排列關係來發掘一些隱藏特徵，並進一步套用分類演算法來運算出不同群體。若應用在詐騙行銷偵測上，可挖掘出具有共同行為模式的詐欺者類型，以辨識出哪種行銷手法案例是詐騙行為。在技術工具上可用 Memgraph（Memgraph.com）（一種記憶體（in-memory）資料庫）結

合 MAGErepository tool 儲存庫（可實現查詢模組形式的圖演算法）。再則，結合演算法的知識圖譜為基礎可更強化創新 RAG 行銷，例如：Ontotext Marketing 以知識圖譜來進行行銷內容的挖掘（content discovery），其中所提供的 Ontotext Platform，就會以演算法結合圖形庫來進行 RAG 行銷，如圖 6-7：

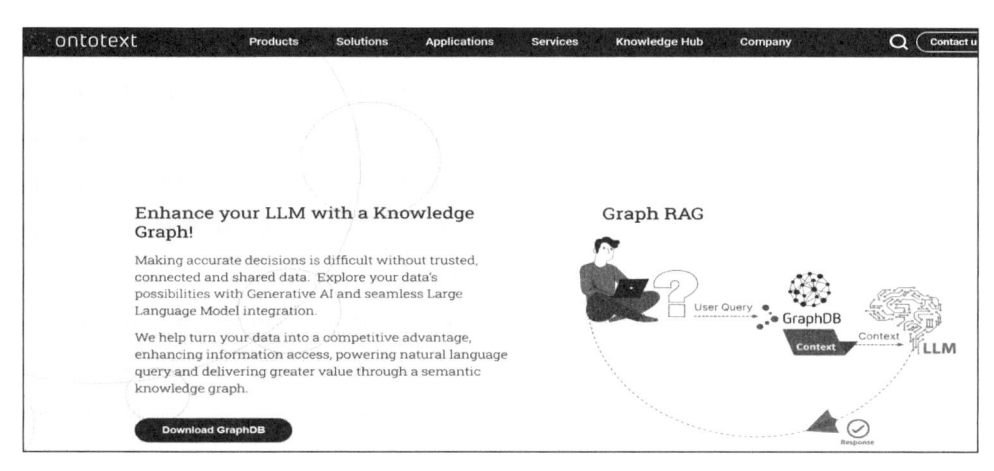

圖 6-7 演算法結合圖形庫之 RAG 行銷（資料來源：https://www.ontotext.com/）

其影響 RAG 系統的績效衡量指標主要有三個：文本相關度、回應相關度、回應忠實度等，它們可精準正確解釋 RAG 知識庫，其程序首先從使用者原本提問內容（含提示工程做法）開始，而這些內容會匯入知識庫，經過 RAG 運作的增強檢索訊息後（這裡增強（augmented）是指如何利用檢索技術來增強 LLM 模型的理解），可呈現文本相關度的情況，接著上述二個內容匯入 LLM 模型後會創建生成內容，這樣的運作可呈現回應忠實度的情況，最後當生成內容回應給使用者時，就會呈現回應相關度的情況。故在運作 RAG 行銷時，欲衡量理解其行銷效益，則須評估這三個指標。其 RAG 衡量績效指標程序度如圖 6-8：

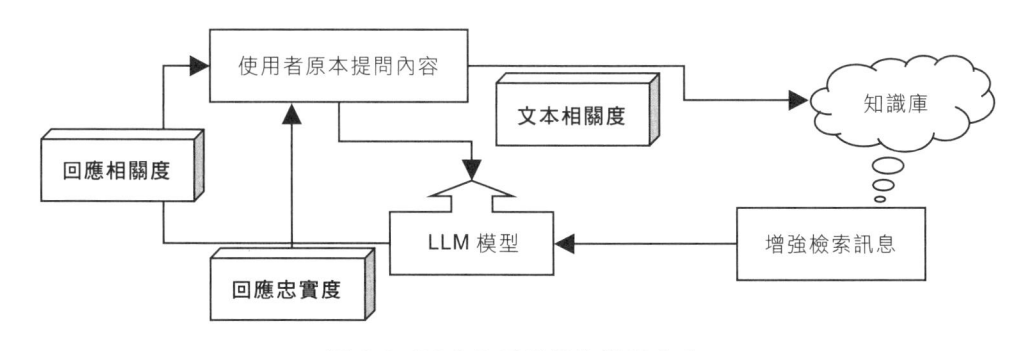

圖 6-8 RAG 衡量績效指標程序度

問題解決創新方案—以章前案例為基礎

(一)問題診斷

依據 PSIS 方法論中的問題形成診斷手法(過程省略),可得出以下問題項目:

■ 問題 1:提問內容如何在行銷經營專業複雜知識領域內得到生成內容專業品質?

生成式 AI 是一種人工智慧數位科技,它影響到企業經營管理模式,進而連結到企業求才職能需求,最後牽動到商管教育學習成果。因此,在提問如此複雜專業知識時,其提問內容也必須有該知識的先備基礎思路,以及有層次推演的思考邏輯才可讓生成式 AI 理解出你到底要問什麼,以及你的期望回應目標是什麼。

■ 問題 2:生成式 AI 如何應用在商管教學的學生自主適性之參與式學習?

生成式 AI 系統的運作系統,是一種人機協作,人類和機器系統的溝通模式,故學習者須知道如何和 LLM 模型溝通,因提問內容會成為 LLM 模型訓練的內容,所以學習者多次提問會對 LLM 模式有不同結果,故可作為學習者好像在問老師專家一樣,來進行自主性參與學習,但如何驗證學習成效,以及生成式 AI 系統回應內容是否符合商業管理知識,這些都成為自主學習待解決問題。

■ 問題 3:生成式 AI 模型會不會取代工作者的作業?或是提高工作生產力?

由於生成式 AI 模型的功能和特色,應作為很多工作者在工作產出的幫手,然而若能用生成式 AI 模型自動生成工作內容,那麼會不會就不需要工作者,而是由企業主自己利用生成式 AI 模型就可完成工作?這牽涉到生成內容的品質,而此品質受到使用者提問方式、技術以及本身知識能力等,故並不是很單純的就可取代工作者。

■ 問題 4:生成式 AI 生成的結果方案能否達成行銷經營績效的目標?

雖然透過使用者提問經驗和能力,可大大提高生成式 AI 模型生成內容品質,然而在行銷經營構面下,其生成內容真的可以達成營運績效嗎?這是需要做進

一步的確認,也就是生成內容是一回事,達成經營績效又是另一回事,故生成式 AI 模型並非只要使用它,就代表能成為經營競爭力。

(二)創新解決方案

■ 問題解決 1:提示工程模版方式和知識圖譜

針對如何解決管理(數位行銷)上的提示工程,就在於(1)GenAI 模型專注具體的問題指示(2)知識圖譜思維鏈(thought of chain)。就前者,必須將提示做法形成一套模版,也就是列出結構化提問項目:例如:指出何種角色回答、以列表格式輸出…等。另外,就某一特定知識範疇也可先做一套提示知識模版,例如:在行銷策略中可先建立 STP(區隔、目標、定位市場)策略的知識項目。再者,若對某行業也很熟悉,則可先建立領域知識(domain knowledge)的模版,例如:針對空氣過濾器商品行業,則可把過濾功能先建立模版。從上述可知,以提示工程模版方式是可引導使用者如何在生成式 AI 生成好品質的內容。而另外在上述第(2)的知識圖譜是可結合此提示工程模版,如此更能建構完整生成式 AI 知識管理系統。

■ 問題解決 2:CER 論證模式

由於生成式 AI 是一種使用者(人類)和機器(GenAI)的對話溝通協作作業,故以基於提示的學習(Prompt-Based Learning)訓練語言模型,是可讓使用者來發展自主參與的學習式工作方式,何謂學習式工作方式?也就是在工作過程中,為了達成工作績效目標,必須更了解某些知識技能來增強或協助工作的執行進度完成,因此,在一個具有工作作業知識庫環境上,來引導邊學習了解邊執行工作內容,以發展工作作業。然而由於在運作生產式 AI 系統時,旁邊並沒有人類老師專家,故如何驗證和評估自己的學習成果和成效,在自主參與學習上就變得非常重要!此時可用 CER 論證模式:主張 C(Claim)是指主張的論點的陳述;證據 E(Evidence)是支持主張的具體事實或數據;論述 R(Reasoning)是說明主張證據之間的連結關係之原因。

■ 問題解決 3:建構一套生成式 AI 知識管理系統

就工作者而言,生成式 AI 系統是一種個人智慧助理,它不會取代工作人員,但可加速工作生產力,以及減少工作人員數量,但必須提升工作人員的知識素

養，如此造成每位使用者都要懂得利用 AI 工具，否則就可能會被淘汰。故從上述可知工作人員就成為知識管理執行者，而企業本身就要建構一套知識管理的運作設施、環境、文化等形勢，如此來提升塑造生成式 AI 的工作生產力氛圍。

■ 問題解決 4：發展績效成果引導回饋系統

就此問題的解決方向，是在發展如何運用 GenAI 技能來促進企業績效達成的生產力工作模式，其做法是「績效成果引導回饋」，它是以生成結果方案和營運績效指標做配對，也就是用人類思維進行系統性邏輯思考，來分析出這二者配對成功情況，這種配對成功方式就是在驗證到底生成結果方案後續執行狀況是不是能達成營運績效目標，當然它也是預判式機制，可是若真的最後完成營運績效，那時再來分析也來不及了，因為績效成果已結束。除了用系統性邏輯思考之外，可再加上解決問題方案做法，也就是以人類智慧設想營運績效成果會是如何，這可從設想出因應此營運績效成果的解決問題方案，來引導回饋生成結果方案和營運績效成果的後續實際契合度。例如：生成結果方案是 STP 行銷策略方案，而解決問題方案是用 STP 策略達到客戶市場佔有率，進而引導回饋出營運績效成果的分析狀況。

（三）管理意涵

由於 GenAI 是一種人機協作方式，故提示工程不在於技術上的探討重點，也就是會不會因大型語言模型（LLM 模型）技術上的改進，而使得提示工程不需要或簡化，那是不會的，因為它不是技術本位的定位。故在行銷應用上，使用者欲使用 GenAI 系統，其本身還是要具備某數位行銷的知識基礎，因為對行銷管理者而言，使用 GenAI 是為了提升工作生產力（雖然也有解惑功能），不是單純消費者尋求解答而已。

（四）個案問題探討

請探討提示工程模版對於生成式 AI 系統生成內容有什麼影響？

案例研讀
Web 創新趨勢：個性化適地性服務（LBS）

企業在面對客製化的多樣少量訂單，往往會被其龐大數量和多種組合變化的複雜現況所混淆，例如：將訂單的組合混淆在產品料號中，以鞋子為例，它會以客戶訂單不同，而有顏色和尺碼的不同，若有 100 個顏色和尺碼組合的訂單筆數，則就會有 100 個產品料號的定義，如此造成原本是基本主檔性質的產品料號，變成如同訂單般的交易主檔性質，這樣不但使作業繁瑣無效率，而且也使得產品料號主檔，失去產品的主體性，因為它混淆了訂單行為，也就是說受到訂單因素而影響到產品料號的定義，故當產品料號若和另外其他採購行為有關聯時，就無法運作。例如：同樣以上述例子，該產品料號會有顏色和尺碼的訂單行為因子在編碼裡，但在採購作業時，其經 MRP 所展開的 BOM 採購零組件，是不需考慮到顏色和尺碼的訂單行為因子，它只需以產品主體性的 BOM 展開需要哪些零組件，並不需牽涉到客戶訂單需要的顏色和尺碼，因為那是到訂單時才須考慮，畢竟訂單和採購作業是不一樣的。所以可知基本主檔性質的產品料號，和訂單般的交易主檔性質是不一樣的，它們必須考量到主體適地性，也就是說須能自動偵測到適合在哪個實體位置上（基本主檔實體位置或是交易主檔實體位置）。

從上述說明後，可知企業在面對客製化的多樣少量模式下，須結合便利的個性化服務和適地性服務（LBS）的概念，行動定位行銷（location-based marketing）就是根據使用者所在的地點發送至其行動裝置的促銷資訊。以送禮服務作為個性化適地性服務（LBS）的模式設計如下。

以送禮服務平台為例子：

- **網站營收模式**：送禮服務平台會對送禮者收取額外的服務費（禮品預付費用），扣掉支付策劃、物流和禮品冊製作等成本，其中的價差就是獲利的利潤。

- **對收禮者**：可從多種精美清單中，挑選自己喜歡的禮品。不用帶著實體卡片，又能讓收禮者在消費過程中充滿彈性和便利，從而保有了送禮的意義。

■ **送禮者**：只要付出一點點的費用就可以取得送禮服務平台所提供的便利服務，並可按照預算致贈不同價位禮品的禮品冊。

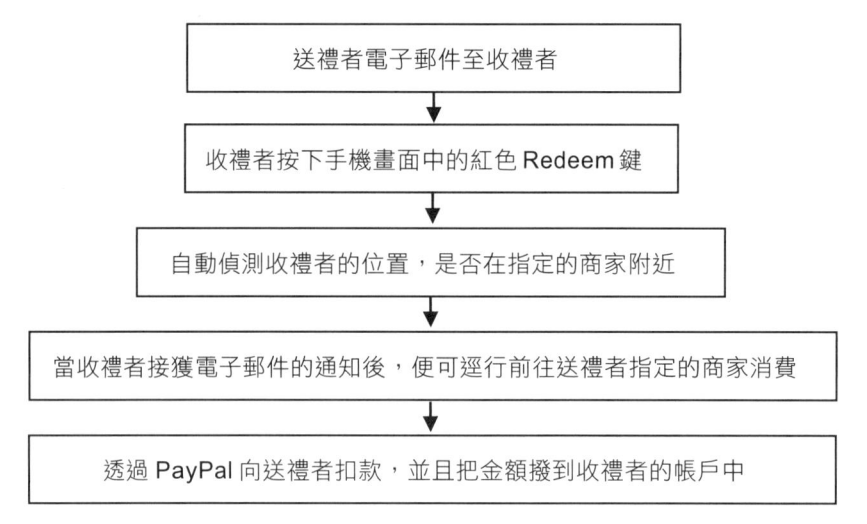

```
┌──────────────────────────────┐
│   送禮者電子郵件至收禮者      │
└──────────────┬───────────────┘
               ↓
┌──────────────────────────────┐
│ 收禮者按下手機畫面中的紅色 Redeem 鍵 │
└──────────────┬───────────────┘
               ↓
┌──────────────────────────────────┐
│ 自動偵測收禮者的位置，是否在指定的商家附近 │
└──────────────┬───────────────────┘
               ↓
┌────────────────────────────────────┐
│ 當收禮者接獲電子郵件的通知後，便可逕行前往送禮者指定的商家消費 │
└──────────────┬─────────────────────┘
               ↓
┌────────────────────────────────────┐
│ 透過 PayPal 向送禮者扣款，並且把金額撥到收禮者的帳戶中 │
└────────────────────────────────────┘
```

■ **中小型商家效益**：不必建置銷售通路和花錢打廣告做行銷或是支出大筆費用來推廣自家的禮品卡，不需建置費。

本章重點

1. 生成式 AI（Generative AI, GenAI）是以預訓練方式根據原始數據內容來創建生成新的內容，其模態（mode）包括圖像、音樂、文字、合成數據資料（synthetic data）、影片等多模態（multimode）。

2. 生成式人工智慧開發流程：使用介面平台、模型選擇、超參數調整（hyperparameter tuning）、模型微調（fine-tuning）、提示工程（prompt engineering）、檢索增強生成（Retrieval-Augmented Generation, RAG）和軟體代理人（agent）、繼續模型預訓練等。

3. 思維鏈（chain-of-thought, CoT）：思維鏈提示是將欲發問的問題以推理層級思考來逐步分解為一系列相關的中間程序進行。

4. 合成數據資料（synthetic data）是指用電腦模擬或演算法產生具重現特徵標記的資料，它可來代替現實已存在的真實資料，如此可加速訓練資料的模型生成。

5. NLP-based 搜尋引擎：當在大量文本內執行搜尋引擎時，可依照先前的搜尋歷史內容，以 NLP 技術來理解使用者意圖，進而生成相關且精準的搜尋結果。

6. 主題建模（topic modeling）是一種無監督的文本挖掘任務，它獲取文件語料庫並挖掘該語料庫中的抽象隱藏主題（latent topic）。

7. GenAI 行銷是利用生成式 AI 的資料訓練模型、演算法和結合數位軟體來生成出新的行銷內容，它可以是經過整合和知識庫結合而建立專屬企業的 GenAI 行銷系統。

8. 淨推薦值（Net Promoter Score, NPS）是用於評估衡量客戶體驗和品牌忠誠度的一項重要指標，其指標分數可作為分類出客戶滿意區間，進而掌握哪些是具有正面、負面、持平情緒的客戶。

9. RAG 行銷是指在市場客戶相關行銷知識庫上以檢索和生成方式來對潛在和目標客戶進行行銷作業。

關鍵詞索引

- GenAI 模型平台 6-8
- 模型微調（Fine-Tuning） 6-9
- 思維鏈（Chain-of-Thought, COT） 6-10
- 檢索增強生成（Retrieval Augmented Generation） 6-11
- 合成數據資料（Synthetic Data） 6-16
- 自然語言處理（Natural Language Processing, NLP） ... 6-19
- NLP-based 搜尋引擎 6-19
- 主題建模（Topic Modeling） 6-20
- GenAI 行銷 6-22
- 文本分類（Text Classification）行銷 6-24
- 相似建模 AI 行銷 6-25
- RAG 行銷 6-27

學習評量

一、問答題

1. 說明生成式 AI 和判斷式 AI 的差異？

2. 說明 NLP-based 搜尋引擎對生成式 AI 行銷有什麼作用？

3. 說明 GenAI 行銷應用功能？

二、選擇題

(　　) 1. 在 LLM 模型中，欲理解特定專業知識和人類社會實體的意義，則須用什麼技術？

 （a） 命名實體識別（NER）

 （b） 統一塑模語言（UML）

 （c） 檢索增強生成（RAG）

 （d） 思維鏈 (CoT)

(　　) 2. 下列何者是 NLP 的任務應用？

 （a） sentiment analysis

 （b） toxicity classification

 （c） machine translation

 （d） 以上皆是

(　　) 3. 下列何者是主題建模的重點？

 （a） 有監督的文本挖掘任務

 （b） 建立主題、文件、檔案三者之間的關係

 （c） 獲取文件語料庫並挖掘該語料庫中的抽象隱藏主題

 （d） 以上皆是

(　　) 4. 用於評估衡量客戶體驗和品牌忠誠度的一項重要指標，其指標分數可作為分類出客戶滿意區間，請問這是什麼指標？

 （a） RFM（Recency、Frequency、Monetary）

 （b） NPS（Net Promoter Score）

 （c） KPI（Key Performance Indicators）

 （d） CLV（Customer Lifetime Value）

(　　) 5. 下列何者是相似建模 AI 行銷的重點？

 （a） 利用軟體資料庫來識別企業與目前現有優質客戶有相似行為特徵的目標客戶群之分析技術

 （b） 改善潛在線索（lead）新客戶名單生成

 （c） 分成種子產品和相似產品二個群體

 （d） 以上皆是

CHAPTER 07

數據決策和 AIoT 智能行銷

章前案例：客戶旅程地圖（customer journey map）
案例研讀：物聯網—智慧家管

學習目標

- 探討數據驅動決策行銷
- 說明 CDP 客戶資料平台
- 探討多點觸控歸因
- 說明在 AI 行銷活動中使用客戶數據 CDP
- 探討資料管理平台（DMP）
- 說明錨定效應（anchoring effect）
- 探討 GenAI 廣告行銷
- 說明價格策略的數位廣告
- 說明動態搜尋廣告
- 探討零售媒體網路（RMN）
- 探討客戶旅程地圖 RAG 行銷系統
- 說明 AIoT 行銷
- 探討 GenAI 新消費者行為

| 章前案例情景故事 | **客戶旅程地圖**
（customer journey map） |

在這電子商務數位行銷時代裡，身為販售電子健康產品（按摩椅、泡腳機等）之行銷規劃和設計重責的黃經理，面對生成式 AI 爆炸式逆襲全球之際，尤其對於行銷應用更是當頭棒喝，這對於黃經理而言可說是發展新的生成式 AI 行銷系統刻不容緩，但重點是如何從現有系統來建構，以達到快速且最小化成本的目標？故黃經理審視了現有系統，發現有 B2C 網路購物網站、客戶關係管理系統（CRM）、客戶溝通電子郵件系統等現有 3 個系統，但要如何切入發展新的生成式 AI 行銷系統？經過部門討論和研讀相關生成式 AI 行銷應用文件後，得出 2 個結論：「建構一個企業專屬的 RAG-based 生成式 AI 智慧客服助理」和「如何了解掌握客戶消費行為過程來發展行銷活動」。看起來結論不錯，但如何整合舊有的行銷系統？此時，有一位同仁員工靈機一動提出 2 個字：「數據」！

7-1 數據決策行銷

7-1-1 數據決策行銷簡介

在資訊數位科技時代和趨勢下，其數據經營已成為企業經營的模式，也就是說以數據相關為基礎的內容，作為企業經營的依據和判斷，進而決定後續行動方案，這就是一種數據驅動決策（Data-Driven Decision Making, DDDM），因為企業為何可能有營收，是因為企業有做營運作業流程，而在流程運作過程中，就會產生數據資料，然而如何讓企業經營有績效，則就須有效率精實的作業流程，而如何有效率精實呢？則就需從數據資料內容去判斷分析其作業流程的做法和步驟，以俾設計、修正規劃出有效率精實的作業流程，因為數據資料是企業作業流程運作後的結果，這個結果就已呈現且決定企業經營的績效狀況。故從上述可知從數據經營來驅動決策是競爭的源頭。故數據驅動決策是以經營流程生成的指標和數據，來發展出識別業務決策的過程，利用這些經過整理分析後的數據，可根據事實和見解做出更客觀的解決方案的選擇，如此可預防錯誤和避免偏見、情緒影響的發生，然而要達到如此做法，則須將數據資料以關鍵績效指標（KPI）方式呈現，來串連蒐集、分析和解釋數據並將該數據轉化為可操作的認知，而這是一種發現模式、形態、見解、洞察的轉化認知程序，而要達到這樣的程序，則數據資料庫的建置和儲存、存取這些作業

就變得非常重要，而若以行銷領域、範疇、氛圍來看，其數據資料就包括客戶行為、市場趨勢和行業基準、客戶回饋、市場趨勢和財務數據等資料來源。因為這些來源可作為分析目標受眾、識別趨勢、資料視覺化等優化行銷活動的依據。因此行銷管理者須具備有創造學習數據技能，這可使用數據驅動決策的商業分析系統，主要是指商業智慧（BI, Business Intelligence）和大數據分析（big data）等。

數據驅動決策行銷

從上可知數據驅動決策對於行銷應用是必備的管理方法論。那什麼是行銷中的數據驅動決策？從上述說明可知數據驅動來自於企業整合流程，因此就行銷整合流程而言就是提供客戶價值的行銷管道之間整合供應鏈價值交付的網絡，也就是客戶行銷和廠商供應的整合流程，從此整合流程中來發展數據分析找出問題所在，進而洞察行銷策略和決策的行銷方案實踐。

數據驅動行銷是一種使用數據形成過程作為設計、實施和評估行銷策略決策的方案，其數據形成過程是指從數據資料利用統計彙總轉化成有用目標的資訊，再將資訊利用管理方法論轉化成解決問題方案的知識，之後，再將知識利用演算法轉化成具預測生成的智慧。在這樣的數據形成過程可發展出蒐集、分析和使用數據的實踐，以理解洞察和識別消費者行為、市場趨勢等行銷知識，進而優化行銷活動來達成具預測生成的人工智能行銷。從上述可知，數據科技工具對於落實執行是很關鍵的用法，包括大數據分析軟體平台。

數據驅動決策行銷案例

例如：GenAI RAG 做法提供有價值的數據驅動見解，可以為行銷策略提供資訊。它透過蒐集分析和使用者互動，進而洞察偏好，如此用 AI 運算可以識別趨勢和模式，幫助行銷人員做出精準決策。

例如：零售業者服務公司使用 GenAI 智慧客服系統結合 RAG 知識庫來分析客戶查詢和回饋。從該分析中獲得的數據驅動見解能幫助該公司完善其行銷訊息並提高客戶體驗。

例如：Accenture 公司（https://www.accenture.com/lu-en/about/company-index）是一家科技服務和管理顧問公司，主要在企業數位轉型和整合實踐輔導的業務執行能力。

例如：透過 LLM 模型提問，在所有電子商務平台中生成出最便宜或最適合的商品和服務，以及網站銷售通路。

例如：數據驅動決策的媒體規劃的作業是以目標受眾傳達訊息資料為基礎，來提供在適當時間適當地點適當用戶的廣告訊息過程。其做法包括媒體制定策略、媒體策劃、評估品牌和受眾等內容，並透過應用程式蒐集數位行銷數據，可發展出行銷歸因（marketing attribution）效果。行銷歸因是一種為實踐評估消費購買過程中行銷接觸點的數據訊息影響轉換行銷的分析技術，因它可確定哪些訊息可歸因於和行銷活動有關，如此可理解且追蹤客戶旅程中消費者如何、在何處以及何時與品牌訊息互動的偏好，進而提出客製化行銷活動，以具有影響力和即時的方式接觸消費者，並達成最佳化的行銷投資回報。上述提及的媒體策劃在發展不同媒體作業下可分成三類：付費媒體（以按點擊方式的品牌付費投放廣告）、自有媒體（以自身品牌內容客戶覆蓋範圍方式）、贏得媒體（企業之外的客戶評論、媒體報導和口碑之宣傳管道），這些媒體策劃可擴大加速商品品牌曝光度和促進最後一哩路的銷售策略。

例如：ProfilePrint.com（https://profileprint.ai/）人工智慧驅動的成分品質平台，它以數位分析技術將實體產品數位化，也就是將其特徵規格等有關於本身商品個別描述資料建檔，而成為一種本身商品數位指紋，如此可來鑑定、評估商品品質，並做商品本身資料管理，以利後續行銷拓展。

數據驅動決策之行銷的效益

數據驅動決策行銷的觀點和做法是現代和全球發展行銷成功的關鍵。它可產生下列效益：

1. **優化目標定位以達客製化**：數據驅動決策過程中，可決策出在市場區隔中所定位目標受眾，以提供適切的產品和服務，如此就能依此客戶定位的特定需求和偏好來量身定制行銷活動。

2. **增強客戶體驗以提高參與率**：利用生成式 AI 所生成的數據內容，加強客戶創造更個人化和科技化的使用體驗，從而提高滿意度和忠誠度。

3. **識別行銷目標以創造機會**：在市場趨勢和行業基準的數據決策過程中，行銷人員可用 GenAI 生成識別行銷目標的內容，進而再運用 GenAI 運算來生成創造新機會內容。

4. **加速行銷作業以降低支出**：透過生成式 AI 在相關資料數據基礎上，可快速生成出分析客戶行為和行銷活動的數據，這是一種數據內容生成轉化另一數據內容的結果，這樣的做法因為加速行銷作業，故相對的成本支出就減少了。

數據驅動決策之行銷工具和方法

欲實踐有效的數據驅動決策行銷，則須有大數據決策分析的工具，來發展以數據決策為基礎的行銷營運和策略決策。故數據資料的管理治理是其工具的先備作業，這裡包括隨選所需的資料作業（on-demand data），也就是行銷作業運作時可在需要時快速獲得需要數據。那什麼是數據治理（data governance）？也就是透過資訊科技和管理方式來組織資料結構和運作，從資料蒐集、定義的做法，到資料權限設定、儲存、處理和使用的政策，以及擬定資料標準和程序，進而確保資料品質、完整性、可用性和資料安全。而為了降低資料風險，以及符合監管合規，故須於數據治理過程中不斷監控和審核其數據內容。這樣的做法可簡化資料處理存取、支援資料品質的管理。故具有數據治理的數據驅動決策之行銷工具才能確保行銷作業的績效。例如：Supermetrics（https://supermetrics.com/）平台，它是一個可連接、管理、分析數據的行銷情報平台工具。

從上述可知其數據治理應用於行銷作業的關鍵考慮因素：

1. **資料管理和生命週期管理**：以資料管理方法軟體來運作在資料生命週期中資料的建立、使用、歸檔、報廢等程序，包括資料分類、元資料管理，以達成資料品質保證。其資料儲存處一般有資料倉儲（data warehouses，決策彙總型和結構化資料）和資料湖（data lake，原始資料和非結構化資料）、資料市集（data mart，業務單位）等三種。

2. **資料來源的商機和權責明確**：透過 LLM 模型提問後的生成內容是否有侵犯到企業的著作權和隱私權，並實現審計追蹤和合規性監控的權責明確作用。

3. **整合和協作工作流程**：評估數據與其他應用程式整合的相容性，且無縫將資料管理和工作流程一起協同運作，並隨著行銷業務拓展，資料需求將增加成長，故此資料管理軟體必須具備可擴充性，以及能簡化資料治理流程。

數據驅動決策行銷的程序

1. **發展和理解企業願景及行銷策略**：企業決策出的行銷策略必須符合和達成公司願景及目標，此時就須有數據做基礎才能讓決策客觀且精準，而這數據包括目

標關鍵結果（Objectives and Key Results, OKR）和關鍵績效指標（Key Performance Indicator, KPI）等數據。

2. **定義且蒐集行銷資料來源**：資料數據的定義和蒐集須依賴軟體工具，例如：Microsoft 的 Power BI、Tableau、Google Information Studio、D3.js、Infogram 等平台，而在其中必須定義衡量指標，包括投資報酬率（ROI）、客戶總數、客戶獲取成本（Customer Acquisition Costs, CAC）和終身價值（Lifetime Value, LTV）…等，這些都是數據驅動決策之行銷的主要指標目標，它們可用來評估客戶獲取和忠誠度的成本效益及獲利能力。

3. **組織及分析數據**：行銷數據欲在行銷作業能發揮其效用，則如何組織資料以呈現出關鍵之處，就必須能以直覺資料視覺化來快速突顯，資料視覺化結合人工智慧演算法可得出洞察見解、挖掘模式和趨勢、預測潛在之處等效果，其工具可用儀表板，此儀表板能直覺實現行銷目標最關鍵的數據，來作為業務營運決策的參考依據。一旦完成組織數據後，其數據的呈現將是結構化和相關性的網絡層次，如此後續將有利於分析，其分析是可從儀表板提取可操作的行銷見解，並根據行銷目標來發展行銷活動以提升客戶體驗。

4. **決策結果實施和評估**：進行行銷數據分析結果後，會就此結果做解讀和驗證，其解讀的重點在於理解、發現、推理數據，並從中規劃決策後的行動方案，並再結合上述衡量指標，來評估其行銷績效以及回饋方案進行中的訊息，之後，持續監控其進行過程狀況，以俾隨時可快速回應做調整。

5. **生成行銷數據績效**：根據上述步驟程序執行後，就必須能洞察以數據為基礎的行銷績效指標，包括客戶參與度、忠誠度、滿意度、保留率、流失率、獲取率…等，這些指標能促進下列行銷作業績效：客製化個人化產品推薦購物體驗、實現有效客戶細分來制定專注行銷策略、依據即時監控競爭對手價格 / 市場趨勢 / 客戶需求數據進而制定動態定價策略、社群媒體就品牌對話 / 點擊串流數據來分析出最受歡迎的產品頁面、媒合匹配出符合消費者需求的產品服務。

```
┌─────────────────────────┐
│ 發展和理解企業願景及行銷策略 │
└─────────────────────────┘
            ↓
┌─────────────────────────┐
│   定義且蒐集行銷資料來源    │
└─────────────────────────┘
            ↓
┌─────────────────────────┐
│      組織及分析數據        │
└─────────────────────────┘
            ↓
┌─────────────────────────┐
│    決策結果實施和評估      │
└─────────────────────────┘
            ↓
┌─────────────────────────┐
│     生成行銷數據績效       │
└─────────────────────────┘
```

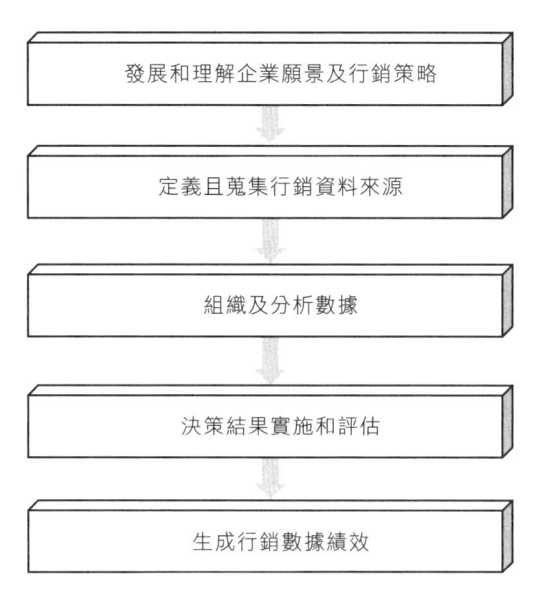

圖 7-1 數據驅動決策行銷的程序

7-1-2 客戶資料平台（CDP）

■ 客戶資料平台（Customer Data Platform, CDP）定義及管理

是針對以客戶為中心來蒐集儲存不同管道的資料來源，此管道可能是某資訊系統（例如：Google Analytics 系統）或資料流（例如：線上商店購買商品過程）中的客戶旅程相關多樣性紀錄，並建立統一集中式客戶檔案。這些客戶資料會以標準化做法來建立每個客戶可識別的檔案，因此在 CDP 平台是以獲取、組織和使用客戶資料的客戶資料管理過程。CDP 是一套處理客戶資料和行為的技術性軟體，其獲取資料是以和客戶接觸點時所產生與產品或服務互動的資料。這其中根據資料取得途徑不同而有不同數據來源種類的客戶輪廓，包括第一方數據、第二方數據、第三方數據等三種。第一方數據（first-party data）是指直接從和客戶本身接觸作業所蒐集的資料，例如：客戶在官網、電商平台、客服系統等行銷活動和消費行為足跡等資料。第二方數據（second-party data）是指並非客戶直接相關的資料，而是來自於另一個組織的第一方數據，例如：零售將其客戶購買行為數據給予信用卡公司。再例如：飯店預訂媒合網站向旅行社或航空公司取得第一方數據。它常用於某商品企業為向客戶投放廣告來發展促銷作業，而與有掌控這些客戶相關數據的夥伴合作的商業行為，這是一種用作廣告重定位（retargeting）的做法。這樣的數據通常是指網站、應用程式和社交媒體上的活動和購買歷史記錄、調查回覆等的數據。從上可知，

第二方數據可促進第一方數據的價值，以更具鏈結性和動態地理解客戶旅程，以促進延伸與目標受眾更個人化的行銷方法。Lotame Spherical（Spherical – Lotame's Data Collaboration Platform）平台提供以第二方數據的分析和應用的解決方案。第三方數據（third-party data）是指聚合各種來源蒐集整套出售的資料，和其他企業共享使用者資料的一種取得管道，它可擴大其客戶資料的行銷活動規模，尤其是針對新的潛在客戶市場。而第二方數據和第三方數據主要差別是前者須和夥伴組織進行直接關聯互動，而後者是以資料聚合技術獲得。

上述客戶資料的三大角度來源舉列如下：

- 交易性購買訂單資料：從電子商務商店、企業銷售系統、市場交易市集等與消費行為有關的客戶瀏覽、購買、訂單、回應評論、購物車刪除加入、退貨等的資料。

- 推銷行銷作業行為資料：指行銷人員在向現有或潛在客戶推廣產品或服務的過程中所產生的相關資料。包括：網站存取、即時聊天、Facebook 廣告和電子郵件。

- 產品和服務數據：針對產品和服務本身行為變化的數據，包括產品資料、庫存水準和定價、商品移動。

- 上述三大資料來源，是從不同角度視野（包括客戶角度、行銷角度、產品角度）來看，雖然事實資料可能是同一個，但從不同角度去分析理解，就會得出不一樣的洞察見解。而這樣的見解可更進化行銷競爭力，例如：深度追蹤分析客戶的行為路徑而生成出精準的產品購買率預測。

- CDP 是個整合平台，它和其他資料庫來源平台須整合，包括與資料倉儲結合，資料倉儲是一個彙總結構化的大量儲存，而 CDP 資料倉儲基礎上在提供可數據操作的行銷功能。另也會和資料湖結合，資料湖是以原始、未經事先特別處理的資料結構狀況為基礎，它所儲存的資料可能是結構化關聯或非結構化型態，可用於即時需分析資料的情境，例如物聯網裝置感測資料的即時分析。故 CDP 是要打破資料孤島而建立單一但全貌的客戶視圖，來促進高度個人化和有針對性的行銷活動。

客戶資料平台（CDP）如何運作

它是以消費者接觸到銷售平台上的任何接觸點，並以此接觸點的背後客戶數據進行運算分析，以轉化為行動應用體驗和方案，這其中為了加速和有效 GenAI 生成創建

內容,其客戶旅程的客戶身分、交易、偏好和行為資料關聯鏈結在一起。這樣的做法可達到預判能力,例如:預判某些客戶在特定時間內的購買率機率。或預判取消訂單以及購物車刪除的消費行為數據。從上述可知接觸點、轉化、預判洞察等三個關鍵觀點是 CDP 運作的思維基準。故從此基準可發展出 CDP 的 KYC(Know Your Customers)客戶、客戶目標細分(target segmentation)、多點觸控歸因(multi-touch attribution)等三種運作方式。

1. **KYC(Know Your Customers)客戶**:當欲針對客戶做行銷時,首先就是要做 KYC,KYC 是指如何認定、識別、評估客戶本身數據的過程,進而完成個人化獨特客戶視圖。其客戶身分和客戶偏好都是 KYC 的目標,其客戶身分可從會員、電子郵件和手機號碼等個人所屬特定屬性來表示。其客戶偏好可從 cookie 和網站等行為途徑自動擷取。而這樣的 KYC 做法可讓 CDP 行銷更能貼近客戶本身行銷需求。

2. **客戶目標細分(target segmentation)**:依客戶相關資料來對市場區隔做客戶分類,這些分類呈現出每群客戶類型的特徵和受眾目標所在,它顯示該群客戶的行銷意圖、行為型態和偏好等數據,並利用此數據做鏈接線上之間和線下網絡關係活動的目標定位。

3. **多點觸控歸因(multi-touch attribution)**:多點觸控歸因是指找出每個促成轉換的客戶接觸點,並分析其具價值的行為因素,並且同時掌握多個接觸點,而這些接觸點必須能歸咎於成為行銷利基的因素,如此才能獲得轉換事件。這也是一種事件驅動行為,也就是當滿足事件的條件時就可主動驅動後續的行為執行,故在 CDP 平台上必須以客戶資料為基礎,運用多點觸控歸因技術來轉化為哪些行銷管道或活動是其行銷目標。例如:客戶註冊成為 VIP 貴賓事件,須滿足成為 VIP 貴賓的條件(例如:該客戶在一個月期間內營業貢獻佔公司營業額 6% 和購買頻率 10 次),故在 CDP 平台上運算該客戶數據是否有滿足成為 VIP 貴賓的條件,假設已滿足,則該客戶就可產生此事件,但 CDP 平台如何從那些接觸點來擷取此條件的數據運算?(例如:「電子商店下單總金額」接觸點,和「訪問此 B2C 網站下單時間點」接觸點),則就可用多點觸控歸因做法來解決之。而當事件驅動主動執行時,就是一種轉化機制,而此轉化必須要有轉換價值,才能顯現此多點觸控歸因做法的效益(例如:同上例,就是 VIP 貴賓客戶成長價值)。在多點觸控歸因做法中,若以時間來看,則其最後接觸點是離 CDP 運作最接近行銷作業的數據來源,這表示最後觸控歸因(last-touch attribution)將扮演最後一哩路的關鍵因素,並且影響轉換行銷活動的決策。那為何它是影響關鍵因素?因為它不會考慮完整的客戶旅程中的所有數據,它

是依最接近時間做決策的觀點，來當作後續轉換的依據，這可能會是正確的決策，但也可能造成錯誤的決策。

根據上述可知 CDP 如何運作會影響到 CDP 平台績效，而下列指標種類是可用來衡量其績效狀況：

1. **轉換率**：若以整個客戶旅程中的所有接觸點來做行銷轉化決策的話，則就必須追蹤所有轉換率，也就是說接觸點是否有轉換，以及轉換價值如何，這都影響到 CDP 運作績效，若績效不彰，則須再優化 CDP 平台。

2. **客戶獲取成本（Customer Acquisition Cost, CAC）**：客戶獲取成本是指衡量獲取新客戶的成本。而在成本影響績效下，其 CAC 是在 CDP 運作中影響行銷活動的成本效益，若為了獲得新客戶而花費在客戶數據管理，以及轉化行為的成本，則必須能顯現轉換價值，如此獲取新客戶才能有行銷績效。

3. **保留率**：CDP 運作無非就是以客戶數據為中心來獲取新客戶和保留舊客戶這二大目標。故保留率對於 CDP 運作績效也是須衡量追蹤的重要指標。其保留率是指舊客戶返回重複購買的百分比。而當保留率上升表示其轉化為行銷活動是有其轉化價值，如此建立忠誠的客戶群可確保行銷業務長期可持續發展。

在 AI 行銷活動中使用客戶資料平台（CDP）

客戶資料平台（CDP）是建構 AI 資料中心的關鍵基礎設施之一。故在 AI 行銷活動中須使用客戶資料平台（CDP），其應用功能說明如下：

1. **客戶旅程地圖**：客戶旅程主要是指客戶數據的消費行為過程和客戶生命週期，故其運作可依據 CDP 來追蹤跨不同應用系統的客戶旅程，這其中包括多個接觸點到轉換行為運作，由於是客戶旅程，本身已鏈接追蹤追溯的地圖，故透過 CDP 平台，可針對數據與行銷進行交叉引用來深入分析客戶資料以提供有價值的見解，例如：在客戶旅程運作中追蹤其名人、朋友和家人的推薦滲透於商品銷售的見解。

2. **搜尋分析和生成數據見解**：在以往透過 Google 搜尋內容的客戶數據，經過 AI 演算分析結果，可作為 GenAI 生成的提問來源，進而生成創建行銷方案內容。上述指的搜尋分析對於網站頁面中非行銷活動鏈接分析是有其效果，其做法是指在 Google 蒐集儲存客戶搜尋的關鍵字，運用 AI 演算法分析這些關鍵字在不同網站頁面出現的頻率和深度，並找出高頻率和高深度的相關數據，分析出是否有屬於非行銷活動的接觸點，若有，則表示當初行銷活動並沒有切入客戶需

求數據的接觸點。這是一種客戶需求和行銷活動沒有適切聚焦，故應運用 CDP 轉化成行銷活動，但這時可將 CDP 結合 GenAI 來生成創建其行銷活動。例如：就智能空氣清淨機相關文字的關鍵字句，在 Google 搜尋分析得出某地區某社區其具有高頻率和高深度的結果，進而分析當初行銷活動並沒有針對此地區社區做運作，故就上述可整理分析出提問內容，輸入 GenAI 系統來生成該目標受眾如何獲得最多的流量和轉化的行銷活動。

3. **購物車行為分析**：在電子商務 B2C 網站裡中有很多消費者行為數據，其中購物車行為就是一個重要指標，它包括購物車加入率、放棄率、加入多少和何種商品和何時加入，放棄多少和何種商品和何時放棄⋯等數據，此指標反映消費者使用網站行為和商品偏好。而這些數據都必須放在 CDP 統一平台上，以利整合分析，其中包括分析出為何會放棄購物車商品？是規格不符？還是價錢偏高？重點是當初放進購物車但之後又放棄的行為關鍵點在哪裡？例如：消費者因為之後在別的 B2C 網站看到相同商品但價格相對便宜，故就放棄了此商品。或是把購物車當作客戶蒐集初步意願的資料庫，故離行銷最後一哩路下單有很遠的距離，這會不會和行銷者對購物車的認知有很大差異？而這樣的購物車放棄就是接觸點，應運用 CDP 平台轉化為可以透過個人化訊息聯繫促進完成購買的行銷活動。

4. **行銷流程自動化和多通路行銷**：在 CDP 平台來發展事件驅動的行銷活動，它可根據特定的事件條件滿足時即時觸發，從而簡化和加速行銷活動的實施。這可在 GenAI 中，透過 AI agent（代理人）實現行銷流程自動化來運用 CDP 客戶數據，並可從數據分析出某客戶偏好的多通路行銷。

5. **個人化分析改善客戶流失**：在 CDP 平台的 360º 客戶視圖，可全貌了解客戶每個接觸點以及個人化的體驗，進而透過分析客戶個人化 RFM（最近購買期間、購買頻率、購買總金額）資料幫助企業識別潛在客戶流失的模式。例如，藉由在 CDP 基礎上的訂閱服務所蒐集個人化的見解，來發現哪些管道數據對於流量和轉化表現不佳，造成客戶暫時停止訂閱，此時須轉化成能提供獨家折扣或客製化內容的行銷方案，如此來主動解決客戶的不滿，進而更能識別消費者行為對於訂閱內容的新興趨勢和變化。

6. **A/B 測試優化 AI 行銷活動**：A/B 測試是一種在 CDP 上數據驅動的行銷方法，A/B 測試會有行銷活動的兩個版本，並分析它們之間存在的細微差別。例如，測試 GenAI 生成行銷活動主題行的兩個版本,以確定哪一個版本在推動預期結果方面更有效,這可從量化指標來比較，例如：點擊次數、瀏覽時間、參與度⋯等。從 A/B 測試數據可掌握哪些數位元素是有其影響，而這就是接觸點，透過

接觸點這些元素帶來最多的參與度或轉換率,然後將這些數位元素納入更廣泛的行銷活動。例如:針對行銷定價活動設定兩個版本,其設定價格依照有關廣告活動(折扣和限時搶購)、客戶資料、庫存、訂單、運輸、海關、倉庫和供應商的數據,再加上期望利潤,來訂定二種不同版本價格,進而做 A/B 測試,根據結果優化 AI 定價活動,以利優化需求和庫存調度,滿足客戶個人化需求,以及降低缺貨的風險。

7. **客戶資料平台在數位廣告中的作用**:客戶資料平台(CDP)可提供在數位廣告生成時的數據來源,因為它統一分散各地的客戶訊息,利用這些訊息當作 GenAI 提問輸入,而生成出適切性數位廣告內容,其詳細做法可參看 7-2 生成式 AI 智慧廣告章節內容。

CDP 行銷數據平台(marketing data platform)

行銷數據平台是源自於 CDP 客戶數據所發展的一種行銷技術的整體平台,它專注在行銷活動,以獲取高品質數據來運算分析和解釋行銷數據的方法,它是跨渠道和媒體管理所有可用的客戶和潛在客戶數據,以實現有針對性目標受眾的創建和衡量。其應用功能舉例說明:

1. **廣告定位**:媒合供應方平台和需求方平台的客戶偏好需求,發展出跨通路導向廣告的廣告平台。
2. **個人化行銷行為追蹤**:以標籤(tag)註記且管理追蹤使用者行為,再利用此追蹤行為來發展行銷活動,例如:向用戶投放廣告。
3. **整合各行銷系統**:整合 CRM(客戶關係管理)或電子商務平台、CMS(內容管理系統)、電子郵件行銷軟體等行銷應用程式,來發展多通路跨系統的行銷活動。

下列說明行銷數據平台的解決方案:

1. Whatagraph:Whatagraph 是一個用於連接多個來源提取資料來發展出具視覺化的深入互動式報告和儀表板。它也可結合 Google BigQuery 執行洞察的見解。
2. Adverity:它是以具有商業智慧技術來整合、管理和使用的整合企業流程數據平台。例如銷售、財務、行銷和廣告流程。
3. Bloomreach Experience:它結合 CDP 平台 Exponea 以提供商業體驗雲端解決方案,它可創建編輯內容,來結合電子商務網站、行動應用程式、社交媒體等,以俾行銷。

4. Insider：它強調個人化的人工智慧優化工具，包括針對客戶資料庫進行歸因作業、意圖引擎預測未來行為、實現個人體驗編排等行銷做法。

▍客戶資料平台行銷功能和案例

從上述可知 CDP 可使整個組織資料部署成客戶視圖的軟體平台，它是為行銷而設計的客戶數據庫，它可透過多種管道接觸客戶來建立每個客戶的歷程檔案（profile）。因此，它包括下述行銷功能：

1. **客戶行銷資料中心管理**：客戶資料平台（CDP）對於即時資料蒐集與維護是管理平台的資料功能。它提供一個中心制中央資料庫，用於分析整合個人識別客戶資料。

2. **行銷資料擷取功能**：使用各種應用程式機制來擷取 CDP 資料來源，以便獲取可建立統一客戶檔案的資料，例如：行動 SDK（Software Development Kit）、API（Application Programming Interface）、Webhook 主動推送資訊。

3. **管理結構化 / 非結構化資料**：CDP 包括非結構化資料（例如：社群媒體留言資料）和結構化資料（例如：關聯式訂單資料表）的原始數據，而非結構化資料比例愈來愈高。

4. **資料工程（data engineering）**：是一套用於設計蒐集、儲存和處理大量資料的基礎架構方法。

從上述 CDP 行銷功能可將 CDP 分成不同案例應用，茲舉例說明：

1. **參與 CDP（campaign CDP）**：此種 CDP 提供資料組合、分析和決策，以及驅動資料，來生成後續行動方案。例如：Insider 公司（https://useinsider.com/about-us/）的 Actionable CDP 可以整合客戶資料，來發展個人化訊息、即時互動、產品或內容推薦。

2. **數據和分析 CDP**：與客戶身分相關聯的數據擷取和整合許多來源的數據，包括第一方數據、零方（指客戶有意識自願提供資料，屬於第一方數據）和第二方數據以及第三方數據等。之後將這些數據傳遞分發到其他系統平台以作為分析之用，包括預測建模、探索歸因和旅程映射。例如 Segment（https://segment.com/）以 API 方式將多個接觸點的客戶資料蒐集整合到中央資料庫 repository）、Tealium（Customer Data Platform - Tealium）是以客戶資料編排技術從源頭上解決線上搜尋、分析、行銷和細分市場定位的系統。

3. **解決方案 CDP**：此種 CDP 是為企業提供挖掘了解隱藏的客戶行為，且能自助分析客戶互動、轉換和留存的解決方案，進而改善使用者客戶體驗。例如 Contentsquare 公司（能捕獲並分析多個數位接觸點的用戶行為數據，並以雲端方式提供數位體驗分析，例如：客戶旅程分析和 A/B 測試工具功能）、Mixpanel 公司（提供洞察使用者客戶行為並做出數據驅動的決策，且將數據轉化為可操作的見解）。例如：Microsoft Fabric - Comprehensive Analytical Platform，Microsoft Fabric 是一套採用人工智慧運算整合型資料分析的解決方案，其分析平台涵蓋從組織資料到資料管理、即時分析和商業智慧的應用。且 Fabric 封裝整合了 Microsoft 的 Azure Data Factory、Azure Synapse Analytics 和 Power BI 等系統，並和 CRM、ERP 資料來源連結。

資料管理平台（DMP）

在 AI 時代來臨之際，表示算力（computing power）時代也即將快速發展，而算力必須有資料中心來做基礎運算來源，故如何建立資料管理平台（Data Management Platform, DMP）是重點，資料管理平台彙整匯集來自多個管道的數據，包括第二和第三方受眾資料，並集中於一個中心資料庫，以供數位廣告分析之用，它主要儲存和部署在客戶相關資料上，並以 SaaS（Software as a Service）雲端方式建置和呈現，以作為 AI 運算分析客戶的消費行為資訊、興趣和購買程序，進而生成具有細分、定位和個性化的行銷活動。這些活動會連接至廣告交換平台、需求方平台（DSP）和供應方平台（SSP）等。從上可知 DMP 不僅是資料管理平台，也是行銷活動的接觸點，用做資料蒐集（即時 cookie 數據）、資料驅動（API 事件）的行銷活動展開，因此一些企業品牌主就會利用 DMP 來和零售商分享協同第二方資料，與向社群媒體購買第三方資料。然而 DMP 主要在第二和第三方資料，但對於具有更具體個人識別資訊的資料並不是 DMP 主要來源，這裡的個人識別資訊（Personally Identifiable Information, PII）是指定位與特定個人本身相關的和行為特徵有關的基礎性資訊，透過此個人識別資訊，來認定和作為了解客戶的基礎，以進一步進入認識客戶（Know Your Customer, KYC）作業，上述 PII 主要在 CDP（客戶資料平台），故 CDP 和 DMP 是不一樣的功能定位，它們的結合應用更能促進行銷活動的成效。

7-1-3 AI 數位行銷數據指標

在 GenAI 行銷,欲呈現深度精準行銷的效果,則須專注在以行銷行為知識結合其資料數據來發展之,而不是只是 GenAI 科技運作而已。故下列將分別以錨定效應(anchoring effect),來說明如何應用於 GenAI 行銷。

錨定效應(anchoring effect)

錨定效應是一種在人類行為過程中的認知偏差或判斷偏差,故也稱為錨定偏差,它結合了行為經濟學和認知心理學的理論基礎,也就是說,它是指人們在接收到第一個訊息後,心智上會產生過度依賴該訊息的主觀判斷現象。這種依賴導致後續的思考容易偏離理性的決策路徑。而這個第一個進入認知並產生偏差的訊息,就是一種「錨點」,它對於後續的判斷與決策往往具有決定性的影響。故若從行銷策略和行為來探討,其運用於消費行為購買決策過程中,對於價格策略來看,則這初始資訊錨點一旦形成,則其錨定效應就產生了。這樣的效應會進而延伸影響到錨點周圍的其他資訊。這個說明了初始資訊價格會影響後面消費行為的價格判定,這已經造成消費者可能忽略了商品的實際價值考量。例如:首先看到某商品初始價格是 100 元,之後再看到低於此價格,都會認為是便宜合理的。從上述可知錨定效應是一種行為發展的認知過程,尤其是在目前資訊爆炸和多元呈現的數位時代,消費者往往採取最直覺和捷徑來做決策。故這樣的錨定效應是在消費者行銷作業時常拿來運用的一種策略發展。例如:廣告促銷活動時的初始價格(報價)設定,這個設定是有其策略性作用,因為接下來廣告播放將會因應不同情境而呈現其他價格,如此這些不同價格將引發消費者在心裡上做與初始價格比較的行為,接著當然就會影響到消費者購買決策。因為在消費者心理上,若初始資料價格是高的,則後續其他情境商品價格是較低的,但仍然高於消費者原來預期的,然而消費者已受到錨定效應的影響,故消費者仍可能會欣然接受後面的價格。故錨定效應是可運用在行銷發展中引導客戶認知和決策的一種方法工具。這樣的工具應用可分為自身內部錨定和他人外部錨定二種做法。其中他人外部錨定是巧妙利用外部策略性做法,例如知名人士或其影響力人士所設定認可的初始價格,或是媒體形成報導的價格,則消費者可能受其影響而造成有錨定效應的行為。另外的做法有高價格錨定和低價格錨定。從上述可知此錨定工具常應用於行銷定價和促銷策略。例如,錨定偏差效應的典型例子:Williams-Sonoma 麵包機,它先推出 275 美元的麵包機,但銷售不佳,之後再推出新款但較高價且更先進的麵包機,結果造成消費者回去購買第一款麵包機,這是一種低價格錨定。

7-2 生成式 AI 智慧廣告

7-2-1 GenAI 廣告行銷（GenAI advertising marketing）

數位廣告在數位行銷成效是非常常用且關鍵的技術和應用，而隨著軟體技術不斷演化，且加上程式演算法的功能和演化，其數位廣告應用方式不斷改變，而目前已朝生成式人工智慧的數位廣告方向發展，並且會和以往技術方式整合，包括程式化廣告應用。這其中產生及時化（just in time）的廣告效果，是往個人化廣告行銷的重要觀點，它指的是在適當時間適當客戶適當商品下的廣告促銷，如此才能精準適切達成行銷最後一哩路。在人工智慧時代裡，這已是必備的競爭力，而要達到這樣的目標，須有大量個人識別資料和環境內人口統計和行為數據等，而這些數據須經過擷取、處理、定位、追蹤、監控、運算、模式、訓練、分析、洞察、管理等程序運作，由於 GenAI 是在軟體運算，故都來自於數位格式，但在現實社會環境中，很多數據來自於實體世界，故這時須依賴 IoT 物聯網技術來自動擷取實體物理性資料。另外這些數據也會來自於多個數位平台、應用軟體系統等，故即時整合異質、同質資料的處理也非常重要。

由於生成式人工智慧具備快速創建生成內容功能，故大規模製作數位廣告已不是困難之處。但反而廣告內容的適切性和成效牲才是重中之中！而如何達成此目標，可利用某些具有 AI-based 的數位行銷工具，茲說明如下：

1. AI 驅動的廣告測試

Link AI for Digital 解決方案就是一種廣告測試工具（參考 AI-powered ad testing | Kantar Marketplace），LINK AI 提供基於人工智慧用於測試數位和電視廣告。它可快速測試和其他數位廣告的比較，以來決定要投放哪些廣告，包括對於廣告其中品牌行為、情境創意的設計和決策。LINK AI 可將每個廣告分解為數位元素：圖片、音訊、語音、物體、顏色、文字等屬性，並從中分析不同廣告的所屬特性，例如：在娛樂性、說服力和互動性等屬性。這樣的所屬特性是可針對不同客戶來判斷其適切性。這樣的測試做法期望使用 GenAI 建立品牌一致性的績效。所謂品牌一致性是指廣告內容的各個數位元素可真實適切反應品牌面貌，如此廣告傳播訊息可和客戶需求訴求達成一致。例如：品牌安全是測試品牌內容不會生成負面、爭議性與不適當的內容。

2. 廣告科技生態系統

根據 Gartner 對於 advertising technology 的定義：「廣告科技是一套用於跨渠道管理廣告的技術，包括搜尋、展示、影片、行動和社交，具有數位廣告的定位、設計、競價管理、分析、優化和自動化功能」。故廣告科技須整合發布者、廣告商、實體購買者等角色，再加上在數位系統上的應用程式、軟體系統平台、電子商務網站等數位通路。這樣的角色和通路就成為廣告科技生態系統（eco-system）。故當 GenAI 數位廣告加入廣告科技生態系統，就可用此互惠互利生態系統來管理、發布、分析廣告，以俾確保 GenAI 生成廣告的品質和成效。

3. GenAI 評估 GenAI 生成廣告

當透過 GenAI 生成數位廣告後，可反向針對此廣告內容整理出提問內容，來輸入至 GenAI 系統，詢問其評估成效，包括客戶體驗滿意度、後續轉換達成度、商品品牌一致性等指標。

從上述可知生成式人工智慧改變了數位廣告的設計製作過程，且也簡化數位廣告流程，例如：使用自然語言處理（NLP）促使廣告文案精進，以及發展依據先前廣告活動資訊來生成創建新的廣告策略。因此 GenAI 數位廣告也算是且也須納入於廣告科技，使得廣告科技提升為人工智慧的廣告科技。故廣告科技也使用尖端科技（cutting-edge technologies），例如：AR（擴增實境）和 VR（虛擬實境）來發展數位廣告，此科技可專注於目標受眾數據來提供嵌入客製化的廣告展示，如此除了可增加廣告收入，也可順帶蒐集、分析訪客行為資訊，並且融入於程序化廣告（programmatic advertising）、即時競價（real-time bidding）、廣告交換（ad exchange）的科技運作方式。

由於 GenAI 背後技術原理包括自然語言處理，故在自然語言處理的上下文（contextual）技術，也發展出上下文廣告（contextual advertising），它是指根據網頁內容的上下文相關性來製作與投放廣告，例如：在瀏覽棒球新聞頁面時，出現與其內容相關的跑鞋品牌線上廣告，藉此推廣該品牌的促銷活動。在目前未來數位社群媒體對消費者趨勢來看，其數位廣告愈顯得更有增進成長的趨勢。

而要發展 GenAI 廣告科技解決方案，必須加入包括廣告伺服器、需求方平台（Demand-Side Platforms, DSP）、供應方平台（Supply-Side Platforms, SSP）、資料管理平台（Data Management Platforms, DMP）等。其中需求方平台（DSP）是以廣告主為中心，利用即時出價程式設計技術，在跨多個廣告交易平台上來管理、優

化廣告。供應方平台（SSP）是以發布商為中心，連結廣告交易平台和 DSP，從中以程式化廣告銷售方式實現收入最大化。在上述 SSP 和 DSP 的結合，其廣告交易平台是串接它們來促進程序化廣告的媒合交易買賣。GenAI 廣告科技可發展一連串自動化廣告生命週期管理，從產生廣告創意和製作到優化廣告、規劃和評估預算、預測廣告活動績效等。

GenAI 廣告科技對於數位廣告生成產生很多不同解決方案，茲舉例說明如下：

1. **STP 分眾數位廣告方案**：它以 STP 策略（細分、區隔、定位），發展出受眾參與互動的內容創作和市場研究。

2. **適性數位廣告型式**：自主性地根據潛在客戶的偏好、興趣和需求，來調整所生成的數位元素訊息；並生成應用於各種類和格式的數位廣告，包括：搜尋引擎行銷（SEM）廣告（展示型廣告、社群媒體廣告、App 內廣告、原生廣告、影片音訊廣告等）。

3. **產生廣告推薦**：就廣告交易平台執行過程中大量媒合的數據，運算出新的廣告受眾和轉換行銷活動目標，和跨管道受眾來分配廣告預算，且比較分析競爭對手的廣告內容、策略，進而自動調整廣告預算以達到推薦何種廣告定位的效果。

4. **超定向廣告（hyper-targeted ads）**：在大規模個人化搜尋過程中，其用戶資料和其超連接搜尋歷史記錄可推測用戶意圖，以定位生成出需求高度相關（hyper-relevant）的個人化廣告。這是一種超個人化（hyper-personalisation）廣告。

5. **動態內容產生（dynamic content generation）**：GenAI 在提問後生成，之後再以生成結果作為下一次提問的依據，並加上新的使用者搜尋資訊的變化，來不斷動態生成高參與度和相關性的廣告。

6. **優化廣告內容生成**：由於 GenAI 可生成不同模態（mode），因此在 LLM 跨通路整合可即時蒐集和處理大量用戶數據，再加上以 AI 運算訓練建構出消費者行為模式，則可生成出具市場趨勢以及上述數據主導的用戶偏好內容，包括語音搜尋優化。

從上可知，人工智慧與廣告已是密不可分，廣告可因人工智慧的技術快速以獨特性、創造力、個人化自動生成出能理解其消費者參與購買過程的廣告，並可依據不同的裝置平台，來適切製作出不同廣告尺寸和格式。並且廣告效果標的不只在於實體商品和作業服務，也可拓展到其他經營範疇，例如：HOLT CAT 是一家裝備公司，

它運用人工智慧驅動廣告平台 AiAdvertising 來創建招募員工的數位廣告吸引人才應徵。當然 GenAI 如此大規模自動生成廣告，對數位廣告製作流程是有其正面的，但水可載舟也可覆舟，因此 GenAI 廣告也造成過度競爭的負面影響，在如此龐大的廣告網路中，能以極短時間來定位和投放廣告，但這就又產生回到古老常見的問題，那就是茫茫大海中誰看得到你的數位廣告？當然，若在某些知名社群媒體平台上砸下重金爭取曝光，確實可以提高能見度；然而，這樣的做法不僅壓縮了廣告的績效利潤空間，同時也存在精準度的問題─即使廣告被看見了，但是否真的觸及對該商品有需求的目標客群，則仍是未知數。所謂「精準度」，指的是廣告能否有效觸及潛在買家，進而提升購買與下單的成功率。因此，從上述描述，可知 GenAI 是一種致能科技，但若運用到某領域主軸的範疇時，就必須結合該範疇的方法論知識，例如：GenAI 應用在行銷 4P 範疇上，茲舉廣告在價格策略的應用範疇為例：

價格策略的數位廣告如圖 7-2，數位廣告是其行銷活動之一，故它必須考慮到廣告支出成本和廣告利潤績效，因此 GenAI 必須能有智慧地發展出適合某企業主廣告需求的廣告支出方式，以搭配適切性企業主商品利潤績效，這是從企業主角度來看，若是如此，就必須考量到商品本身的價格策略，因為價格訂定會造成不同的商品利潤績效，進而影響願意花費多少廣告支出。那麼數位廣告的價格策略應如何規劃？首先，從影響價格訂定的兩方面來討論，第一方面：商品本身成本方面，包括製成品成本（指製造業）或取得銷售成本（指零售買賣業），因此降低這些商品本身成本，則可提高商品利潤。第二方面：商品營運作業成本，例如：商品運輸物流成本、銷售通路中介成本…等，同樣地，降低這些商品營運作業成本，則可提高其商品利潤。故據此，進而訂定商品價格，這就是一種成本導向的價格策略，除此之外，還有競爭導向價格策略…等，從這些價格策略來發展其價格訂定，就可計算分析數位廣告所提供利潤績效的期望值，進而回推廣告支出的預算可行範圍。上述這樣的思考做法，就是告訴我們一個重點觀念：雖然 GenAI 可造成數位廣告致能功能，但仍需回歸應用本身目標需求，因此在朝向 GenAI 數位廣告過度競爭生態下，企業主必須整合管理經營知識方法論，來思考規劃廣告促銷活動如何進行，才能達到更精準更智慧的精實績效。

GenAI 數位廣告是可更促進數位行銷的最後一哩路，因它可以從生成過程和結果中不斷學習，隨著時間的推移能發展出具預測的智慧。同時它結合數位軟體程式發展自動化和自主性的程式化平台，進而以人工智慧來管理即時廣告購買、銷售和廣告投放，以及提前預測廣告效果等，而企業主一旦商品利潤績效提升，則再次購買數位廣告的意願和預算就會提升，如此造成良性循環，使得整個廣告生態達成雙贏局

面。數位廣告的內容製作和媒體資料來源有很大關係，若依據付費媒體來源的內容而匹配出的廣告是一種原生廣告（native ads），所謂「原生」是指內容來自於原來來源之處，而且不會干擾使用者與頁面的互動，它很自然的與其他網頁內容共處，故原生廣告很難覺得是一種廣告，例如以贊助內容（付費內容）直接源頭方式而產生的廣告就是一種原生廣告，例如：由知名皮包品牌贊助的流行新聞雜誌文章的網站廣告。或是 YouTube 上付費影片內容。原生廣告是利用發布商傳播來吸引更多目標受眾，故原生廣告可出現在各個地方，包括用戶閱讀文章附近推薦的廣告內容，或是 Google 搜尋結果側邊欄，或是社交網路（Facebook 或 Twitter）動態消息。故 GenAI 技術使得原生廣告更容易製作且更能融入於使用者拜訪的網站，例如以下就是可產生原生廣告的平台：Taboola（Boost your Digital Marketing with Taboola Advertising Platform）和 Outbrain（Outbrain - Drive Better Business Results）。

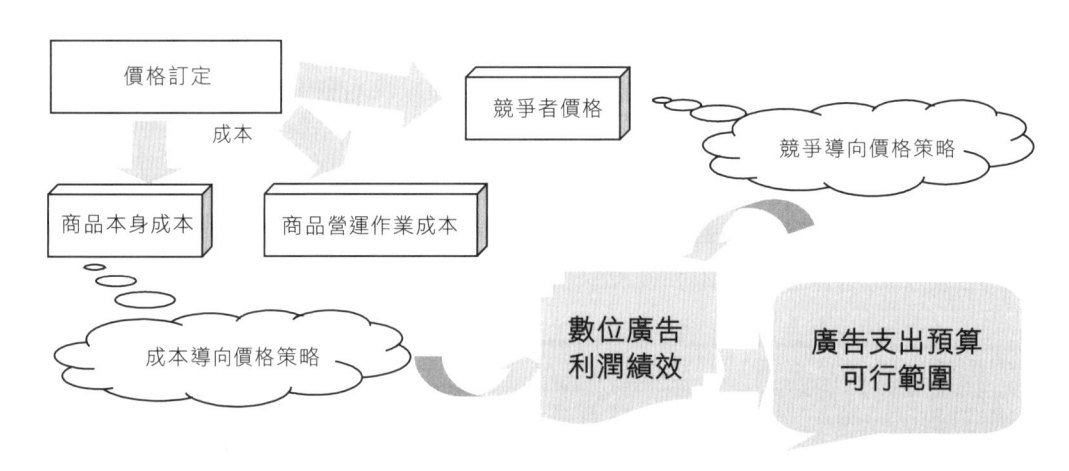

圖 7-2 價格策略的數位廣告

7-2-2 Google AI 動態搜尋廣告

動態搜尋廣告定義和簡介

以往每個搜尋關鍵字詞都是手動建立廣告，但若能透過分析廣告客戶的完整網站，從網站內容來定位廣告關鍵字，在不遺漏相關搜尋狀況下，能自動生成出廣告標題和登陸頁面，則就可達到動態的更新廣告效益，而 GenAI 正可增加此動態廣告的生成速度和創新內容。在搜尋引擎平台上，Google AI 動態搜尋廣告（Dynamic Search Ads, DSA）就網站內容上目標關鍵詞來自動生成線上動態廣告，以媒合使用者搜尋查詢。所謂動態是指根據使用者的搜尋查詢能偵測當時相關關鍵詞來不斷更新生成

出網站標題和登陸頁面,包括廣告標題、顯示網址(即是最終到達網址)等,如此使廣告客戶網站可即時同步連結更新網站內容,這是一種成長為導向的廣告活動。動態搜尋廣告是 Google Ads 的一種自動廣告類型,它的主要重點是依網站的內容而不是單純依關鍵字來產生廣告文案,當然此廣告文案會和使用者搜尋查詢關鍵字有關,且從網站中選擇登陸頁面。也就是說以使用者相關的搜尋查詢來識別、定位生成出可匹配的數位廣告,這可避免傳統搜尋廣告活動沒媒合到的相關搜尋查詢,且發現新關鍵字,進而可用機器學習演算法或 GenAI 根據網站內容動態提供適切性廣告文案。

動態搜尋廣告如何運作

動態搜尋廣告的定位可以增加觸及目標消費者範圍,而企業主無須設定關鍵字,但前提是網站內容完整和內文項目豐富。其運作程序如下:

1. **定義廣告目標**:依企業主業務需求,就本身網站內容和目標客戶市場等資料,來規劃其數位廣告內容、型式、預算、期間、商品品牌、主題訴求等,進而訂定此次廣告目標,以作為執行廣告後續的績效評估。

2. **設定動態廣告程序**:就用戶搜尋關鍵字,來匹配媒合此搜尋查詢與 Google 抓取網站相關內容,就此頁面中的內容來自動生成出動態廣告標題和廣告顯示網址,並以此登陸頁為最終 URL。其運作程序如下:在搜尋引擎廣告平台設定 DSA 廣告,就企業主欲做的廣告活動設定定位選項(網站頁面)和作業規劃(出價策略、預算、廣告類型、商品廣告、和廣告排程),之後該平台依據此網站的內容自動生成廣告標題和登陸頁面(廣告顯示頁面的最終網址)。

3. **追蹤、監控和調適**:在 DSA 運作過程中,追蹤定期檢視 DSA 廣告活動的績效表現,並設定 KPI 指標(例如:搜尋量、點選率、每次操作費用(Cost Per Action, CPA)、廣告支出回報率(Return On Ad Spend, ROAS)、轉換價值轉化率和觸發率)來監控,一旦有表現不佳,則做調適改善,例如:新增否定關鍵詞、精進網站內容、修改行銷策略、調整出價範圍⋯等,以俾達成最佳化地提高投資回報率。

動態搜尋廣告結合營運流程的綜效

動態搜尋廣告與基於關鍵字的標準廣告是不一樣的,當然其成本支出、期望績效也有所差異。動態搜尋廣告的搜尋定位方式,是其差異的關鍵,它使用企業主網站登陸頁面內容作為廣告定位的搜尋,包含網站頁面的 HTML 標題,如此可快速增加

現有廣告群組為登陸頁網頁的流量,並運用更多廣告資源和創意內容來吸引新客戶、以及增強舊客戶忠誠度,以達效果最大化的廣告效益。從上可知動態搜尋廣告是可更加速完成廣告作業,因此可節省出多餘時間來發展其他經營作業,如此的思考邏輯可延伸出營運流程應和動態搜尋廣告做緊密結合的搭配協同作業之思維,例如:當零售公司在進行商品存貨管理時,若發現某商品有缺貨情況,應能自動即時連結及調整商品廣告內容,避免此缺貨商品的廣告。故若是這樣的結合協同作業,則其動態搜尋廣告的效益會更加豐富。再例如:動態搜尋廣告可結合新產品設計作業,也就是說 DSA 從蒐集、分析某網站客戶在留言功能中對產品使用的回應資訊,而生成有關商品改善的廣告,如此就可作為新產品改善設計的考量依據,進而以鞏固舊客戶,和吸引新客戶,最終拓展更廣大的目標客群。

使用動態搜尋廣告的好處

1. **更快和節省投放廣告時間**:企業主不需要設定關鍵字、出價和匹配產品廣告文字。

2. **導流適切精準投放廣告**:在透過企業主網站的內容匹配生成的廣告中顯示相關標題,以快速引導潛在客戶到企業主網站。

3. **串接增強流量**:在企業主不用設定關鍵字的情況下,由軟體系統以演算法自動搜索網站相關內容,如此的做法可觸及其他可能未考慮到的關鍵字,進而增強流量的導流和範圍。

動態搜尋廣告的應用功能

1. **網站內容中的數位元素**:從上述 DSA 的定義和重點說明來看,網站內容中的數位元素扮演著關鍵的功能角色,包括頁面提要(page feed)、登陸頁面(landing pages)、網址內容(URL contains)、自訂標籤、頁面標題等。例如:可以在頁面提要中設定自訂標籤,進一步定位企業主希望呈現的網站內容,包括指定的 URL。而這個頁面也可以設定為登陸頁面,作為搜尋廣告的流量導向。另外,也能在網址中加入客戶需求的特定標記,或是在頁面標題中設定關鍵字。當然,面對眾多網站頁面時,你也可以先設定某些基準來細分成多種類別,並在各個類別中建立對應的自訂標籤,如此便能針對不同主題的廣告,對應適當的網站頁面。

2. **關鍵字評估和分析**：當企業主在進行動態搜尋廣告時，其客戶搜尋關鍵字也扮演關鍵功能所在，包括排名評分、否定關鍵字等。其排名計算方式依據用戶搜尋的相關上下文、預期點擊率、觸發登陸頁…等因素，當然排名結果會影響用戶搜尋關鍵字來匹配廣告的狀況，故可針對關鍵字來評分，以得到重要優先的關鍵字，並且從中判斷哪些關鍵字是欲要排除的搜尋查詢，這就是否定關鍵字，它可鎖定企業主的目標受眾，避免其廣告投放在不相關的網站。

動態搜尋廣告（DSA）和傳統搜尋廣告的差異

參考表 7-1。

表 7-1 動態搜尋廣告（DSA）和傳統搜尋廣告的差異

構思項目	動態搜尋廣告（DSA）	傳統搜尋廣告
關鍵詞	不需企業主關鍵詞，根據制定的網站內容創建新關鍵詞	需企業主關鍵詞
廣告產生	依企業主目標網站內容自動生成廣告	就搜尋詞手動設定廣告
廣告鎖定目標受眾	生成符合用戶搜尋意圖的高度相關廣告和遺漏搜尋查詢	廣告匹配效果可能不佳，無法掌握潛在搜尋者來源

Google AI 動態搜尋廣告（參考 Google 網站資料）

1. **Google Ads 購物視覺搜索**：Google 搜尋已支援圖像上傳功能，進而能透過圖片即時連結到購物清單。Google AI 充分分析用於廣告活動的自訂廣告素材，進而創建具互動性的 AI 動態廣告用戶體驗，使消費者轉換至行銷活動。這些分析包括搜尋行為、上下文訊號和歷史資料的內容，進而預測目標廣告匹配至用戶搜尋查詢，以俾識別潛在用戶的新細分市場。

2. **Google AI 智慧競價功能**：Google AI 推出智慧出價功能來優化轉換或轉換價值的自動預測競標。這樣的智慧出價可協助企業主將廣告投放給目標受眾。在企業主的廣告需求，以及考量每次轉換可接受的平均支付成本下，智慧競標將自動調整最適合的出價策略。

3. **Google AI 分析網站內容**：在數位行銷環境中，網站內容佔據了大部分的資料來源與鎖定對象範圍。因此，AI 在資料訓練過程中持續學習網站內容，進而不斷優化廣告文案，以媒合客戶的搜尋行為，並擴大與目標相關的關鍵字，提高最高成效廣告活動（performance max campaigns）的效果。Google AI 能動

態分配預算至高效能渠道,透過自動擷取與識別企業主網站內容,自動生成與網站高度相關的搜尋廣告內容,也能於投放過程中進行異常檢測等智慧化功能。

7-2-3 亞馬遜 DSP 平台和零售媒體網路(RMN)和 Meta GenAI 廣告

需求方平台(Demand-Side Platform, DSP)是以企業主需求為主,在廣告商、供應方平台(Supply Side Platform, SSP)和廣告行銷平台之間自動購買數位廣告的技術平台,這樣的需求使廣告商能有效地接觸到相關受眾,並選擇廣告投放位置和定價。此平台可就網站內容資訊驅動來簡化跨渠道廣告自動化購買作業,並且透過 DSP 有效地監控和管理企業主和廣告商的廣告活動。在 DSP 裡有很多廣告庫存,它使用實時競價(RTB, Real Time Bidding)來媒合購買廣告庫存。從這些廣告庫存來評估哪些廣告適合企業主行銷需求,並確保廣告在適當的時間、位置到達適當的目標受眾。故這是一種自動化媒介購買流程,就廣告需求內容、覆蓋範圍、出價和位置等條件,依據人工智慧演算法分析來快速做出媒合廣告決策。上述實時競價(RTB)是指一種程式化廣告(programmatic advertising)做法,它利用實時競標技術,不需像傳統廣告一樣都需執行全部程序,它是以用戶訪問網站時來進行實時拍賣,讓廣告商競標廣告空間、內容、時段、出價⋯等。有如此做法是以程式化技術來達成。程式化可產生自動化技術和實現演算法運算,故傳統手動廣告決策程序,包括協商價格功能,都由程式化來自動執行。

其程式化運作生命週期如下:用戶訪問企業主網站頁面,經過程式化廣告運作,其 DSP 透過行銷廣告交易平台,從供給方 SSP 平台的眾廣告庫存中,依企業主需求媒合適當的相關性和有效性廣告內容、型式、位置、時段、價格等。DSP 除了程式化技術之外,更具績效化的做法,就是利用跨不同平台和開放連結的網絡,以便擴大廣告可用量,以及整合相關不同利害關係人。DSP 不僅是自動化購買媒合平台,還提供廣告經營分析報告,以廣告策略來展現後續作業,並朝向以細分和觸及目標受眾最佳化方式,來發展投資回報率的績效。

從上可知,DSP 對於發展 AI 數位廣告是有其關鍵性的,那麼它有哪些技術功能?其包括:廣告伺服器、出價投標、儀表板見解報告、廣告交換、整合 SSP 和廣告交易平台、第三方連結、防止廣告欺詐檢測⋯等功能。

DSP 發展運作有二個種類：自助服務和全方位服務。前者指廣告商可自行發布、管理本身的廣告活動；後者指提供一站式一條龍全面的廣告活動的作業支援，以及全渠道、多元化、跨業態的整合。

亞馬遜 DSP 平台（參考亞馬遜網站資料）

目前在國際大公司裡亞馬遜 AWS 推出 DSP 廣告技術解決方案。亞馬遜 DSP 和別的 DSP 是不太一樣的，主要在於亞馬遜有自己的營運業務的系統和使用的客戶群，因此可發展出亞馬遜市場內外的跨渠道廣告策略，並以本身相關系統來增強其數位廣告互操作性和達成全漏斗最佳化。從上可知亞馬遜 DSP 資料是其和其他 DSP 競爭的關鍵能力，透過亞馬遜本身營銷雲資料為第一方資料，來預先發展出受眾細分，以俾在整細分下的客戶旅程中找到目標受眾，這包括定位亞馬遜內和亞馬遜外市場的消費者，並可延伸到亞馬遜外的潛在客戶。

故亞馬遜 DSP 廣告可出現在亞馬遜產品解決方案：Amazon.com、亞馬遜 server 裝置和 Kindle 電子閱讀器，亞馬遜商店和網際網路隨選視訊服務（Prime Video），如此使得可在亞馬遜擁有和運營的網路平台生態系統（ecosystem）發展數位廣告營運。亞馬遜 DSP 利用自身擁有累積的創意數位資產（橫幅、插頁和短影片），並使用程式化廣告購買技術讓廣告商在龐大的網路上自動選擇購買的數位廣告時段和價格、廣告空間及投放位置。

亞馬遜 DSP 是廣告商欲做廣告活動很重要的一個管道。廣告商可選擇自助服務和託管服務等二種做法，這就好比租用 AWS 伺服器服務也可採取自建自助服務和託管服務是一樣的。DSP 平台數位廣告在數位行銷過程中，其關鍵績效展現就在於數位網路轉化，尤其在消費者於亞馬遜網站上購物瀏覽時，可發現新產品和品牌，進而一連串點擊、加入、切換…等轉化機制，以達成最後一哩路行銷。

在不同利害關係人之間，包括：DSP、SSP、廣告交易所、品牌主、零售商、廣告商、廣告主…等，如何整合他們來提高贊助產品效能，以及用共同中長期購買來建立穩定的廣告管道，並延伸拓展潛在新品牌客戶，期望比贊助廣告方式更有績效的表現。在運作數位廣告程序中，其企業主投發廣告時所擔心的問題在於如何定位特定目標受眾、如何自動生成適切的廣告文案和視覺效果。故 DSP 可就本身豐富資源和資料來預建廣告模版，且基於需求邏輯條件來設定規則，如此可依據規則來自動化生成廣告內容。故 DSP 廣告科技可實現全漏斗廣告（full-funnel ad）策略，來擴大接觸新的目標受眾，並迅速增強廣告活動規模覆蓋面。例如：當設定的購物車放

棄條件被滿足時，系統便會即時啟動重複購買的重定向活動；或設定 A/B 測試廣告創意和體驗表現結果的規則，一旦滿足則可驅動某網站的促銷方案。DSP 可應用在各不同產業，若以零售業延伸生態體系來看，其零售媒體網路是一種重要解決方案。

零售媒體網路（RMN）

零售媒體網路（RMN, Retail Media Network）是以零售公司營銷行為所產生的數據資料為主，故在擁有這些第一方消費行為數據的優勢下，可發展其零售商特定的廣告服務，它可提供第三方企業主，在整個銷售購買的過程中，以廣告形式從零售市場內的購物者裡挖掘目標受眾。零售媒體網路（RMN）是一種可協助廣告商在本身渠道和第三方企業渠道上接觸目標受眾的廣告平台，它是透過零售媒體網路來開展其廣告活動，以觸及其業務目標相關的細分受眾。

以下說明零售媒體網路運作模式，其運作模式如圖 7-3：

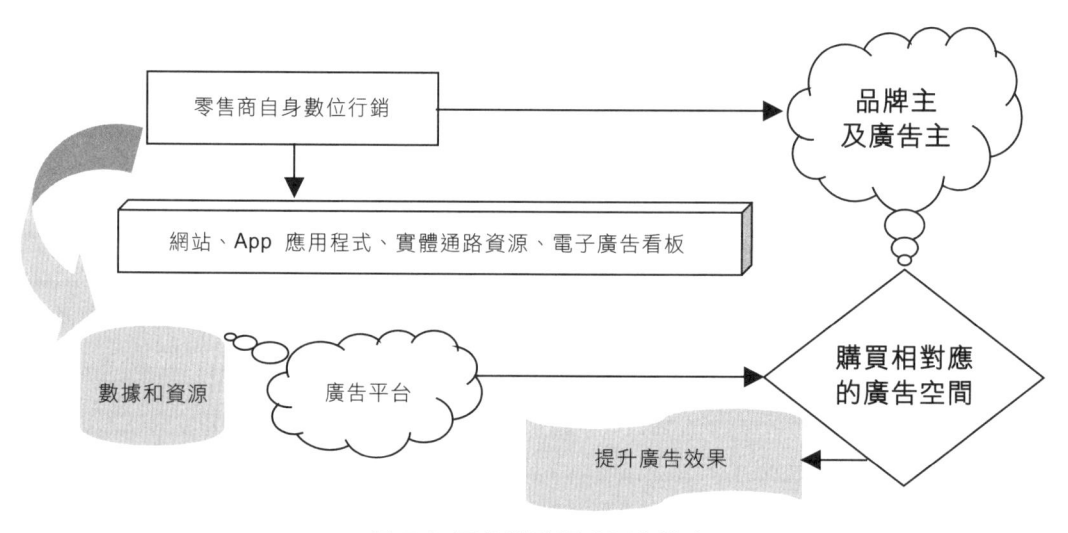

圖 7-3 零售媒體網路運作模式

零售商銷售商品的企業品牌主，可利用軟體程式技術向零售商的網站或應用程式購買廣告空間。其網站頁面於不同意義的內容頁面種類上會影響到零售媒體網路運作的績效。首先，是在搜尋結果頁面，這是常用的關鍵頁面內容，因為其內容會呈現當客戶搜尋特定需求相關的關鍵字時所隱藏的銷售機會，故若匹配到一定程度時，品牌主廣告就可投放在搜尋結果的頂部。接著，是在首頁，這是可作為登陸頁參考，故在零售業營銷活動期間將客戶流量引導到此登陸頁面，此時品牌主商品廣告就可在首頁突顯。再接著，是在產品型錄頁面，當購物者瀏覽產品型錄時，即使是競爭

對手商品，但因符合類似品牌主的商品，故也可同時投放其廣告，並且以商品組合的相關零配件商品，一起做推薦廣告。例如：手機商品組合，包括保護殼和保護貼等。最後，在類別頁面上，它是會顯示類似產品列表，重點在於群組列表，也就是購物者瀏覽同一類別中的產品列表時，就有機會產生品牌主廣告銷售的類似商品，尤其是在這瀏覽產品列表不符消費者的需求時。而當消費者在訪問這些網頁時，其品牌主或廣告商可於訪問程序中與潛在客戶建立互動溝通。

Meta GenAI 廣告（參考 Meta 網站資料）

Meta 推出生成式人工智慧 GenAI 影片廣告工具，可自動生成更具品牌情境的廣告內容，它提供 Meta Advantage 解決方案，Meta Advantage+是使用機器學習來運算於用戶購物過程中的廣告活動製成和效能。它在製作廣告過程中可自動化出價、預估預算、定位目標受眾…等，以達成最大效能（Performance Max, PMAX）轉化成效。透過 Meta Advantage+ 可快速自動化實現廣告活動製作、投放、定位。例如：行李品牌 Monos（https://monos.com/）使用 Meta Advantage+購物活動，使得回報率提升。Meta Advantage+專注在以應用程式自動化生成廣告於用戶購物過程中，包括最佳投放空間位置、創意內容等於產品目錄來進行動態廣告。並以相似建模方式來定位擴大與主要受眾相似的潛在用戶。Meta Advantage+方案結合 Meta Advantage 方案來達成 AI 動態廣告功能運作，包括：設定廣告目標和預算最佳化、定位上下文相關的目標受眾、效能分析和洞察用戶行為、影像擴充套件功能等，這些功能可提供原生且身臨其境的影片廣告的體驗，並為了精進動態廣告優勢，可讓廣告商協同創作者內容納入卷軸廣告中，以發展整合緊密的創作者夥伴關係的創作者活動，這對於廣告創意非常有幫助。

Meta 廣告運作程序

1. **設定廣告目標**：包裝網站流量、產生潛在客戶、提高品牌知名度、增加線上銷售。
2. **制定可行預算範圍和投放時段**：在特定時間點自展示最佳廣告。
3. **定位目標受眾**：根據人口統計學、興趣、行為來發現目標受眾，以及觸及潛在客戶。
4. **監控、分析廣告績效指標**：包括覆蓋率、參與度和轉化率、知名度、廣告頻率和相關性、展示率等指標。這些績效指標是互有關聯和影響，例如：就廣告頻率和相關性來分析廣告價格和展示率。Meta 的廣告平台（Meta's advertising

platform）建立、微調、管理和監控整個廣告活動。此廣告平台工具包括 Facebook 廣告管理器：以儀表板呈現實時資料和見解，作為最佳化廣告目標的決策依據；追蹤程式碼：以嵌入網站來蒐集資料以最佳化其廣告活動，促使轉化率並推動後續行銷活動；轉換 API 應用程式介面：以 API 來連結轉化後的行銷活動。

Meta 的 GenAI 廣告創作

GenAI 的自動生成創建功能使得廣告內容製作能以最少的資源和成本快速獲得，並可將影片包含在廣告活動中，包括背景生成（針對不同受眾群體的適合背景來強化產品視覺）、影像擴充套件和文字變體等視覺資產。

7-2-4 生成式 AI 程序化廣告（GenAI programmatic advertising）

人工智慧涵蓋了從機器學習（ML）和神經網路（Neural Networks, NN）到深度學習（Deep Learning, DL）和 GenAI 技術。GenAI 程式化廣告透過自動化投放接觸到正確的受眾，已成為現代行銷策略的關鍵能力，GenAI 程式化廣告根本上改變了廣告商與消費者互動的方式。

一、在 GenAI 融入程式化廣告的特定功能

1. **微調（fine-tuning）區域語言**：適用於當地化原生語言、展示影片廣告。
2. **程式化位置微定位（programmatic location targeting）**：以程式設計方式定位適地性個人化廣告。
3. **創建生成式 AI 運算視覺效果**：提高且創作了程式化廣告中的視覺效果。
4. **整合 DSP、SSP 和 RTB（Real-time Bidding）程式化生態系統**：在此生態系統可協同整體廣告任何作業，包括阻止廣告欺詐性。

二、程式化媒體購買（programmatic media buying）是利用演算法來發展資料洞察分析，而進行高度個性化客戶特定的廣告活動

程式化媒體購買有三種不同型別：

1. **實時競價（RTB）**：向任何廣告商公開拍賣廣告庫存，以具有成本效益的出價方式。
2. **特許私人市場（private marketplace）**：選定有資格的廣告商參與交易。
3. **直接出售**：用程式化機制，不採用拍賣，就成本效益來出售廣告庫存給廣告商。

三、GenAI 如何協助廣告科技建立動態和有針對性的活動

1. **廣告內容和概念創作**：從 GenAI 生成內容作為大量廣告內容分析，並從中發現廣告內容趨勢，而且累積生成內容，包括文字、影像、影片和音訊廣告，可成為大量庫存的廣告資產。

2. **利用舊內容重新生成和改進**：GenAI 會記憶儲存舊的內容，並根據這些舊內容，再生成創建新內容，或是作為新廣告文案的改進依據，且 GenAI 以自然語言處理（NLP）來分析並自動建議改進內容以作為參考。

3. **廣告流程簡化和廣告活動管理**：以 GenAI 模型平台，結合 AI agent（代理人）的設計運作，如此可簡化整個廣告流程執行，及易於管理這些廣告活動，以確保生成廣告結果能符合商品品牌意義的呈現，這樣的符合一致性能促進廣告品牌找到潛在客戶之間的動態媒介。而 AI 代理人加入 GenAI 運作，則更能設計多樣化的應用功能，例如：建立客戶服務代理人，它可根據當地消費者文化和偏好來建立個性化的產品型錄廣告。例如：建立整合流程代理人，它可使營銷人員能連結延伸至後勤供應，以能快速滿足補給至需求端。

7-2-5 客戶旅程地圖 RAG 行銷系統─用戶行為追蹤埋點管理系統（Tag Management System）

客戶旅程地圖（customer journey map）是將消費者行為模式融入於客戶消費購買過程的記錄、分析、追蹤之旅程，並以地圖視覺化方式直覺呈現其順序步驟的消費行為事件、資訊、關係等內容，它會以軟體應用程式平台來鏈接整個消費行為旅程路徑，並且也是一種迭代（iterate）旅程方向，故它往往是一種策略層級，來發展客戶旅程為基礎的最佳化系統，其中系統元素包括角色（目標客戶、行銷者）、路徑里程碑（意圖、認知、瀏覽、決策、購買、使用、回饋）、接觸點（網站造訪、加入會員…）、消費行為（客戶情緒、問題留言…）、視覺地圖（時間軸、價值處、關係點…）等，進而形成完整知識地圖的旅程。

而在 GenAI 整合下，可建構企業的客戶旅程地圖，以 GenAI 結合 GraphRAG-based 知識庫，來產生客戶旅程的對話式客服助理和旅程數據分析，以俾事先預測客戶追蹤未來可能的偏好行為，來作為企業未來引進何種產品的回饋，以及如何和客戶精準互動的依據。客戶旅程地圖 RAG 行銷系統是指在客戶旅程消費行為知識庫上以檢索和生成方式來對目標客戶進行行銷作業，這裡的「客戶旅程消費行為」是指客戶三大資料，包括客戶基本資料、客戶消費行為過程、客戶心理認知資料等。這樣

的系統關鍵在於 RAG-based 知識庫，其知識庫包括三項內容：解決方案（有二種方式：建構圖形資料庫、圖形演算法）、學理方法（客戶旅程地圖知識）、企業資產（客戶消費行為資料和資訊等）。

上述系統是專注在客戶旅程地圖的案例上，但它的通則模型系統，是結合生成式 AI、基於知識圖譜（KG-based knowledge graph）與 RAG 架構的知識管理系統，並且生成式 AI 也是一種使用者自主性學習管道，故結合此管道，則該系統分成三個模組：課程教學（工作職務）模組轉換成 GenAI 知識管理系統、課程講義（工作內容）模組建立於 GraphRAG knowledge base、課程知識（工作方法）模組轉換成知識圖譜之結構。

客戶旅程地圖可用 Tag（追蹤點）來發展用戶行為整個過程的透明度和關聯度之鏈結作用，它的做法是在數位系統上（例如：網頁、推文、電子郵件、Google 廣告）等程式上放置埋設一些追蹤碼，而這個追蹤碼可以協助行銷者了解消費者在購物行為過程中的內容偏好。上述追蹤碼也是一種標籤或程式代碼，其標籤可作為標記的功能，此標記目的有二個：驅動「執行」程式和自動「蒐集」行為資訊。例如：驅動用戶來完成會員註冊、執行產品推薦等任務。再例如：蒐集用戶點選數位系統的功能事件（點擊哪些 icon 圖案連結、滑鼠移動軌跡）。故從上述可知客戶旅程地圖的數位系統可用此追蹤代碼來管理和分析消費行為程序。而要做如此功能，則就需要用到 Tag Management System（TMS，標籤管理系統），其中 Google Tag Manager 是知名的工具，它將此標籤寫成一段 JavaScript 程式碼，故也稱為程式代碼，並嵌入整合到所有目標網站。標籤管理系統（TMS）有助於發展數位行銷中應用程式互動，例如：web 個人化分析和廣告點選蒐集數據，另在標籤管理器和觸發器中會根據訂定的業務規則來管理發布其他標籤。透過此標籤管理系統可快速、簡化、提升整個數位系統追蹤作業。例如：銷售商品在消費者的購物籃行為狀況，包括什麼時候加入或刪除哪些商品型錄，故可在購物籃嵌入標籤程式代碼。或追蹤用戶登出連結或追蹤購買階段情況（瀏覽型錄、留言發問、查看客戶評語、放置購物車、下單購買等）。而上述做法就是將欲追蹤追溯用戶消費行為的標記，以 Tag 程式代碼的嵌入方式，放置在客戶旅程生命週期中的位置，如此來發展數位行銷作業和管道。

從上述可知標籤管理系統對數位網路行銷的重要性，但在人工智慧和機器學習時代的來臨，它們也可增強標籤管理系統的能力。目前客戶旅程地圖也已有一些軟體系統，例如：ClickUp（ClickUp™ | One app to replace them all）它可呈現視覺化工作流程來發展客戶旅程的每個接觸點，從認知、蒐集、下單、轉換、回購、流失等。其主要功能有白板、心智圖、自訂的旅程圖模版、自訂視圖（甘特圖）。

客戶旅程地圖之 GenAI GraphRAG-based 行銷系統，如圖 7-4：

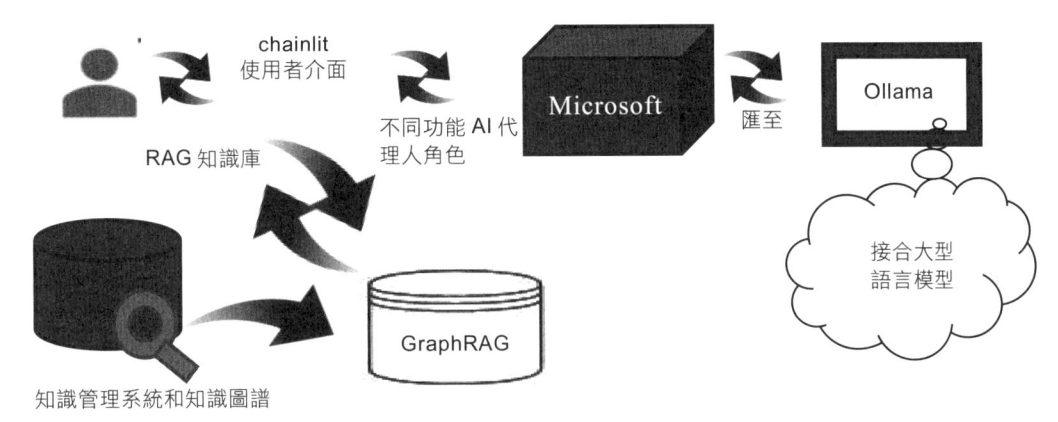

圖 7-4 客戶旅程地圖之 GenAI GraphRAG-based 行銷系統

客戶提問至 chainlit 介面，並以提示工程優化其提問內容，接著匯入 GraphRAG 運算，並從 RAG 知識庫去檢索其相關性內容，接著再透過 chainlit 介面，匯至 Autogen 軟體，它是利用 Microsoft autogen multi-agent 來進行客戶旅程行為的行銷流程，在此可設定各種代理人（agent），包括 user proxy agent、sales agent 等，再利用代理人互為溝通作業，來進行消費行為行銷作業，並將這些作業的提問內容、檢索內容匯至 Ollama 系統，它可接合某些大型語言模型，之後，創建生成內容答案再透過 Autogen 代理人匯至 chainlit 介面，並回應給使用者查看。

客戶消費行為知識圖譜：以知識圖譜建立客戶洞察 360 度視圖，其視圖包括客戶消費行為、偏好和互動整體資訊，而這些資訊是建立有上下文相關性和追蹤追溯的鏈結旅程，如此更容易完成客戶的銷售漏斗旅程。此知識圖譜可發展出視覺化結構圖，如此可快速專注到目標受眾的行為狀況。知識圖譜也可利用數位系統標籤，這些行業的大量行銷標籤可當作訓練資料，因為客戶數據將可產生數位行銷活動所需價值的洞察見解，並且依照消費者行為進行即時的改變訓練資料，來產生具因應外在環境動態性的數位行銷。例如：透過網路下單的各個標籤，連結成具關係結構的圖譜，來蒐集某時段這些標籤所產生的數據，作為 RAG 知識庫來源，進而訓練生成對網路下單的消費行為追蹤和預測客戶的消費行為何時會到下單支付的步驟。在上述蒐集資料也可利用客戶 cookie 功能和雲端伺服器端標記功能，這些功能扮演蒐集所有資料傳送請求，若使用非同步標籤載入方式，是可加速頁面載入時間，並進而縮短回應時間，以及資料驗證和隱私保護的效益。

7-3 AIoT 智能行銷

7-3-1 AIoT 定義範圍運作

AIoT（Artificial Intelligence of Things）是指將人工智慧結合物聯網的整合科技，物聯網是一種智能物品本身感測認知其實體物理行為，並且將這些智能物品聯合成網絡，來進行自主性、協同性、智慧性的設施結構，進而發展網絡運作的營運。而若結合人工智慧則可使物聯網更加達成自主智慧的致能科技，因為 AI 演算法運用 AI 晶片可快速運算模擬市民人類智慧，包括推理、預測、學習的能力。它呈現移動性、無線化的行動場域。故其實 AIoT 是一個整合性科技，它整合無人機 UAVs、6G 通訊、cloud computing、edge computing、區塊鏈…等，尤其是在空中 - 地面整合網路的應用，並且由於 AI 運算需要大量資料為基礎，故加密和去中心化安全資料庫形式的區塊鏈，也是關鍵所在。而且物聯網是朝向無所不在、區域化的拓展，故移動邊緣計算（Mobile Edge Computing, MEC）的結合可來達成實時 AIoT 服務。尤其物聯網在分散式系統的應用時，其處理、儲存、分析和計算大量資料就需依賴 AIoT 致能運算。

而 AI 和 IoT 在應用上如何結合呢？

首先，在實體資料運作，它利用 IoT 技術來自動擷取、傳輸實體物理性資料，而這些實體資料，將作為 AI 運算的資料所在。接著，在監測、追蹤 AIoT 應用作業流程中，其過程中設定異常感測指標項目，當超過異常值時可立即檢測到，進而運用 AI 演算法運算驅動後續行為，例如：AIoT 影像安全檢測作業。再接著，實體結合虛擬網路，AIoT 智能物品透過傳感器傳輸至通訊網路（communication networks）和網際網路（internet），再傳輸至雲端伺服器電腦，進而用 AI 運算連結至社交網路（social networks），或至廣播識別（cell broadcast），以達成萬物聯網。再接著，AI 運算配置相關物聯網元件，其元件包括感測器、IoT 裝置、中介軟體、伺服器電腦等。再接著，以 AI 運算跨虛擬和實體作業流程，來實現實時資料分析和自動決策、提升運營效率和客戶體驗等。最後，透過 AI 機器學習模型不斷在 AIoT 整體系統訓練學習，以改善應用作業的功能績效。

從上述可知，AIoT 整體系統因 AI 和 IoT 的整合，使得應用系統更加優化，因此 IoT 裝置主要扮演對用戶呈現結果，和擷取傳輸功能；而 AI 主要在運算、分析、識別等功能。IoT 裝置包括智慧手機、可攜帶電腦、可穿戴裝置（智慧手錶…）等，而這些裝置在建構智慧產業場域內，扮演著串接和傳播機制的角色。智慧產業是指原

有產業融入 AIoT 致能科技，進而產生具智慧營運的績效成果。包括：智慧家居、智慧製造、智慧金融…等。而在智慧產業運作中，會發展出 AIoT 智慧營運流程，例如：AIoT 智能行銷。故此智能行銷是在 AIoT 環境內運作和發展。另外，IIoT（Industrial Internet of Things）是指智慧工業物聯網，它將在整合連線的產品、工廠、機器和系統中捕獲實時資料，進而以 AI 獲得有價值的見解，以俾發展最佳化運營效率。故 AIoT 系統是一種人機互動，透過 AIoT 機器和 web 介面與人類溝通，其中 AI 以自然語言處理和深度學習發展語音識別和機器視覺，這是模擬人類感知行為，例如汽車駕駛者藉著電腦 web 介面來知曉輪胎內建壓力感測器的感知胎壓。

AioT 的運作程序：在 AIoT 裝置中，AI 晶片被嵌入（embedded）到某裝置元件中，它具備 IoT 感測感知功能，進而使用物聯網網路（包括無線感測網路）連線，之後以應用程式介面（API）和軟體開發套件 SDK（Software Development Kit）連線硬體、軟體和物聯網平台元件，以遙控方式進行操作和通訊。AIoT 可應用於加速數位轉型，它結合資訊技術（Information Technology, IT）、操作技術（Operational Technology, OT）和通信技術（Communication Technology, CT）三個維度，並以基於雲、邊緣方式來產生創新商業模式的整合解決方案。故從上可知 AIoT 系統可分成為基於雲或基於邊緣二種。

1. 基於雲的 AIoT 系統

它是以大量規模伺服器電腦方式，建立物聯網平台，它可處理來自物聯網裝置的資料，此平台管理各種應用程式和服務，它包括 IoT 裝置、IoT 應用程式、使用者介面等，例如：Azure IoT。它的架構有四個層次，從底層開始順序如下：IoT 裝置層（RFID 標籤、感測器、讀取器、嵌入式裝置、智能物品、IoT 裝置）、網路連線層（通訊設備、無線網路結構、閘道器）、雲端層（伺服器電腦、人工智慧演算、資料儲存、API）、使用者通訊層（入口網站和應用程式）。

2. 基於邊緣的 AIoT 系統

邊緣也是一種區域，不需連線至雲端，而是須在企業經營運作範圍區域內的 AIoT 系統，故為了避免頻寬延遲和資料機密安全、快速運作處理等因素考量下，其 AIoT 相關的裝置和伺服器電腦都建築在此封閉控管的近端區域內，其架構層次從底層開始順序如下：IoT 終端層（同基於雲的 AIoT 系統的 IoT 裝置層）、連線層（閘道器、通訊設備）、邊緣層（伺服器電腦、人工智慧演算、資料儲存、API）、web 使用介面層（屬於 WoT, Web of Thing）。

上述這二種 AIoT 系統可互相因應環境變化，從雲轉移到分散式邊緣裝置，也可反向操作。從上可知 AIoT 系統是欲建構一個具模擬現實實體彼此之間具類似人類自主性互動運作的世界，如此可快速即時來運作所有實體互通的行為，而不需人為介入，就可完成產業營運作業。這裡藉助 AI 機器學習運算來分析資料識別模型，這有助於實體智能物品的智慧能力提升，進而產生快速提供操作見解、解決問題的方案。除此之外，由於在 AIoT 系統全面覆蓋下，可以做到實現即時的作業，包括實時持續監控，以追蹤整個營運作業的狀況，據此做出預測或決策。例如：建立石油和天然氣的遠端實時持續監控洩漏檢測之 AIoT 系統。

7-3-2 AIoT 行銷

AIoT 行銷是建構在物聯網空間環境裡，也就是物聯網商店，其內有 IoT 裝置、傳感器、讀取器、人臉辨識…等相關物聯網設備，而透過此種商店，可進行購物行為，並藉由如此的情境來發展行銷作業。而要建立物聯網商店，須花費不少成本，但相對也會降低其他原有成本，這是一種新型的商業模式。但除了在物聯網商店之外，也可用較輕量級的方案，也就是以某智能物品為中心，來進行一連串智能行銷，這種方式會形成 AIoT 行銷生態體系。

以下茲舉例說明：茲以智能音箱為例，用戶透過智能音箱，來詢問附近的餐飲商店種類和地點，經過互動溝通後，確認某一商店和商品，故用戶就用語音方式輸入欲購物的內容，並進行下單作業，而這些作業如何變成真正訂單呢？此時，智能音箱儲存此訂單資訊，並傳輸至該商店，若該商店有下單軟體系統，則可用 API 連結匯入至此軟體系統，就可順利進行後續訂單出貨作業，並將接受訂單訊息回傳給智能音箱，再回報給用戶知曉，但如何有單據證明商家已接受訂單？此刻，此智能音箱可將商店下單軟體系統的接受訂單畫面傳給用戶手機，以茲證明。當然，這案例只是簡要說明，若因應不同案例情境，則會有不同後續作業，例如牽涉到出貨方式或以外送媒合平台方式等。從這個例子可知是以智能音箱來進行下單作業，但讀者可能會問，若商店有下單軟體系統，直接用此系統下單即可，何必用智能音箱？這可從「舊客戶」和「語音輸入」的二種消費習慣行為來探討，首先，就「舊客戶」而言，表示此用戶已用過商店下單系統，當然極可能就會再次使用此下單系統，而不用智能音箱。而既然成為舊客戶，表示此用戶的消費習慣就是如此。接著，就「語音輸入」而言，用戶既然會用智能音箱，表示他習慣用語音方式來互動溝通，也許覺得方便，也許已使用習慣，而且通常語音輸入比文字輸入來得便捷，但也是要看每位用戶的偏好模式，然而使用語音輸入如何成為作業流程中的相關單據，這就必

須轉為文字或資料型態,以利後續軟體資料的處理運算。上述是用戶主動對智能音箱的銷售行為,接下來說明智能音箱對用戶的行銷作業的情境。

當用戶和智能音箱持續不斷溝通互動之後,則智能音箱就會蒐集儲存和客戶互動的資料,而這些資料可作為 AI 運算的資料來源,以分析運算出該客戶偏好行為,這些資料和 AI 模型就可成為商品業者的第二方數據購買或結盟依據,另此 AI 模型也可作為 AIoT 行銷的智慧商業方案,作為提供服務的商業模式。故製造設計智能音箱的公司,已發展此產品的延伸性服務軟體平台,如此不僅有利於智能音箱的銷售,而且也擴大該公司的營業規模,利用此規模化效應,來鞏固客戶忠誠度,和提升客戶市場佔有率等,這就是一種產品服務系統的創新商業模式,不僅對該公司經營有利,而且對於其他零售商品業者也多了優化的行銷渠道,而更重要的是依客戶偏好行為預測出所需求的商品,進而產生推薦商品於客戶,來達到客戶需求的滿意度。這是一種雙贏局面。

從上述可知 AIoT 行銷型式有二種:AIoT 空間商店和智能物品延伸性服務平台。但不論何種,都是聚焦於實體物理世界。然而在客戶市場全面化環境,應也包含虛擬數位平台,故實體物理世界和虛擬數位平台的整合是息息相關的。在這樣的虛實整合下,其 AIoT 行銷必須考量下列三項因素:

1. **虛實整合的共同資料儲存中心**:從 IoT 裝置擷取實體物理資料,需和網際網路軟體平台互動資料,共同儲存在同一中心庫,如此讓客戶偏好分析,不會因缺乏某方面的行為資料,導致 AI 運算不精準。而且還可把虛擬軟體的資料,透過 IoT 裝置反饋呈現給客戶,或作為 IoT 裝置的操作資料所在。舉例:在社群媒體的客戶對商品使用留言評論的資料,透過 IoT 技術,讓智能音箱以語音方式回報給用戶此商品使用留言評論的資料,作為客戶購買此商品決策的參考。或例如:根據線上流行音樂排行榜得出熱門樂曲,反饋至智能音箱來操作客戶平時的背景音樂。

2. **虛實流程之間無縫串流**:在虛實世界中,各有其行銷作業流程,但這雙方流程是有其關係互通的,故必須做到無縫接軌的一連串作業,才能實踐其 AIoT 行銷作業。茲舉例:在某連鎖鞋子銷售企業,有線上電子商務 B2C 軟體讓客戶下單,假如此客戶住家在該連鎖店的某分店據點,故透過 B2C 軟體下單後至該連鎖店取貨(軟體系統顯示有此商品庫存 1 雙),上述就是虛擬流程。但該連鎖店欲出貨時在倉庫原規劃的貨架位置上找不到此商品庫存,假若此倉庫具備物聯網空間場域,則就啟動 IoT 裝置(利用 AR 擴增實境)尋找貨物作業流

程,而找到沒被定位歸位的此商品,這就是實體流程,而一旦快速找到,就可順利出貨讓客戶取貨,以滿足客戶需求。

3. **資料事件驅動行銷行為**:上述第 2 考量因素所談及的虛實流程串流,核心重點在於串流整合,但從其舉例的內容,可知此例子也是一種資料事件驅動作業(指找不到商品庫存事件),但本項因素核心重點在於「資料事件驅動行為」,也就是以此核心重點來展開行銷行為,則在 AIoT 行銷系統就須預先設計「那些資料事件驅動行銷行為」的 AI 運算,以進而驅動後續虛實流程,這是和第 2 考量因素截然不同的觀點。茲舉例:某電子商務公司有建立舊客戶的忠誠度資料,而公司為了提升營業額,欲對舊客戶展開促銷活動,但必須符合客戶需求,也就是欲預測客戶下一次會購買什麼商品,但如何知道呢?這時就必須建立虛擬和實體上有關客戶消費行為的所有資料,包括實體店面消費行為資料,接下來該公司事先在電子商務 B2C 系統運作中設計「重複購買行為」的資料事件驅動作業,此事件是以 AI 時間序列加上 RFM(最近消費、消費頻率、消費金額)等資料所發展的重複購買行為 AI 演算模型,故當客戶購買 RFM 相關資料不斷產生時(注意:包括從 AIoT 裝置擷取資料),就會匯入至此模型不斷運算,直到運算結果達到預測符合客戶可能會重複購買某商品的目標條件時,就會驅動舊客戶展開促銷活動的流程。

這是一種以 AIoT 行銷的創新做法。當然在實體消費資料上,要視不同案例,而才需要 IoT 裝置擷取資料,因為有些實體店購物,會用 POS 軟體系統記錄消費資料,當然這種狀況就不須用 IoT 裝置擷取資料。從上述可知,真正要做到 AIoT 行銷,其中實體 IoT 環境建置是事先必備條件,這不僅是成本增加的因素,還包括物聯網環境的成熟發展,以及在 IoT 此環境內客戶消費行為習慣性等因素,這須依賴政府的推動和 IoT 產業市場的發展趨勢。

7-3-3 GenAI 新消費者行為

■ AIDA 消費者行為

消費者行為常用於客戶購買過程中的慾望或需求表現,一般消費者行為流程步驟包括:需求識別認定、搜尋和蒐集商品資訊、選擇購買方案和替代方案、決策購買產品過程、購買後使用評估。在此,一般消費者行為模式可用 AIDA 模式來表示,它分別是知曉(Awareness)、興趣(Interest)、慾望(Desire)、行動(Action)等四階段,而這四階段常序列式呈現在購買過程的程序步驟內,而透過 AIDA 模式可

發展各個行銷作業軟體系統功能,茲以 AIDA、購買過程、行銷軟體系統功能等三個構面整合架構說明,如圖 7-5:

```
AIDA          知曉 Awareness    興趣 Interest    慾望 Desire     行動 Action

購買過程       刺激、意圖、感受   需求、效用、體驗  詢價、留言、探索  下單、試用、購買時機

              瀏覽 搜尋 比較    型錄 廣告 優惠   購物車          訂單 加購
                                              功能規格 促銷     出貨交付
行銷軟體系統功能
```

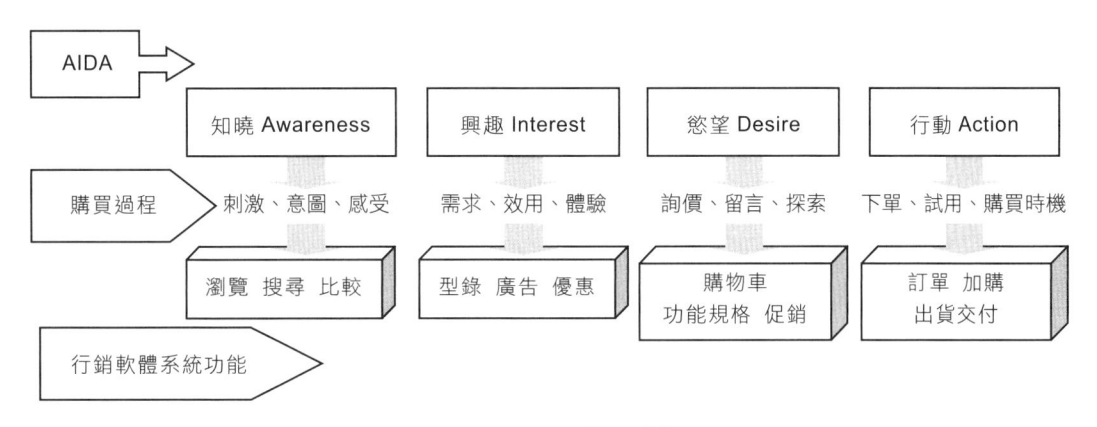

圖 7-5 AIDA 消費者行為模式

首先,就知曉階段,呈現於購物過程中,就是因外在環境影響所產生的刺激,而經過刺激後,就會激起對某類商品的意圖,此時消息者心中已燃起欲去感受某商品的潛意識,故行銷軟體系統可用瀏覽查詢畫面功能來讓消費者初步了解,並藉著搜尋功能讓消費者得知此類商品的更多資訊,並以比較功能來呈現此類商品的不同效用,故此刻是停留在廣泛類群商品定位,例如:空氣清淨機類群商品。

接著,就興趣階段,是從知曉階段所延伸出客戶對商品的需求,在此要分辨出需求(needs)和需要(wants)的差別意義,需求(needs)是指在客戶本身所有條件符合下對於此商品有一定程度的用途,只是因本身條件,例如:預算、收入,需用時間點…等因素,而有不同購買方式(指何時購買、向誰購買、暫時不買…)。故有可能因客戶本身條件和想法,導致在行銷上不一定能促使客戶快速下單。而需要(wants)是指客戶心智上的意圖慾望,但不一定對於此商品有一定程度的用途,故當需要(wants)影響力大,既使在實用性不高的情況下,其行銷作業上往往容易促使客戶快速達成最後一哩路的決定。例如:對某些客戶,在高貴皮包商品上,不是需求但是需要,故購買成交機率較大。從上可知需求(或需要)會引起客戶購買商品的動機,但客戶為何會購買產品,並不是因為產品本身,而是產品帶來的需求效用,而這需求效用是落實於產品功能的呈現,因此行銷必須針對客戶真正需求效用來運作,此時若加上能讓客戶體驗,則更能催化購買的情境和氣氛。因此在行銷系統作業上可利用商品型錄資料來完整描述商品對客戶需求效用的表達,再加上具視覺性數位廣告來讓客戶有更感官性的體驗,並再以優惠商品來促進加深客戶的興趣程度。

再接著慾望階段，有了興趣之後，進一步就是落實購買行為的啟動，那就是要激起客戶心底慾望，故此刻客戶就會進一步想對價格了解，因此會向不同廠商詢價，詢價過程會去注意已購買客戶的評論且會留言詢問廠商，或在社群和別人互動留言，透過這樣的過程，就是客戶試著探索整個未來購物過程的狀況，包括產品功能、價格、使用方法、保固、退貨、支付金額方式…等狀況，此時行銷軟體系統就應引導客戶慾望將商品加入購物車，並在購物車網頁呈現功能規格和特點，若可以的話就用促銷手法，順勢提供誘因促進後續的行動執行。

最後，就行動階段，讓客戶有下單情緒，而將購物車轉化成行銷軟體系統中的訂單，而有些產品在下單之前會想試用商品，以加強對購買商品的信心，而有了信心，接下來就是等待購買時機成熟。每位客戶因個人特質使然，對購買時機都有不同看法，例如：在電子商務 B2C 網站，其點數總量牽涉到是否有免運費，而有些會等累積到點數足夠抵運費時才會購買。在這個階段是關鍵作用，若無法達成下單則可能會事倍功半，因此在行銷軟體系統功能上應採取加購功能，它的作用有 2 個，第一是加購該商品的相關配件，第二是加購該商品和其他相關性商品的組合套餐優惠價，這樣的做法就是讓消費者行為有一次購足賺到便宜的心理現象。而一旦下單支付後，其廠商就準備出貨交付作業，而這個作業對客戶決定下訂單的行動是起收尾的作用，因若出貨交付有問題，不僅會影響這次下訂單的成交與否，也會影響到後續客戶再回購的可能性。

從上可知，以往消費行為 4P，必須延伸到新的消費行為營銷組合 4C：消費者（consumer）、成本（cost）、便利（convenience）、溝通（communication），其分別表示：消費者的願望和需求（consumer wants and needs）；滿足成本（cost to satisfy）；購買便利性（convenience to buy）；無縫接軌的互動溝通（communication seamlessly）。

人工智慧嵌入消費者行為

生成型人工智慧（GenAI）的興起，影響到各行各業以及社會行為，包括消費者購物行為也隨之改變，而同樣的企業在執行行銷作業也因之有別於以往方式，Nisum（Nisum | A Technology Consulting Partner）推出 GenAI 的 PriceProAI 工具，此工具就以 GenAI 之動態定價方式來實現利潤最大化。在零售業激烈競爭下，行銷 4P 方案必須有創新的技術，其中以定價為戰略思考，結合因應精實行銷（指在正確的時間向正確的客戶提供正確的價格）所發展的 GenAI 之動態定價方案。定價不適切可能造成銷售損失、客戶忠誠度下降或利潤率下降。故以動態方式因應當時情境和

狀況來改變遊戲規則，進而設定適合或具個性化的價格策略，有利於捉住當下商機，以建立競爭優勢。故零售商利用 GenAI 實施個性化定價策略是可鞏固和提高客戶忠誠度和滿意度。而 PriceProAI 方案以擷取實時資料和客戶行為、位置和產品需求等因素，用 GenAI 生成出調整定價，其中主要的關鍵做法包括：實時市場波動、不同客戶群體個性化定價、資料驅動 AI 演算的洞察、競爭對手價格、客戶購買趨勢、減少缺貨，減少過剩庫存等。

生成型人工智慧針對此大量 Consumer-Packaged Goods（CPG）消費品的市場趨勢和消費者行為等資料，可讓消費品（CPG）公司和零售商來反饋客戶使用商品的評論資料，這些客戶聲音可回饋至製造設計公司的產品改善或新產品開發，如此以客戶中心為主的思維顛覆了傳統的產品開發模式。例如：根據客戶使用留言，空氣清淨機的新產品改善加裝大把手設計以便客戶手握攜拿。而要做到這點，則需能準確捉住客戶回覆留言的零售點（outlets），也就是客戶購買使用時的回覆留言之處，因為這樣的資料才能準確明瞭客戶購買痛點。而如何準確抓住，則可用 GenAI 生成創建。從上可知，GenAI 從新產品設計過程來改良消費品（CPG）是可促發客戶下一次的購買，因此 GenAI 可就大量市場資料的分析來生成，並就生成結果，GenAI 可繼續不斷生成迭代，而可精準預測消費者下一步要做什麼。

消費者下一步行動（Next Best Action, NBA）是一種強調客戶參與的技術方法。這項技術可協助客戶在特定情境下，採取最適合的下一步行動。它透過 GenAI 與實時互動資料的整合，深入分析消費者的獨特需求、偏好與消費歷程，進而預測企業應對消費者所採取的最佳行動策略。這可從消費路徑來做預測方向，消費路徑可包括產品、價格、促銷…等接觸點，例如：從現有消費路徑分析得知客戶留言互動是在於價格接觸點，故預測後續會往產品詢報價的下一步行動。因此企業應利用此 NBA 技術來定義行銷業務規則，此規則可用來驅動預測消費者下一步應該做什麼。故 NBA 技術是可協助企業如何引導消費者的下一步行動內容。它能將資料轉化為洞察見解，來為消費者以人工智慧驅動出行動方案決策。NBA 技術在 GenAI 上可用預測模型（歷史資料）和自適應模型（實時資料）。營銷人員利用 GenAI 分析大量文字、影像和影片等非結構化客戶資料，並加上時間戳實時反饋迴路，來生成可能的下一步行動，此行動將引導與購物者進行更個性化和更緊密的互動來促進客戶參與。例如：個人化鞋子設計使用 GenAI NBA 來幫助設計師理解客戶反饋，以預測發展對消費者下一步的產品設計推薦行動。GenAI NBA 技術還可結合其他數位行銷技術來互為增強其績效，例如，由 NBA 技術來生成下一步行動內容作為模擬各種 A/B 測試場景，以強化 A/B 測試內容具有行銷績效的符合性。例如：A/B 測試網站上提供客

戶膳食內容，何者內容方案較優先，則用 GenAI NBA 技術生成下一步行動是購物清單，因為這購物清單極有可能是消費者偏好（不然不會成為消費者下一步行動），故以此購物清單資料來做 A/B 測試網站上提供客戶膳食內容的方案哪一個較好。

消費者使用 GenAI 來發展購買商品決策程序的歷程式階段如下：

1. **GenAI 式查詢階段**：消費者自行透過 GenAI 模型來執行購買商品決策過程的查詢和了解。

2. **反應 GenAI 生成迭代階段**：不斷蒐集和更新大量行銷資訊，並透過 GenAI 生成行銷結果，再將此結果反饋至 GenAI 生成下一個內容，如此不斷迭代，以精進深化洞察消費者的偏好。

3. **GenAI 代理人（agent）階段**：設定在行銷作業上的各種代理人來執行任務。例如：消費者代理人、客戶代理人…等，如此可驅動客製化行銷流程自動化，包括：服務、銷售、產品開發…等之間實現互動自動化。

4. **GenAI 賦權階段**：消費者和行銷者將透過 GenAI 賦權給行銷軟體系統來分析模式和資料的能力。

5. **GenAI 消費感知階段**：在經過上述四個階段後，GenAI 已近乎掌握消費者偏好，並從中識別消費者情緒，來監控理解企業商品品牌是否能滿足消費者感知的最大程度，以俾發展完成行銷的最後一哩路。

7-3-4 AIoT 智慧零售

▋AIoT 智慧零售簡介

在數位行銷領域中有絕大部分是以消費者的零售業為主，而就數位環境來看，零售業又可分成實體零售和線上零售兩種，它們運作也都彼此互相影響，而線上零售主要是網際網路的電子商務，但因 IoT 物聯網技術和環境的來臨，其傳統零售運作也隨之改變。尤其再加上人工智慧（AI）的致能科技，故 AIoT 對在客戶與品牌的互動零售業產生變革性影響，而成為 AIoT 智慧零售，因此實體零售的行銷作業也有結構性改變，其中在於某些 IoT 裝置或智慧物品技術和設備因應而生，茲舉某些技術設備說明：

1. 互動式數位電子看板系統

此看板系統來自於講堂白板概念，將此數位電子看板放在賣場商店內，讓客戶可觸及此顯示面板，以觸控式方式點擊面板內容，此時面板就會做互動反應，例如：透過點擊面板顯示樓層介紹，此時就會呈現更詳細的樓層介紹，以及樓層商店介紹，甚至商店內商品陳列和說明。上述客戶點擊資料時，可利用看板系統做儲存，包含元資料（meta data），例如：點擊時間、頻率、反應速度…等，如此 AI 演算法就可根據這些資料做深度洞察分析，例如：得知看板系統哪個樓層商店的商品被點擊的時間曲線和趨勢，以來了解商店鋪貨商品種類和時機等。

2. 智慧影像分析技術（intelligent video surveillance）

它是屬於電腦視覺 AI 演算技術，針對實體零售商店，其客戶群走動路徑和流量狀況，利用攝影邊緣節點來拍攝掃描，以實現蒐集物體檢測、行為識別、人臉識別等資料。故這是一種先進的影片分析技術，它可自動識別和分析監控賣場場景中的任何目標。這樣的目標可作為行銷活動的依據和觸發，例如：針對客戶群流量，可就這些影像分析客戶走動姿勢、速度、方向、臉部表情…等結果，來作為判斷客戶來賣場的心情和目的，進而掌握那些客戶對商品購買的迫切心理，以俾店內行銷人員可用針對性目標客戶來加速及精準做集客式行銷。這就是更深層消費行為洞察的智能行銷。

3. 智能購物車配備觸控平板電腦

在賣場購買物品蒐集和移動作用上，主要是購物推車，它如同電子商務內的購物車功能一樣，具有預先蒐集可能即將購買的商品，但在實體賣場，如何達到如同數位購物車一樣，可知道那些商品種類、價格、優惠，以及即時連線支付和出貨購物狀態。其做法就是將這些實體商品數位化，那如何做？就是用 IoT 技術來感測擷取商品本身相關資料，這可靠電子條碼作為媒介，其電子條碼可以是 RFID（Radio Frequency IDentification）或 QR Code，這每個條碼都具唯一識別碼別，如此就可獲取得知各商品本身相關數位格式資料，接著將這些資料匯入賣場銷售軟體系統，並以賣場購物推車上的平板電腦顯示該軟體所獲取的商品資訊，呈現給客戶知道，並在客戶確認下單後，用此軟體操作來線上支付金額。

4. 互動式多媒體資訊系統／平板電腦自助結帳系統

企業經營因為數位科技的影響，連帶營運管理方法論也受其影響而改變，其實「企業內部作業外部化」就是一個典型做法，它是指原本在企業內部由員工操作執行的

工作內容，改為延伸至外部利害關係人來代為執行，但他們願意做嗎？關鍵在於方便、優惠、效率、體驗等因素考量。在此以結帳作業為例，也就是讓客戶自助結帳，若原則上可更有效率完成，並且可能商品會有優惠折扣等，則客戶就願意自助結帳，但如何落實呢？就必須有致能科技，也就是互動式多媒體資訊系統／平板電腦自助結帳系統的設備，它讓客戶自己在此互動多媒體系統上，以詳細且圖文並茂的顯示介面，引導如何一步步完成下單結帳作業。由於此設備是和客戶互動，站在行銷活動而言，這就是接觸點，因此可把握創造行銷客戶機會，例如結合人臉辨識的廣告機，也就是在客戶允許下以人臉辨識方式來取得客戶身分的辨識，進而就客戶先前儲存資料來做邊緣 AI 運算，以生成個人化數位廣告，來讓客戶點擊互動，進而展開後續行銷活動，例如：優惠商品組合的加購或玩企業本身相關的遊戲來讓客戶賺取點數。

5. 智慧語音助理

在偌大賣場裡，往往客戶不知欲購買的物品在何貨架上，此時就會做詢問動作，因此若設有智慧語音助理機器人，則可免去找不到店員可問的困境，而店員也可省下不少時間成本，並且這對客戶也是一種購物體驗，它可強化促進客戶滿意度，和引導促進可能更多的銷售商機。

6. 自動倉儲機器人

大賣場或電子商務網站，都需要有倉庫存貨撿貨等後勤補給的實體空間，而如何讓此後勤補給更有智慧化和自動化，則可用自動倉儲機器人，它可快速辨識物品本身，並且移動物品和執行撿貨及上貨架的作業，並且可做到物品庫存補貨作業，例如：蒐集傳輸目前庫存狀態，來讓補貨軟體系統預測採購數量，及早啟動庫存補貨作業，以滿足客戶需求。

7. 賣場智慧感測器

智慧零售於 AIoT 場域空間是以智慧感測器為事件驅動的一連串作業流程，若實體賣場都佈滿感測器，此感測器具有物品識別功能，其將物品掃描成圖片，再利用此圖片資料作為人工智慧深度學習運算的資料來源，進而運算分析該物品的行為，例如：該物品是指人類客戶，則該感測器偵測出客戶流量和走動路徑；或貼上 RFID 感測晶片的商品，可偵測到它目前的位置，或在移動出貨後的庫存數量自動減少等。另外，也可在各消費品（CPG）貼上 QR Code 標籤，讓客戶用手機掃碼而連結至購物下單網站。

8. 購物智慧鏡子（shopping smart mirrors）

透過鏡子的人工智慧驅動互動式視覺化虛擬功能，可結合虛擬現實與傳統購買而成為購物創新體驗。在智慧鏡子內建置感測器來掃描購物者的外觀，並自動識別購物者穿著的服裝、鞋子、手飾、皮包等商品，再根據這些資料快速運算分析這些視覺上相似的產品和互補物品，進而在此鏡子上顯示推薦這些商品給購物者。而這樣的智慧鏡子還可結合語音識別的虛擬助理，以便客戶能夠與虛擬助理進行互動通訊，並連線到網際網路的某網站內容，來查詢或操作網站功能。或以增強現實（AR）等先進技術來達成體驗式購物，這是一種店內購物體驗的重新構想，並進而加快客戶購買旅程和提升忠誠度、轉化率。

9. 智慧停車（smart parking spot）

對於大型賣場的消費購買，其停車場停車是一個很重要的考量因素，因為往往客戶一站式購足是客戶需求，故需有車子來載送購買多個商品，而這時停車問題就顯現了，包括現有空車位狀態的資訊，以及如何繳停車費。此時建構智慧停車就是致能科技，它利用自動車牌識別和高效的停車引導系統，再加上停車位建置感測器可以蒐集有關汽車停車狀況，例如：停車位佔用率、停車時間等，而這些所有資料都可作為人工智慧運算分析的基礎資料，以便分析汽車在停車場停留平均時間、移動路徑、尖峰離峰停車狀態、客戶找車位花費時間等，而這樣的分析結果可利用 GenAI 生成在和停車相關的行銷作業措施，例如：離峰時段免費或優惠停車等激勵措施，使智慧停車能提高停車場的週轉率，從而帶來更順暢的整體客戶體驗。

AIoT 智慧零售行銷

AIoT 智慧零售可解決傳統零售商的痛點（半效率作業、低效率庫存管理）。故利用 AIoT 來擷取物理資料、連線、應用程式，可創造出自動化、個性化和實時洞察運營行銷能力，這是以感測器導向的資料事件驅動決策。故 AIoT 智慧零售行銷是欲發展以人機協同融合，就人工智慧的分析能力與物聯網的互連裝置網路相結合，來掌握客戶購物過程事件狀態，進而引導客戶進行個性化購物之旅程，利用 AIoT 引導事件來驅動一連串行銷作業，包括店內沉浸式互動行銷作業（增強客戶參與度、簡化購物流程、實現客戶體驗）、最佳化庫存管理（滿足客戶即時購足商品、降低庫存儲存成本）、無縫下單結帳支付流程（降低等待時間、減少結帳錯誤）。

問題解決創新方案─以章前案例為基礎

（一）問題診斷

依據 PSIS 方法論中的問題形成診斷手法（過程省略），可得出以下問題項目：

■ 問題 1： 如何在現有行銷系統發展生成式 AI 系統

創新數位科技會不斷更新，不能因此而讓舊有系統隨之不用，這不僅是成本損失問題而已，更重要的是數位系統所呈現的是企業營運流程和工作作業習慣，這不能任意變更，須經過審慎評估和規劃。故應在現有系統上整合生成式 AI 系統。

■ 問題 2： 創新數位系統應和原有舊的科技有所差異

當行銷系統欲修正或整合創新數位系統，則不是只考慮科技功能，應思考如何將行銷作業應用此新的科技功能，並且能發揮出更優化的行銷績效，但為何能如此？當然是創新數位系統的致能科技使然。故必須要能有此更優化的成效，如此導入創新數位系統才有績效意義可言。

■ 問題 3： 生成式 AI 系統如何順暢落實於行銷營運日常作業內

企業營運用一套新的資訊系統，並非只是在操作軟體系統而已，更重要及更複雜的是作業習慣和作業績效，故生成式 AI 系統若應用於行銷作業，則必須規劃設計行銷活動和資料如何融入於生成式 AI 系統功能實踐，員工如何將這些功能轉換成每天的工作內容，如此才能達到施用新資訊系統的效果。

（二）創新解決方案

■ 問題解決 1：整合新舊行銷系統在於數據資料

企業營運流程執行後會產生其結果的數據資料，故這些數據資料就是呈現經營的現況，而這些現況在新的生成式 AI，可作為未來行銷作業決策的依據，並也可展開預測式和生成式的行銷活動，故在本案例，其現有 3 個系統所運作的資料，包括市場客戶資料和消費行為過程資料，作為生成式 AI 系統的 RAG 知識庫，如此就可達到新舊行銷系統的連結整合。

■ 問題解決 2：生成式 AI 系統可創建 RAG-based 的更優化行銷活動

生成式 AI 系統的價值在於可根據原有大量資料來創建生成新的內容，而這新的內容可以作為使用者提出問題的答案，故其價值主張就在於當作專家的生產力，這是以前數位系統無法達成的，因此在本案例，可就此公司原有系統延伸發展出以創建生成新內容為基礎的更優化的行銷作業，例如：發展 RAG-based 的客戶旅程地圖的消費行為追蹤和分析的數位系統。

■ 問題解決 3：設計數位流程的工作任務和職掌

在本案例，將了解掌握客戶消費行為過程來發展行銷活動，規劃設計成數位流程圖，其中包含員工的工作任務和職掌，這是一種企業流程再造的改革，而這樣的數位流程轉換落實於資訊系統，就是客戶旅程地圖 RAG 行銷系統。當然員工工作角色和做法也隨之改變，主要是在提問、生成、分析、決策的工作方式，這是生成式 AI 的價值所驅動的做法。

（三）管理意涵

在數位科技不斷迭代改變波動下，都會有創新技術的里程碑發展，例如：從 client-server 主從架構到 internet web 系統，或例如：從 DOS 到 Windows 的介面技術等。而這一次生成式 AI 技術，可說是突破式跳躍式的創新技術，當然也重大影響到行銷策略和作業，故可知行銷營運方法論會被創新數位系統的致能科技回饋所改變，因此企業在發展生成 AI 系統時，必須考量對企業本身的適切性和專屬性。

（四）個案問題探討

請探討生成式 AI 系統對網路行銷的影響？

案例研讀
熱門網站個案：物聯網─智慧家管

藉由網路與感測器將物品連結而成的物聯網，是一個重大發展趨勢，例如：把家中用品放上雲端。Ninja Block 智慧生活是將家中用品組成物聯網放上雲端，其目的可成為智慧家管系統，而此系統可讓使用者更方便地了解家中情況。智慧家管是著重在遠距操控、監測，並且可透過使用者行為過程來記憶使用習慣。

其運作程序如下：

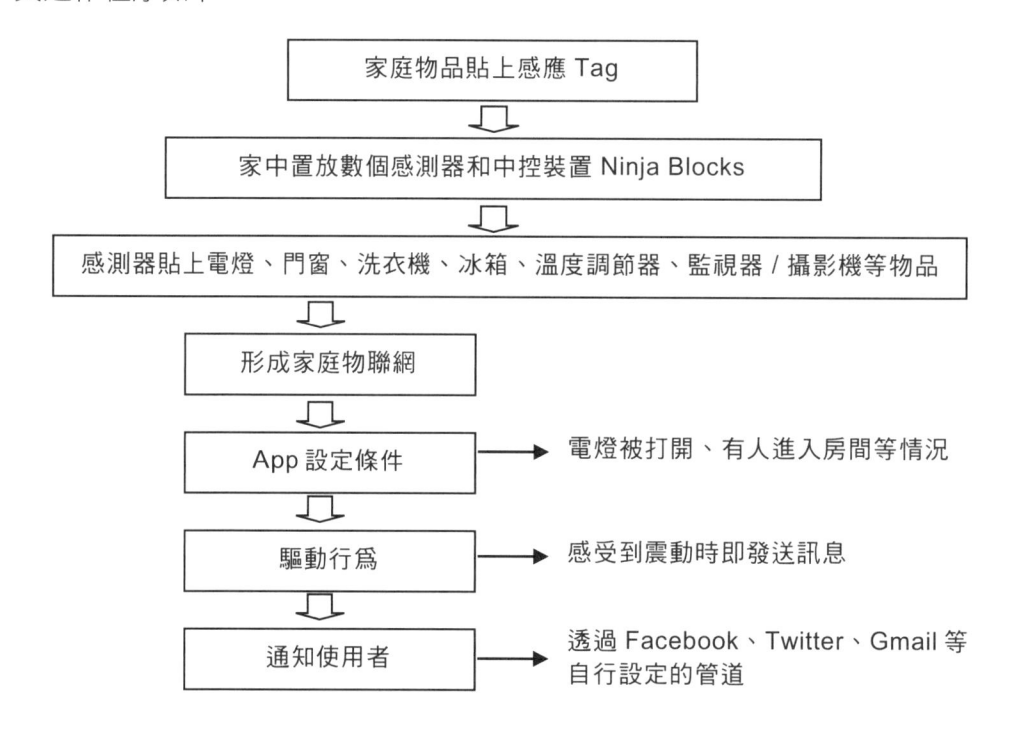

```
家庭物品貼上感應 Tag
        ↓
家中置放數個感測器和中控裝置 Ninja Blocks
        ↓
感測器貼上電燈、門窗、洗衣機、冰箱、溫度調節器、監視器／攝影機等物品
        ↓
形成家庭物聯網
        ↓
App 設定條件 ──→ 電燈被打開、有人進入房間等情況
        ↓
驅動行為 ──→ 感受到震動時即發送訊息
        ↓
通知使用者 ──→ 透過 Facebook、Twitter、Gmail 等自行設定的管道
```

■ 問題討論

請探討零售公司如何應用智慧家管來做行銷和客戶關係？

本章重點

1. 數據驅動行銷是一種使用數據形成過程作為設計、實施和評估行銷策略決策的方案，其數據形成過程是指從數據資料利用統計彙總轉化成有用目標的資訊，再將資訊利用管理方法論轉化成解決問題方案的知識，再將知識利用演算法轉化成具預測生成的智慧。

2. 客戶資料平台（Customer Data Platform, CDP）是一套處理客戶資料和行為的技術性軟體，其獲取資料是以和客戶接觸點時所產生與產品或服務互動的資料。

3. 多點觸控歸因是指找出每個促成轉換的客戶接觸點，並分析其具價值的行為因素，並且是同時掌握多個接觸點，而這些接觸點必須能歸咎於成為行銷利基的因素，如此才能獲得轉換事件，這也是一種事件驅動行為。

4. 客戶旅程主要是指客戶數據的消費行為過程和客戶生命週期，故其運作可依據 CDP 來追蹤跨不同應用系統的客戶旅程，這其中包括多個接觸點到轉換行為運作。

5. 錨定效應是一種在人類行為過程中的認知偏差或判斷偏差，故也稱為錨定偏差，它結合了行為經濟學和認知心理學的理論基礎，也就是說，它是指人們在接收到第一個訊息後，心智上會產生過度依賴該訊息的主觀判斷現象。

6. 適性數位廣告型式是指自主性地根據潛在客戶的偏好、興趣和需求，來調整所生成的數位元素訊息；並生成應用於各種類和格式的數位廣告。

7. 動態搜尋廣告（DSA）就網站內容上目標關鍵詞來自動生成線上動態廣告，以媒合使用者搜尋查詢。所謂動態是指根據使用者的搜尋查詢能偵測當時相關關鍵詞來不斷更新生成出網站標題和登陸頁面，包括廣告標題、顯示網址（即是最終到達網址）等。

8. 零售媒體網路（RMN）是一種可協助廣告商在本身渠道和第三方企業渠道上接觸目標受眾的廣告平台，它是透過零售媒體網路來開展其廣告活動，以觸及其業務目標相關的細分受眾。

關鍵詞索引

- 數據驅動行銷 7-3
- 客戶資料平台（Customer Data Platform, CDP）..................... 7-7
- 多點觸控歸因（Multi-Touch Attribution）............................. 7-9
- 轉換率 7-10
- 資料管理平台（DMP）.. 7-14
- 錨定效應（Anchoring Effect）... 7-15
- 價格策略的數位廣告.. 7-19
- 動態搜尋廣告.. 7-20
- 零售媒體網路（RMN）... 7-26
- 客戶旅程地圖（Customer Journey Map）........................... 7-29
- AIoT 行銷.. 7-34
- AIDA 消費者行為.. 7-36
- 消費者下一步行動（Next Best Action, NBA）..................... 7-39

學習評量

一、問答題

1. 說明動態搜尋廣告（DSA）和傳統搜尋廣告的差異？

2. 說明零售媒體網路（RMN）如何運作？

3. 說明何謂用戶行為追蹤埋點管理系統（Tag Management System）？

二、選擇題

( ) 1. 請問程式化媒體購買有哪些不同型別?
    （a）間接出售
    （b）實時競價（RTB）
    （c）特許公共市場
    （d）以上皆是

( ) 2. 下列何者是保留率的重點?
    （a）當保留率下降表示其轉化為行銷活動是有其轉化價值
    （b）指舊客戶返回重複購買的百分比
    （c）以客戶旅程中的所有接觸點來做行銷轉化決策
    （d）以上皆是

( ) 3. 要發展 GenAI 廣告科技解決方案，需要哪些要件?
    （a）廣告伺服器
    （b）需求方平台
    （c）供應方平台
    （d）以上皆是

( ) 4. 下列何者是動態搜尋廣告的應用功能?
    （a）網站內容中的數位元素
    （b）頁面提要（page feed）
    （c）關鍵字評估和分析
    （d）以上皆是

( ) 5. 「針對實體零售商店，其客戶群走動路徑和流量狀況，利用攝影邊緣節點來拍攝掃描，以實現蒐集物體檢測、行為識別、人臉識別等資料！」，這是什麼 AIoT 智慧零售技術?
    （a）智慧影像分析技術
    （b）互動式數位電子看板系統
    （c）智能購物車配備觸控平板電腦
    （d）智慧語音助理

CHAPTER 08

資料庫行銷和資料挖掘

章前案例:問題回饋的資料庫行銷

案例研讀:行動 App

學習目標

- 資料庫行銷的定義和內涵
- 以資料倉儲為基礎的資料庫行銷模式
- 網路行銷和決策支援系統的關係
- 網路行銷的網路服務技術
- 網路行銷代理人的定義和內涵
- 資料挖掘整體架構

| 章前案例情景故事 | **問題回饋的資料庫行銷** |

從事手機買賣店面已有 1 年多的時間，老闆小王發現，消費者會來店面購買手機，除了時尚造型和最新功能以外，就是手機維護的服務品質和速度，其中維護速度是愈快愈好，並且要能追蹤維護的進度查詢。但因在店面買賣的手機廠牌不只一家，故送修的企業作業也就不同，並且每家的維護進度查詢功能也不一樣，使得小王要回覆不同的消費者有關維護的進度狀況時，往往要進入不同的網路介面，這造成需要花費時間和成本就相對地無效率。試想若能將這些服務整合到一致性的網站中，則店面、經銷商、製造廠等角色就不需要再花費時間和成本，個別去維護一個包含了客訴下游問題回饋的資料庫，更不需要再自行建立和各角色之間的聯繫與進度追蹤機制等等。

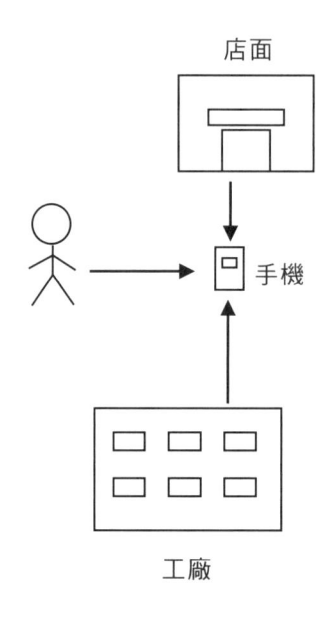

8-1 資料庫行銷

8-1-1 資料庫行銷的定義

資料庫行銷就是運用訂單和產品等的資料庫系統來進行行銷活動的方式，它透過資料庫中客戶的基本資料、交易過程與及購買紀錄，分析消費者資料，並執行行銷策略的過程，而其重點就是希望能透過資料庫系統，使顧客願意再度購買相關的產品與服務，進而建立關係忠誠度。資料庫行銷是重要的行銷趨勢，但它的實施並不是一個快速的運作，而是需要持續的進行。

McCorkell（2007）認為資料庫行銷有四項重要內涵：目標客戶群（target）、互動式（interaction）、控制（control）、持續性（continue）。

Kotler（2000）認為資料庫行銷是使用顧客及其他和銷售有關的資料庫，來建立並維持顧客關係的過程，進而達到與顧客交易的目的。其認為資料庫行銷能挖掘潛在顧客，和提供個人化產品給區隔市場的目標顧客，來維繫良好的客戶關係，進而提高顧客忠誠度的功能。

Hughes（1996）認為資料庫行銷是從直效行銷過程而來，它藉由大量現有及潛在顧客資料庫和顧客的互動，並運用和分析資料庫，進而從資料庫中萃取出發展行銷策略所需之資訊。例如：零售業可應用資料庫行銷，來了解現有及潛在的顧客，精確的區隔出目標顧客（targeting customers）。

Shaw 與 Stone（2010）認為資料庫行銷的實施須經歷四個階段性的過程：

1. 初步的顧客（mystery list）
2. 購買者為主的資料庫（buyer database）
3. 顧客互動為主的資料庫（coordinated customer communication）
4. 整合性行銷（integrated marketing）

資料庫行銷的網站如下：

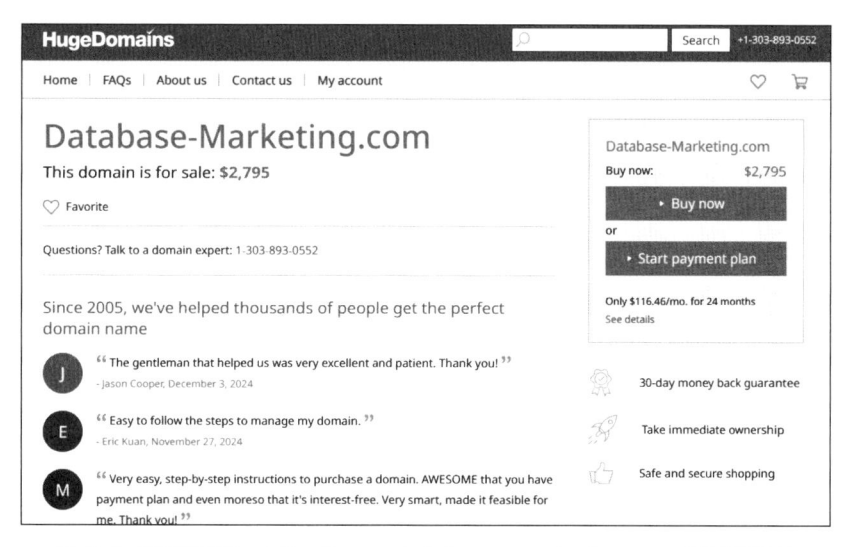

圖 8-1　資料來源：http://www.database-marketing.com/ 公開網站

Swift（2000）認為行銷方式的演進過程主要分為四個階段，可由下表說明：

表 8-1　行銷方式演進過程

階段	第一階段	第二階段	第三階段	第四階段
種類	大量行銷	目標行銷	顧客行銷	一對一行銷
重點	以大量產品為主	區隔市場和精準目標	以顧客為主	顧客互動和客製化

（資料來源：Swift, R. S.,）

從上述的行銷方式演進過程可知傳統大量行銷是以產品為中心，而資料庫行銷則是以電腦技術，來建立顧客資料庫為中心，它是從顧客面的資料來分析，以了解市場的目標客戶和幫助行銷者區分消費者，其目標客戶的重點是以客戶價值或貢獻來區分，進而了解目標客戶會買哪些產品，和產品適合哪些目標客戶，並針對特定消費者進行有效行銷，如此運作才能擬定創造 80/20% 原則利潤的行銷策略。

資料庫行銷的目的是找到更好的顧客，和以顧客的終身價值來追求企業長期利益，它和傳統行銷最大的不同點是在於前者是企業行銷給消費者，而後者是消費者在消費過程中可反過來扮演更為主動的角色。也就是在網路行銷上的資料庫行銷內，其消費者是網路行銷的共同運作者，它可從事一些通常是由技術支援和客服人員所做的事。

資料庫行銷是經過分析消費者資料的過程，其運用的是知識發現，透過知識發現可從大量資料庫中深入分析與了解消費者習性。

知識發現的成效是在於能透過一連串的資訊處理流程，建構出一套邏輯化法則和模式，以支援判斷決策的分析基礎，而最重要的是決策者是在一個經過智慧型技術處理過的累積經驗與專業知識（domain knowledge）環境內，如此評估和解譯，才有其真正的知識成效。

在知識發現的流程步驟，它可對應到知識管理和資料倉儲的功能上，說明如下：

1. **資料的選取**：如同知識管理生命週期的知識來源，和如同資料倉儲中的基本資料庫的下載。
2. **資料的前置處理**：這個作業重點是如同知識管理生命週期的知識獲取，和如同資料倉儲中的萃取作業。
3. **資料轉換**：這個作業重點是如同知識管理生命週期的知識獲取，和如同資料倉儲中的移轉作業。

4. **資料採擷**：這個作業重點是如同知識管理生命週期的知識創造，和如同資料倉儲中的分析挖掘作業。
5. **解譯評估**：這個作業重點是如同知識管理生命週期的知識分享和應用，和如同資料倉儲中的分析報表作業。

圖 8-2　資料來源：https://deepsync.com/database-marketing-services/ 公開網站

資料庫行銷是可從大量資料庫中深入分析與了解消費者習性，一般會運用 RFM 方法，所謂 RFM 表示近期（Recent）、頻率（Frequency）及金額（Monetary），也就是說顧客最近一次的購買行為是何時、顧客消費的頻率、在此時間內顧客購買金額。

Kahan（2008）認為 RFM 這個分析技術，不僅可以分析公司的顧客的價值，也更可以深入分析與了解消費者習性。利用 RFM 可擬定行銷策略。RFM 的執行步驟如下：

step 1　Recent（最近一次的購買日期）

1.1 每次更新購買日期欄位資料

1.2 購買日期以日期愈近的來排序

1.3 區分不同等級顧客

1.4 不同等級顧客有不同行銷手法

step 2　Frequency（購買頻率）

2.1 根據上述的購買日期時段內，總計客戶的購買次數

2.2 統計客戶的購買次數計算出購買頻率

step 3 Monetary（購買金額）

3.1 每次更新客戶的購買金額欄位資料

3.2 根據上述計算出的購買頻率，來計算在購買日期時段內的購買總金額

3.3 購買金額以金額愈多者來排序

每位顧客都有自己的 RFM 量化數據，企業可以根據顧客 RFM 來訂定對這位顧客的商品價格，它可呈現顧客滿意度與忠誠度的影響，並且知道不用將費用花在根本不可能購買的客戶身上。

8-1-2 資料倉儲的資料庫行銷

資料庫行銷可用關聯資料庫系統來運作，但它還會牽涉到不同維度的資料分析時，就必須用資料倉儲的技術。

所謂的資料倉儲（data warehouse）是一群儲存歷史性和現狀的資料，它是以主體性為導向（subject-oriented），具有整合性的資料庫，用以支援決策者之資訊需求，專供管理性報告和決策分析之用，即資料倉儲是決策支援的資料庫。所有資料倉儲不是一個資料庫而已，它是一種決策資訊過程。資料倉儲為一主題導向、整合性、隨時間序列變動、唯讀的大量歷史資料庫。資料庫是著重在各種日常訂單交易資料的處理及相關資料的更新，它必須是致力於處理事情的正確方法，但對於資料庫行銷，在制定企業行銷策略時，著重的是如何決定處理事情的正確方法，因此有賴於資料倉儲和行銷的結合應用，才能幫助行銷主管得到所需的資訊來做決策，也才能提高公司的行銷競爭力。

在談到資訊基礎應用於決策上時，就必須來探討應用功能如何運用資料，在所謂的資料庫系統裡，一般可分成蒐集維護資料（又分成新增資料、計算出資料二種）、過帳交易資料處理、邏輯作業資料處理、單據報表和交叉查詢等五類，這就是一種 OLTP（On-Line Transaction Processing，線上交易處理）的應用功能，而對於這種資料運用需求，使用者的需求永遠是多變化的，而資訊人力永遠是無法滿足使用者的需求，使用者總是認為資訊人員的效率跟不上需求提出，而資訊人員也總認為使用者的需求不明確且變動太快，造成資訊人員認為只是在應付使用者一些臨時性或實際上沒有用的需求，而非在於公司整體性和可行性的行銷需求。

資料倉儲的主要目的在提供企業一個決策分析用的環境，提供企業一個簡單快速的存取業務資訊，協助達成正確判斷的分析，讓決策人員制定更好的作戰策略，或找

出企業的潛在問題，以改善企業體質並提高競爭力。有了 ERP 系統的資料，資料倉儲才能發揮功效，兩者是相輔相成的，企業如能充分發揮資料倉儲和行銷的各自特點，結合應用，必能提高企業的競爭力。故建置資料倉儲的各種技術，其著眼點均在於如何支援使用者從龐大的資料中快速地找出其想要的答案，這和 OLTP 系統是截然不同的。一般用到的技術有存取效率且擴充性高的資料庫系統、異質資料庫的整合、資料萃取轉換與載入、多維度資料庫設計、大容量分散式資料儲存系統、簡易和方便的前端介面等。因此 OLAP 通常和單據報表和交叉查詢有密不可分的關係，經由複雜的查詢能力、資料交叉比對等功能來提供不同層次的分析。

8-1-3 顧客資料庫

顧客資料庫主要可分成二大類：顧客產品資料和顧客訂單資料。顧客產品資料在資料庫行銷中是最重要的，它是存在於一般 ERP 資料庫系統中，它是一種基礎主檔。

所謂的基礎主檔是指在 ERP 系統開始運作前，就必須先把資料建立完成，且資料內容不會經常變動，它是屬於企業基礎型的資料，例如：客戶基礎主檔、料件基礎主檔（item master）等。而這樣的基礎型資料，會因為企業營運的流程管理是否須跨越不同部門的因素，必須決定是否做資料產生的管理機制，在須跨越不同部門時，就必須做資料產生的管理機制，若無，則就不需要。這樣的營運的流程管理會產生很多的資料，而這些資料對於企業而言是非常重要的，它包含了所有營運的交易紀錄資料，例如：訂單，也包含了公司重要機密資料，例如：研發設計規格資料，故吾人可知 ERP 系統中的資料，其實就是企業辛辛苦苦所累積的經驗資產。

顧客產品基礎主檔是會跨越研發部門、製造部門、成本部門、業務部門等，故當產生一個新產品時，就會有相對的管理機制程序辦法，以便管理新產品主檔欄位建立的合理上的設定，例如：新產品主檔的來源碼欄位，主要是為了區分產品的用途欄位，因此它會依該管理機制的程序辦法來合理設定是屬於採購料件。

顧客訂單資料在資料庫行銷中是最重要的，它是存在於一般 ERP 資料庫系統中，它是一種交易主檔。

所謂的交易主檔是指在 ERP 系統開始運作後，就有可能產生記錄性資料，且其資料內容會經常變動和資料量會一直隨著時間而增加，它是屬於企業交易型的資料，例如：訂單交易主檔、工單交易主檔等。而這樣的交易型資料，也會因為在企業營運的流程管理是否須跨越不同部門的因素，必須決定是否做資料協調審核的管理機

制，在須跨越不同部門時，就必須做資料產生的管理機制，若無，則就不需要，例如：訂單交易主檔是會跨越製造部門、會計部門、業務部門等，故當產生一個新訂單時，就必須有新訂單協調審核的管理機制的程序計畫出來，以便管理該新訂單主檔欄位建立的合理上的設定，例如：新訂單主檔的訂單可交貨日期欄位，主要是為了答覆客戶交貨日期和生產製造日期安排依據的欄位，因此它會依該管理機制的程序計畫來合理設定交貨日期。

8-1-4 知識庫的網路行銷

知識的存在如同產品一樣，會有生命週期的運作，因此知識具有更新和刪除作業，故它可被規劃成資訊系統的資料庫系統，然而它又和一般的資料庫系統是不同的，不同的地方是它要能處理內在性的問題，做隱性知識的轉換、溝通。經過資料庫行銷運作出來的就是知識，是一種顧客行銷知識，它可被儲存成行銷知識資料庫。

Davenport 與 Prusak 認為知識資料庫有三種基本的型態：

1. **外部知識資料庫**：從外部將不同議題的知識，分別或是有優先權限傳送給相關的人員，使資料庫的資訊與知識更有效用和活用，以及可依適合性來容易取得。例如：外部情報、廠商知識。

2. **內部知識資料庫**：在內部運作體系內，有結構地提供技術產品資訊、業務說明會支援、行銷技巧、以及客戶資訊等，使得內部人員的工作效益大獲提升。例如：研究報告。

3. **非正式的知識資料庫**：不論內外部的運作體系，只要是專門處理蘊含在人們腦袋裡、隱性的、未經結構化、亦無文化可循的知識。例如：技術討論。

顧客行銷知識須能轉換成一套符合邏輯的機制或處理程序，一般說來，利用知識庫方式可整合各種不同類型與媒介的資料，也就是說知識的呈現不是只用文字、圖案等，它可能也是多媒體檔案，這對於知識庫透過邏輯推論的方式來處理資料轉換成電腦所能判斷之知識，是非常重要的，因為適切的知識的呈現，有助於知識轉換的過程，它可將許多繁瑣工作程序予以正規化，變成條理分明之規則。從這段說明，可知知識原本是具有更新和刪除作業，故它可被規劃成資訊系統的資料庫系統，然而它又和一般的資料庫系統是不同的，不同的地方是它要能處理內在性的問題做隱性知識的轉換、溝通。如下圖：

圖 8-3 資料來源：https://www.edqm.eu/en/knowledge-database 公開網站

8-1-5 知識倉儲的資料庫行銷

結合上述說明的資料倉儲和知識庫，可整合成知識倉儲的資料庫行銷。知識倉儲並不是只是關聯資料庫，它還會牽涉到不同維度的資料庫，而這種方式一般會以資料倉儲技術來運用。從資料倉儲技術來看，可知道它必須做資料萃取、淨化和轉換，在知識倉儲存取使用的成效，是在於是否能建立一個能夠分享知識的組織文化，促使知識由不斷地產生、編譯、轉換、到應用能循環不已，以達到行銷知識創新的目的。如此的循環就會產生行銷知識資產，它能成為公司的行銷能力。

Hamid（2002）提出資料倉儲模型的知識倉儲庫（knowledge warehouse），來發展產生知識庫所需要的過程和提出作為資料倉儲模型的延伸擴展，知識倉儲庫（KW）的首要目標是提供知識型工作者（例如：新產品開發）可利用智慧分析平台以提升知識創新在企業流程階段的績效。

Chaua（2010）運用資料倉儲連接 OLAP 技術整合的決策形成的資訊建構。這樣的整合系統能幫助經理人在做決策時可改善資訊建構基礎建置的績效。因此透過該資訊建構基礎，可使企業所有使用者用多維度不同觀點來檢視在新產品開發中的不同結果及快速回應，進而產生知識創新。

知識倉儲的資料庫行銷，是以顧客和訂單資料為構面的角度，透過資料倉儲（data warehouse）概念加以整合，而成為星狀結構維度，接著是將企業功能類別屬性做其

整合資料庫,並透過行銷方法分析顧客與訂單屬性的關聯性,進而建立整合資料庫作為知識儲存與管理的依據,以俾塑造為一個資料庫行銷過程開發的資訊基礎,並運用 web 上分析資料程序(OLAP)技術擷取有意義的資料集,去呈現資訊、分享資訊與再使用資訊。

這樣的知識倉儲的資料庫行銷,可作為網路行銷應用在商業智慧(business intelligence)系統的模式。

White(1999)提出商業智慧是以一組技術及產品來提供使用者解決商業問題所需的資訊,以支援戰略性和策略性之商業決策。

商業智慧是一種以提供決策分析性的營運資料為目的而建置的資訊系統,它利用資訊科技,將現今分散於企業內、外部的各種資料加以彙整和轉換成知識,並依據某些特定的主題需求,進行決策分析與運算;在使用者介面,則透過報表、圖表、多維度分析(multidimensional)的方式,提供使用者解決商業問題所需資訊的方案,並將這些結果呈報給決策者,以支援策略性之商業決策和協助其管理組織績效,或是作為智慧型知識庫的重要標竿。

商業智慧之應用分析係利用資料倉儲技術,使企業可以蒐集萃取所有相關資料,加以大量轉換、載入、過濾,將這些資料加以預測和分析,進而提供一個企業績效決策架構,使得具備充分智慧資訊與分析機制,也就是將資料分析轉變為商業行動,衡量企業績效,進而達到提高利潤及降低成本的目的。如下圖:

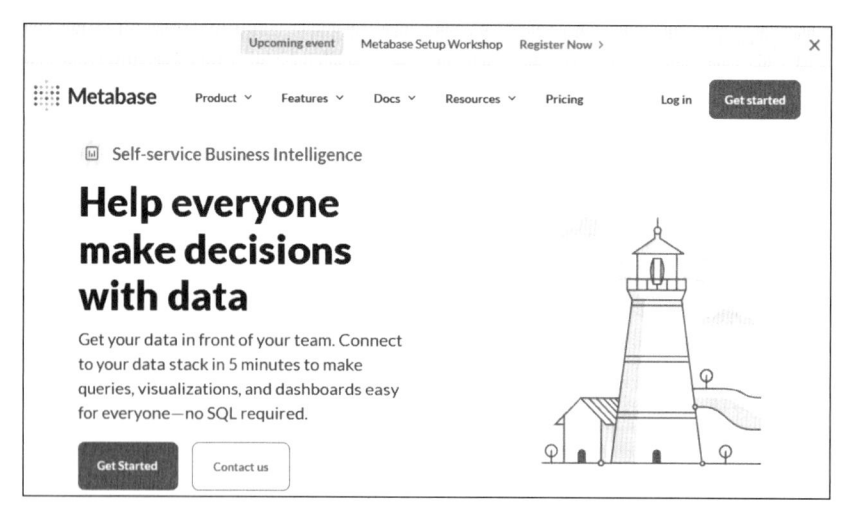

圖 8-4　資料來源:https://www.metabase.com/product/business-intelligence 公開網站

8-2 決策型的資料庫行銷

8-2-1 決策支援系統

在資訊處理演進過程中,從早期年代開始,人們開始處理有關管理的問題,其大略可分為三個階段:第一是電子數據處理階段(electronic data processing),重點是在資料利用計算機電腦快速計算效益,來做資料處理;第二是管理資訊系統(management of information system),重點是在資料經過整理後,可作為管理上的運用,亦即是管理資訊,而非是資料處理;第三是決策支援系統(decision support system),重點是在資料經過處理和管理後,對於資料結果期望能在做決策判斷時有所輔助之用,亦即是決策資訊。一般而言,其決策支援系統是利用資訊科技針對企業組織中的每日營運資料,做結構化的分類儲存,然後依照企業目標所擬定的計畫,在此結構化的資料中蒐集、分析,並提出某些可行性方案,最後在這些方案中,經過條件考量和標的設定,例如:外在環境限制條件和最低成本標的等,進而決策出所謂相對最佳的方案。若和管理資訊系統比較,以 MIS 觀點來看,MIS 是將重點擺放在提升資訊活用的活動,特別強調資訊系統內應用功能的整合與規劃。而決策支援系統則不然,它強調對企業的組織結構和各層次管理人員的決策行為進行深入研究,所以資訊活用的活動並不是重點,反而是在資訊基礎上,如何依高級主管的不同維度來分析資料,以作為決策之用,這才是決策支援系統欲設計的核心。不過這二者的資訊系統,對於資料結構化的依賴程度,都是一樣很注重,亦即仍然相當依賴資訊的流動及資料檔案結構。但不同點在於 MIS 設計系統時總是從最原始的數據、資料出發,而不是從管理人員決策的需求出發,DSS 設計系統時則是從輔助決策的功能出發。決策支援系統與 MIS 最大的不同點在於決策支援系統更著眼於組織的更高階層,強調高階管理者與決策者的決策;而 MIS 是著眼於一般使用者的彈性與快速反應和調適性的功能應用。從這段話,吾人可了解決策支援系統和 MIS 系統的資料有很大的關係,這也就是決策支援系統和網路行銷系統必須整合,亦即是以網路行銷系統的資訊為基礎,來發展決策支援系統應用。

8-2-2 網路行銷和決策支援系統的關係

網路行銷系統每天所產生的大量交易資料如果只是存放在資料庫中,那麼這些資料就僅只是單純的數據而已,因為決策支援系統和網路行銷必須整合,亦即是以網路行銷系統的資訊為基礎,來發展決策支援系統應用。所以須能將這些資料加以分析

與運用,那麼這些資料就都能夠幫助企業的經營者做經營決策的輔助。在目前網路行銷系統中已有某功能的報表,但以企業層次來看,最主要是透過資料庫中客戶的基本資料、交易過程與及購買紀錄,分析消費者資料,並執行行銷策略的過程,而其重點就是希望能透過決策支援系統,來決策顧客願意再度購買的產品與服務。

但這些網路行銷系統的資訊,並不是只提供給決策支援系統用而已,它須以企業問題為引導,來整合這些資訊給決策分析用。尤其是企業整體行銷之間的決策,必須能分析出企業之間的問題挑戰,唯有從企業之間的問題挑戰引導出企業行銷的決策方向,如此才有決策支援系統的效益。而這也是企業決策支援系統和網路行銷的關係重點之一,因為網路行銷就是要來解決企業之間的問題挑戰,一般而言,企業都必須努力經營以下三個主要層面:作業層面,即企業日常作業之運轉;管理層面,即公司政策,用以監控日常作業;策略層面,即公司願景、目標。而網路行銷是注重在作業層面和管理層面,而網路行銷的決策支援系統是注重在策略層面,但策略層面是從作業層面和管理層面而來的。

8-2-3 決策型的資料庫行銷例子

決策型的資料庫行銷例子非常多,例如:購物籃分析(market basket analysis)就是一例。所謂購物籃分析是藉由資料庫行銷系統來分析消費者購物時的購物籃內容,分析那些訂定產品之間的高度相關性,進而得出消費者下次可能購買的產品。如下圖:

圖 8-5 資料來源:https://www.geeksforgeeks.org/market-basket-analysis-in-data-mining/ 公開網站

另外一個決策型的資料庫行銷例子是決策樹分析。

所謂決策樹就是利用樹狀結構的資料表示法（data representation），再運用數學演算法（algorithm），選擇一個分類屬性，利用此分類屬性將產品作分類，以得到產品的分類。

8-3 網路行銷服務（web-service）

資料庫行銷可將資訊回饋在不同角色之間的整合。例如：假設要建立一個客訴下游問題回饋的整合網站，網站提供的服務包括了客訴問題資訊查詢、問題原因的診斷、客訴處理狀況查詢等等，將來只要找到提供這些的服務，然後將它們整合到網站中即可，店面、經銷商、製造廠等角色就不需要再花費時間和成本個別去維護一個包含了客訴下游問題回饋的資料庫，更不需要再自行建立和各角色之間的聯繫和進度追蹤機制等等。要達到這樣功效，就必須用網路服務（web services）技術，在以往傳統的網頁程式處理完資料後，結果是存在 Server 內，雖然這些結果可以用網頁的方式呈現在 client 端，或是以 ftp 或 email 的方式來傳送，但是在 client 端，無法立即使用這些資料且須花費很大的時間來重建資料，雖然後者可以省去重新鍵入的時間，但是交易頻繁時，這種非即時處理和沒有資料結構化的模式，會嚴重影響到作業流程的效率和正確性。

web service 是應用程式服務，提供資料和服務給其他的應用程式，它可將處理結果以 XML 的文件傳送到各角色 client 端。web service 是使用標準的 XML 觀念來描述，稱為服務描述，提供接觸服務時所需的所有細節，包括訊息格式、傳輸通訊協定和位置。它需要建立以下的重要標準：UDDI（Universal Description Discovery and Integration）：提供註冊與搜尋 web service 資訊的一個標準。WSDL（Web Service Description Language）：描述一個 web service 的運作方式，以及指示用戶端與它可能的互動方式。SOAP（Simple Object Access Protocol）：在網路上交換結構化和型別資訊的一種簡易通訊協定。

以 W3C 所提出的定義：「一個網路服務是指一個應用程式可經由 XML 來描述，和提供查詢及利用網址來連結，並且能支援其他應用程式，來達到網路上的服務」。如下圖：

圖 8-6 資料來源：https://www.w3.org/standards/about/ 公開網站

在 web service 的架構中，有服務提供者（service provider）、服務要求者（service requester），與服務登錄者（service registry）等三種基本角色。

1. **服務提供者**：完成提供服務讓要求者使用，透過 WSDL 描述該服務的功能。WSDL 是 W3C 定義的網路服務的描述的規範，它是利用 XML 語法來撰寫，它的格式是 XML-Schema。WSDL 是為 web service 的介面定義語言（IDL）。當服務提供者欲對外公布其提供之 web service，必須以 WSDL 來建置描述伺服器所提供的各種 web service。

2. **服務登錄者（service registry）**：它是一種目錄型資料庫，即 UDDI，讓服務提供者能將服務內容公告出來，並讓服務要求者能找到該服務。

3. **服務要求者（service requester）**：服務要求者先送 SOAP 訊息傳遞查詢指令給 UDDI 登錄資料，之後根據查詢到的服務提供者資訊獲得需要的服務。

web service 實例：在本文中的 web service 技術是以 Microsoft .NET 為平台，它會宣告如下表的 web service 程式碼，其中有 Function 的宣告，主要功能是在以模糊歸屬函數形式來呈現模糊狀況，它是以亮點為參數，傳遞給這個 Function，以計算出模糊歸屬程度。該 web service 是由客訴下游問題回饋的整合網站當作服務提供者所提供的服務，並且登錄在以 Microsoft 為主的服務登錄者，進而公布，讓經銷商、製造廠等不同角色的服務要求者，可向此服務登錄者請求問題徵狀模糊值的衡量程度結果。

```
<%@ WebService Language="VB" Class="GoodMesureFunction" %>
Imports System.Web.Services
Public Class GoodMesureFunction : Inherits WebService
    <WebMethod()> Public Function measure(ByVal 亮點 As Double,) As Double
        Iif(IsEmpty([Measures].[亮點])=FALSE,Iif(0<[Measures].[亮點]<=50,
Iif(25<[Measures].[亮點]<=50, [Measures].[亮點]*0.04-1,0),1),0)
    End Function
End Class
```

圖 8-7　web service 實例

8-4 網路行銷代理人（agent-based）

Tu 與 Hsiang（1998）提出了智慧型資訊擷取代理人（intelligent information retrieval agent），其所具有的工具包含智慧型搜尋、領航式導覽、個人化資訊管理、個人化介面等功能。透過智慧代理人的技術，協助網際網路使用者上線，迅速地找到需要的資訊或完成執行的作業。

智慧型代理人的效用，是用代理人導向程式設計（Agent-Oriented Programming，AOP）方法。AOP 是由史丹佛大學教授 Shoham（1993）首先提出的專有名詞，AOP 可以視為物件導向程式設計的進一步發展，為新一代程式設計典範。

Shoham（1993）認為 AOP 系統必須包含三個要件：

1. 一個有清楚語法來描述代理人內在狀態的正規語言，這語言必須包含描述信念、傳送訊息等的結構。
2. 一個用來定義代理人的程式語言，這程式語言必須支援上述的正規語言。
3. 一個轉換類神經應用，成為代理人應用的方法。

以往軟體工程的導向程式可分為如下：

1. **程序導向 POP（Procedure-Oriented Programming）**：這一代軟體系統採用程序導向語言如 FORTRAN、COBOL 等語言，來開發軟體系統流程圖所描述的流程處理過程的功能。
2. **模組導向 MOP（Module-Oriented Programming）**：這種程式設計方法將軟體程式區分為若干小程式模組，再由各模組連結組合來完成軟體系統的功能，採用的程式語言包括 dbase、C 等。

3. **物件導向 OOP（Object-Oriented Programming）**：物件是具有一定方法、屬性和繼承的實體，物件導向程式語言利用物件之間的介面作用來描述應用系統的行為，採用的物件導向程式語言包括 C++、java 等。

4. **代理人導向 AOP（Agent-Oriented Programming）**：較新一代的軟體設計方法，以代理人的角色來開發應用系統，採用的程式語言為 Java，這種程式設計方法具有 MOP 及 OOP 方法的優點。

Wooldridge、Jennings 與 Kinny（1999）提出了代理人導向分析與設計的方法論，如下圖：

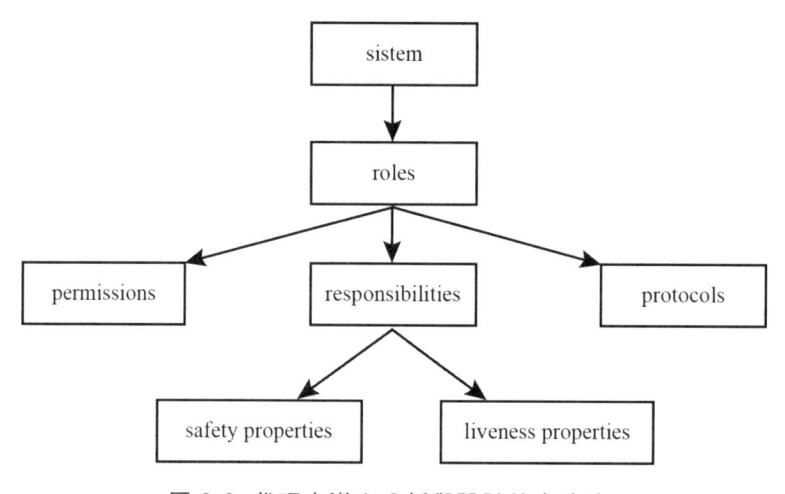

圖 8-8 代理人導向分析與設計的方法論

從上圖可知道在代理人導向分析中，角色具有三個屬性：職責（responsibilities）、許可（permissions）及協定（protocols）。

職責屬性定義了這個角色的功能，也就是必須完成的責任，職責具有兩種屬性：安全屬性（safety properties）及生命屬性（liveness properties），安全屬性就是代理人在給定的環境條件下所攜帶的事情狀態，而生命屬性就是於執行過程中，一種可被接受的事情狀態被維持著。

許可屬性是角色的安全權限，也就是定義角色所能存取、修改或產生的資訊資源。協定屬性則定義了角色之間的互動介面方式。

在上述曾經說明一個客訴下游問題回饋的整合網站，它的作業流程說明如下：產品發生問題時，是由使用者提出問題，交至產品的來源單位做處理，一般直接送到原購買的經銷商處及全省有銷售電腦的經銷商處，經銷商再送回代理商處維修，若代理商無合格維修認證人員，需再送回原廠維修中心做維修，過程繁瑣無效率。因為

代理商並不見得具備這些服務經驗與能力，所以就必須仰仗製造商提供相關的產品技術文件，以便提供簡便的維修服務給其客戶。由於製造商面對的是代理商，而不是其下游的經銷商或消費者，所以，消費者遇到問題時，第一個也是找到原來的店面或經銷商要求售後服務。

故要在以 web 為平台的整合網站來快速回應處理如此上述複雜的流程，則就需要具有彼此快速關聯、立即反應、自主能力、目標導向、主動感應等特性的資訊代理人來代替人為作業的執行運作，以便正確、快速、效率地主動執行指定的工作。它具有二個問題點（issue）：

1. 需要不同角色人員來處理很多繁瑣複雜的工作。
2. 多樣大量資料分散性。

故產品客訴問題流程是一個具有複雜人類行為的情境流程，而物件導向系統分析不足以完全描述人類行為的情境流程。代理人導向系統分析是以描述人類行為的情境流程來分析系統的功能，故它的好處如下（仍有物件導向功能）：

1. 反應真實世界的實際需求，使得系統程式功能和使用需求沒有落差（gap）。
2. 容易管理應用系統的元件，在代理人系統是以「人」為元件，它的 schema 包含人的 roles、responsibilities、permissions、protocols 等要素，而物件導向系統則是以「個體」為元件，它的 schema 只包含 attribute、 method 等要素，故需要組合多個「個體」才可描述人類情境行為。

Kalakota 與 Whinston（1996）指出智慧型代理人是透過電腦程式來自動地處理大量資料的選擇、排序與過濾。

Sycara（2006）等學者認為智慧型代理人必須隨著時間來調整使用者在不同時間點的需求差異。

Lejter（1996）認為多重代理人是使用兩個以上的代理人，通常是將一個完整的工作分成數個子工作後，再將不同的子工作交給不同代理人完成。

智慧型代理人（AI agent）是人工智慧（AI）最重要的研究領域之一。目前最新發展是 AI agent 和生成式 AI 結合。

智慧型代理人是軟體服務，能執行某些運作在使用者及其他程式上。代理人系統分析有以下功能：（1）立即反應（reactivity）、主動感應（sensor）：可主動偵測環境條件的變化，進而使相關事件立即被反應觸發；（2）自主性能力（autonomy）：

可自動化產生模擬人類的自主性能力；（3）目標導向（pro-activity）：委託能達到目標的特定代理人；（4）合作（cooperation）：不同特定代理人在「類別階級」架構下，整合成緊密的關聯網絡，來達到快速和協同合作的互動。智慧型代理人不只是程式化與被限制在狹隘領域中，它能自主的處理多樣化大量的分散性資料，選擇及交付最佳的資訊給使用者，進而取代人工，正確、快速且有效率地執行複雜的工作。

Gandon（2010）以多重代理人為基礎的記憶管理（memory management）系統，它幫助企業過去歷史資料的管理，並且運用知識管理循環：產生（creation）、傳播（dissemination）、移轉（transform）、再使用（re-use）的知識，這個管理系統運用了以下軟體技術：多重代理人、JADE 和 FIPA 平台、知識模式（knowledge model）、XML 擷取技術。由於企業過去歷程資料是異質的和分散的，故多重代理人目的是運用 loosely-coupled 軟體元件，它容易整合不同技術和資料在同一系統內。在該文中提出利用 RDF（Resource Description Framework）來定義註解企業過去記憶發生的資源，和利用 machine learning 技術，使代理人易於學習使用者的資料整合能力，及支援知識擷取（retrieve），並且學習使用者行為與偏好。

從上述說明，可以知道利用網路行銷代理人對於資料庫行銷的運作，具有智慧型機制，所謂智慧型的機制是指在流程交易的過程，委任由具有可因應外在環境條件變化，而自主性的驅動發生的事件，來達到顧客的需求目的。

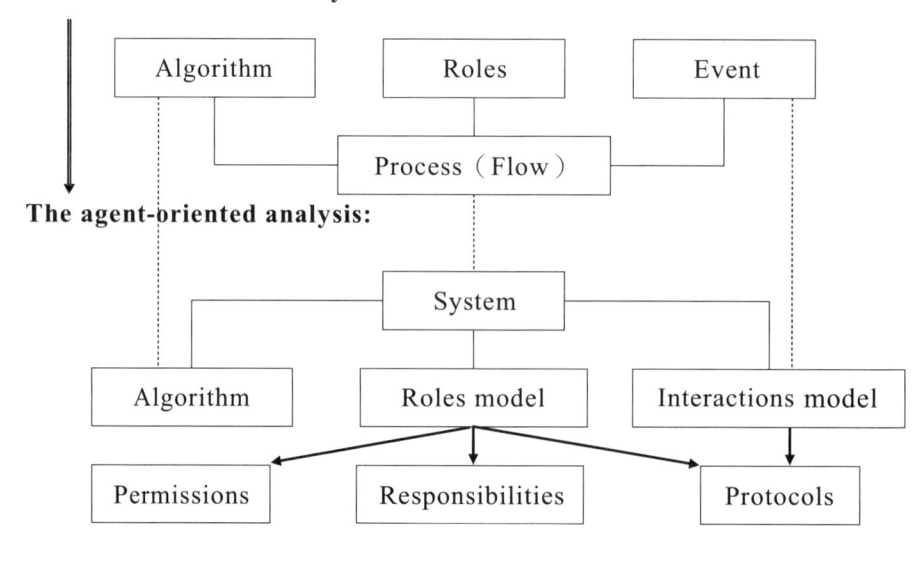

圖 8-9 代理人情境分析

以下擬建構具有 web service 和演算法來自主性處理解決客訴問題的網路行銷代理人情境的系統分析，如圖 8-10（修改自 Wooldridge（1999）文獻），來取代人工，以便完成客訴下游問題回饋繁雜的工作，並正確、快速、效率地主動執行指定的工作。

網路行銷代理人情境分析的運作步驟如下：

step 1 分析定義 scenario-driven process，如下圖：

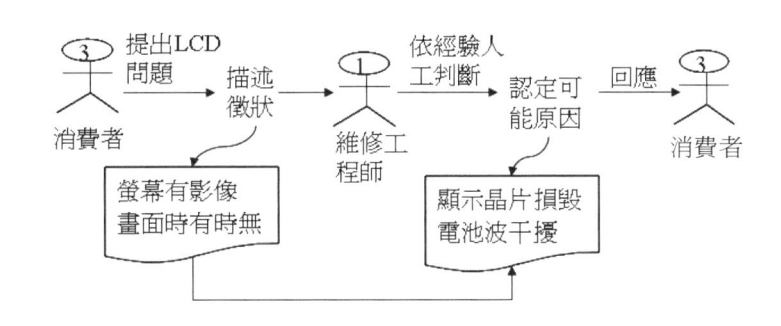

圖 8-10 消費者提出問題的情境案例

step 2 在系統中，定義特定代理人角色：有消費者、維修工程師等。

step 3 定義特定代理人角色的 schema：維修工程師代理人 schema，如下圖：

Schema for role maintenance engineer

ROLE 名稱：maintenance engineer	
角色功能描述：維修工程師的主要角色功能是認定產品客訴問題的原因和責任單位，及回應相關資訊給某些單位	
PROTOCOLS（協定作業）：identify（認定）和 inform（回應）	
PERMISSIONS：計算認定演算法	// name of algorithm
（權限）　　搜尋認定結果知識	// classified or misclassified
擷取/儲存認定結果知識	//cause and responsibility department
RESPONSIBILITIES（責任）：department	// R&D, MFG, Consumer.

圖 8-11 維修工程師代理人 schema

step 4 對每一個特定代理人角色,分析其互動的協定作業:產品客訴問題的原因認定,如下圖:

The *identify* protocol definition in the interaction model

identify(認定)	
calculate(計算)	algorithm(演算法)
在模糊徵狀下的問題原因認定	

— Algorithm
— Classification

圖 8-12 產品客訴問題的原因認定

step 5 對每一個協定作業,分析其關聯的演算法,如下圖:

The algorithm of protocol *identify*

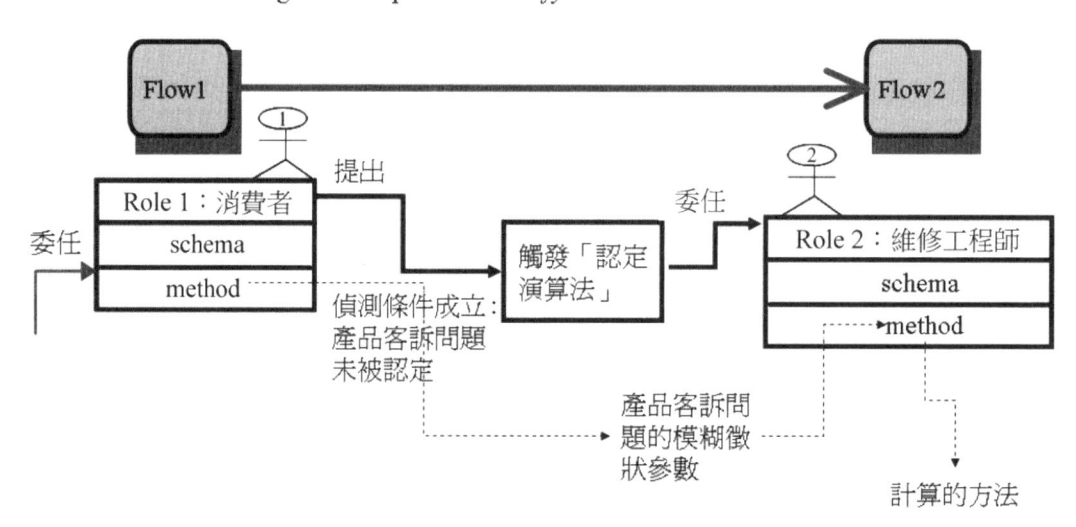

圖 8-13 認定協定作業的演算法

step 6 重複步驟 1-5,直到所有代理人都分析過,整個分析流程如下圖:

Notebook 問題原因回饋流程－軟體代理人系統分析

情境：消費者提出問題，維修工程師做原因的認定，並告知客戶造成原因的資訊

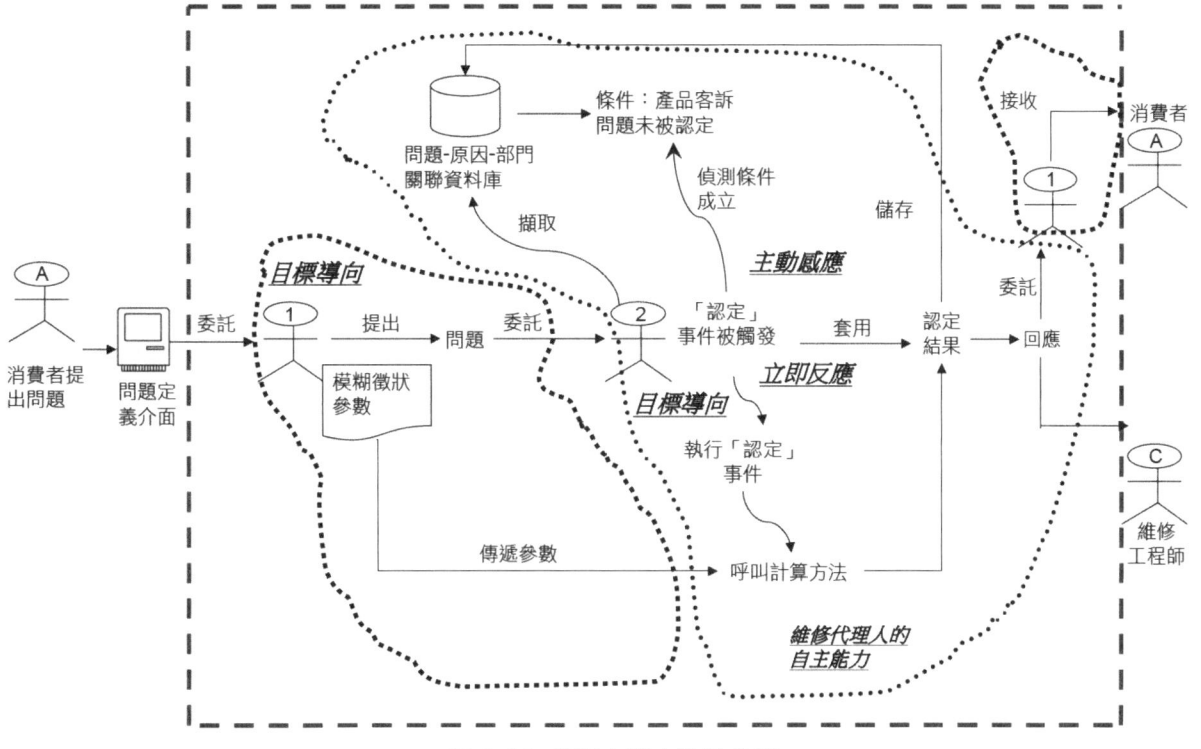

圖 8-14 代理人導向系統分析

8-5 資料挖掘（data mining）

資料挖掘就是在資訊系統的環境和工具輔助下，從那龐大混亂的資料中自動化找到可用之資訊。就如挖掘金礦一樣。從資訊系統的觀點來看，就是「從大量交易的資料庫中分析出相關的型式（patterns）和模式（model），並自動地萃取出可預測和產生新的資訊」。資料挖掘早期著重在學術研究，後來應用於企業界的行銷、財務功能，或是銀行業、製造廠、電信業等。

Yu（2009）認為資料挖掘可應用在顧客化，也就是說依據消費者過去的行為，來推論得到的顧客需求，以作為促銷廣告的依據。

茲提供「資料挖掘」研究單位和網站如下圖：

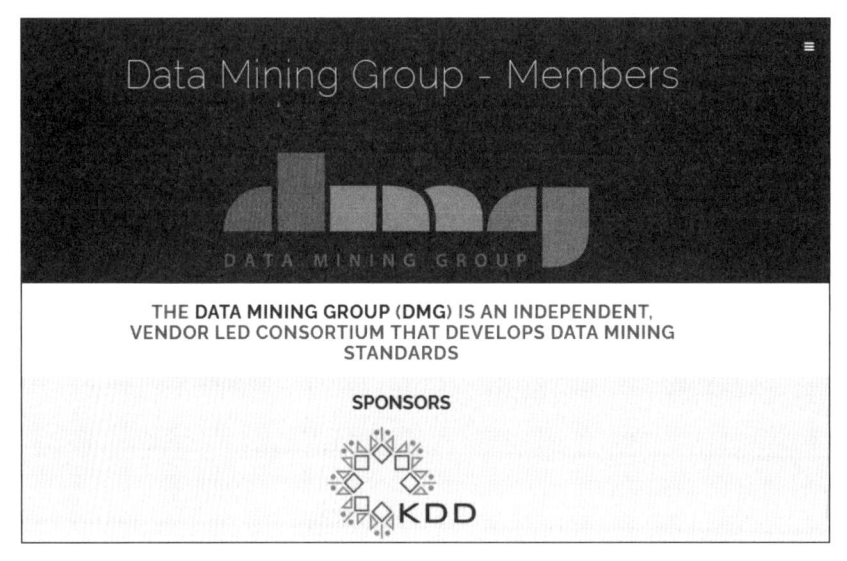

圖 8-15　資料來源：http://www.dmg.org/about.html 公開網站

Frawley、Piatesky-Shapiro 與 Matheus（1991）認為資料挖掘的定義是從資料庫中挖掘出不明確、前所未知以及潛在有用的資訊過程。

資料挖掘的整體架構包含下列五大項，分別為：使用者溝通介面、資料庫、應用領域知識、挖掘知識、資料挖掘方法，如圖 8-16 所示，茲說明如下：

1. **使用者溝通介面**：要建構系統如何與使用者之間的溝通模式，以及要如何解決使用者可能遇到的問題種類，因為使用者常常無法了解自己能從資料庫中獲取何種資料。

2. **資料庫**：資料挖掘的資料和知識必須建立在資料庫上，故資料庫的設計與管理問題及資料庫種類的不同，都會影響到原始資料的正確與否和資料挖掘作業上的方便性，及因時間持續變化，而造成資料過時的現象產生。

3. **應用領域知識**：在資料挖掘的過程中，必須有應用的領域知識，如此才能挖掘出更具意義和正確的結果。

4. **挖掘知識**：對於挖掘出的知識以何種形式表達，以及要如何使使用者最容易接受，並且進一步再利用挖掘出的知識，以增加挖掘知識的週轉率。

5. **資料挖掘方法**：資料挖掘可依不同的挖掘類型和目的，而有不同的處理方法，例如：有類神經、模糊決策樹、相關數學方法論以及歸納學習等方式，使用者依需求採取適合的資料挖掘方式，以提高執行效率。

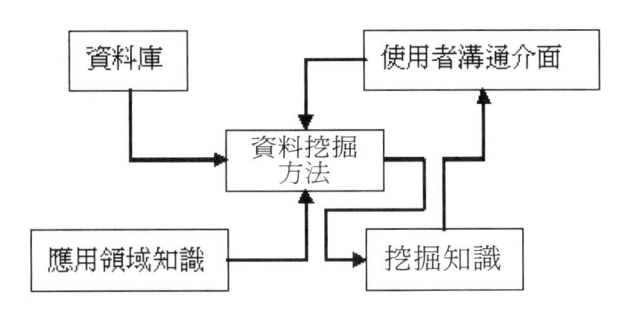

圖 8-16 資料挖掘的整體架構（資料來源：Frawley, W. J., Paitetsky-Shapiro, G. and Matheus, C. J.,）

資料挖掘的特性：

1. 資訊系統大量累積資料。

2. 在大量累積資料萃取中，利用 80/20% 理論來產生目標資料集。

3. 資料挖掘是利用演算法，例如：機器學習的演算法。

4. 資料挖掘的分析是用啟發性商業價值。

5. 從大量資料中找尋隱藏性的知識與規則。

6. 具有商業價值。

Han 與 Kamber（2011）將 data mining 依其功能分類如下：

1. 特性與區別（characterization and discrimination）

2. 關聯分析（association analysis）

3. 分類與預測（classification and prediction）

4. 集群分析（cluster analysis）

5. 偏差分析（outlier analysis）

6. 進化分析（evolution analysis）

資料挖掘和統計學是不一樣的，統計的假設檢定屬於演繹推論，例如：迴歸分析是缺乏同時處理大量資料的能力，而且必須先有假設後再去驗證這個假設是否正確。而資料挖掘是屬於歸納推論，它是利用較智慧型的機器學習（machine learning）技術來建立能自動預測知識行為的型式和模式，並且和資料倉儲（data warehouse）結合，發展出知識的價值。

一般的方法有預測（predictive）、分類（classification）、群聚（clustering）、關聯性分析（associate analysis）。

茲說明如下：

1. **預測（predictive）**：預測是設定一或多種獨立自變數來分析出某個因變數的標準值。例如：預測某結果出現的機率等。

2. **分類（classification）**：根據不同屬性變數的特性，來建立判定其屬性的類別。例如：決策樹。

3. **群聚（clustering）**：在特定變數下，依相似特性，將集合加以分組（group）的過程，它的目的在於找出群組與群組之間的差異點，以及同一群組內各個變數的相似點。

4. **關聯性分析（associate analysis）**：關聯性分析常用來探討同一作業中，兩種資料一起被應用的可能程度。

5. **順序（sequential modeling）**：資料產生的先後順序關係。

資料庫行銷應用資料挖掘技術在網路行銷的功能有：

1. **交叉銷售（cross sell）**：同樣客戶購買主產品和順便購買相關產品。

2. **目標廣告（target ads）**：針對該客戶給予個人化的廣告。

3. **客製化定價（pricing）**：針對個人化，可以訂定不同個人化定價策略，以達到客製化的個人化功能。

4. **購物籃分析（basket analysis）**：購物籃分析是指分析那些訂定產品之間的高度相關性。

5. **偵測欺騙行為（fraud detection）**：分析某筆信用卡刷卡是否可能會有欺騙行為產生。

問題解決創新方案—以章前案例為基礎

（一）問題診斷

依據 PSIS 方法論中的問題形成診斷手法（過程省略），可得出以下問題項目：

■ 問題 1：手機維修作業受到各利害關係人影響

對於消費者客戶而言，在手機維修過程中，其維修速度快、價錢便宜、維修品質佳等 3 個重點是消費者所需求的，然而在維修作業中，其利害關係人的溝通互動效率和品質，是會影響到上述 3 個重點的結果績效。

■ 問題 2：消費者無法透過單一窗口網站了解到整個維修狀況

由於手機維修運送過程跨店面、經銷商、原廠，而這些組織角色都可能各有其網站，也可能沒有網站，因此消費者可能須用人工詢問或不同網站（假如有此維修查詢服務）去了解維修進度，這是非常沒有效率和效益。

■ 問題 3：對於手機原廠無法精準管控維修品進銷存狀況

因為各組織角色有其各自公司利益和作業制度，因此，在維修品流通於上中下游過程，並無法很即時準確了解維修品庫存狀況，導致影響到對客戶的服務品質。

（二）創新解決方案

■ 問題解決 1：建構手機維修資料庫

將影響手機維修的各利害關係人的資料，以及手機產品維修資料，建構成有結構關係的資料庫，以便在維修作業時，可利用這些資料庫來達到上述客戶需求的 3 個重點。

■ 問題解決 2：建構跨組織的共同網站平台

在每個組織角色的各自網站中，整合其流程和資料於一個共同平台，其整個維修作業都是以此平台為主，來管控維修作業狀況。

■ 問題解決 3：以上述共同平台為基礎來執行資料挖掘機制

在單一跨組織的共同平台，包含其相關資料和流程，而從這些資料流程中可進行資料挖掘的功能機制，以達到即時準確了解庫存狀況。

（三）管理意涵

■ 中小企業背景說明

中小企業受限於人力有限，導致於業務行銷作業不易大量展開，這是中小企業生意無法做到精確行銷的主要因素。

■ 網路行銷觀念

資料庫行銷則是以電腦技術，來建立顧客資料庫為中心，它是從顧客面的資料來分析，以了解市場的目標客戶和幫助行銷者區分消費者，其目標客戶的重點是以客戶價值或貢獻來區分，進而了解目標客戶會買哪些產品，和產品適合哪些目標客戶，並針對特定消費者進行有效行銷，如此運作才能擬定創造 80/20% 原則利潤的行銷策略。

■ 大企業背景說明

大企業在全球化的行銷管道，由於多據點的拓展，使得能容易掌握到全球客戶，但對於這些客戶而言，都是大企業的客戶資產，應加以用在行銷上。

■ 網路行銷觀念

顧客行銷知識須能轉換成一套符合邏輯的機制或處理程序，一般說來，利用知識庫方式可整合各種不同類型與媒介的資料，也就是說知識的呈現，不是只用文字、圖案等，它可能也是多媒體檔案，這在知識庫透過邏輯推論的方式來處理資料轉換成電腦所能判斷之知識，是非常重要的，因為適切的知識的呈現，可有助於知識轉換的過程，它可將許多繁瑣工作程序予以正規化，變成條理分明之規則。

■ SOHO 企業背景說明

SOHO 企業的客戶行銷，因為本身企業規模相對上更小，故在找尋客戶時，都會讓客戶產生不信任感。若能使用某些行銷手法，使客戶主動上門，就能消除不信任感。

■ 網路行銷觀念

資料庫行銷的目的是找到更好的顧客，和以顧客的終身價值來追求企業長期利益，它和傳統行銷最大的不同點是在於前者是企業行銷給消費者，而後者是消費者在消費過程中可反過來扮演更為主動的角色。也就是在網路行銷上的資料庫行銷內，其消費者是網路行銷的共同運作者，它可從事一些通常是由技術支援和客服人員所做的事。

（四）個案問題探討

請討論資料庫行銷對於客服人員在工作上的影響？

案例研讀
Web 創新趨勢：行動 App

根據維基百科的定義：「App 是英文「應用」—「Application」前三個字母的縮寫，也就是「應用程式」、「應用軟體」的意思」，目前主要是手機軟體的應用，手機 App 可使得資訊、遊戲、社群等實用性、工具性與娛樂性等應用程式大量推出，由於是應用在手機上，因此它是一種「微型應用程式」，和電腦的大型應用程式不一樣，而此微型應用使得使用者可發展出各項彈性功能，進而改變使用者的溝通及生活方式。

茲以下說明手機 App 的重點：

1. **應用特性**：直覺簡單、反應速度快。
2. **行動裝置**：LBS（Location-based Service）、移動感應、平衡、旋轉、相機、電子羅盤、GPS 定位導覽、陀螺儀的應用晃動。

3. **應用服務**：定位、訂位、訂票、交易、導覽、影音播放、合成照片、動態資料推播訊息社群互動（同步 Facebook、噗浪、Twitter、email）、IM 即時通訊、QR Code/BarCode Reader、遊戲（2D、3D）等。

手機 App 的應用程式可分成三種：

1. **web App**：以網頁語言來製作網站形式的應用程式，其執行系統是瀏覽器，但執行介面則是 App 為主。

2. **native App**（**原生 App**）：利用手機廠商所指定的官方程式語言所設計出的應用程式。它的好處是可直接利用手機硬體功能，來達到最佳的使用效能。

3. **混合式**：結合 web App 和 native App 所發展出的 App。

手機 App 的銷售平台可分成 4 種：

1. Android（Google）：「Android Market」
2. Windows Mobile（Microsoft）：「Windows Marketplace」
3. Black Berry（RIM）：「App World」
4. iOS（Apple）：「App Store」

其中 Android Market 是基於 Java 開發的開放原始碼作業系統平台，所以它的優點是開發的門檻相對較低，且免費應用程式居多，但缺點是沒有一套嚴格的應用程式審核機制，進而影響軟體的整體品質。而 App Store 則是以封閉系統方式來提高軟體品質，進而降低了軟體渠道發行成本，但缺點是不同平台互不支援。

另外，Google 也發展出 Google App Inventor，其 App Inventor 是 Google 實驗室（Google Lab）的一個子計畫，Google App Inventor 是一個完全線上開發的 Android 程式環境，它是一個雲端管理系統，整個開發介面位在雲端上，設計的成果皆儲存在網路上，Android 程式以樂高積木式的堆疊程式碼取代複雜的程式碼。App Inventor 也提供許多功能強大的元件，例如：以拖曳的方式即可使用。

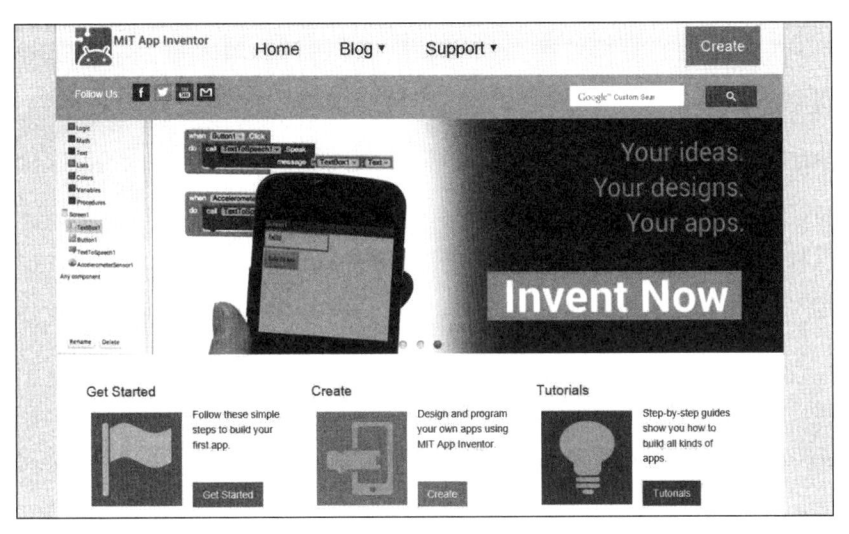

資料來源：http://appinventor.mit.edu/explore

本章重點

1. 資料庫行銷是從直效行銷過程而來，它藉由大量現有及潛在顧客資料庫和顧客的互動，並運用和分析資料庫，進而從資料庫中萃取出發展行銷策略所需之資訊。

2. 資料庫行銷的目的是找到更好的顧客，和以顧客的終身價值來追求企業長期利益，它和傳統行銷最大的不同點是在於前者是企業行銷給消費者，而後者是消費者在消費過程中可反過來扮演更為主動的角色。

3. 顧客行銷知識須能轉換成一套符合邏輯的機制或處理程序，一般說來，利用知識庫方式可整合各種不同類型與媒介的資料，也就是說知識的呈現，不是只用文字、圖案等，它可能也是多媒體檔案，這在知識庫透過邏輯推論的方式來處理資料轉換成電腦所能判斷之知識，是非常重要的，因為適切的知識的呈現，可有助於知識轉換的過程，它可將許多繁瑣工作程序予以正規化，變成條理分明之規則。

4. 資料挖掘就是在資訊系統的環境和工具輔助下，從那龐大混亂的資料中自動化找到可用之資訊，就如挖掘金礦一樣。從資訊系統的觀點來看，就是

「從大量交易的資料庫中分析出相關的型式(patterns)和模式(model)，並自動地萃取出可預測和產生新的資訊」。

5. data mining 依其功能分類如下：特性與區別（characterization and discrimination）、關聯分析（association analysis）、分類與預測（classification and prediction）、集群分析（cluster analysis）、偏差分析（outlier analysis）、進化分析（evolution analysis）。

關鍵詞索引

- 目標顧客（Targeting Customers） 8-3
- 線上交易處理（On-Line Transaction Processing） 8-6
- 購物籃分析（Market Basket Analysis） 8-12
- 網路服務（Web Service） 8-13
- 代理人導向程式設計（Agent-Oriented Programming, AOP） 8-15
- 物件導向 OOP（Object-Oriented Programming） 8-16
- 資料挖掘（Data Mining） 8-21
- 預測（Predictive） 8-24
- 分類（Classification） 8-24
- 群聚（Clustering） 8-24
- 關聯性分析（Associate Analysis） 8-24
- 偵測欺騙行為（Fraud Detection） 8-24

學習評量

一、問答題

1. 資料庫行銷的定義為何？
2. 網路行銷和決策支援系統的關係為何？
3. 如何利用 RFM 網路行銷？

二、選擇題

(　) 1. 資料庫行銷是以何種系統來進行行銷活動的方式？
　　（a）供應商和產品等的資料庫
　　（b）訂單和產品等的文字檔案
　　（c）訂單和產品等的資料庫
　　（d）以上皆是

(　) 2. 使用資料庫行銷來了解現有及潛在的顧客，以便產生何種目的？
　　（a）精確地區隔出目標顧客
　　（b）立即交易
　　（c）精確地區隔出再次消費顧客
　　（d）以上皆是

(　) 3. 資料庫行銷是可從大量資料庫中深入分析與了解消費者習性，一般會運用什麼方法？
　　（a）ABC
　　（b）safe stock
　　（c）RFM
　　（d）以上皆是

（　）4. 所謂 RFM 表示下列哪一項？

　　（a）近期（Recent）

　　（b）頻率（Frequency）

　　（c）金額（Monetary）

　　（d）以上皆是

（　）5. 決策樹也表示何種方法？

　　（a）利用樹狀結構的資料表示法

　　（b）統計整理法

　　（c）圖形演算法

　　（d）以上皆是

CHAPTER 09

虛實整合和平台共享行銷

章前案例：智能物聯網 App 停車

案例研讀：網路商機模式

學習目標

- 虛實整合 O2O 定義和營運模式
- 新零售虛實整合架構
- 資源的共享經濟平台
- 推廣商品購物知識顧問和曝光的共享平台
- 數位匯流生態環境
- App 行銷
- 聊天機器人定義和運作方式

| 章前案例情景故事 | 智能物聯網 App 停車 |

林經理因為昨晚加班太晚，故今天早上上班快遲到了，目前急著要去停車，但因是接近上班期間，車位很難找，可能會花很多尋找時間，如此可能會遲到，這怎麼辦？到底哪裡有空的車位？若在不清楚的狀況下，隨意往某道路方向駛去，很可能事倍功半，這一來一往就徒增更多時間，此刻，林經理該怎麼做決策呢？

9-1 虛實整合行銷

虛實整合 O2O（Offline to Online）營運模式是指將數位網路（Online）整合到實體商店（Offline）的多管道融合營運模式，如此做法，再加上最近新興物聯網技術的應用，也同時造就新零售的發展，新零售大幅衝擊傳統的實體零售產業，因為它強調虛實整合的全通路行銷。而當這種模式形成一種形勢後，也就會促成消費者的購買行為急劇改變，這樣的改變是在於客戶對營銷接觸點的全方面，也就是在任何時間、地點，能立即跨異質平台和設備，讓客戶們能夠突破地理環境的限制，進而完成行為作業的實踐，而這也就是數位匯流。

虛實整合的崛起，是在於虛擬和實體的各自功效，在實體方面，是指到實體店面購物的線下渠道，好處是能提供現場產品和體驗；而在虛擬方面，是指在消費者購買行為過程時可利用數位軟體的功能來達到其方便性和效率性。故吾人可知虛擬和實體有各自好處，但這也同時是對方的劣勢。因此唯有將它們整合才能發揮其各自功效，這也就是一種競合戰略，如此才能發展出更具成效性及連結度的生態系統（eco-system）。在競合戰略下，其新零售業態是以消費者為中心，和傳統的競爭策略是不一樣的，傳統方式主要是強調產品的品質、性價比、佔有率等推銷方式，但新零售主要是強調具有立即比較並選擇產品消費方式、購買方式、資訊來源、渠道等功效，以及如何精準連接消費者並促進銷售轉化成實際績效。以上除了精準行銷外，還需能消弭消費阻力，例如：資訊不對稱、門店數量、時間、地點的限制等。

在以消費者為中心的發展下，其使用者原創內容（User Generated Content, UGC）的行銷手法也就因應而生，讓消費者親自參與分享，在某種情況下是可滿足消費者

的成就慾望，如此更能讓消費者產生購買行為，並且提高用戶黏性、使用流量、互動次數和體驗度等，這樣才能把握並轉化消費者，提高銷售額度和廣度，因此，企業與客戶在線上、線下共創內容，不僅能創造消費話題，更能增加企業知名度，這就是以虛實整合方式同時來造就人潮到店消費和衝高網站流量的雙贏局面。例如：發展出使用線上主題標籤、打卡數位方式，並提供誘因到線下實體店面的行銷宣傳主題方案，虛實整合 O2O 營運模式不只是用在行銷領域而已，它可延伸到和行銷相關的領域，例如：掌控庫存訊息、商品買賣情況、商品補貨等，而要達到如此 O2O 作業，其物流就成為實體店面和電商平台的重要仲介。

以下說明虛實整合營運模式的特性如下：

1. **產業基礎**：以前企業、消費者都是考量單體的營運，然而在產業價值鏈趨勢下，企業競爭和營運已轉至產業競爭和營運，所以雲端商務須考量整個產業基礎利基來運作，例如：產業聚群行銷。

2. **資源整合**：在節能減碳衝擊下，就是資源有限，然而以往資源都是以某企業環境來思考，所以若以產業角度而言，如此就會造成資源過剩浪費或不足而難以運用資源最佳化，但在產業基礎的雲端商務就可做產業資源整合，即可達到資源最佳化效益。

3. **營運內部作業外部化**：新零售強調服務需求是買賣雙方共同運作的，並且運作傳遞方式是能夠達到數位匯流般的順暢且流通，也就是聯絡內部員工和外部消費者一連串跨渠道的服務，也就是將企業原來的內部作業移轉到外部角色來執行，例如透過 App 程式讓消費者自行快速下單，又例如在炒飯實體店讓客戶自行執行炒飯的體驗等。這就是企業內部作業外部化。

4. **新零售供應鏈**：傳統企業應轉變觀念成為新零售營運下的供應鏈一員，突破零售渠道和企業生態的壁壘，對新品促銷消費更加快捷。因為零售產品來自於供應鏈的一連串生產、運輸、配銷、通路等作業流程的規劃、設計、執行。故供應鏈管理的再造成為傳統零售和電子網路商城轉型新零售的關鍵，根據消費者需求進行供應鏈作業流程的細分，以便進行分配資源最佳化，如此最佳化的運作可使供應鏈設計達到少量多樣、定制化、個性化的零售服務需求，而不單只是發展規模經濟效益而已。

5. **情境式無縫連接**：從解決顧客的問題來發展出情境式般的需求，以覆蓋其從需求到購買到使用的消費生命週期，以及發展出端到端的直接效率運作，以便在情境中與消費者進行更多直接連接互動，進而提高流量和轉化銷售率。如此實現對不同購物情景的無縫連接，最後提供適度的客製化服務和體驗。

6. **智能數據分析**：虛實整合 O2O 營運模式是以數據為驅動來分析消費者行為，包括消費者、訂單、消費位置、時間、物品等元素數據化，從而使終端消費者享受到極致的購物體驗，並快速讓消費者可產生線上訂單進而線下發貨的虛實整合。

透過整合實體與虛擬通路，有愈來愈多的企業投入 O2O 營運，例如：屈臣氏推出「數位玩美體驗店」裡的各式「iConnect 精選不藏私」互動裝置，並以「智慧虛擬顧問」展開行銷活動。例如：Amazon Go O2O 無人便利商店，在商店內可用手機掃 QR Code 後上網訂購。例如：自動販賣機結合網路商城，可在螢幕上推播即時促銷活動。例如：台灣大推出 myfone 購物實體和虛擬通路的整合方案。例如：應用虛擬的網路行銷於實體農村銷售市集。在金融領域，也發展出虛實整合的銀行保險服務，例如：新加坡華僑銀行（OCBC）推出副品牌 FRANK 網站，以及新專賣店實體分行。例如：國泰世華銀行 KOKO，台新銀行 Richart、王道銀行 O-Bank 等。例如：friDay 運用影音線上自有通路的經營，進而發展出虛擬通路影音平台，期望把線上會員服務延伸到實體活動。例如：NielsenIQ（https://nielseniq.com/global/en/）推出「電子商務零售追蹤服務（eRetail Measurement Service, eRMS）」（圖 9-1），來協助掌握零售通路在線上與線下營運情況。例如：實體零售沃爾瑪（Walmart）收購網路零售商 Jet.com。例如：網路書店亞馬遜（Amazon）開設多家實體書店。

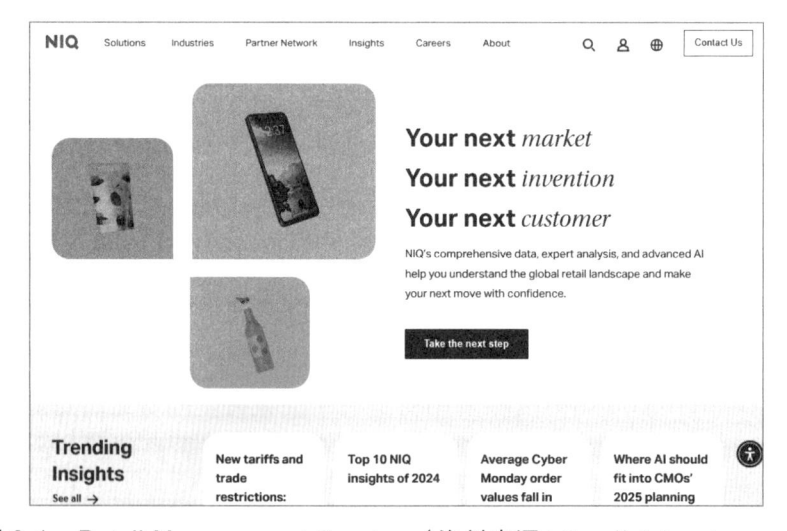

圖 9-1 eRetail Measurement Service（資料來源 https://nielseniq.com）

根據美國零售商聯合會（National Retail Federation, NRF）（https://nrf.com/）調查一些活動（例如：萬聖節慶典活動），都朝向欲透過線上數位來吸引消費者青睞，進而到線下門市消費，同時此際，也反向利用線下門市「即看即買」，進而引導至

線上數位購買更多商品和服務。從上述可知線上線下虛實整合,將實體通路電商化和虛擬電商實體化,已是未來不可逆的趨勢,但是否能有競爭力的成效,其結合創新科技就成為關鍵所在,例如:人工智能、物聯網等新技術革命帶來的消費方式,和具有優勢的現場體驗。例如:Microsoft 宣布推出 Copilot for Microsoft 365 企業版,以及數位筆跡(Windows Ink),來強化使用 Microsoft Edge 瀏覽器,進而更有效率運作虛擬數位 web site。例如:虛擬實境(Virtual Reality, VR)與擴增實境(Augmented Reality, AR),以及前二者所構成的混和實境(Mixed Reality, MR)創新科技。例如:芝加哥飯店推出「VR 品酒套餐」,它透過手機 AR App 一掃,螢幕上就會出現實境酒的照片結合 3D 虛擬故事,並藉由 VR 技術讓消費者 360 度體驗商品。

在虛實整合的新零售衝擊下,其影響力不只在於零售和電商等企業轉型而已,更是不同行業的整合,例如:根據針對消費者行為的智能數據分析在訂單需求結果下,其傳統生鮮超市利用上游供應廠(例如:捕魚廠商)方面的產地現時供貨,再搭配智能物流,則生鮮超市能讓現場消費者進行線上訂單和線下發貨(剛從產地供貨的新鮮魚)。而這上述一連串的營運作業都是依賴線上數位雲端運算平台和線下實體物品聯網感測的整合,如此運作就是生鮮超市 O2O 的營運模式,因此企業的營運模式都將轉型成 O2O 的優勢經營模式。例如:大陸阿里巴巴投資實體通路聯華超市。基於上述論點,筆者提出新零售虛實整合架構,如圖 9-2。

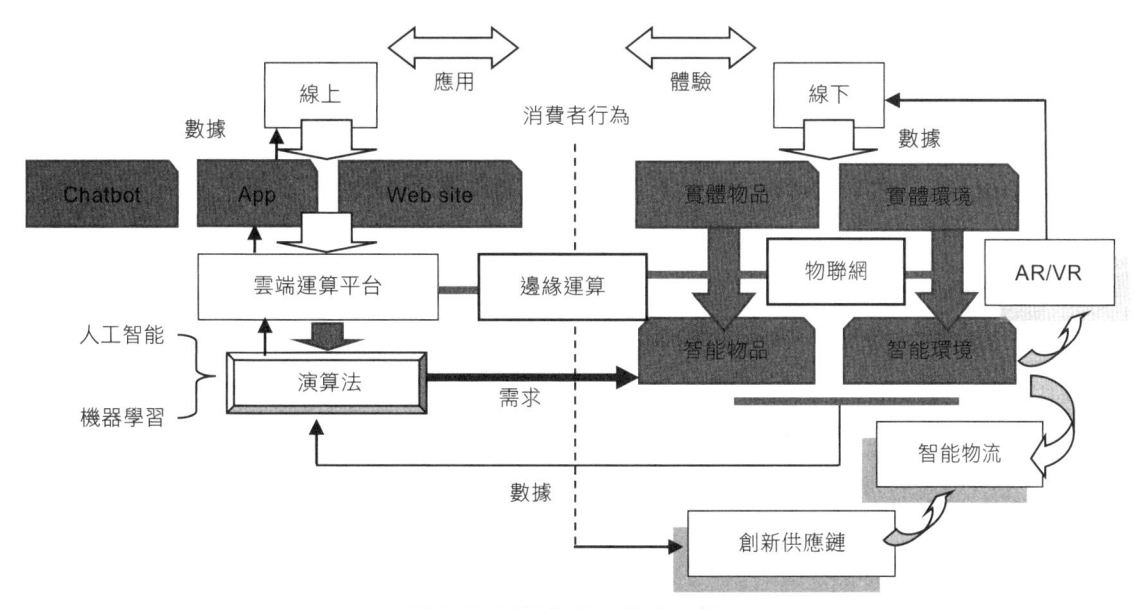

圖 9-2 新零售虛實整合架構

在此整合架構內，是以消費者為中心，分別利用線上和線下活動，來擷取消費者行為數據以及滿足消費者需求，進而誕生新物種、新業態的零售模式。

首先，在線上活動上，是以虛擬數位軟體發展的應用系統為主，包括：web site、App、chatbot（聊天機器人，它是一種即時線上客服軟體機器人），這些應用系統會產生相關消費作業數位內容數據，之後這些數據會上傳到雲端運算平台，進行資料運算和分析作業。而在運算分析上是利用演算法來運作，這裡的演算法主要是指人工智能機器學習演算方法論，透過此演算法，可洞悉和預知消費者行為模式，進而滿足消費者需求。

接下來，在線下活動上，是以實體環境的實體物品為線下整體環境，在這樣的環境內利用物聯網技術來達到現場實體體驗，包括：虛擬實境（Virtual Reality, VR）、擴增實境（Augmented Reality, AR）與混和實境（Mixed Reality, MR）等創新科技，並進一步整合現有的 QR Code、NFC、Wi-Fi、Beacon 等技術，營造消費者良好的場景體驗，也因此使得實體環境和實體物品成立智能環境和智能物品，如此造成智能化作業，可自主性和自動化的擷取消費者行為實體數據，之後並將這些數據同樣上傳到雲端運算平台。此刻，可結合上述線上活動所蒐集的數據，一起做演算法運算分析，再進而洞悉和預知消費者行為模式，此際就是達到虛實整合成效。

最後，將這些消費者行為的需求，回饋到供應鏈整個上中游營運作業，如此供應鏈生產運輸端企業，則可和下游銷售通路整合成端對端（end to end）的無縫作業，這就產生了創新供應鏈，包括智能物流，以此智能物流可達到智能運輸，進而滿足消費者的智能消費，而這就是新零售。新零售升級消費驅動對高品質產品需求，這時品牌就成為跨越全通路的思維，也就是各企業不只是強調規模經濟、效率優勢，實現品牌優勢是讓消費者認同企業產品的關鍵。

9-2 平台經濟和共享生態

「共享」和「經濟」是兩個不太協調對等的名詞。經濟是指有效率的生產、交換、分配有價值的商品資源給不同的需求者，以達到最佳化滿足和財富。而共享是共用大家資源，來創造商品和服務的社會運作方式。故共享經濟（collaborative economy）就是期望以共享方式來達到經濟效果。PWC 預估共享經濟產值在 2025 年有 3,350 億美元。在歐盟共享經濟綱領（A European Agenda for Collaborative Economy）內，歐盟執委會提出共享經濟模式四種類型：共享經濟 1.0、市場再流通、合作式生活、產品服務系統。共享經濟是一種透過資源交換分享機制，採用決策權力的去中心化

分散化機制，使得資源使用率和效率能發揮最佳化的績效，進而發展出價值交易模式，但需要有雙方的信任關係，如此才能快速促進資源活化和週轉，避免資源閒置或浪費，也削減了傳統模式中的冗餘成本，進而降低資源過度耗用，以發展綠色環保的永續經營，上述這樣的運作過程就產生創造出經濟活動的形成。欲形成共享經濟的群聚活動須具備以下運作特性，若有多個共享群聚活動，則它們彼此也可透過這些特性來擴大聚合更完整的共享經濟，如此更能擴大範圍與更多元化的使用者分享，一旦塑造整個區域化的群聚活動，則社會經濟就自然孕育成共享環境。共享平台模式的特性如下：

1. **平台生態**：在共享群聚活動過程中，為了能發揮資源交換分享旳成效，會將這些活動塑造成一個平台，所謂平台是指將所有資源都放置在同一整合空間裡，在這個空間內連結所有資源運作的流程，以及控管流程的績效。故共享資源若以平台方式來營運，將能促進其共享績效，如此運作就成為輕資產商業模式，也就不須客戶自行購買資產資源。一般共享平台營收來源可用撮合交易來獲得佣金利潤。

2. **最佳化**：在資源交換分享的運作過程中，必會產生為了交換分享活動的成本，而這些花費成本是為了達到資源活化績效，故為滿足共享需求，須以最佳化方式來進行，所謂最佳化是指以最小成本來達到最大經濟效益。如此可將需求方和供給方進行最優媒合，如此最佳化將促使共享經濟平台成為經濟、社會、技術成長的驅動力。

3. **資訊科技**：共享經濟若沒有具體的實踐，則它將只是一種概念，而概念是無法落實的，如此共享經濟很難以形成，故須用資訊科技來落實共享經濟的運作。上述有提及平台的運作，而此平台都是以資訊科技建構的，例如以雲端軟體技術建構雲端平台。再例如以 App 程式開發前端使用者存取後端平台的資料。例如利用智能手機設備、評價系統、行動支付提升滲透率。

4. **封閉迴圈**：由於在共享運作中，資源會從供方轉移至需求方，而當需求方使用資源後，則此資源會再轉移至下一個供需過程，如此循環不斷運作，就成為封閉迴圈，而透過這樣的封閉式流程，才能確保資源能不斷進行交換分享，因為在封閉環境才能控制資源的流向。而在封閉式運作下，就會成為迴圈（loop），以俾資源可不斷再次循環使用。

5. **跨際效應**：共享就是要聚集更多使用者和資源，來使資源使用效率提高，也就是讓資源有邊際效應遞增，因資源被使用次數愈多，則會造成在資源有限下供給減少需求增加，如此每增加一單位資源使用，就會提升資源邊際效果。另外，

當在此平台使用資源次數大到某數量時,則外部網路效果就形成了,而透過此效果,會正向回饋吸引更多跨越不同平台的外部資源使用,使得邊際效應更加遞增,這就是跨際效應。

6. **消費模式改變**:客戶可能既是需求者又是供給者,它們重點不在於擁用支配權,而是使用權,故常用租賃方式來使用消費模式,如此可充分利用過剩資源的效率。故這樣的消費模式改變,使得社會組織和分工重新改變,進而影響企業組織運作,從公司員工服務模式,轉換成平台客戶服務模式。

7. **高轉換成本**:因使用者一旦習慣在此平台使用此資源後,欲使用別的平台時,就必須付出較高的移轉成本,如此有利於客戶留存在此平台,故共享平台必須以更多行銷方式來增加黏著度,進而提升客戶忠誠度。

8. **供需媒合**:共享資源必須能讓使用者接受,並滿足其需求,當然,必須要有商業機會讓廠商願意提供供給,最後,就是要能媒合供需,如此共享經濟才能盛行。故如何找到好的或適合的資源就變得非常重要,但如何找呢?那就是要能知道客戶問題需求是什麼,也要能知道如何提出解決方案和滿足需求的實踐方案。

9. **開放連接**:雖然共享平台是封閉迴圈運作方式,但它必須在互聯網物聯網環境上,連接其他不同共享平台,以及其他 web 應用程式,和智能物品感應感測傳輸。它可利用 Open API 來連接上述平台、程式、物品等,進而連結成更大的共享平台。

10. **中介化轉換**:以往交易是透過中介化來進行,但也因此售價成本會提高,因為須支付給中介業者,故基於交易效率和價格成本因素,打破了供給廠商對中介業者的依附,以直接方式向客戶提供產品或服務,這是一種去中介化。但一旦去中介化,若需要中介業者專業服務或是提供更便宜售價或更簡便的方式,則中介業者就有必須存在的道理,如此運作就是由去中介化轉變到再中介化的創新營運模式,而共享經濟平台就是再中介化模式,如此更可以連接多個平台,來發展客製化需求的調節服務。共享經濟平台的專業服務是「整合」,也因為整合功能,如此可以較低的價格來提供產品或服務。

當共享經濟平台盛起形成時,其網路行銷就必須在此共享平台來進行行銷作業,也就是說必須加入此平台生態體系,才能做行銷,這觀念如同國際區域貿易協定一樣,當某國家無法加入此區域協定,則就無法做生意。故共享平台改變了行銷方式,行銷方式必須運用上述共享平台特性來達成行銷目的。

目前有很多不同資源的共享經濟平台在營運中,包括私家車、自行車、衛生清潔、知識技能、廚房產能、洗衣、學習等資源的共享。例如:Airbnb 住宿房間資源、Feastly 食品美味資源(https://www.tastemade.com/)、Uber 汽車資源、Poshmark 女性二手服飾資源(https:/poshmark.com)、Course Hero 學習資源(https://www.coursehero.com)、TaskRabbit 時間資源(https://www.taskrabbit.com)、Zaarly 衛生清潔資源(https://www.zaarly.com)、Eatwith 廚師服務資源(https://www.eatwith.com/),如圖 9-3、P2P 網絡(個人對個人)資源共享、線上音樂下載平台 iTunes、Amazon 推出以高彈性的共享經濟力量發展群眾物流 AmazonFlex(https://flex.amazon.com)服務,如此解決最後一公里配送問題。美國最大連鎖藥局 Walgreens 透過 TaskRabbit 機制配送非處方藥。汽車共享透過大數據和誘因機制來優化城市的交通狀況。

共享經濟平台可使傳統資源的單向式營運改變,它利用大眾創新創業空間,來實現線上線下整合的資源協同式營運,如此可強化供需媒合與資源配置效率,並輔之差異化的產品及服務,例如:人文價值和視覺體驗,進而活化閒置資源的經濟價值。故共享經濟模式影響實體企業的營運,如此讓中小企業可快速朝向全球化、生態化的經營。

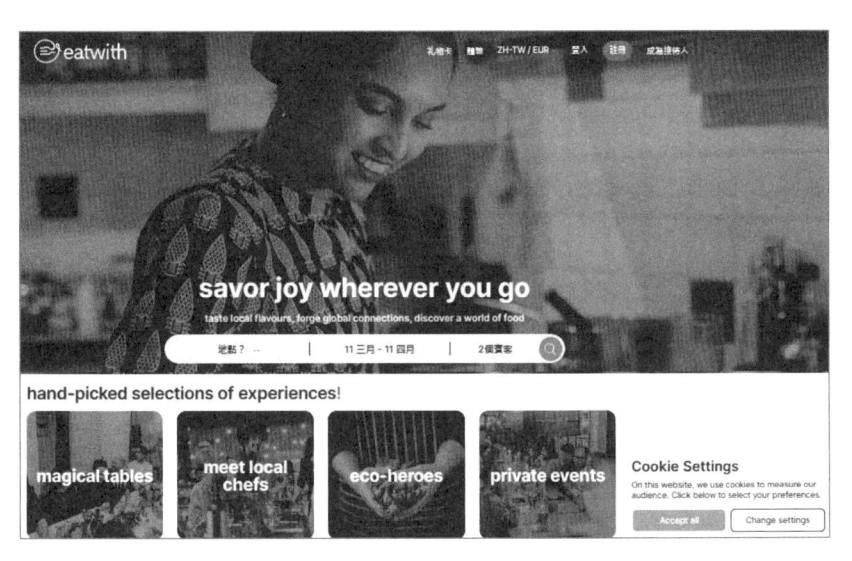

圖 9-3 Eatwith 廚師服務(資料來源:https://www.eatwith.com/)

共享 O2O（Offline to Online）教育平台

利用線上數位教育和結合線下實體教育，成為一條龍訓練求職求才和學習解決需求的共享整合 O2O 平台。此共享教育是將對於學習訓練有供給需求的雙方，能彼此交換分享資源，以達到資源活化效率，進而提升營運績效和創新商機。

在學習解決需求的整合方面，是著重在於利用教育學習通道，讓廠商以製作產品 DM 電子書，來使客戶學習產品知識，進而真正了解此產品是否能解決本身問題來滿足需求，如此才不會可能造成買錯商品的結局。在此平台，線上有建構產品 DM 電子書、產品保固維修電子書、產品使用回饋問卷。線下可延伸實體 AR/VR 的商品體驗。在訓練求職求才的整合方面，同樣是著重在於利用教育訓練通道，讓講師以製作實務數位教材，來使求職者訓練技能，進而和廠商求才的所需職能媒合，如此廠商可透過此平台，藉以評估測驗求職者技能程度，以便尋找到最適人才。故在此平台，線上有建構技能實務數位教材（講師）和人才職能評估測驗題庫（廠商），線下可延伸出實體課程講授（講師）和人才職能面對面諮詢（廠商）。

推廣商品購物知識顧問和曝光的共享平台

此平台主要在建立商品本身知識、使用操作知識、保固維修資訊等三大項內容，它會對公司廠商和消費者客戶產生的效益如下：

1. **商品知識諮詢**：透過此商品購物顧問共享平台，可使公司商品知識傳播給客戶，如此讓客戶因為真正了解商品效用以及滿足需求，進而加速購買決策。客戶可諮詢查詢商品相關知識，進而了解是否此商品可解決自己問題或滿足需求，另也可學習更多商品知識。

2. **擴大客戶層面**：集中式共享平台裡，除了公司本身商品推廣外，尚可擴展延伸其他客戶的潛在需求，進而吸引原本不是公司的客戶。客戶可擴大商品種類搜尋的管道，並延伸知道公司廠商的其他商品品牌，增加多元化商品選擇。

3. **社群分享曝光**：公司可在具有聚集群眾力量的平台，透過客戶諮詢商品知識過程中，運用社群行銷工具，例如：Facebook/Twitter，以達到病毒式行銷的連鎖成效。客戶可隨時發表對商品的評論，並分享給其他客戶，以便討論此商品優劣點，另還可透過評分方式，來判斷自己對商品的適用度和熱門狀況。

4. **商品保固資訊**：公司廠商可將此類資訊在此平台揭露，讓客戶自行了解查詢保固相關作業和資訊，進而降低行政人力溝通成本，且可提高保固維修作業效率，以便提升顧客滿意度。客戶可立即了解如何申請保固維修作業，進而節省自身搜尋詢問時間，進而加速商品使用效率和保養品質。
5. **商品連結訂購**：公司廠商針對每一商品 FAQ，都可自行設定運用超連結方式，直接連結到自身公司訂購網站，進而引導客戶下單，或是提高新客戶的造訪機會。當客戶已經了解此商品知識後，若欲直接下單時，就可立即超連結進行購物結帳。

世界經濟論壇（WEF）提出四大新興經濟模式：分享經濟、個人化經濟、隨選（on-demand）經濟與服務經濟。Gartner 國際研究暨顧問機構在 Hype Cycle for Emerging Technologies（2016）報告中指出「平台革命」（platformrevolution）科技是企業優先發展的趨勢。勤業眾信（Deloitte）在 Business ecosystems come of age 報告內提出四大平台經濟模式：資源整合型平台（Uber、Airbnb）、社交型平台（Facebook、LinkedIn、Instagram、Snapchat）、學習交流型線上教育平台（Coursera）、行動型平台（Line、WeChat、WhatsApp）等。

共享經濟也帶動了利用數據演算法來產生價值。例如：數據貨運平台，它可利用數據演算法來解決貨車運輸分配不均、貨運市場運價不透明等問題。例如：Amazon Flex 完成最後一公里快遞配送。台灣工研院推出 Tomato 智慧生活異質服務整合平台，它包括 Totally-link, Mash-up, Automation 跨場域、跨產品和串連智慧連網家電的自動化平台。

共享經濟平台結合數位資訊科技的模式正在全面翻轉產業價值鏈和改變企業競爭法則，因此企業運作須結合外部夥伴關係競爭力，例如：證券商在面臨轉型的困難及挑戰下，規劃出更多智慧營運：共創共享經濟生態圈、大數據分析出新商品研發設計、AIoT 人工智慧機器人理財、業務作業流程改造和流程自動化等。

9-3 數位匯流：App 和聊天機器人

網路行銷顧名思義就是在網路上環境行銷，這裡指的網路主要是指網際網路，因此在 internet 環境上可發展出更多不同及創新的行銷方式，而此行銷方式會隨著 internet 技術不斷創新而有不同面貌，它的發展過程主要分成 web、web service、App、chatbot 等 4 個階段：

1. web 階段：在此 web 是指網站（web site），透過 web site，就產生了例如 web 上購物網站商情黃頁等行銷方式，早期主要在桌上型電腦和筆電，之後，因為手機和平板電腦興起，故也在這些載體呈現其行銷方式。

2. web service 階段：因為 web site 是以整個網站資訊系統來呈現和運作其行銷功能，如此做法不僅複雜笨重，也很難達到隨選所需（on demand）服務成效，故以元件服務化 web service 的軟體機制因應而生，它可達到 on demand 成效，若再加上智慧型代理人技術，更是能解決使用者須不斷在網站上操作或搜尋所花費的冗長時間成本問題。目前，微軟有提出如此 web service 解決方案，例如：Altova XMLSpy（https://www.altova.com/），而這樣的服務元件概念，也產生服務導向應用系統 SOA（服務導向架構，Service-Oriented Architecture）的技術，然而，就筆者觀察而言，這樣的 web service 應用系統，並不如 web site 來得應用廣，也許，目前人工智慧應用系統的起步，反而可能使智慧型代理人應用更加廣泛。

3. App 階段：行動載體 App 系統目前可說是大放異彩，這是拜行動手機的普遍應用而導致的，因為手機方便性使得任何企業在之前的應用資訊系統，紛紛都增加 App 系統應用開發。但 App 主要是應用在使用者前端介面，也就是說它是接觸使用者的第一道關卡，因此，像下單廣告型錄等接近客戶前端的功能，就是 App 在網路行銷的主要功能角色，但 App 程式原則上是下載到使用者手機內，故離線也可使用，然而由於一些使用者資料，必須存取至後端伺服器電腦來做處理運算，故這時候就會連線連結到 web site，因此，web site 和 App 技術就整合了，這對網路行銷是有加乘綜效。

4. chatbot 階段：由於資訊科技不斷創新，其後續真正發展沒人說的準，例如：chatbot 聊天機器人就是後起之秀，我們來比較它們的差異，在 App 它強調有其專屬功能，例如網路下單功能，這種專屬好處，是可讓使用者很明確知道該 App 對自己的需求。但也因為如此，對於使用者應用而言，都必須安裝很多 App 程式功能，這時你可看到行動載體手機有一堆 App 程式，如此對於使用和管理都很麻煩。另外，因 App 是軟體系統，根據以往軟體系統，也就是系統應用都是使用者在操作軟體系統，故欲發揮應用成效，其首要條件就是使用者必須熟悉這套系統操作和功能，這就是為什麼比較複雜的中大型系統，都要做使用者教育訓練。然而在為吸引消費者購買商品角度來看，若還要客戶做教育訓練，那就必須花費更多成本，這對於客戶在使用廠商提供的服務時，必須花費較多時間成本，如此就很難加速客戶的購買決策。上述就是 App 目前的運作現象，但若有更好的解決方案的話，那麼上述 App 運作就是缺點。而這個新的方

案就是 chatbot 聊天機器人，它是一種對話式商務，它可解決 App 上述缺點，亦即「安裝太多程式」、「使用者搜尋操作功能」等缺點，那麼它如何做到？它的主要應用就是讓客戶面對單一窗口即可使用所有服務，而且很簡單和直接，那就是直接和此窗口對話，這個窗口就是聊天機器人，至於服務上的需求軟體功能，就都由此機器人和後端系統溝通，也就是客戶委託軟體代理人，由此代理人來處理任何事務，如此對消費者客戶就可很快地得到需求，進而加速購買決策。這就是對話式商務，但除了軟體代理人的優勢外，另一優勢就是此機器人可自我學習，學習到客戶的需求是什麼，進而發揮智慧能力，讓客戶得到更好的服務品質，這就是具有人工智慧機器學習的軟體代理人，如此機制也可說是智慧型代理人。那它和上述的 web service 智慧型代理人有何差異？其不同技術就是差異，但概念和應用是相通的。

以上是網路行銷在環境變遷下的 4 個階段發展，目前已可說即將踏入 chatbot 智慧型代理人的階段，但前 3 項階段仍會各有本位應用，以及這 4 個階段整合，可是對網路行銷的競爭績效而言，如何在上述 4 個階段環境上發展行銷運作，就成為關鍵所在。因此，身為行銷管理的運作者，就必須了解目前創新資訊科技已經造成行銷管理的破壞性創新，不能再以傳統行銷知識來做行銷，因為行銷的環境改變了，改變成資訊科技環境，故網路行銷的運作也跟著改變了。

數位匯流

從上述 4 個階段造就了數位匯流（digital convergence）生態環境，也形成具動態性的產業架構，包括內容數位化製作商、內容供應商、傳統虛擬通路商、載具、新媒體與 web、web service、App、chatbot 應用平台，使用者會透過這些應用平台來完成交通資訊、影音、行動購物等商業服務。例如：經濟部推動商業服務業數據驅動價值創造計畫，透過寬頻化數位化之推波助瀾，來進行數位匯流商業服務，例如：以智能家電為例，使用者只要下載家電管家 App，就可收到主動通知耗材更換及商品清潔訊息，並可查詢商品購買紀錄及直接線上報修等虛實整合服務（線上操作線下作業）。故數位匯流的形成可造就新的商業模式，但它須依賴 telecom（電信）、internet、media & entertainment（媒體&娛樂）、e-commerce（電子商務）、物聯網等網絡，它們得以將數據、影像、語音等不同的多媒體訊息內容，快速無縫整合及傳遞。目前有一些組織往數位匯流商業服務發展，例如：台灣數位匯流發展協會（www.tdcda.org.tw）（圖 9-4），元智大學大數據與數位匯流創新中心（https://news.innobic.yzu.edu.tw/）。

圖 9-4 台灣數位匯流發展協會（資料來源：www.tdcda.org.tw）

■ App 行銷

隨著消費者的行動習慣已成熟，其串流服務因而逐漸興起，App 行銷就是一例，App 程式有二種運作模式：

1. 將原本在桌上型電腦設備執行的 web site 功能，抽取成 App 程式，以方便客戶在隨身行動手機就可操作，例如商品型錄查詢、股票買賣下單等功能。但因為 App 程式檔案須下載到手機內，故它是可離線操作，但若某些資訊須和後端資訊系統做運算處理的話，則此 App 程式就須連線到後端 web site。例如下單功能，因為訂單資訊必須連線到廠商後端系統，如此才能處理後續出貨事宜。例如目前很多餐飲店面，為了節省客戶等待下單時間，都開發專屬 App 下單程式，以便讓客戶事先就先下單，一旦到店面現場原則上就可立即取貨，如此的行銷方式，可加速客戶購買決策。這是雙贏局面。

2. 將 App 程式和智能物品做結合，以 App 程式來控制智能物品的行銷作業。例如 App 可依使用者所在地，自動搜尋就近的商店位置和資訊，並可連結至店家官方網站等。例如一台飲料智能販賣機（https://www.intelligentvending.co.uk/），當客戶在此機器前面用此專屬 App 程式，就可看到這台販賣機的飲料種類和庫存狀況，當您利用此 App 選購和下單，此時該機台會收到商品選購下單指令，進而自動將被選購商品放入置物空間，以俾客戶拿取。如此行銷方式有用到智能物品，也就是物聯網技術，故將 web App 和 IoT 的結合，稱之為物聯互聯網（Web of Things, WoT），物聯互聯網是一個協同的資訊系統，可實現無縫連接與資訊共享。更具體地說，物聯互聯網提供分布式控制方法，

用於整合物理和數字對應操作以鏈接網絡。這樣的操作可以在適當的情況下進行分布式定位和事件的互操作應用，減少部署物聯網服務的成本。例如 App 智能停車，它是一種「互聯互通、智慧共享」應用，包括車位預定、找車位、不停車支付、定位目的地、地圖導航、車位共享及代客泊車等功能。使用者只要透過 App 就可準確獲取目的地空車位，它結合 IP 攝影機、車輛感應器、智慧手機 App、Wi-Fi 基礎設施等技術。

從上述可知 App 行銷可讓行銷作業更接近前端客戶，但是如何讓客戶使用 App 就變得很重要，這時須依賴社群網站、通訊 App、AIoT 技術等三項方式。在社群網站，可運用社群媒體力量，聚集相關對此主題興趣的同好者，吸引潛在客戶的黏著度，進而連結到相關 App 程式下載，如此此 App 才會被曝光而且使用，若只是放在 Apple Store、Google Play 商店讓客戶尋找，那是很難的，因為類似的 App 程式太多了。在通訊 App 程式上，因為客戶會利用通訊 App 來溝通，例如 Line 程式，因此，在社群使用者互相溝通時，就可進一步了解客戶的潛在需求，進而適當推出某 App 時，客戶接受度就會提高。在 AIoT 技術應用於手機上，因可透過大數據分析掌握消費者行為偏好，故可適時分析出客戶需求，進而推出適當的 App 程式，如此讓客戶因使用此 App 導致更能加速購買決策。例如有針對血糖、體重、血壓與生活習慣開發出的糖尿病管理 App、它建立糖尿病友生活習慣資料庫，以密集衛教提醒方式，來達到控制病情。此 App 也能連線至後端平台，以遠端監測病患數據，讓醫院、診所可同步掌控資訊數據，並且做數據分析來運作事件異常狀況的驅動提醒，這樣的健康管理 App 所產生的大數據，可進一步作為保險公司分析評估風險的基礎，進而精算出個人化保險費率。

■ 聊天機器人

聊天機器人（chatbot）是以自然語言處理技術和人工智慧為核心的一種模擬人類行為進行對話（文字、影像）的軟體，目前結合生成式 AI 技術，進而發展出對話式商務，它和智慧型代理人和搜索引擎有所不同，在搜索引擎的重點是使用者自己從海量訊息中尋找有用訊息，在智慧型代理人的重點是使用者委託代理人在海量訊息中尋找有用訊息。

聊天機器人的運作方式是透過對話介面接收使用者的訊息，接下來針對此訊息做對話分析，此對話分析包括自然語言理解能力、詞庫術語 slot 識別（指應用所在領域知識（domain knowledge）的關鍵詞）等運作，經過這些運作分析後，會得到記錄對話答案，而這些對話答案會在一連串交互的背景資訊過程（也稱場景）中產生狀

態變化,這個狀態變化可理解傳遞上下文資訊,如此多個交互過程就會產生多個場景,這時需要串聯起原本沒有關聯的不同場景,而成為對話流程（dialog flow）。

綜合上述可知聊天機器人運作步驟如下：意圖（intents,用戶想知道什麼）,話語（utterances,對話狀態和數據上下文（state & context））,實體（entities,話語關鍵參數對應與意圖什麼動作的關聯）,機器學習／自然語言處理（machine learning/NLP）,對話流程（dialog flow）。

聊天機器人的運作方式主要分成二種：包括知識庫檢索的方式和學習生成的方式。

1. **知識庫檢索的方式**：學者 Mockler（1992）定義知識庫為蒐集專門技術與經驗或專家的知識,它可能包含各種經過轉換處理的任何資訊,凡有關知識領域的範疇都可去闡述專家知識的特性,以便做決策。從上述的說明,可知知識庫的重點是在於知識如何規劃成資料庫來做儲存、存取使用,因此從資訊系統角度來看,它會牽涉到使用者介面和資料庫。在這樣的資料庫,當然存取使用的不僅只資訊,而是知識,也就是專家知識亦即透過知識庫的方式,它可基於知識規則或機器學習方法的組合,來將專家之知識、經驗與技術整合起來,利用邏輯關聯的方式,變成一套符合邏輯程序的推論,以便能處理須有專家才能解決的問題,並且將這些複雜的問題做有效率和結構化的規劃,完成後的結果回報給使用者,以使能快速使用並可解決問題。

2. **學習生成的方式**：生成式 AI 發展出就自然語言以及推理機制的自我學習行為,不需要依賴於定義好的知識庫,它可從用戶提問到 AI 機器深度學習技術產生自動生成回答的交互過程。

使用者可不須到 Google Play 或 App Store 下載 Apps,可克服 App 須不斷下載和分散破碎化的問題,只要以單一窗口就可得到大多數服務,聊天機器人應用領域包括行政助理,虛擬助手,智能客服等,其可應用的服務功能有立即完成商品推薦及搜尋、下訂單等服務。在聊天機器人的重點是立刻有答案、更直覺的人機溝通,目前聊天機器人運作平台有 Line、Facebook Messenger、Telegram、WeChat 等。例如：Messenger Bot Store 機器人商店（https://messengerbot.app/）；Facebook Messenger 結合 Spotify 讓音樂分享；美國銀行導入聊天機器人 Erica,擴大金融理財顧問服務。

另外,也有將 Apps 和聊天機器人結合區塊鏈技術以產生更佳應用功能,例如：MiniApps Space 平台（如圖 9-5）是一種自我發展型社區,它結合去中心化的區塊

鏈技術建立分布式的 Miniapps/ 聊天機器人網絡，它可將一個聊天機器人和另一個聊天機器人溝通。

圖 9-5 MiniApps Space（資料來源：https://www.miniapps.pro/）

問題解決創新方案—以章前案例為基礎

（一）問題診斷

依據 PSIS 方法論中的問題形成診斷手法（過程省略），可得出以下問題項目：

■ 問題 1：不知何處有空車位

當駕駛者在開車尋找空車位時，往往不知道是否有空車位，以及空車位在何處，會不會開車到某處時，才發現沒有空車位，如此非常浪費時間。

■ 問題 2：如何找到空車位

林經理會依照之前停車經驗，大概可能知道何處會有空車位，但是在上班交通擁塞時，如何知道路況而能快速到達可能有空車位之處，則是駕駛者所急欲知道開車路線的首要之事。

■ 問題 3：到空車位時已被別人搶快

林經理好不容易終於看到前方好像有空的車位，心裡頓時很高興，急忙開過去，但說時遲那時快，突然不知從哪裡冒出來一台轎車，急駛到此空車位，結果林經理仍是沒停到車位。

■ 問題 4：何處的空車位離駕駛者最近

當欲停往上班地點附近車位時，應會有一些空車位數量，但是何處的空車位離目前林經理是最近的，卻無法事先得知，導致可能捨近就遠的事倍功半現象。

■ 問題 5：駕駛者如何支付停車費

一旦林經理好不容易找到空車位，待停車至離開車位後所需支付的停車費，應如何有效率支付和節省相關成本，則是林經理作為駕駛者的期望。

（二）創新解決方案

■ 問題解決 1

利用物聯網感應技術來擷取停車位是否有被停車，若是空車位，則將此資訊無線傳輸至雲端平台，之後，此平台再透過 App 程式，下載到駕駛者的手機 App 程式，再加上駕駛者車子地理位置定位資訊，就可查詢駕駛者附近空車位狀況。

■ 問題解決 2

當透過上述 App 程式知曉空車位位置時，應如何快速有效率且節省油費的往空車位開呢？這時可用物聯網來感應並擷取附近交通路況資訊，這些資訊再加上導航系統，運用演算法來運算最佳行駛路線。

■ 問題解決 3

知道空車位和行駛路線後，林經理就速速往此方向駛去，但若尚未到達時就被別人先停走，那怎麼辦？這時可透過 App 程式先預約，就不怕被別人捷足先登，因為空車位會很聰明知道駕駛者車號，若別的車要搶行進入，則會利用物聯網技術讓他無法駛入，而且現場會有看板顯示停車車號，如此就可解決此問題。但又有另一延伸問題，那就是若有 2 位用車者同時預約，那該如何？故應

不是由駕駛者自己預約空車位，而是用機器學習演算法，根據車子位置和空車位地點、行駛路線、交通路況、駕駛者預約意向等資訊，進而計算出最佳化的預約方案，並由系統主動送出給預約者預約的結果。

■ 問題解決 4

透過上述智能預約機制，也可得知何處的空車位離林經理車子位置最近。

■ 問題解決 5

當林經理下班後欲離開停車位時，車位本身會自行計算停車費，此時，林經理可用行動支付方式來給付，如此，也不用停車位收費員人力成本，而且林經理也不會因拿紙張單據，導致可能忘記繳費等問題。

（三）管理意涵

智能行銷是結合多種技術和應用，例如 App 程式、物聯網、大數據、人工智慧等技術，和例如消費者行為、產業領域知識、經營管理等應用，如此就能創造新的商業模式。而這新模式，對企業經營方式、同業競爭力、人才新技能、就業機會等運作，產生破壞式結構性的衝擊，故身為企業和個人都必須不斷學習新知識，才有生存之道。

（四）個案問題探討

請探討智能物聯網 App 停車模式對產業經營有何影響？

案例研讀
Web 創新趨勢：網路商機模式

在網路行銷上顧客導向的時代已然成形，唯有以個人顧客化的貼心服務，包含個人認同、貼心服務、便利、幫助、資訊使用，才能提高消費者的忠誠度，並建立與顧客的長期關係。

這樣的趨勢，就企業經營而言，不只是告訴我們應更加利用網路的效能來經營企業，更表達了可在網際網路影響下的空間世界，找出另一個可能更有商機的企業經營模式（例如：Google 搜尋商機，Skype 網路電話商機…等）。

由於網際網路的內容廣大和技術快速蛻變，使得社會生活型態和企業應用模式也不斷地隨著變化，這其中的重大影響就是網路深入人類生活中，和網路化商品不斷被創造，這二者影響又是互為因果的，因為網路化商品出現，而應用於人類生活中，例如：網路電話，造成傳統電話使用減少，改用網路溝通。同樣地，人類應用網路在生活中的需求，也促發了網路新商品的誕生，例如：人類對電視節目的豐富化和行動化生活需求，進而產生了網路電視的新構想。

從上述得知網路化商品不斷被創造且深入人類生活中，例如：Cacoo 是一個便於使用免費與付費版的線上繪圖工具服務，客戶以此服務繪製如 UML、網站地圖、室內設計圖、流程圖與線框圖等各種圖表，而在付費版的工具內則有提供內建數十套相當有用的樣板。若是免費版，最多可以儲存 25 張圖表，並同時允許 15 人在線上即時協同作業。

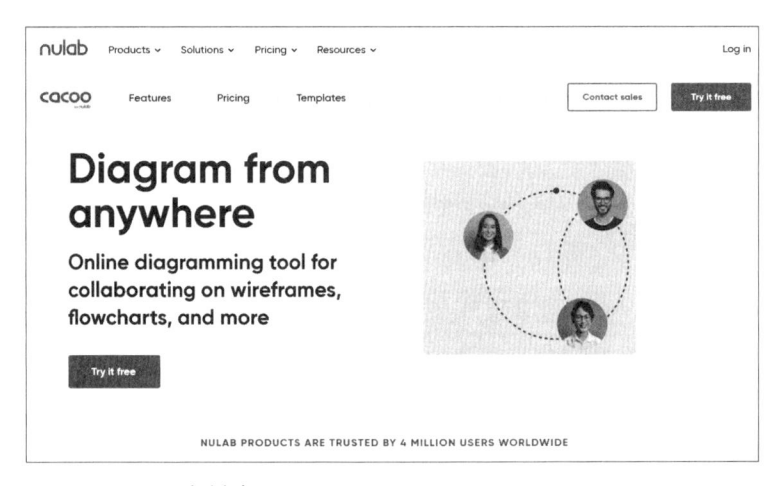

資料來源：https://nulab.com/cacoo/

以下為上述網路商機模式的未來趨勢策略：

1. **使用經驗（User Experience, UX）**：使用者利用情境感知運算，可以探查用戶所處環境、進行客製化活動與偏好等資訊，以提供與用戶的互動高品質之情境與社群內容、產品或服務。使用經驗環境從原本的視窗、圖示、選單與指標的 UI 轉換成觸控、搜尋、影音等以直覺化和行動為主的介面。而這種感知運算會以記憶體內運算（in-memory computing）技術，也就

是不需靠主機伺服器 CPU 運算，而直接在物品元件內記憶體做更快速的即時運算，例如：消費性裝置、娛樂設備及其他嵌入式 IT 系統，將大量使用此快閃記憶體來達成情境感知運算。

2. **次世代分析技術（next-generation analytics）**：它利用網格運算（grid computing）和雲端運算（cloud computing）來提高雲端資源提升效能，以便針對眾多種類系統和複雜資訊來進行線上嵌入式分析技術，以達到預測未來的成效。而這些資訊是一種巨量資料（big data），包含了多媒體豐富資料，這些資訊也是在物聯網環境下，巨量感測移轉蒐集的資料，如此巨量資料是傳統數據管理技術和伺服器難以應付的，這就必須靠次世代分析技術。而因綠能觀念的興起，以及氣候變遷的長期趨勢，超低耗能和雲端運算伺服器會是未來市場的主流。

3. **App 商店市集和雲端商務商業**：在企業對員工（B2E）或者企業對客戶（B2C）或企業對供應商（B2B）的不同情境下，IT 將成為一個對企業提供智慧行動支援的生態系統的角色，進而可為多數產業帶來長期而廣泛的衝擊，例如：蘋果與 Android 的 App 商店能提供行動用戶數十萬種應用程式，這就是雲端環境所形成的一股破壞式創新力量，在這股創新力量下，使得各領域大型企業均投入各式產品，例如：使用各種尺寸的行動裝置與各種平台（如 iOS 與 Andriod）以建構雲端環境並提供雲端服務，企業以往的資訊系統（例如：ERP）也會朝此行動化發展。另也包含普及（ubiquitous）運算的應用。

本章重點

1. 虛實整合 O2O（Offline to Online）營運模式是指將數位網路（Online）整合到實體商店（Offline）的多管道融合營運模式，也同時造就新零售的發展，新零售大幅衝擊傳統的實體零售產業，因為它強調虛實整合的全通路行銷。

2. 虛實整合營運模式的特性：產業基礎、資源整合、營運內部作業外部化、新零售供應鏈、情境式無縫連接、智能數據分析。

3. 新零售虛實整合架構是以消費者為中心，分別利用線上和線下活動，來擷取消費者行為數據以及滿足消費者需求，進而誕生新物種、新業態的零售模式。

4. 一旦去中介化，若需要中介業者專業服務諮詢或是能夠提供更便宜售價或是更簡便的方式，則中介業者就有必須存在的道理，如此運作就是由去中介化轉變到再中介化的創新營運模式，而共享經濟平台就是再中介化模式，如此更可以連接多個平台，來發展客製化需求的調節服務。

5. 推廣商品購物知識顧問和曝光的共享平台會對公司廠商和消費者客戶產生的效益：商品知識諮詢、擴大客戶層面、社群分享曝光、商品保固資訊、商品連結訂購。

6. 聊天機器人（chatbot）是以自然語言處理技術和人工智慧為核心的一種模擬人類行為進行對話（文字、影像）的軟體，目前結合生成式 AI 技術，進而發展出對話式商務。

7. 聊天機器人運作步驟如下：意圖（intents，用戶想知道什麼），話語（utterances，對話狀態和數據上下文（state & context）），實體（entities，話語關鍵參數對應與意圖什麼動作的關聯），機器學習 / 自然語言處理（machine learning/NLP），對話流程（dialog flow）。

關鍵詞索引

- 虛實整合 O2O 9-2
- 新零售虛實整合架構 9-5
- 平台生態 9-7
- 跨際效應 9-7
- 數位匯流（Digital Convergence）... 9-13
- 聊天機器人（Chatbot）.. 9-15

學習評量

一、問答題

1. 何謂新零售虛實整合架構？
2. 說明共享平台模式的特性？
3. 說明 App 程式行銷二種運作模式？

二、選擇題

( ) 1. 聊天機器人運作步驟的重點？
　　（a）意圖（intents）
　　（b）機器學習 / 自然語言處理
　　（c）對話流程（dialog flow）
　　（d）以上皆是

( ) 2. 數位匯流的形成須依賴什麼網絡？
　　（a）Telecom
　　（b）LAN
　　（c）Intranet
　　（d）以上皆是

( ) 3. 在共享平台模式運作下，下列何者描述是對的？
　　（a）所有資源都放置在不同整合空間裡
　　（b）是一種只做 1 次型運作，故成為封閉迴圈
　　（c）客戶可能既是需求者又是供給者
　　（d）使用者必須付出較低的移轉成本

(　　) 4. 下列何者是虛實整合 O2O 營運模式的重點？

(a) 相同購物情景的無縫連接

(b) 標準化服務和體驗

(c) 提高流量和轉化銷售率

(d) 以上皆是

(　　) 5. 利用物聯網技術來達到現場實體體驗，有哪些技術？

(a) Virtual Reality

(b) Augmented Reality

(c) Mixed Reality

(d) 以上皆是

CHAPTER 10

成長駭客和大數據行銷

章前案例：網站行銷的知識運用
案例研讀：情境感知

學習目標

- 成長駭客行銷定義和模式
- 程序化購買機制
- 即時廣告競價、重定向廣告再行銷、機器學習行銷
- 大數據行銷定義和分析形成過程
- 大數據分析優化作業
- 智能行銷的特色
- 數位行銷和人工智慧整合

章前案例情景故事　網站行銷的知識運用

「網路行銷的技術運用，若設計和使用得當，則真的可擴大公司的行銷層面」。這是王經理在上完一連串有關網路行銷課程後的心得感受，尤其公司是為浩瀚如林的中小企業中的一份子，更需要運用網路行銷來突破公司的存在和提升營業額。王經理在上完課後，興高采烈的回公司開始籌劃和設計公司的網路行銷，但好不容易建立公司的網站，也運用了網路廣告等方法後，但成效似乎有限，為什麼？

因為王經理發現到原來大部分的中小企業也都運用了網路行銷，這時又回到了原點，那就是在浩瀚如林的網站和行銷中，如何讓消費者知道公司的存在？

於是王經理利用關鍵字行銷的觀念，就是把公司名稱或產品名稱等關鍵字登錄在知名的搜尋網站，以方便讓消費者立刻找到公司網站，當然，這是需要支付費用的。一般費用愈高，則愈有可能將公司網站的搜尋結果排列在前面，不過若能支付該費用使得營業額大幅提升，那是非常值得的。

想出解決方案之後，王經理真的是非常高興甚至自傲。但在開始運作後，又有新的問題產生，那就是關鍵字應該如何定義，才能讓消費者自然且快速想到？真是傷腦筋。

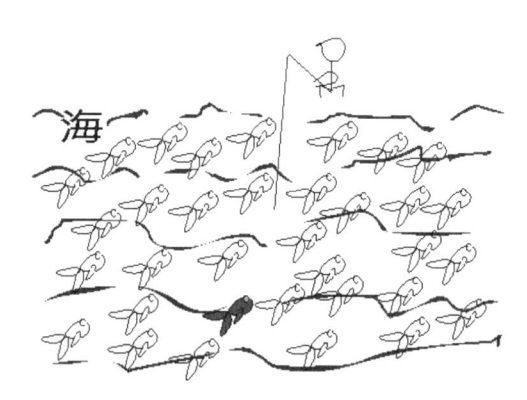

10-1　成長駭客行銷

成長駭客（growth hacker）可以被視為在有限預算下進行網路行銷的一環，其中「駭客（hacker）」是一個獨特創新的技術者，他不循傳統，能突破安於現狀或認為不可能的觀念。近年興起的成長駭客熱門技術和行為，主要是以創意精神來運用編寫程式與演算法與數據分析技術，將某些追蹤測試的工具應用在網路行銷上，它利用

分析網頁使用行為流量的成長，它試圖以低成本、精實創業的思維，不該花費傳統行銷所需的高昂代價，來替代傳統的網路行銷想法，如此可先推出產品使之成長到某程度後，再取得更多行銷預算，以達到各蒙其利共創雙贏的商機。成長駭客是模擬並擷取駭客的背後精神和行為長處並加以修正之，也就是持續改善、逆向思考、創意創新、精實創業、打破理所當然想法、不畏權勢專業、毅力堅持、善用資訊科技等。從上述可知，成長駭客就是要不斷發展破壞式創新成長，從資訊科技成長應用中來使行銷績效成長。故成長駭客行銷是現在及未來企業行銷的非常重要技能。但因它非常依賴人才的運作，而這種人才不易培訓，因他必須懂很多技能，例如：必須熟悉每一個媒體的行銷操作方式（Facebook 或 Google 聯播網廣告），也就是具資訊科技能力與行銷頭腦跨領域人才。故在未來成長駭客應和機器人結合，以降低人為負荷成本，如此可發展出智能行銷。故成長駭客將能運用既有客戶的社群網路數據，來更有效率地分析數據，並選定在業界標準下的重要績效指標，精準計算其行銷投資報酬率。當產品無法滿足市場需求時，就必須致力於改善產品，不斷優化地進化產品，這時如何做新產品設計，就須依賴成長駭客行銷，來掌握客戶需求，進而展開新產品設計，故 DFX（Design for X Items）產品設計本身就要考慮行銷 DFM（Design for Marketing）。馬克·安德森（Marc Andreessen）提出「產品與市場相契合（Product/Market Fit, PMF）」，它是探討產品解決問題的核心價值，以便滿足消費者的利益。

成長駭客是須和大數據行銷結合，大數據行銷將傳統行銷 4P（產品（product）、價格（price）、促銷（promotion）、通路（place）），延伸到新 4P（人（people）、成效（performance）、步驟（process）和預測（prediction））。在大數據行銷基礎上的成長駭客行銷，包括以下步驟：首先，擷取分析資料，並轉換成經營行銷知識來發現問題，並訂出想問的問題以便準確地找出答案，而精準地掌握問題與答案是能為公司帶來營利成長的，例如：沒有成交目標群眾問題，另外需注意若過度簡化數據的分析，則可能會難以發現其他問題。接下來，運用蒐集到的資料（例如：客戶名單、成交資料、cookie 資料等）去分類顧客，並進而根據分類出來的顧客群組，來執行精準的集客策略，此策略可利用針對現有客戶群推出新功能來產生集客效果。而在分類顧客技術上，有 RFM/NES 分析技術，所謂 RFM 是指最近一次消費（Recency）×消費頻率（Frequency）×消費金額（Monetary），所謂 NES 模型分成 N（新顧客）、E0（主力顧客）、S1（瞌睡顧客）、S2（半睡顧客）以及 S3（沉睡顧客）等。再則是預測顧客興趣活動，其技術有分析性的（analytic）「多選項吃角子老虎機器實驗（MAB）」，它是一種針對問題提出多項解決方案，其解決目標是找到最適合或最能獲利的作業。另外，根據數據提出優化網站上的活動方案，

Google analytic 程式追蹤碼可追蹤產品數據。Google Tag Manager（Google 標籤代碼管理工具，GTM）是利用 JavaScript 程式碼（也就是標籤）來追蹤回傳訊息至第三方線上行銷工具，進而分析並改善客戶在網站上的活動，例如：廣告點擊率活動、再行銷（remarketing）活動、A/B 測試活動。再則是預測推薦系統，其技術有關聯分析（association analysis），它是從銷售交易資料庫中，運算出多個產品購買之間的關聯性，進而可產生交叉銷售，所謂交叉銷售是指在滿足客戶需求下，來進行銷售多種相關的服務或產品，也就是不同產品同時行銷。故透過交叉銷售可更能提升銷售績效，因此交叉銷售是可做到客製化行銷漏斗成效，因為在交叉銷售過程中可發現客戶專屬的行銷漏斗。 客製化行銷漏斗是欲決定每一位客戶處於行銷漏斗的哪一個階段，因此很多公司都運用此交叉銷售的軟體工具來提升銷售績效。例如：美國上市公司客製化的電商網站 Shopify，可發展以目標對象（target audience）為主的行銷漏斗作業（https://www.shopify.com）；Facebook 的徽章或小工具（badges and widgets） 連接在自己的網站或部落格提升註冊率；Dropbox 自拍影片貼在社交新聞網站 Reddit 及科技資訊網站；Dropbox 結合 FB 帳戶提供免費空間 150MB；Facebook Messenger 整合線上音樂串流服務—Spotify；Airbnb 租屋廣告在所屬城市的地方分類廣告 Craigslist 的平台上交叉張貼工具，也對 Craigslist 有益（https://taipei.craigslist.org/）；電商網站利用臉書開放 API（Application Programming Interface）嵌入連結臉書的讚與分享的按鈕；飯店訂房服務的 App 利用 Uber 的 API 嵌入叫車功能。

程序化購買機制

成長駭客行銷所用的新技術有程序化購買機制。程序化購買機制也可稱為程式化購買，它利用程式語言透過數據運算方式，來自動地執行廣告媒體購買的流程，而不需要購買廣告版面來執行點擊率的曝光，這種傳統做法並無法保證準確對應在目標群眾上，但程式化運算可讓對的人在對的時間看到對的廣告資訊。程序化購買機制包括 RTB（即時廣告競價）、再行銷、機器學習等技術。

茲針對 RTB（即時廣告競價）、重定向廣告再行銷、機器學習說明如下：

1. **RTB（即時廣告競價）**：RTB（Real Time Bidding，即時廣告競價）是一個網路廣告的競價機制，它和之前廣告聯播網不一樣，它是利用數據分析能力來掌握目標族群客戶需求，也就是判斷出客戶需求的特徵，來讓相關的廣告商能互相競價廣告，以便推出合理價錢的廣告購買。

2. **再行銷（重定向廣告，retargeting）**：重定向廣告（retargeting）是一種獲取新用戶的工具（acquisition tools），它是針對之前已發生的訪客對某網站有意願的行為，包括：訪客瀏覽商品、瀏覽頁面內容、放入商品至購物車等行為，而這些行為所產生的數據會放在 cookie（小型文字檔案）和雲端資料庫，進而分析訪客有興趣卻沒有完成購買結帳的商品，進而將訪客重新導回商品頁面完成購買，或是投放周邊／相關商品廣告。

    在以廣告版位曝光方式的分眾網站（niche web sites）運作下，或是砸大錢買廣告、名人代言的行銷模式下，使得以往的廣告都是不知道點擊廣告的真正客戶，網路使用者安裝了廣告封鎖程式，但利用重定向廣告可產生精準定位（targeting）效果，進而提升每個廣告的轉換率及投報率，來取代購買電視或報紙廣告。目前有一些工具如下：AdRoll（https://www.adroll.com）根據訪客瀏覽行為來個人化再廣告行銷活動）、Facebook 結合 AdRoll 廣告再行銷、Chango 公司在數據驅動的搜索重定向廣告領域。

3. **機器學習**：是人工智慧的一環，包括 Logistic Regression（Logistic 迴歸）、集群分析、Decision Tree（決策樹）、Support Vector Machine（SVM，支援向量機）、Random Forest（隨機森林）、Boosting（強化學習）、Deep Learning（深度學習）。例如：Amazon（亞馬遜）透過機器學習數據分析來預測每一個商品的需求偏好，並進而應用在口碑行銷上。例如：Intowow（點石創新）公司（www.intowow.com）提出分散式人工智能投遞影音廣告（Decentralized A.I. Ad Serving Technology）來改善 App 內原生影音廣告的用戶體驗，並進而發展 App 影音廣告供應端平台（Supply-Side Platform, SSP），來整合供應端廣告平台和程序化購買（programmatic buying）機制。

成長駭客的軟體工具如下：

1. **A/B tests（A/B 測試）**：是指透過分析使用者經驗（UX）來進行網頁介面改版，以便發展出精準轉換率，使用者經驗（User Experience）是觀察使用者真正的行為動機，以便優化介面的方式，例如：當頁面 A 上預期得知網站的排版／視覺圖像選用改變時，進而執行到頁面 B 之轉換（轉化率優化，Conversion Rate Optimization, CRO），它分別將軟體產品做成 A 版與 B 版，以不同產品版本來進行市場測試，故 A/B tests（A/B 測試）可減少網頁障礙，提升轉換率以及針對新功能進行小範圍測試，以便確定改版功能，故 A/B tests（A/B 測試）也是一種透過掌握用戶重複消費行為，來產生使用者經驗優化（User Experience Optimization），以便促成更高的達成率、更高的轉換率。好產品可透過 A/B tests（A/B 測試）來產生成果導向行銷（ROI based Marketing），它可利用「最小

可行產品（Minimum Viable Product, MVP）」做法，來進行開發測試和不斷調整，例如：將複雜的註冊過程簡單化，並設計了搜尋功能，其中關鍵是在找到槓桿的支點，也就是有高度意願的「早期使用者（early adopter）」，不須花費太多成本來大量曝光。

2. **搜尋引擎最佳化（SEO）**：SEO 是運用搜尋引擎最佳化的觀念和技術，融入演算法運作，以關鍵字行銷、網頁優化、內容行銷技術，來達成優化網站內容與使用者體驗，進而在自然搜尋的情況下可主動將網站推薦給正在尋找相關資訊的使用者，如此透過排名躍升可提高網站能見度。

3. Google Analytics（GA）：GA 是 Google 提供的免費網站分析軟體，能監測網站所有統計服務使用者停留多久的流量數據。

4. Affiliate Marketing（**聯盟網站行銷**）：透過網網相連的網路聯盟行銷，以集中推廣商品或服務，來擴大加速銷售的通路和機會。例如：https://www.affiliates.one/zh-tw/ 和 www.google.com.tw/AdWords。

5. App Store Optimization(**軟體商店優化**)：為監控關鍵詞排名變化服務的 App，以便挖掘出有價值的決策資訊，例如：AppAnnie 企業應用市場數據解決方案提供商（https://www.data.ai/account/login/）、軟體商店優化關鍵字搜尋量估計軟體。

圖 10-1 軟體商店優化（資料來源：https://developer.apple.com/app-store/search/）

6. Content Marketing（內容行銷）：以創作與眾不同和高價值內容來吸引顧客的行銷手段，並須長期與顧客保持聯繫，來提高消費者對品牌的參與程度，它是須發展與顧客高度相關、目的導向的產品和服務以外之價值（retention），以維持顧客忠誠度。例如：內容行銷學會（Content Marketing Institute）（http://contentmarketinginstitute.com/）。內容行銷手法有 hyper-targeted content（高目標的內容）方式，它是針對客戶需求內容能直接和潛在顧客對話，以掌握客戶所需的目標內容，例如：Wishpond.com 更詳細的客製化內容行銷程序。另外，使用者創作內容（User Generated Content, UGC）也是一種提供獎勵誘因，讓消費者可回饋內容，如此可產生消費者主動對產品品牌認同的成效，此做法就是一種內容行銷手法，例如：Go Pro Youtube 搭配社群網站的主題標籤功能，讓訂閱人數暴增，因為客戶可使用 Go Pro 來記錄和秀出自己的內容。例如：IKEA 製作產品的數位型錄；UBER 的優惠序號補貼；Dropbox 連結 Facebook 分享並提供部分免費空間；Istockphoto 眾包照片平台增設工具、推出活動等誘因；團購折扣網站 Groupon 請你「介紹朋友」。

7. **內容駭客**：從上述內容行銷說明，可知內容愈來愈被重視，故內容行銷結合成長駭客就成為內容駭客，它是一種運用上述內容行銷的內容，在業績成長與流量增加的目標考量下，以學習數據來撰寫優質內容，進而驅動內容行銷的方式，包括內容測試和分析的過程，並加強和目標客戶（target audience）的互動，以便達成內容和用戶的適配（content/audience fit）。

8. Marketing Automation（行銷自動化）：是一種讓行銷更有效率和做行銷排程的工具，它可自動化運作行銷作業，將一般客戶轉換為潛在顧客，進而推動潛在客戶成為忠實顧客。例如：Hubspot 數位行銷整合工具平台（https://www.hubspot.com）。

9. Landing Pages（登陸頁）：登陸頁是一種網路公司的門面，它是導引潛在客戶經由不同管道到達產品頁面，也就是登陸頁起點須能有效讓消費者花時間停留。例如：wishpond 的 Landing Page Builder 是一個登陸頁面生成器（如圖 10-2）。

圖 10-2 登陸頁面生成器（資料來源：https://www.wishpond.com/landing-pages/）

茲再列出其他的成長駭客的做法如下：

- viral factor：病毒行銷的擴散因素。
- email deliverability：傳送不會被過濾或忽視的電子郵件到達目標客戶。
- Open Graph：開放社交關係圖譜。
- lead generation tools：可運用 CRM 來提升回購率和轉化訪客成為你客戶的軟體，例如：salesforce 公司（https://www.salesforce.com）。
- Mobile Analytics：行動 App 端的使用者行為追蹤與分析。例如：Amazon Mobile Analytics（https://aws.amazon.com/tw/mobileanalytics/）。

漏斗型行銷 AARRR 模型

在社群媒體行銷下，運用 STP 行銷策略（市場區隔（S）、目標顧客（T）、市場定位（P））的成長駭客漏斗型行銷 AARRR 模型，就是為了因應消費者的異質性而發展出來的透過更多測試、分析、優化之解決方式。成長駭客的漏斗型行銷 AARRR 模型，分別為 Acquisition、Activation、Retention、Revenue、Referral 等五項指標。

1. **獲取用戶（Acquisition）**：利用聯播網、Google 關鍵字、SEO、Facebook 廣告等方式吸引客戶到訪你的網站、App 等 Landing Page。

2. **提高活躍度（Activation）**：把潛在客戶轉化為活躍客戶，促成加入會員。它可運用 A/B 測試技術來得到大量數據，進而讓客戶更加使用你的網站、App 等。

3. **提高留存率（Retention）**：執行活動設計再行銷、內容經營等方式來提升產品服務的高黏著度。

4. **增加收入（Revenue）**：用上述獲取流量、激活、留存回訪等方法，最後主要的目標都要能轉換成營收收入，將之利潤最大化。

5. **推薦傳播（Referral）**：加入病毒行銷傳播。

10-2 大數據行銷

大數據行銷是近來非常重要熱門的資訊科技應用的網路行銷。在早期就有商業智慧（BI）分析，在執行上述的數據形成及分析的過程，但 BI 的數據主要是運用關聯式結構化 SQL 的資料庫，然而在虛擬數位互聯網和實體物理物聯網上，所需要的數據很多是非結構化和難以事先定義資料綱要等資料，因此大數據分析就是因應物聯網 NOSQL 數據而產生的。這對於因行銷環境改變的網路行銷得以有更好的解決方案。故它強調 5V 的特色，它包括 Volume（資料的數量龐大）、Variety（多種類）、Velocity（速度快），Value（價值）與 Veracity（真實性）等。大數據分析其實就是在做資料形成過程，先將數據資料做擷取彙總，接著轉換過濾成資訊，再將資訊萃取成知識，最後將知識洞察成智慧，如此的智慧就是大數據分析所欲得到的結果。

▓ 大數據分析形成過程

故大數據分析就成為網路行銷的重要工具和應用。從大數據分析的應用來看，可知在網路行銷上的執行過程是以消費者行為模式為框架，而此行為模式是建構在客戶購買決策過程中，因此，大數據分析首先須在此過程中執行上述的分析形成過程。茲分別說明如下：

1. **在前置資料處理的購買欲望誘因需求上**：從購買決策過程中的欲望誘因需求等動作，若轉化成網路行銷應用系統，可有網路 DM、電子報、主題社群、部落格、網路廣告等工具系統，從這些工具的使用，則會產生購買行為數據，例如：瀏覽網頁等數據，而這些數據就須透過大數據的前置資料處理，如此才能產生正確完整的好品質。目前有些平台管理方案和大數據工具就是要提供這些技術，例如：Hadoop 提供快速和通用計算引擎，Spark 提供數據流處理和圖形計

算的模型，Splunk 提供可視化和數據來源監控機器，MongoDB 提供結合網絡的動態架構大數據模型，Pentaho 提供開放原始碼的企業大數據分析。

2. **在多維度商業化知識的消費下單和售後服務上**：從購買決策過程中的下單和售後服務等動作，在網路下單、網路客服等軟體系統應用下，可展開不同主體的多維度分析，來呈現其商業化知識，例如：客戶下單 RFM 分析、熱賣商品分析、庫存週轉分析等，這些知識應用可用大數據平台，例如 KNIME Analytics Platform 等工具。

3. **在智能行銷的消費者行為模式上**：從購買決策過程中的預知主動推薦等動作，在聊天機器人、深度學習、機器學習等 AIoT 企業應用資訊系統運作下，可創造出智慧型的預知行為，例如客戶分類、商品推薦、購物籃分析、智能 FAQ 等智能行銷，這些智慧應用系統可用人工智慧平台，例如 WEKA、easyrec（http://easyrec.org/）等軟體系統。

從上述說明大數據分析應用在網路行銷上，最精髓之處就在於智能行銷和轉成無形的數位資產，它背後基礎在於 AIoT（Artificial Intelligence and Internet of Thing），也就是 AI 和 IoT 的整合，AIoT 已經徹底改造傳統企業應用資訊系統，AIoT 企業應用資訊系統著重在結合人工智慧和物聯網的應用系統，綜觀企業應用系統是包羅萬象，包括 ERP、供應鏈管理（SCM, Supply Chain Management）、客戶關係管理（CRM, Customer Relationship Management）、知識管理（KM, Knowledge Management）、電子商務（EC, Electronic Commerce）、製造執行系統（MES, Manufacture Execution System）、產品資料管理（PDM, Product Data Management）、協同產品商務（CPC, Collaborative Product Commerce）等項目。而這些應用系統歷經資訊科技演變，從早期 DOS，到 Windows，再到 internet，到現在物聯網等技術突破創新，其應用系統也隨之不斷改變改善，而至目前已走向 AIoT 的技術應用。在現今物聯網、金融科技、人工智慧、大數據、雲端運算等資訊科技衝擊下，企業競爭已經從知識營運轉向智慧營運（見圖 10-3）。

圖 10-3　AIoT cloud（資料來源：https://www.aiotcloud.dev/tw/community-version）

從上述可知網路行銷本質上的內容，也開始產生破壞性創新，因為此「網路」定義已經從互聯網轉成物聯互聯網，而此物聯網也不是只有物品聯網而已，它應是整合式物聯網（請參考筆者另一本著作：《物聯網金融商機》），因此，創新先進的網路行銷做法應以環境平台為行銷作業著力點，來發展行銷功能。在此環境平台的定義範圍，主要有 2 個方向，第 1 方向是先進資訊科技，例如聊天機器人、AIoT 企業應用資訊系統等，第 2 方向是共享生態平台，例如共享經濟模式、產業資源平台、產品服務系統（Product Service System, PSS）。在本書中也提及到共享平台模式。

大數據行銷就是須在這樣的環境平台來執行行銷功能，而在 AIoT 基礎的網路行銷，就是有用到智能物品的人工智慧軟體應用，例如消費者在智慧型手機做瀏覽下單的作業，這時瀏覽下單過程的數據都被記錄儲存，也就是記錄消費者交易軌跡，並且利用 AI 機器學習演算法，將這些記錄數據做運算分析，而得出該消費者行為偏好，例如某商品偏好或某新聞偏好等結果，而此刻企業廠商可針對此偏好發展個人化行銷，例如商品推薦、精準廣告投放等行銷。這樣的行銷方式是主動推播方式，如此可讓消費者不須花費搜尋成本，就能找到自己的偏好需求，當然，對廠商而言更能以低成本快速方式找到目標客戶。在物聯網時代，往後會有更多智能物品產生，因此 AIoT 的大數據行銷就愈來愈重要。

Hortonworks 提出大數據四階段成熟度模型：感知（aware）、探索（exploring）、優化（optimizing）、轉型（transforming），和五個領域評估大數據能力：數據贊助（sponsorship，願景與戰略、資金、宣傳、商業案例）、數據和分析實踐（data and analytics practices，數據蒐集、儲存、處理、分析）、技術和基礎設施（technology and infrastructure，主機策略、功能、工具、整合）、組織與技能（organization and skills，分析與開發技能、人才戰略、領導力和合作模式）、流程管理（process management，規劃和預算、作業、安全和治理、計畫衡量、投資重點）（參考：http://hortonworks.com/）。

大數據行銷已普遍應用在各行各業，它主要是欲從海量數據中挖掘出商業價值，而這個價值可帶來商業應用的績效，但這樣的觀念其實在早期就已有實務運作，包括資料探勘、商業智慧系統等，但因先進技術的不斷創造，其大數據行銷是有所不同，在此，簡略在數據和行動載體上做說明。首先，數據來源有 2 個，也就是虛擬數位和實體物理數據，前者利用軟體系統資料庫或爬蟲程式擷取網頁瀏覽行為的軌跡資料，資料庫是結構化 SQL 資料，軌跡資料是非結構化 NoSQL 資料。後者是由智能物品感測感應所擷取的物理性資料，物理資料是指實體物品本身物理現象的狀態變化，例如智能輪胎物品的物理狀態變化數據（胎壓、胎紋、胎重等數據），故大數據是結合上述 2 種數據，來做數據前置處理和數據模式分析。再者，大數據分析結果是會跨越不同的螢幕介面，這是因為行動載體有不同裝置，例如手機、平板電腦、穿戴式裝置（AR、VR 眼鏡等），故大數據行銷必須能跨越異質平台和設備。

從上述說明可知，大數據行銷是要朝向精準和精實行銷，它透過數據演算分析來消除不必要的行銷前作業，例如拜訪或電訪客戶試圖蒐集客戶行為資料，以俾了解探索客戶對商品規格種類的需求。這些作業成本以往都是業務人員在運作，但以後就是由大數據行銷來執行，而業務人員會注重在更深層的策略分析和決策上，所以，大數據行銷是業務人員的最佳利器。

大數據分析的優化作業

大數據分析的優化作業，是要讓行銷作業流程能更具有優勢競爭力，故優化執行功能包括簡化、速度、價值、成本、促成、模式等 6 項運作。茲說明如下：

1. **簡化**：整個行銷流程有多個步驟，因此如何簡化這些步驟，包含刪除、合併、同步等方式來讓流程步驟減少，如此時間成本就降低，相對性客戶滿意就提升。
2. **速度**：不論流程步驟有多少個，一旦步驟執行速度很快，則行銷流程就很有效率，而會造成速度很快的成果，是因為運用資訊科技，使得步驟可即時完成，例如利用聊天機器人在不到 20 秒內來完成客戶下單步驟。
3. **價值**：若行銷流程在運作時沒有產生價值，則這些運作都是為了做而做，是一種虛功，對企業和客戶都沒有助益。而在此價值是指能解決問題，進而滿足客

戶需求，它可用一些網路行銷指標來呈現其價值的程度，以俾具體了解哪些行銷作業是有其必要性，茲說明指標如下：轉化率、點閱數時間、新客戶佔有比率、接觸成功率等關鍵績效指標（KPI），如表 10-1。

表 10-1 網路行銷關鍵績效指標

客戶特徵	曝光宣傳	網站流量	行銷行為
性別、地域、來源媒體、是否註冊、登入次數、會員轉換率、新註冊、資料表單數	廣告每次下單費用 CPA（Cost-per-Action）、廣告曝光量	網站進站數、站內搜尋、購物車、列表頁、首頁、收藏評論、單品頁、類別頁	流量來源比率、關鍵字貢獻比率
終生客戶價值（LTV）、客戶獲取成本（CAC）	舊客戶的回頭率（retention）、瀏覽到下單的轉換	search visibility（搜索曝光度）、keyword volume（搜索量估計）、keyword efficiency index（關鍵詞推薦度）	點擊率、下單率、訂單成交數
集客率、留客率、虛榮指標（vanity metrics）	轉換率（conversion rate）、跳出率（bounce rate）	網站訪客來源、造訪次數、分享帶回流量	會員黏著度、回購率

4. **成本**：在大數據行銷過程，可消弭傳統行銷成本，包括客戶尋找成本、等待成本、選購決策成本、商品比較成本、購買作業成本等，因為大數據分析已把上述的客戶購買相關作業，利用資訊科技將這些作業壓縮成「即時作業」和「後台背景作業」的執行，故這些上述傳統作業仍會運作，但時間成本很低，而所謂「即時作業」，是指這些作業都是以約幾秒內就完成，它是依賴資訊科技來達成的。例如：在客戶尋找商品或資料作業，已由程式執行消費行為偏好，進而主動推播商品或資料需求給客戶，這樣的作業都幾乎以即時方式來完成，另外，所謂「後台背景作業」，是指作業是在後端由程式自行執行，不需要人為在前端介面再點選確認，故消費者不會感受到有作業時間。例如：將客戶欲購買商品的價格和規格與其他廠牌的比較，以利客戶決定購買何種廠牌的商品，如此的比較程式，不須消費者告知，其軟體系統就已在背景內自動執行，最後，產生最適商品推薦給客戶。

5. **促成**：往往客戶在運作購買決策過程中，能不能走到真正下單購買的階段，都須看是否有什麼促成因素，也就是行銷下單最後一哩路，故大數據行銷必須產生最後一哩路的促成功能，例如：客戶偏好優惠商品加購功能，回饋客戶再次購買獎勵功能等。

6. **模式**：模式是指某些獨立元件組合成相關的方法結構，元件彼此之間可用參數來傳遞溝通，並可設定規則或運算邏輯來發展某些行為，進而成為在此模式內的整體性最佳績效。在網路行銷的例子，就是消費者行為模式。也就是透過消費者行為模式，來發展行銷的作業功能。

■ 大數據行銷案例

- 從某個消費者對影片種類的行為偏好，可用商品推薦運算邏輯的分析，得知此客戶應購買對情感和某明星品牌的 DVD 商品。
- 亞馬遜利用客戶瀏覽行為資料軌跡分析產品之間的關聯性，進而運用自動推薦系統提高客戶訂單。
- 美國 7-Eleven 發展行動化顧客關係管理（CRM），運用大數據深入分析顧客行為，發展一對一個人化顧客行銷，進而提高顧客購物意願。
- friDay 影音透過大數據分析來提升用戶體驗，提供推薦客製化的影片，這是利用數據洞察，從消費者接觸體驗過程中來掌握消費旅程。
- 紐約市府運用大數據分析反覆比對原始指標和即時資料，進而預測發生火災的前五名名單，捨用住宅投訴電話的危險程度做法。
- 快遞公司優必速（UPS）利用地理位置行車路徑大數據分析，如此一年送貨里程大幅減少 4800 公里，並省下油料及減少二氧化碳。
- 美國女裝零售商 Chico's 運用行銷自動化軟體（marketing automation）來執行大數據分析，以快速整合眾多商品資訊，預防和了解流失客戶現象。零售產品品牌主動提供對應客戶的訊息和推薦，讓消費者快速完成銷售循環。

10-3 智慧消費行為

當網路行銷環境改變時，其網路行銷方式和工具就會有所改變，目前行銷環境已成為物聯網大數據運作的平台，故網路行銷方法也朝向智能行銷，以下是智能行銷的特色：

1. **數據優化行銷**：當數據愈來愈多和容易蒐集時，其用數據化來做精準行銷，就成為競爭力的基礎。用數據化來做行銷，其實就是要對整個行銷流程作業能有可見化科學性的掌控，因為所有行銷過程證據都呈現紀錄於數據中，也就是用數據來說話。但數據必須經過優化方式來提升萃取其價值，所謂優化是指數據

經過一連串萃取分析技術，來使數據更精準和高品質來達到行銷需求和目的。例如大數據分析就是一種數據優化技術方法。

2. **主動推播行銷**：以往都是廠商推銷找客戶賣商品，或是客戶自行尋買商品，這二種都是用被動方式來進行，如此容易造成時間、地點、人員不對，例如廠商突然拜訪客戶，但客戶在忙，這是時間不對。故如此被動行銷方式造成事倍功半的無效率結果。因此須用主動推播行銷，它是利用資訊科技來蒐集了解客戶購買行為，進而在適時適地適人適境的場域內，進行主動行銷商品或情報等，而客戶和廠商都不需要花費尋找時間成本，就可在供需滿足時完成行銷。例如在地化服務行銷 LBS（Location Based Service）就是一例。

3. **平台式行銷**：在互聯網開始建構成雲端平台後，很多軟體服務也朝向直接上雲端存取資料和操作軟體，以隨選需求服務取代安裝軟體，並以租用軟體取代購買軟體產品的營運模式，如此使得第三方平台興起，進而整合各利害關係人，包括消費者通路商、產品廠商等不同組織，故如何在這樣的平台營運行銷就成為智能行銷的場域，尤其是在結合實體世界的物聯網後，其生態平台式的營運行銷就成為企業經營未來顯學。例如 YouBike、Uber 都是生態式平台的例子。

4. **預知行銷**：事先洞察行銷機會，提早知悉客戶需求所在，進而在適當時間和地點進行行銷作業。它可分成市場預測產品數量和種類預測客戶分類等，之後根據這些預測，發展預知行銷方案，包括：商品推薦、智能顧問、新商品演化、精準市場區隔、機器人流程自動化等。從上述行銷活動，可知整個行銷作業都是以跳過現實時空，將時空推測至未來時間和空間，在未來時空是指挖掘潛在的需求，包括目標客戶、熱門商品、利基市場等，因這些需求原本就存在，只是現在不知悉，須等到未來相關配套或條件成熟後，才會讓大家只要花費查詢成本，就可知道需求所在。但此時已有很多同業者競爭，如此商機就已不是那麼有利潤了，甚至已失商機。故預知行銷是目前及未來的行銷趨勢。

5. **創造需求行銷**：往往需求都是客戶提出來的，或是依照歷史購買數據來思考理所當然的需求，而這些需求都是應原本存在需求，故如何佔有這些需求，是大家共同競爭的市場需求，但也正因此，市場就成為競爭激烈的紅海市場。但在智能行銷趨勢下，必須走向藍海市場，也就是創造需求行銷，它著重在跳過舊有紅海市場需求，創造出新的需求，但是如何創造呢？必須依賴智能行為。也就是從智能科技來發展智能行銷，它包括 6 大步驟，第 1 步驟是客戶內在心理欲望的探索，它可利用擷取在互聯網數位和物聯網實體的所有數據，進而透過大數據分析，挖掘出客戶內在心理行為偏好模式。第 2 步驟是將此心理偏好模式轉換成需求模式，它可利用決策模式庫技術，設計需求模式庫。第 3 步驟是

將需求模式庫作為網路行銷的需求來源，來進行市場客戶的探索，這時可結合上述的預知行銷技術來挖掘可能的真正需求。第 4 步驟是若前步驟的需求確認無誤的話，則就進行需求行銷的實踐，透過此實踐作業來創造新的需求。實踐作業的方法可運用 App 管理程式、聊天機器人等資訊科技工具來促使加速客戶購買決策。第 5 步驟是善用 AIoT 顧客關係管理系統，來讓客戶有誘因激勵，進而真正下單購買。第 6 步驟是一旦客戶真正下單後，就是如何延續再次購買，這是可創造需求的關鍵所在，因為初次下單對於創造需求行銷只是敲門磚，真正要達到創造需求行銷的成效，必須能到某規模數量，如此數量所產生的營收才能涵蓋前 5 個步驟所花費的成本，進而有利潤。其運用工具方法，同樣也可運用 AIoT 顧客關係管理系統。

從上述說明，可知智慧消費行為是強調全通路零售服務（omni-channel retailing service），全通路零售服務是從供應端、製造端、配送端、銷售端、客服端所串聯的無縫一條龍式，它是以消費者（行為、認知、情緒）為中心，強調全面客戶接觸和多元化通路，而傳統多通路是單一接觸，故傳統行銷無法達成智能行銷，智能行銷可透過新科技帶來的效益，來改變消費者既有的消費習慣。智能行銷也造就智慧零售變遷的趨勢，這是一場零售業巨大的革命，它從單一和部分客戶管理轉型成客戶全生命週期管理（customer lifecycle management），客戶生命週期是包括客戶的獲取、消費提升到維持忠誠、乃到再回購等循環週期。故智能行銷是結合客戶行銷和資訊科技的綜效應用，它整合消費者行為、購物行銷 O2O 環境、產品服務系統（PSS, Product Service System）之間的互動模式，茲說明智能行銷重點如下。

消費者行為

智能行銷帶來消費者行為衝擊，它必須以系統化方式來掌握顧客對於消費前、中、後每環節的關鍵點。智能行銷的其中 1 個模式是「提前預測需求」，「提前預測需求」是勝出關鍵，它透過分析平台過去的訂單數據、商品熱銷時段，以及購物分布位置，來掌握消費者未來需求，以往都是運用壓縮物流運送時間來作為競爭力，但這仍是在下單後才能確認後續作業，故提前預測需求才是競爭力。例行性日常用品、不具趣味性的購買行為很適合「提前預測需求」智能行銷，因為此種產品很著重品牌忠誠度和使用習慣。例如：在聖誕節前夕，聖誕零售的廠商可預估消費者需求，如此就可事先提前準備運作後續作業，例如：物流、預測需求量。

從上述可知，智能行銷是須建立在消費者行為偏好上來發展智能行銷，除了上述「提前預測需求」行銷方式外，還有 KPI 關聯分析、口碑趨勢分析、消費者情緒分析、

客戶旅程地圖…等行銷方式。茲說明「客戶旅程地圖」行銷方式如下：客戶旅程地圖是記錄追蹤每一個顧客的經歷軌跡，包括尋找、探索、體驗、諮詢、感受、比較、瀏覽、下單等過程。再者，用智慧運算消費者的類型分類，進而事先預測客戶會進行什麼交易行為，如此業者可掌握天時、地利、人和來提供最佳化的服務契機。例如：線上旅行社攜程網（Ctrip）運用客戶旅程地圖來了解客戶為旅遊所需購物商品的狀況。

購物行銷 O2O 環境

行銷 O2O 環境包括實體商家線下和線上網路服務，如此成為購物行銷環境，而線下和線上是互相串聯，也就是客戶在實體商家購物，但可運用線上服務來使線下購物行銷更加優化便利，相反地，也可先在線上運作購物再透過線下通路來優化線上購物服務，如此可在 O2O 環境裡的線下和線上切換，來藉此調整銷售策略，這是一種在互聯網 O2O 行銷，但還不是智能行銷，因為沒有物聯網的智能環境，故智能行銷須結合互聯網和物聯網技術，而成為智能 O2O 環境。例如：家用監控品牌客戶 Guardzilla（https://www.guardzilla.com）推出物聯智慧自帶電池的無線網路攝影機，來產生智能環境場域。在此智能 O2O 環境場域內有各項感測辨識裝置連結後台 cloud-based 系統，此感測辨識裝置可利用室內、行動定位與訊息推播技術與聲控設備、支付技術串連起零售商店的購物推車和服務櫃位，接著也連接到消費者個人行動裝置來做智能行銷，除此之外，也可串連宅配物流來做物品運輸，並還可整合自動補貨機制。

產品服務系統（PSS, Product Service System）

世界經濟論壇（WEF）提出數位轉型 2030 年報告排名第一項是產品服務化，也就是產品即服務（Product as a Service），它可將傳統產品服務化，並產生分享經濟的服務化運作模式，並產生產品經濟效益的可持續性。產品服務系統的運作模式之一是「產品設計採取服務導向的產品功能和市場結合」。茲舉例在大賣場購物情境如下：由於傳統 POS 收銀機和貨品並無法直接溝通，必須依賴人為利用條碼（barcode）機以手動掃描方式來結帳，這樣造成貨品從架上放置購物推車、移至收銀機櫃檯時，需再從購物推車拿出至檯上掃描，如此一來一返造成貨品拿進拿出的重複動作，這當然使得結帳作業冗長，因此在整個結帳作業相關裝置／設備產品在研發設計時應考慮到如何服務顧客需求，並結合產品功能和市場考量的設計。在此例子，為服務顧客快速結帳需求，須把 POS 收銀機改成 RFID（無線射頻辨識）感測數據

功效,其購物推車搭配 RFID Reader 和貨品貼上 RFID 標籤等產品設計,如此設計考量產品功能(可自動讀取貨品資訊)和市場需求(顧客不需等收銀員掃描貨品)的結合,例如:家電大廠 Philips 不賣實體燈泡產品,而是提供照明服務。

數位行銷+人工智慧

智能行銷會學習駕馭大環境帶來的顛覆(disruption)。未來的消費者主體不再是人類,智能物品、軟體程式和機器人幾乎變成了消費者主體,軟體系統和機器人行銷成為未來趨勢。也就是運用 AI 結合物聯網,它可產生智能行銷,也就是當商品數量即將到再訂購時,物品會自行提出下單。之前亞馬遜公司推出一鍵購買「Dash Button」技術,但仍須客戶操作,而智能行銷系統則不須客戶操作,軟體系統機器人會自動為購物者進行採買,消費者不再需要按鍵,並且可延伸到居家社區智慧居家裝置,消費者也和商店專屬 App 語音助理進行連線。如此智能行銷也是一種認知數位行銷,例如:IBM 利用 Watson 行銷發展出認知數位行銷。

在智能行銷上,實體店面和虛擬行銷不只賣商品,更要創造附加價值。例如:手工藝品買賣平台 Etsy(https://www.etsy.com)發展 AI 數據分析個人需求系統。例如:美容諮詢平台 HelloAva(https://www.helloava.co/)運用機器學習技術發展推薦客製化保養產品服務。例如:運動品牌 Asics(https://www.asics.com.tw/?lang=zh-TW)依照 3D 量測足部形狀來幫客戶建議最適合鞋款,它是依照客戶足部型態以及走路頻率狀況來產生智能行銷。例如:smartapi.com 推出智能 API(Application Program Interface),如圖 10-4。

圖 10-4 智能 API(資料來源:https://apipheny.io/free-api/)

在現今物聯網、金融科技、人工智慧、大數據、雲端運算等資訊科技衝擊下，企業競爭已經從知識營運轉向智慧營運，也就是人工智慧企業應用資訊系統，它是將智能作業演算法應用於決策和營運管理。包括：精準行銷、智慧客服、交易與理財諮詢（Robo-Advisor）、人工智慧分析能力的人力資源服務、人工智慧追蹤會計服務…等。企業的競爭優勢不再是只能依靠營運作業層次面和管理分析層次面上，它必須更提升到自主性決策分析層次面上。智能作業的演算化對於企業經營而言，猶如血濃於水般地密不可分。鬆散時，一個如商品標價這樣的小小資訊處理錯誤，便可能造成公司營收大失血；緊密時，企業在攻城掠地的整體戰略上，更仰賴智能作業演算化的神來之筆，才能實現致勝關鍵。從上述說明可知在智能化資訊科技衝擊下，企業競爭是更加白熱化，那怎麼辦？那就必須從企業營運流程如何應用資訊科技化系統來提升經營績效方面著手！也就是轉型成資訊科技化企業！資訊科技化企業就是指經營流程皆以智慧系統作為其營運平台，將整個流程活動轉換為自主性的智慧系統功能，以期來提升企業經營績效和競爭力，更甚的是企業可利用資訊科技化來創造新商業模式。例如：爬蟲軟體擷取蒐集網站內所有欄位資料和瀏覽路徑，這些都是消費資訊，而通路廠商可運用此消費資訊，來提供社群行為數據與消費行為分析。例如：企業可導入 open source SuiteCRM 軟體系統功能，包括：customer self-service（客戶自助服務）、contract renewals（維護合約續訂）、leads customer monitoring（監控潛在客戶）、sales portal（銷售入口）、flexible workflow（敏捷工作流程）、servicing（售後服務）、marketing（行銷）、ROI calculator（投資報酬比率計算器）、finance management（財務管理）、billing and invoicing（結算和發票）、template quotations（客戶報價模版）、pricing strategy control（控制定價策略）、contract renewals servicing（維護合約續訂）、Q&A support（Q＆A 支援）等功能。

問題解決創新方案—以章前案例為基礎

（一）問題診斷

依據 PSIS 方法論中的問題形成診斷手法（過程省略），可得出以下問題項目：

■ 問題 1：在眾多網路行銷方案競爭下如何發展？

網路行銷已是眾家必爭之地，它不再是只要去做就好，更重要的是做得比別人好，因此網路行銷已不是創新活動，但重點是如何創造有競爭性的網路行銷。

■ 問題 2：在網海茫茫中如何讓客戶知道你的存在？

網路行銷已如同雨後春筍般的大量而至，所以這時企業需要的不是一般網路行銷，而是更精實（lean）的網路行銷。

■ 問題 3：精實的網路行銷應適合企業本身

從一般網路行銷到精實型網路行銷，例如：關鍵字廣告方式，但這種精實型網路行銷的規劃和執行，須考量到企業本身的特性，包含產品、市場、作業等特性，如此才能發揮出精實（lean）的效益。

（二）創新解決方案

■ 問題解決 1：建構具有知識創新服務的網路行銷

網路行銷運作目的最後仍是回歸於企業經營績效，因此網路行銷創新仍須先從企業經營創新來展開，其創新關鍵在於「服務」，此服務是須具備知識型創新，所以，企業須將經營發展規劃成具有知識創造的創新服務模式，再由此模式來發展創新的網路行銷。

■ 問題解決 2：將網路行銷活動形成一個知識循環模式

知識循環模式的運作，可使網路行銷朝向精實（lean）成效，而一旦成為精實型運作，則就可讓客戶即時精準的知道企業所在。

■ 問題解決 3：建構知識型企業

精實型網路行銷活動是來自於企業運用知識管理於經營發展計畫內，如此規定就可使網路行銷成為一種知識創造的創新服務模式，而此模式須能考量企業營運本身特性，才能真正發揮精實（lean）成效，而這正是企業須朝向知識型企業的關鍵所在。

（三）管理意涵

■ 中小企業背景說明

中小企業在知識時代中，在資訊科技快速發展的推波助瀾下，各式新型商品與新穎服務的開發與提供，不但改變了傳統的供需關係，更使企業經營面臨必須全面檢討與不斷創新的壓力。

■ 網路行銷觀念

知識和知識管理的基礎內涵，使得時代的轉移，這樣的轉移是有其脈絡的，這就是知識經濟時代的趨勢動脈。中小企業必須順應時代的趨勢動脈，也就是可建立一個知識型的網路行銷，來了解整合時代的趨勢動脈。

■ 大型企業背景說明

大型企業在知識時代中，其知識管理的運作會產生智慧資本，企業利用這些智慧資本來增強本身的核心競爭力，並儲存成知識資產。

■ 網路行銷觀念

要達成知識資產的成效，必須在運作過程中運用「商業智慧」的方法，商業智慧是付諸行動的解決方案，它是採用服務導向架構的決策流程，來完成企業的知識創新。知識管理的成效需要經過衡量，才能了解是否達到知識管理的目標，衡量不只是幫助評估知識管理的績效，也可藉由衡量方法的展開，來了解企業策略展開的架構和執行績效。故企業可建立一個具有知識回饋的網路行銷，將知識管理的衡量結果回饋到企業需求。

■ SOHO 型企業背景說明

SOHO 型企業在知識時代中是需要策略的規劃，才可發展制定出一些計畫和作業的執行。在推動知識管理的企業內，策略的規劃必須和知識管理的制度結合，如此往下發展的計畫和作業，才有辦法運作。

■ 網路行銷觀念

知識分布圖也可呈現知識階層資訊，以有階層性的維度來呈現知識間的正向展開方向，藉此呈現知識策略間的階層下維度分類。透過網際網路讓員工探索知識，已經是目前在知識時代中，對於網路行銷是最重要的推動項目之一。

（四）個案問題探討

請探討知識如何影響網路行銷的創新服務？

案例研讀
Web 創新趨勢：情境感知

情境感知（環境感知，context-awareness）最早是由 Schilit 和 Theimer 在 1994 年提出的，它是一種跨平台的網路服務，其主要是能夠依照不同的周遭環境特性，包含使用者對環境感知或環境本身因素，並自動感知使用者所需的資訊，進而發覺使用者需求，來提供合適的資訊與服務，並進一步即時傳送到使用者可以應用的內容和行為。

一般來説，這些資訊都會涉及到你切身關係的物件上，例如：情境感知語音及語言處理技術，它可根據使用者之特徵、情緒及環境語音做個別化及情境化擷取，再將這些擷取資訊，依照使用者行為需求，例如：使用者回應訊息，透過行動裝置的定位技術及移動性和無線射頻辨識（Radio Frequency Identification, RFID）技術，來因應周遭環境改變而自主性傳達這些語音，如此使情境感知系統更深化運用在真實世界中使用者的各種周遭環境狀態，進而達到無所不在（ubiquitous）情境感知的環境應用。

運用情境感知技術和資訊，可再加上軟體運作，進而產生情境感知運算。情境感知運算可強化情境感知擷取周遭資料的再處理和延伸更多的智慧型應用，例如：發展上述自動擷取語音的波長運算分析，進而了解語音來源的距離，而掌握出使用者所在的位置。情境感知運算還可發展更多的情境應用，如下：

資料來源：http://www.interaction-design.org/encyclopedia/context-aware_computing.html

本章重點

1. 成長駭客（growth hacker）主要是以創意精神來運用編寫程式與演算法與數據分析技術，將某些追蹤測試的工具應用在網路行銷上，它利用分析網頁使用行為流量的成長。

2. 關聯分析（association analysis），它是從銷售交易資料庫中，運算出多個產品購買之間的關聯性，進而可產生交叉銷售，所謂交叉銷售是指在滿足客戶需求下，來進行銷售多種相關的服務或產品，也就是不同產品同時行銷。

3. RTB（Real Time Bidding，即時廣告競價）是一個網路廣告的競價機制，它和之前廣告聯播網不一樣，它是利用數據分析能力來掌握目標族群客戶需求，也就是判斷出客戶需求的特徵，來讓相關的廣告商能互相競價廣告，以便推出合理價錢的廣告購買。

4. SEO 是運用搜尋引擎最佳化的觀念和技術，融入演算法運作，以關鍵字行銷、網頁優化、內容行銷技術，來達成優化網站內容與使用者體驗，進而在自然搜尋的情況下可主動將網站推薦給正在尋找相關資訊的使用者。

5. 內容行銷是以創作與眾不同和高價值內容來吸引顧客的行銷手段，並須長期與顧客保持聯繫，來提高消費者對品牌的參與程度，它是須發展與顧客高度相關、目的導向的產品和服務以外之價值。

6. 成長駭客漏斗型行銷 AARRR 模型，就是為了因應消費者的異質性而發展出來的透過更多測試、分析、優化之解決方式，分別為 Acquisition、Activation、Retention、Revenue、Referral 等五項指標。

7. 大數據分析的優化作業，是要讓行銷作業流程能更具有優勢競爭力，故優化執行功能包括簡化、速度、價值、成本、促成、模式等 6 項運作。

8. 事先洞察行銷機會，提早知悉客戶需求所在，包括產品和服務，進而在適當時間和地點進行行銷作業。它可分成市場預測產品數量和種類預測客戶分類等，之後根據這些預測，發展預知行銷方案，包括商品推薦、智能顧問、新商品演化、精準市場區隔、機器人流程自動化等。

關鍵詞索引

- 產品與市場相契合（PMF, Product/Market Fit）..............................10-3
- NES 模型...10-3
- 關聯分析（Association Analysis）..10-4
- RTB（Real Time Bidding，即時廣告競價）...................................10-4
- 重定向廣告（Retargeting）...10-5
- A/B Tests（A/B 測試）..10-5
- 軟體商店優化（App Store Optimization）.....................................10-6
- 產品服務系統（PSS, Product Service System）..........................10-17

學習評量

一、問答題

1. 何謂智能行銷？
2. 如何以「主動推播行銷」做網路行銷？
3. 請說明漏斗型行銷 AARRR 模型？

二、選擇題

（　）1. 大數據分析的優化執行功能包括哪些？
　　　（a）簡化
　　　（b）速度
　　　（c）價值
　　　（d）以上皆是

（　）2. 利用資訊科技來蒐集了解客戶購買行為，進而在適時適地適人適境的場域內，進行主動行銷商品或情報等，這是什麼行銷方式？
　　　（a）預知行銷
　　　（b）主動推播行銷
　　　（c）平台式行銷
　　　（d）數據優化行銷

（　）3. 成長駭客的漏斗型行銷 AARRR 模型，包括哪些？
　　　（a）Acquisition
　　　（b）Retention
　　　（c）Activation
　　　（d）以上皆是

（　）4. 一種網路公司的門面，它是導引潛在客戶經由不同管道到達產品頁面，這是指什麼技術？

　　（a）Landing Pages

　　（b）Marketing Automation

　　（c）Generated Content

　　（d）Location Based Service

（　）5. 「數據經過一連串萃取分析技術，使數據更精準和高品質來達到行銷需求和目的」是指什麼運作？

　　（a）優化

　　（b）改善

　　（c）預測

　　（d）設計

CHAPTER 11

RFID 及行動商業之網路行銷

章前案例：無線行動訂單處理

案例研讀：興趣圖譜

學習目標

- 行動商務的定義和內涵
- 行動商業之網路行銷內涵和種類
- 企業 M 化的定義和內涵
- 行動通訊的效益、種類、資訊傳輸方式及連結模式
- RFID 的定義和網路行銷的應用
- 嵌入式系統和網路行銷的關係

章前案例情景故事　無線行動訂單處理

在做存貨控制時,如何快速得知存貨變動狀況,進而採取立即的改變計畫和措施,對於存貨行銷的掌握是非常重要的,因此以行動化方式來運作,是一個可達到網路行銷在產品存貨應用的方法,採購人員可由任何行動裝置感應和了解在大賣場的某項商品之存貨狀況,並透過 PDA 無線行動裝置來接收供應商之商品目錄、價格、規格、可交貨量、進度日期等資訊,進而立即改變存貨計畫,然後選定商品後將商品加入購物袋(shopping cart)之資料庫,這時購物資訊將傳送到供應商伺服器進行訂單處理。

11-1 行動商務之網路行銷

11-1-1 行動商務定義

在現今資訊科技發達下,無線科技逐漸被應用在商業、日常生活、國際事務、甚至是政府單位上,進而大幅改變了過去傳統科技限制下之種種商務模式及生活型態,也因而造成了企業行動化之商務型態,使得行動的工作者及工作型態日漸增多。

行動時代的來臨,電子商務已不再侷限於有線網路環境,新一代無線通訊技術帶動行動商務,何謂行動商務呢?

Vaidyanathan(2009)認為行動商務(mobile commerce, M-commerce)是「藉由運作可以支援多種應用系統之行動裝置,在商業應用過程中可達成快速立即溝通和連接,進而提升生產力的一種行動化商業模式」。他認為企業在應用行動化商業模式時,必須為行動商務流程建置相對應的應用系統,而不是只使用無線行動裝置而已,它必須能應用於對客戶、供應商的相關業務流程(sales force)等方面,以達成快速立即溝通和連接及提升生產力之目的,進而成為全面性的企業競爭優勢。

Gunasekaran 與 Ngai（2008）認為行動商務是「只要是在無線電信通訊之網路上達成的，皆可稱為行動商務，不論以直接或非直接之具有金錢價值的交易方面」。他指出行動商務所使用的無線設備，則提供了攜帶式（portable）裝置，可用以連結到分散式系統資料庫之系統架構上，以便允許相關參與人員能夠在任何時間和地點使用無線設備，進而連接到網際網路以達成 web 上交易、存貨查看、購買股票或上網搜尋等行動化商務活動。

Tarasewich、Nickerson 與 Warkentin（2002）認為行動商務是「與通訊網路連結之介面是採用無線裝置者的商務環境，它可從事於通訊網路上之商業交易或一般交易的各項活動中」。

Siau、Lim 與 Shen（2011）認為行動商務是「行動商務延伸並改善目前網際網路之銷售通路，它使得商務環境能更加立即、快速的行動，如此造就了無線特性的商機，以便提供在傳統環境中無法接觸到的額外顧客加值活動，進而改變了商業模式」。

從上述文獻說明可知，行動商務是指使用者，包含企業員工和顧客、供應廠商等，可透過手持式無線通訊設備（如手機、個人數位助理、iPod 等），進行有形商品與無形服務之買賣與交換的行為，例如透過個人數位助理來查詢訂單和產品庫存狀況的資訊，這樣的資訊是立即的作業，可使決策行動能快速回應。

以企業角色的觀點來看，行動商務也可分為 B2B 及 B2C 兩種應用，B2C 是指對一般消費者提供娛樂、資訊等內容的消費大眾市場，B2B 則是指企業行動電子化，它更是扮演重要的關鍵。

隨著全球性和國際化企業的增加，員工行動上班人數是愈來愈多，為讓在外面活動的員工也能隨時存取公司網路上的資料，如客戶資料、交易及庫存資料等，來因應外在快速變動的商機，故藉由行動商務資訊系統的運用，不僅可提升員工的績效，也使得企業知識能藉此分享和使用，提升商業智慧的效益。

11-1-2 行動商務的特性

行動電話與 internet 的整合，進而具備了傳統電子商務所沒有之特性，也使得企業的網站內容、個人的電子郵件等皆可輕易地快速立即連線和轉換。例如：支援 Java 的手機，可將應用程式下載至行動電話終端設備直接使用。行動商務具備了傳統網際網路所沒有之效益，說明如下：

1. **無所不在，突破有線環境限制**：透過行動裝置的連線，使得企業可以在任何時間、地點和顧客溝通。顧客也可以在任何時間、地點透過具備網際網路存取能力的無線裝置和企業互動，行動商務提供了有效率地傳播資訊給消費者的網路行銷功能。

2. **彈性和即時**：由於無線裝置之行動特性，使得行動商務使用者能夠即時且有彈性地完成各項商務行動，例如：在做存貨控制時，如何快速得知存貨變動狀況，進而採取立即的改變計畫和措施，對於存貨行銷的掌握是非常重要的。

3. **行動個人化的服務**：行動商務之應用系統能夠提供個人化的資訊呈現方式或針對特別消費者提供客製化的服務，最重要的是可在行動環境中完成個人化的服務，但行動服務之使用者所需之服務應用方式是和目前網際網路環境不相同的。例如：廣告商可隨著裝置使用者所在的地點，傳送具有當地特性的行動個人化廣告。行動商務是電子商務的一種。

它的特性是資訊系統的高移動性和即時性，這樣的特性影響到使用者可以不需在特定地點上網，即可隨時隨地連上網路，擷取最新資訊。因此行動電子商務將會創造更多的營收，例如 IDC（國際數據資訊）全球智慧型手機市場連五季成長，2024 第三季出貨量達 3.161 億台。

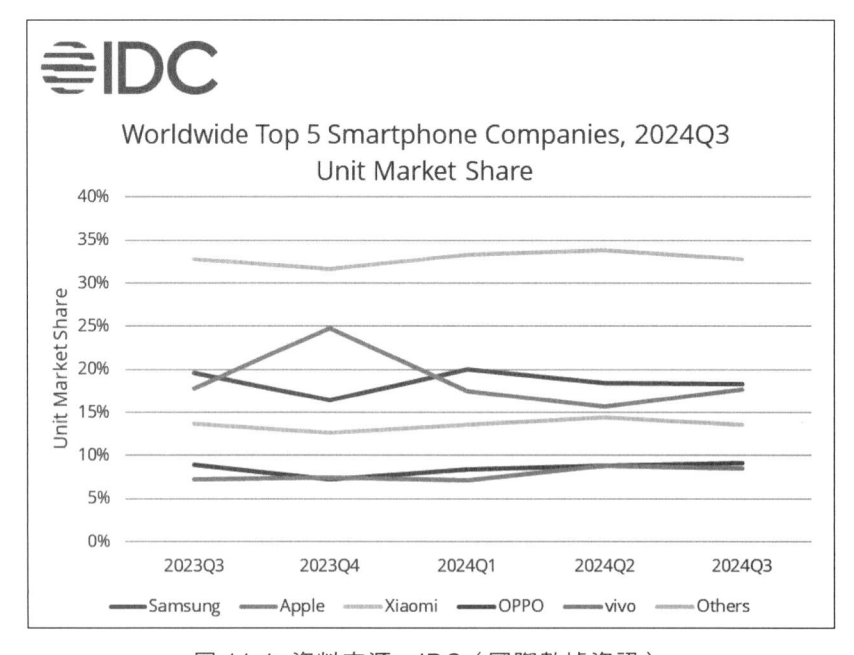

圖 11-1　資料來源：IDC（國際數據資訊）

在個人化服務方面,行動商務和電子商務所發展的個人化服務是不同的,前者是以行動設備的操作介面,後者是以網頁為導向,分別配合小型資料庫和大型資料庫,與其他方法論技術提供個人化行銷,目前市場仍以個人電腦之網際網路為主,但相較上,前者顯得複雜。

在企業電子化服務方面,利用行動和穿戴式裝置來完成企業商務往來或增進公司生產力,和顧客使用行動裝置之運作模式,例如:企業之間上下游供應鏈之整合,和日本的 i-mode 的個人化、即時性行動商務。

Vincent 認為 i-mode 的行動商務,是利用行動電話直接存取並提供各項資訊服務之無線應用的網站,如此不僅可以擴大消費者族群,還可以達成無所不在,突破有線環境限制來取得資訊之環境,這對以往消費者只能透過個人電腦來連接網路是一項重大的改變。

圖 11-2 資料來源:https://www.bigcommerce.com/articles/ecommerce/mobile-commerce/ 公開網站

NTT DOCOMO 自 1999 年推出 i-mode 以來,在短短不到半年的時間就達到第一個百萬用戶數,它將以往傳統人對人(person to person)的溝通互動轉換為人對機器(person to machine)或機器對機器(machine to machine)的服務,i-mode 以「個人化、即時性的多媒體呈現」為重點,i-mode 手機是應用於全球行動商務的成功模式,它可應用在日常生活中,例如:可以利用手機在自動販賣機買飲料,例如:提供個人行動上網、多媒體影像音樂等個人化下載的服務。

Clarke（2011）就行動電話系統在行動商務對使用者之主要價值觀點（value proposition），提出行動商務之價值特性如下：

1. **無所不在（ubiquity）**：由於無線行動裝置不受時間及空間的限制，因此在任何時間地點，皆可依使用者之需求來接收資訊或進行交易。

2. **方便性（convenience）**：無線行動裝置之輕巧度及易於存取的特性，是傳統電子商務所欠缺的。

3. **地點性（localization）**：藉由知道行動裝置所在的位置，因此可提供特定地點為主的行動商業。

4. **個人化服務（personalization）**：可在行動環境中完成個人化的服務。故可和地點性的特性搭配，根據個人所在地點、時間，配合需求分析方法論（例如：data mining）之技術應用，對個人在當地化的需求進行行銷。

從上述說明可知，行動商務之特性包括「無所不在」、「行動個人化服務」、「彈性」、「快速性」、「便利性」以及「地點性」等特性。

行動商務之特性造就了行動商務之價值，而行動商務的科技更使得企業行動化的可行性愈來愈普遍。

Siau、Lim 與 Shen（2001）認為行動商務的科技有無線通訊、資訊交換、及位置識別這三方面的主要科技，說明如下：

1. **無線應用系統通訊協定（Wireless Application Protocol, WAP）**：使用者能透過存取網際網路，將網站資訊和行動設備做互動，其功能是為傳輸網站資訊到行動設備上。其中藍牙（bluetooth）技術是主要運用於連接短距離之電子產品，例如：個人電腦、印表機、行動電話等，而無須任何的線材連接。

2. **資訊交換科技（information exchange technology）**：資料庫是無線裝置及行動商務運作的資訊核心，例如：WML 目前被 WAP 引用為資訊交換的格式。

3. **位置識別科技（location identification technology）**：若欲藉由知道行動裝置所在的位置，來提供特定地點為主的行動商業，故欲提供在行動商業上相對的服務時，就須利用位置識別科技，以便知道特定時間所在的實際位置，例如：全球定位系統（Global Positioning System, GPS）就是一個利用衛星站之系統正確計算出所在地理區域的科技系統，目前已被廣為使用在行動商務上。如：http://www.gpsworld.com/。

11-1-3 行動商業之網路行銷

網際網路的興起讓人體驗了遨遊全球的感受，無線技術的快速發展則讓人突破有線環境限制，而享受到隨時隨地的互動，故行動商業上網，不但可以提供使用者隨時隨地都能進行溝通的功能，更帶來具效率、彈性的資訊交換，以達到行動個人化的網路行銷模式。行動商業之網路行銷的例子如下：

1. **金流流程**：中華電信和銀行的金流交易合作。

中華電信攜手將來銀行挺永續！推帳單代繳、無紙化單據優惠

2024/04/01

　　中華電信持續與將來銀行共同推動金融科技創新，即日起雙方合作推出「中華電信開啟你的美好將來」活動，中華電信客戶於將來銀行線上開戶完成並綁定中華電信帳單定期轉帳扣繳，即贈Hami Point 100點，同享12個月扣繳金額10%的將來銀行N點回饋，最高600 N點（1 N點等於1元）[註1]；既有客戶於將來銀行APP申請中華電信帳單定期轉帳代繳，亦享Hami Point 100點。將來銀行新舊客戶，於113年10月31日前仍使用中華電信無紙化單據(電子帳單或簡訊/語音繳費結果通知)，再送Hami Point 100點[註2]，即刻申請趁現在。

　　此外，定期轉帳代繳扣款成功還可再抽價值88,800元Gogoro Premium(3名)、5000點將來N點(20名)。除上述優惠外，搭配將來銀行數位帳戶之新開戶，享存滿20萬，利率最高3.5%，存滿90天利息領約1,400元，總計最高享優惠總價值2,200元，一起挺永續拿好康。

　　中華電信積極落實企業永續理念，除攜手集團企業共同推廣無紙化帳單及自動扣繳，並以實質優惠號召消費者一起愛地球，提供舊機回收服務，消費者可在中華電信全台近700家門市與網路門市享受最便利的舊機回收服務，享「多品牌指定機型舊換新加碼優惠」；推動綠色閱讀，結合當地風土民情已於二林、集集、美濃、東港4間特色門市推出「Hami書城場域閱讀」服務，提供眾免費體驗14,000本電子書閱讀的服務，拉近城鄉數位距離；另於全台門市積極推動表單電子化、帳單無紙化與自備環保袋，有效縮減紙張使用。中華電信將持續以實際行動投入ESG，實踐綠化低碳、數位賦能的願景。

圖 11-3　資料來源：https://www.cht.com.tw/zh-tw/home/cht/messages/2024/0401-1430 公開網站

2. **行動證券的市場**：用戶利用手機、PDA 等設備，透過網路所進行的交易或是下載資料等。

圖 11-4　資料來源：https://www.masterlink.com.tw/ 公開網站

3. **英特爾的無線行動商務架構、平台標準化**：建立起新一代的運算與通訊軟、硬體架構，如下圖：

圖 11-5　資料來源：http://www.intel.com.tw/content/www/tw/zh/homepage.html 公開網站

4. **多媒體簡訊服務**：傳統的簡訊服務（Short Message Service, SMS）只能傳送較少的文字與基本的圖形，多媒體簡訊服務（Multimedia Message Service, MMS）透過無線寬頻技術的發展，來傳送多媒體內容的簡訊，包括各式各樣的彩色圖片、動畫及聲音等。例如：web 上付費簡訊。如下圖：

圖 11-6 資料來源：https://www.cht.com.tw/home/consumer/mobservice/basic/835 公開網站

5. **中華電信「emome」**：e 指的是 e 化，mo 是指 mobile，me 則是個人化的我，作為整合許多不同的應用內容項目的行動上網入口網站，PDA、WAP 及 WEB 用戶都適用。

11-1-4 企業 M 化

企業 M 化（Enterprise Mobilization）是由行動商務所延伸而來的概念和做法。因為行動商務已成為下一波主流商機，它可使個人化與 eCRM 結合導入，故企業 M 化解決方案就因應行動商務衍生發展。

企業 M 化解決方案是要解決針對企業後端資料庫、帳務系統和物流等的整合。根據一些報導，近年來在美國和歐洲都會有超過總人口數 30% 的手機使用戶，每人每日的行動通訊時間愈來愈長，使得行動商務的發展潛力市場更大。例如：中華電信 hiBox 能夠將公司的所有業務人員的電子郵件整合為單一的電子郵件信箱，企業可以隨時隨地傳送即時的資訊給業務人員，讓業務人員可以立即滿足客戶的需求。

圖 11-7　資料來源：http://www.hibox.hinet.net/uwc/auth 公開網站

Shih 與 Shim（2002）認為行動商務可分為「以消費者為主」之行動商務及「以商業為主」之行動商務，其中「以商業為主」之行動商務就是企業 M 化，它使企業人員藉由行動設備前端介面與後端企業內部 ERP 系統之同步、資料交換、追蹤確認，並完成與顧客之間的交易進行。

其中「以消費者為主」之行動商務，其主要的市場是以個人消費者為主要客戶對象的行動加值服務市場，並可結合「以商業為主」之行動商務，利用行動加值服務來進行 B2B、B2E（企業對員工）交易。

行動加值服務可和顧客關係管理系統結合，例如：企業內部的應用行動銷售：它包括行動業務自動化（Sales Force Automation, SFA），它是業務代表透過行動裝置設備，來連接公司的銷售應用程式，進而控管客戶訪談行程、客戶資訊、業務促銷、報價資訊等業務工作。Vaidyanathan（2002）認為行動商務在產業的應用上，可延伸其 ERP 及 CRM 系統，其行動商務的功能有：

1. 價格查詢或報價等相關作業（pricing and quoting）
2. 訂單處理（order entry）
3. 配送及庫存狀況查詢（delivery and inventory status）
4. 異常問題之預警（problem alerts）

Lonergan 與 Taylor（2000）將行動商務之資料應用分為 5 類：

1. **訊息 / 電子郵件（messaging/email）**：有行動簡訊服務及行動電子郵件服務。
2. **資訊服務及行動商務（information services and m-commerce）**：有新聞、體育活動、天氣等訊息功能，以及其他所在地方為主的內容服務。
3. **網路存取（LAN access）**：以無線方式存取企業資料庫，藉由行動設備前端介面與後端企業內部 ERP 系統之同步、資料交換。
4. **圖像錄影（video）**：無線的影像電話功能。
5. **遙測功能（telemetry）**：利用無線網路進行機器對機器之溝通，例如：遠距監控停車場、企業工廠公用設施用量之測量等。

11-1-5 行動通訊

從上述說明可知行動商務之資料應用，造就企業 M 化服務，而能提供這些服務，就須依賴行動通訊，例如：5G 行動寬頻為基礎的企業 M 化服務，是企業行動解決方案的競爭力。以下整理出行動通訊的解決方案：

▍GSM 和 4G/5G 系統

全球行動通訊系統（GSM, Global System for Mobile Communications）是由歐洲率先提出，為較普遍採用的蜂巢式（cellular）行動電話通訊系統，歐洲 GSM 組織開始制定一系列的系統升級方案，包含 HSCSD（High Speed Circuit Switch Data Service）、GPRS（General Packet Radio Service）和 EDGE（Enhanced Data Rates for GSM Evolution）等系統，以及 4G 的 LTE（長期演進）和 WiMax，5G 的 eMBB（增強型行動寬頻服務）。

隨著行動網路的快速發展，在網路上使用多媒體資料的需求愈來愈多，同時多媒體網路相關設備也有更多不同的發展，故因應行動網路的協定就非常重要。行動網路具有下列重點：寬頻（broadband）大，個人客製化（customaries），視覺化（visualization），全球化（globalization），即時性（immediacy）與行動性（mobility）。

雖然行動商務在未來為企業帶來無限的商機，但也由於其「無線」及「行動」等特性，使得行動商務在行動通訊的種類、資訊傳輸方式、連結模式、行動裝置的大小、通訊之安全性（在第 11 章說明）等各方面，必須面對如何克服瓶頸的挑戰。以下針對行動通訊的效益、種類、資訊傳輸方式、連結模式、行動上網的設備做說明：

1. **行動通訊的效益**

    (1) 資源共享：在可分享的資源上，透過通訊網路的連接共用其資源服務，進而降低成本，和資源維護作業有效率。

    (2) 資訊傳遞：不同資訊格式的交換和移轉，在多媒體傳播的過程中是非常重要的。

    (3) 負載平衡：可自動將各運作主機之間的傳輸流量做最佳分配，以避免傳輸流量集中在少數幾台伺服器上，為多媒體傳播建立可靠穩定、高效率的通訊平台。

    (4) 自動運算：可結合多台電腦的 CPU 運算效能，透過這綜合運算效能，可以自動分配目前網路內可用的電腦資源來做最佳的多媒體運算處理。

2. **行動通訊網路的種類**，可分成以下 6 種：

    (1) 電話通訊：內線電話、市內電話、長途電話、國際電話

    (2) 電信通訊：電報、國際電報

    (3) 數據通訊：電路交換、專用數據交換、封包交換

    (4) 行動通訊：汽車電話、船舶通訊、飛機通訊

    (5) 影像通訊：傳真通訊、視訊電話、會議電視

    (6) 加值通訊：VAN（Value-added Network）

3. **行動通訊網路的階層架構與資料傳輸範圍種類**，可分成以下 3 種：

    (1) 區域網路（Local Area Network）：在同一棟建築物內，可以使用區域網路來連接所有的電腦與網路設備。它可分成無線區域網路與有線區域網路，兩者之間最大不同在於傳輸資料的媒介不同，前者是利用無線電波（Radio Frequency, RF）、紅外線（infrared）與雷射光（laser）來作為資料傳輸的載波（carrier）。無線區域網路可以在通訊範圍內的裝置建立任兩台立即的連線，並可作為有限網路的延伸，和無線隨意（Ad hoc）網路的建立。

    (2) 都會網路（Metropolitan Area Network）：用現有都市建設基礎網路來提供數據服務，隨著客戶、服務、傳輸技術的區別而有所不同。

(3) 廣域網路（Wide Area Network）：區域網路所不能達成的區域，就是廣域網路所能運用的範疇，它傳送的媒介主要是電話線，這些線是利用埋在馬路下的線路。

4. **行動通訊網路的連結模式**，可分成以下 10 種：

(1) 專線：專門租用固網公司實體線路，來達成點對點的連接，若連到國外，則就是海纜專線。專線連結品質好，但成本較高。

(2) 撥接式連接：使用電話網路撥接來達成網路的連接，又稱撥號網路，目前最高速率達 56K。

(3) 虛擬私有網路（VPN, Virtual Private Network）：在一條大的頻寬線路上，建構出在網際網路上的企業網路，它可再分租給其他頻寬較小需求的企業。它可分成 IP 和 MPLS 技術。

(4) 衛星：透過衛星來傳送資料的技術。它的好處就是不必拉專線，缺點是會擔心因為氣候而影響收訊效果。

(5) 網際網路：網際網路是全世界互通的，但是網際網路在頻寬、延遲限制下，對於檔案大的互動性較差。

(6) ADSL（Asymmetric Digital Subscriber Line）：即非對稱數位用戶迴路或用戶線系統，係利用調變技術來傳遞，由於上、下傳速率不等因而稱為非對稱。

(7) 寬頻整體服務數位網路（B-ISDN, Broadband Integrated Service Digital Network）：是非常高速的電信服務，可以在電話線上傳送多媒體。

(8) 非同步傳輸模式（ATM）：是寬頻網路技術，可解決無法容納大量的資料在網路上交流的問題。

(9) 分散式多媒體支援偕同工作（CSCW, Computer Support Collaborative Work），是透過多使用者介面、團體同步控制的分享環境介面，來支援群體人員進行資訊的分享，以達到一致的目標。

(10) 天線多功能終端機（CATV）：利用寬頻同軸電纜將多通道的節目資料傳送到家中的通訊系統。

5. **行動上網的設備**

    行動上網服務中，透過行動設備的媒體設計整合，可提供使用者更人性化且多元化的資訊服務，為消費者提供更多價值與體驗。它的來臨也將帶來嶄新的服務品質與創意。

    個人數位助理（Personal Digital Assistant）行動設備，它具備方便性、可攜帶性，並且具有能夠上網擷取全球資訊網內容之特性。

其中有 Palm Computing 開發的 Palm OS，主要的硬體支持廠商包括 Palm、3Com、Handspring、TRG、IBM 及 Sony 等，和由微軟改良 Windows CE 後的 Pocket PC，主要的硬體支持廠商包括 HP、Compaq、Casio 等。Pocket PC 最大的效益是可和微軟的作業系統和相關辦公室軟體做整合和相容，其連接性的介面操作可以讓使用者學習和整合更快、更方便。

Siau、Lim 與 Shen（2001）認為行動裝置應具備大小必須要輕巧、易於攜帶、多功能等效益，故在開發應用上會有以下問題：

1. 螢幕過小。
2. 有限的記憶體和計算能力。
3. 很短的電池壽命。
4. 文字輸入方式。
5. 資料儲存及交易錯誤的風險。
6. 較低的顯示解析度。
7. 上網瀏覽能力的限制。
8. 非友善的使用者介面。
9. 各媒體呈現的限制。

目前行動上網是以 WLAN 的市場為主。在企業和家庭上，WLAN 運用 IEEE 802.11b 和藍牙技術，使消費者可利用網路卡和 AP（Access Point）來做無線通訊，也就是說只要接上了電腦或者是可攜帶式設備的天線，就可以彼此溝通了。

11-2 RFID 之網路行銷

11-2-1 RFID 概論

RFID（Radio Frequency Identification，射頻辨識系統）是利用無線電的識別系統，附著於人或物之一種識別標籤，故又稱電子標籤，它本身是一種通信技術，利用無線電訊號識別特定目標，並讀寫相關資料，RFID 會嵌入一片 IC 晶片。RFID 的原理是利用發射無線電波訊號來傳送資料，便以進行沒有接觸的資料分辨與存取，目的是要達到物品內容的識別功能。

RFID 和傳統的條碼最大不同之處在於它克服了傳統的條碼不能做到的功效，例如：RFID 可以突破條碼須一次讀一個的人工掃描限制、具備在惡劣的環境下作業、長距離和同時高速讀取多個標籤、及不受有線設備限制的即時追蹤等強大功能。

RFID 的相關設備和材料，主要分成：

1. **標籤（Transponder，亦可稱為 Tag）**：裝置於要被識別的物品上。RFID 標籤通常包含感應裝置（coupling element）及 IC 晶片。
2. **讀取器（Reader）**：依照設計使用方式的技術，可分為只可讀（read），以及可讀寫（read/write）兩種。

11-2-2 RFID 應用

目前 RFID 技術已經被廣泛應用於各個領域上，故如何共同制定一套標準，予以明確的規範有其絕對必要性，茲整理如下：

1. **大眾運輸**：應用於車票，取代傳統紙票或刷卡式卡票，可大幅縮短驗票時間。
2. **營建工程**：在每個混凝土預鑄結構體的外露銜接鋼筋上均嵌入 RFID 晶片，只要一感應，就可以顯示預鑄結構的尺寸、用途、所屬工地的資訊。
3. **飛航管制**：在行李的標籤上用 RFID 來替代現行的條碼（barcode），因為 RFID 可記錄旅客詳細的個人資料、飛行起點、轉機點和目的地等資訊，以便可進一步確保飛航安全的管制。
4. **動物管理**：可以當作寵物的「身分證」，以利追蹤。
5. **汽車防盜**：在車子控制裝置上裝設 RFID 系統，來防範竊車。

6. **門禁管理**：可使用在公司、住戶大樓的住戶身分辨識，作為門禁管理之用。
7. **醫療診斷**：在病人上可以當作「醫療身分證」，以利追蹤。
8. **圖書管理**：在圖書上可以當作「圖書身分證」，以利追蹤。

11-2-3 RFID 案例

1. **RFID 應用於零售通路的網路行銷上，充分發揮「無所不在」的功能**

   Walmart 宣布該公司從 2005 年 1 月 1 日開始，要求 Walmart 主要的供應商將 RFID 電子標籤應用在棧板與紙箱上。並計畫利用追蹤產品流向的新型庫存管理技術，希望透過 RFID 標籤簡化並改良庫存管理，讓製造商更有效率地記錄並追蹤貨物的流向。如下圖：

   圖 11-8　資料來源：https://www.walmart.com 公開網站

2. **RFID 應用於供應鏈的網路行銷上**

   (1) 供應鏈的定義：是指在整個商業交易的一連串過程中，從產品之原料、供應過程到相關財務會計等相關資訊，在整體產業鏈中，將供應商到客戶透過不斷地整合與改造，使得提升成員之間的作業流程價值。

   (2) 供應鏈在不同的產業中，其延伸的企業階段也不同，一般可分成 6 大階段：市場、研究發展、採購及來源、生產製造、通路等六大領域的企業功能流程，並作為一個產品問題有效的歸屬追蹤的過程。如下圖：

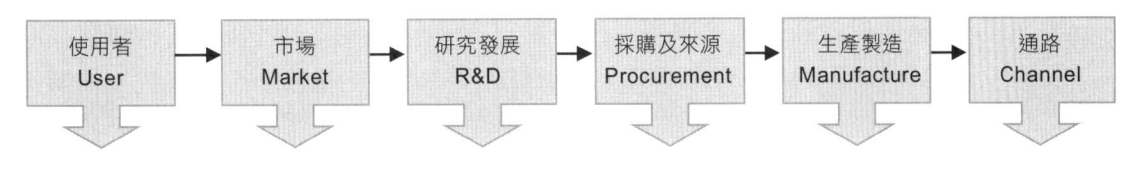

使用者 User → 市場 Market → 研究發展 R&D → 採購及來源 Procurement → 生產製造 Manufacture → 通路 Channel

圖 11-9　6 大階段

(3) 在供應鏈中，對於企業的產品存貨是最難控制的，故往往在供應鏈中，會產生所謂的「長鞭效應」，它是指處於不同的供應鏈位置，使得企業所規劃之庫存壓力也隨之不同，如下圖。

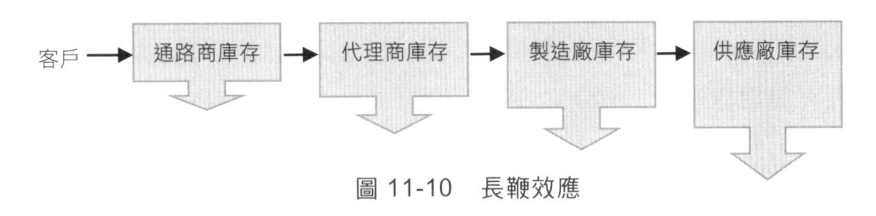

客戶 → 通路商庫存 → 代理商庫存 → 製造廠庫存 → 供應廠庫存

圖 11-10　長鞭效應

在這樣的長鞭效應下，對於企業的產品庫存就會有不真實的現象，這裡的不真實現象是指在某時間內的庫存存貨太高或太低。存貨太低的話，企業行銷就會無法滿足顧客的需求，若存貨太高的話，會使企業成本積壓，不易週轉。會造成以上企業行銷的問題，就是因為供應鏈的過程太長，後面階段的企業無法知道最終市場的產品需求，中間隔了太多不同階段的企業，故欲做好存貨控管的行銷，就必須清楚了解每個階段企業的需求資訊，但由於這樣的需求資訊是跨越不同企業，故必須運用無線的商務作業來記載、追蹤、分析每個階段的企業需求和存貨進度和數量狀況。要達到這樣的網路行銷功能，就必須依賴 RFID 和網路結合的資訊科技，其整個說明如下：透過商品上 RFID 的晶片資訊處理，可記載所有商品銷售、運輸、生產的產品種類、數量、進度的資訊狀況，再將這些資訊做統計分析，進而做行銷生產的計畫，如此，就可控管企業的庫存存貨，最後，可作為網路行銷的規劃基礎。

3. RFID 應用於客戶的訂單生產進度查詢

(1) barcode 可分成二維條碼與一維條碼。常用於現場生產的 WIP（Work in Process）過程控管。

(2) 大量客製化和少量多樣的行銷的趨勢，使得企業在面對顧客行銷作業更加複雜和困難，尤其是客戶為了掌握自己本身訂單進度狀況，而要求企業提供 web 上即時的訂單生產進度查詢。這對於企業的網路行銷是非常重要的，故欲達到這樣的網路行銷需求，就必須運用 RFID 在 web 上的

11-17

訂單生產進度查詢。如同上述所說的 barcode 系統，將條碼工具轉換為 RFID 晶片，利用 WIP 料件上的 RFID，經過製程站的生產過程時，以無線方式感應 RFID，並讀取 RFID 晶片的內容，根據這些內容來了解並查詢訂單生產進度狀況，並轉為 web 上的查詢。

(3) RFID 在訂單的網路行銷應用，不只是在 web 上查詢，還可更進一步利用這些內容，做客戶訂單的交叉分析，例如：交叉分析出訂單狀況的變更，會有什麼影響結果，如此可作為接訂單計畫的考量基礎，甚至做答交客戶訂單的依據。

因為 RFID 技術突破，使得行動商務的可行性程度和成效更加強大，進而使網路行銷的效益更有智慧性功能。例如：網路上置入性行銷的 RFID 應用即是一例。置入性行銷是指將行銷的手法放入某個主題內容中，讓一般使用者在不知不覺中受到行銷手法的影響，即便這些內容原本與行銷無直接關聯。例如：節目當中包裝商品。

在每個商品的 RFID 上記載該商品的使用問題狀況（透過該商品本身的使用狀況自動蒐集功能），接下來，這些使用問題可經過 web 上感應並讀取 RFID 內容，這些內容可經過 web 上伺服器軟體功能做分析，得出客戶使用產品的偏好，再將這些偏好置入於這類客戶日常喜愛的事物（這些事物也是以某些網路呈現），故當這類客戶在查閱這些喜好的事物網站，不知不覺中就會受到這置入型行銷內容所影響，進而讓客戶產生訂購交易的行為。透過這樣的 RFID 置入型行銷，使得企業發展出行動商務的經營模式，上述就是一個例子。

行動商務在網路行銷上的應用，主要在於資訊蒐集處理和行銷功能邏輯這二個。前者須依賴 RFID 的無線應用，後者可利用 RFID 所得的資訊，透過無線連上企業伺服器去呼叫伺服器內的軟體功能，而這個軟體功能，就是在網路上欲做行銷的功能，它可以程式軟體來撰寫，例如：要在網路上做購物籃分析功能，就可將購物籃分析的邏輯寫在伺服器軟體功能內，如此可根據購物籃分析所得的關聯性產品，主動 email 或郵寄給客戶。

網路行銷在資訊技術上不斷突破，也使得網路行銷方法產生創新，這個創新不僅在行銷手法，也在企業經營，其中企業 M 化（Mobility）就是顯著一例。企業 M 化使得企業經營環境，從實體運作延伸到無線行動的平台，這樣的應用結構，產生了三種行動商務行銷模式：

1. 企業實體搭配行動化的行銷

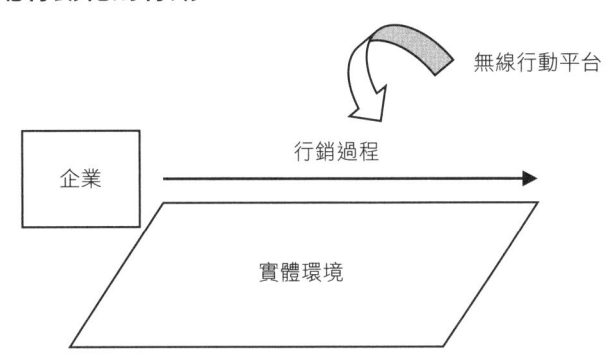

圖 11-11 企業實體搭配行動化

2. 企業之間行動化的行銷

圖 11-12 企業之間行動化的行銷

3. 提供企業行動化的廠商

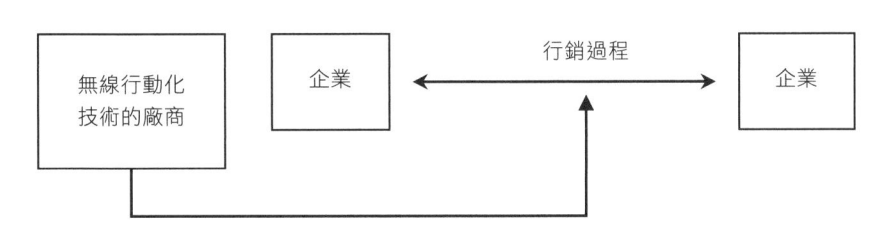

圖 11-13 提供企業行動化的廠商

網路的行銷應用，無非就是要增加企業營業額，但網路行銷就執行方法而言，只是一個工具，工具可產生好的結果，也可能帶來負面的效果。故在行動商務上運用網路行銷時，就必須考慮如何做行銷規劃，而不只是工具使用。行銷規劃是在於擬定行銷執行過程和角色權限，及稽核內容，以便防範工具使用不當，造成負面的影響。

11-3 嵌入式之網路行銷

嵌入式系統（embedded system）是一種結合電腦軟體和硬體的應用，成為韌體驅動的產品。例如：行動電話、遊樂器、個人數位助理等資訊配備，或者是工廠生產的自動控制應用。嵌入式系統產品的需求已深入網際網路、家電、消費性等市場，例如：行動電話、Sony 的智慧玩具狗（robot dog）、能上網的智慧型冰箱、具備遊戲功能的上網機（set-top box）等。

網路行銷和嵌入式系統的關係，是在於嵌入式系統的軟體介面驅動的特性，也就是說你可將網路行銷的內容包裝成軟體型式，進而來驅動硬體產品的功能。例如：在個人數位助理的嵌入式系統產品，將行銷知識的內容嵌入在軟體介面內，如此企業員工就可透過這個知識型的個人數位助理，來達到網路行銷的創造應用。這就是嵌入式知識系統。

欲發展這樣的嵌入式網路行銷系統，它除了原有嵌入式系統的軟體、韌體和硬體外，必須再加上行銷方法、資訊軟體和專業領域等三項。這樣的架構技術是很複雜的，它具有跨領域的整合性、透通性（transparent）、移植（porting）性的能力，故這需要各項標準化機制。同樣地，多媒體網路行銷和嵌入式多媒體系統也是如此。

多媒體電腦的功能發展幾乎已無法再提升到滿足顧客的欲望，使用者漸漸傾向於外型視覺、多功能隨意切換、整合型導向的產品，故導致嵌入式多媒體系統的產生。嵌入式多媒體系統是為特定功能而設計的系統，它的效益是在於所需要的功能做到容量最小、速度最快。但透過每個嵌入式多媒體系統的軟硬體介面，很容易做到多功能隨意切換和整合。它有 2 個特性：

1. 系統架構沒有像個人多媒體電腦複雜。
2. 每個系統有自己的獨特性。

嵌入式多媒體系統和無線整合是非常重要的，目前政府積極推動無線通訊產業，例如：經濟部產業技術司的新世代行動通訊，如下圖。在台灣的行動商務有 t-Mode 的模式，目前行動網路市場就有兩種商業模式：

1. 將使用者的連線費由內容的提供者和行動系統業者一同分攤。
2. 系統業者和內容提供者一起共享內容月租費。

圖 11-14　資料來源：https://www.moea.gov.tw/MNS/doit/content/Content.aspx?menu_id=34620 公開網站

問題解決創新方案——以章前案例為基礎

(一) 問題診斷

依據 PSIS 方法論中的問題形成診斷手法(過程省略),可得出以下問題項目:

- **問題 1**:消費者和櫃檯人員都必須重複地將貨品從架上、購物推車、POS 櫃檯檯面上等空間拿上拿下,造成作業時間冗長,以致於排隊結帳需花很多時間和人力。

- **問題 2**:現場架上貨品一旦被取走,就不知道它在何處,導致無法即時做存貨控管和追蹤,使得可能消費者買不到貨品,也可能無法做好補貨動作。

- **問題 3**:現場架上空間是有限的,放置太多或太少,對空間使用不彰和顧客無法滿足購物需求等都會產生不利影響。

(二) 創新解決方案

- **問題解決 1**:由於每一物品都貼有 RFID 晶片,以及購物車上有 RFID Reader(閱讀器),所以,當消費者從現場架上拿下,並放入購物車時,就會讀取此物品的 EPC 編號和相關資料,一旦消費者將所有物品都放入購物車時,其讀取物品資料作業也已完成,所以,當購物車推至 POS 結帳檯時,就會感應購物車的 RFID Reader,並傳輸至 POS 電腦內,進而顯示出購買清單給消費者確認,若確認沒問題的話,則由消費者付款,其付款也有很多種,包含自動化和半自動化作業,在此先省略之。最後,若有物品沒有經自動化作業,則當將離開出口閘門時,就會發出「嗶嗶聲」,以便後續處理。以上述如此運作,就可解決其物品需拿上取下的重複浪費動作問題。

- **問題解決 2**:當物品離開現場原有架子上時,因其物品本身有 RFID 晶片,所以在大賣場環境內都會有 RFID Reader 感應到此物品,並將此物品資訊傳到 office 裡的電腦內,如此,工作人員可從電腦了解此物品的位置,進而做出歸位動作。上述如此運作,可隨時掌握物品庫存流動狀態,因此,可作為補貨的正確資料,和回應顧客欲找的物品所在。

- **問題解決 3**：現場補貨須有個基準，其基準就是顧客購買消化速度和物品體積大小，前者是考慮現場物品庫存不可太多或太少，須能滿足顧客需求又不會造成太多庫存，而且也會作為補貨採購計畫的重要依據。後者，是考量到現場的擺設空間。由於物品庫存流動狀態可隨時掌握，因此，從現場流動到 POS 銷售移動，一直到補貨採購、生產運輸等供應鏈體系運作都可做好任何庫存明細的控管，所以，對於現場庫存可盡量控管到滿足顧客不會缺貨的需求和解決擺設庫存太多的問題。

（三）管理意涵

- **SOHO**：SOHO 雖然具有獨特差異化的優勢，但受限於本身企業的組織資源和通路規模不大，因此使得業務行銷作業會發生無法擴展的問題。

- **創新策略**：可以和中小企業做策略聯盟，將產品整合包裝在同一個客戶服務，如設計插圖產品的 SOHO，可提供網路上的插圖，嵌入在某個中小企業的產品網路廣告上，如此可使得消費者看到精美的網路插圖廣告。

- **中小企業**：中小企業雖然具有彈性快速因應的優勢，但因數量非常眾多，使得業務行銷作業面臨更多的競爭者。

- **創新策略**：可以利用如 i-mode 的人性化科技服務，來突顯出本身企業的產品服務方法，**i-mode 是以使用者的需求導向所設計的服務內容**，就技術上而言，它是由手機、瀏覽器、封包通訊、伺服器、內容等組成，它是將以往傳統人對人的溝通互動轉換為人對機器的服務，並且可以讓手機呈現一種全新的媒體功能，i-mode 不僅可應用在日常生活中，也可提供個人理財，例如：i-mode 行動銀行的服務。

- **大型企業**：大企業雖然具有資源雄厚的優勢，但本身企業的組織運作卻不如中小企業的輕巧彈性，使得業務行銷作業會發生很多反應太慢的狀況。

- **創新策略**：可以運用 RFID 技術來應用於各個業務行銷作業上，如客戶管理；RFID 可使用在客戶所購買的產品服務上，作為追蹤和回應客戶售後服務之用，以便得知客戶的下一次購買模式。

（四）個案問題探討

請探討 POS 電腦系統在 RFID 技術應用上扮演什麼角色？

案例研讀
Web 創新趨勢：興趣圖譜

Facebook 是一種社交圖譜，它是以我們關心朋友的一舉一動來建立出的一種 fan page，社交網路是採用實名制，它可透過加權等方式搜尋出有用的資料，但社交圖譜所創造出來的廣告演算法並沒有優於搜尋，而興趣圖譜則是和可能與自己有一樣興趣的人交流。它可搜尋從語句中找到關聯性，這對於廣告的推薦有其意義，因此在搜尋與社交圖譜中間的興趣圖譜，它形成了一套自己的過濾和推薦演算法，將是另一塊值得發掘的新市場，興趣圖譜主要是結合雲端服務，將服務嵌入我們的網站或部落格之中，透過興趣關聯性來實施服務。

又例如：問答網站 quora.com，透過問答的方式將有興趣的人匯合再一起。

資料來源：http://www.quora.com/

興趣圖譜對廣告商來說，透過興趣與社交網路的分析整合，將有助於更精準地投放廣告。

在興趣圖譜的進化過程中，其 Web 3.0 語意網將扮演重要角色，例如在數位典藏與學習之學術與社會應用推廣計畫所出版的《Web 3.0 語意網新趨勢》一書中就指出「產生結構化資料是形成語意網的第一步」，而結構化資料就是一

種興趣圖譜。透過這些結構化資料並發布到網路上來連線串接。如此這些資料就可以在社群之間分享與再利用。

以下將說明「使用者參與互動故事」的興趣圖譜例子，它是採用「貝氏決策樹」演算法，茲功能規格規劃說明如下：

「貝氏決策樹」理論的基礎為貝氏定理和決策樹，並進一步考慮所獲得決策之評核價值，但評核價值在整個結果未確定前很難確知，故決策者對所欲獲取之評核價值，應於評核資訊蒐集之前，分析此一評核價值所能產生之影響為著眼點，亦即計算該評核價值對最適策略所產生的期望值增額，然後比較期望值增額與蒐集該評核資訊所需成本，作為是否蒐集該項評核資訊的標準；在貝氏分析中，評核價值的功用在於後天機率，而貝氏決策樹理論則在研究後天機率價值的事前分析（即蒐集評核資訊之前）。

在決策樹中的決策分析係以決策方案（decision alternative）、自然狀態（state of nature）及其償付結果（resulting payoff）所組成。並提供所能應用之各種可能策略。

決策樹是依先後順序表示的決策問題。每一決策有二種型態的節點，圓節點相當於自然狀態點，方塊節點相當於決策方案點。在決策樹之分枝上以圓形表示之節點表示不同的自然狀態，方形節點表示不同的決策方案。

決策樹每一枝幹之末端表示不同分枝不同決策加總後之償付額。含有貝氏機率的決策：若每種自然狀態之機率資訊可用，則可以評核價值求得最適決策方案。每一決策的期望報酬是由每一自然狀態的償付及自然狀態發生機率加總而得。決策乃選擇最好的預期報酬。

貝氏決策樹是決策過程的圖示，使用者必須對三種預設情節類型做決定（d1、d2 或 d3），一旦決策執行，就遇到自然狀態（s1 或 s2），這時會用每位使用者個別評核資訊（含使用者輸入情節和個別特性）來計算其機率，當決策方案為情節類型甲（d1）而情節接受度高（s1）的償付為 8，當決策方案為情節類型甲（d1）而情節接受度低（s2）的償付為 7。最後，以貝氏決策樹運算公式計算出最大償付者，就是下一情節的最佳決策（可能是 d1 或 d2 或 d3）。

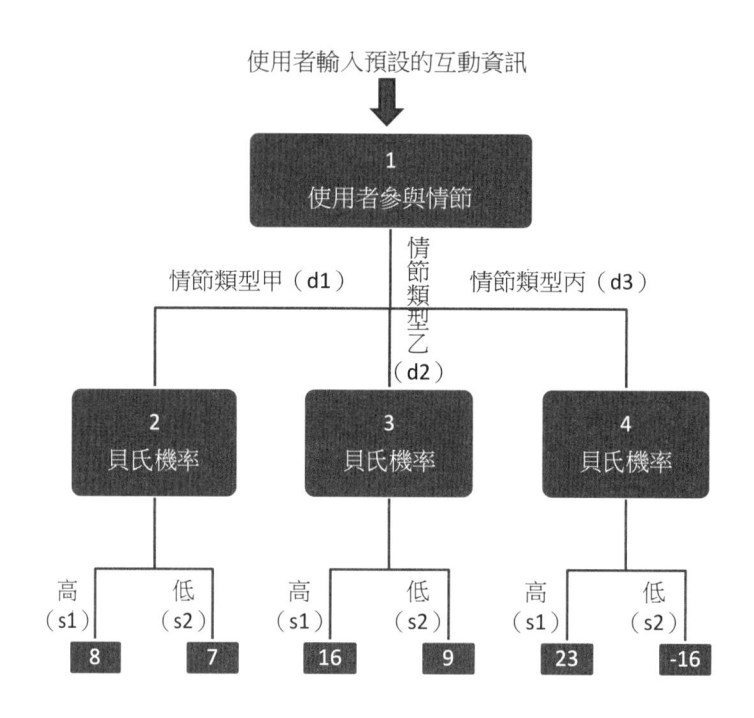

```
                    使用者輸入預設的互動資訊
                            ↓
                    ┌───────────────┐
                    │       1       │
                    │  使用者參與情節 │
                    └───────────────┘
          情節類型甲（d1）│情節類型乙（d2）│情節類型丙（d3）
         ┌──────────────┼───────────────┐
    ┌─────────┐    ┌─────────┐    ┌─────────┐
    │    2    │    │    3    │    │    4    │
    │  貝氏機率 │    │  貝氏機率 │    │  貝氏機率 │
    └─────────┘    └─────────┘    └─────────┘
    高(s1) 低(s2)  高(s1) 低(s2)  高(s1) 低(s2)
     8      7      16     9      23     -16
```

本章重點

1. 行動商務（mobile commerce, M-commerce）是「藉由運作可以支援多種應用系統之行動裝置，在商業應用過程中可達成快速立即溝通和連接，進而提升生產力的一種行動化商業模式」。

2. 隨著全球性和國際化企業的增加，員工行動上班人數是愈來愈多，為讓在外面活動的員工也能隨時存取公司網路上的資料，如客戶資料、交易及庫存資料等，來因應外在快速變動的商機，故藉由行動商務資訊系統的運用，不僅可提升員工的績效，也使得企業知識能藉此分享和使用，提升商業智慧的效益。

3. 行動商務的特性：無所不在，突破有線環境限制，彈性和即時，行動個人化的服務。

4. 個人化服務（personalization）：可在行動環境中完成個人化的服務。故可和地點性的特性搭配，根據個人所在地點、時間，配合需求分析方法論（例如：data mining）之技術應用，對個人在當地化的需求進行行銷。

5. 位置識別科技（location identification technology）：若欲藉由知道行動裝置所在的位置，來提供特定地點為主的行動商業，故欲提供在行動商業上相對的服務時，就須利用位置識別科技，以便知道特定時間所在的實際位置。

6. 「以消費者為主」之行動商務，其主要的市場是以個人消費者為主要客戶對象的行動加值服務市場，並可結合「以商業為主」之行動商務，利用行動加值服務來進行 B2B、B2E（企業對員工）交易。

7. RFID 是利用無線電的識別系統，附著於人或物之一種識別標籤，故又稱電子標籤，它本身是一種通信技術，利用無線電訊號識別特定目標，並讀寫相關資料，RFID 會嵌入一片 IC 晶片。

8. 「嵌入式系統」（embedded system）是一種結合電腦軟體和硬體的應用，成為韌體驅動的產品。例如：行動電話、遊樂器、個人數位助理等資訊配備，或者是工廠生產的自動控制應用。

關鍵詞索引

- 行動商務（Mobile Commerce） 11-2
- 無線應用系統通訊協定（Wireless Application Protocol, WAP） 11-6
- 多媒體簡訊服務（Multimedia Message Service, MMS） 11-9
- 業務自動化（Sales Force Automation, SFA） 11-10
- 區域網路（Local Area Network） 11-12
- 虛擬私有網路（Virtual Private Network） 11-13
- 非同步傳輸模式（ATM） 11-13
- 個人數位助理（Personal Digital Assistant） 11-14

- 射頻辨識系統（Radio Frequency Identification）........................11-15
- 嵌入式系統（Embedded System）..11-20

學習評量

一、問答題

1. 說明何謂 RFID 應用於客戶的訂單生產進度查詢？
2. 行動商務定義為何？
3. RFID 的相關設備和材料包含哪些？

二、選擇題

（　）1. 行動商務具備了傳統網際網路所沒有之效益為何？
　　　（a）有線環境限制
　　　（b）沒有無線環境
　　　（c）行動個人化的服務
　　　（d）以上皆是

（　）2. 何謂 WAP（Wireless Application Protocol）？
　　　（a）無線應用系統通訊協定
　　　（b）有線應用系統通訊協定
　　　（c）網際網路應用系統通訊協定
　　　（d）以上皆是

（　）3. 何謂企業 M 化？
　　　（a）Enterprise Mobilization 無線應用系統通訊協定
　　　（b）由行動商務所延伸而來的概念和做法
　　　（c）無線應用
　　　（d）以上皆是

（　）4. 行動加值服務可和顧客關係管理系統結合，例如下列哪一項？

（a）SFA（Sales Force Automation）

（b）ERP

（c）e-procurement

（d）以上皆是

（　）5. 行動商務之資料應用可分為？

（a）訊息 / 電子郵件（messaging/email）

（b）資訊服務及行動商務（information services and m-commerce）

（c）網路存取（LAN access）

（d）以上皆是

CHAPTER 12

雲端商務與電子商業

章前案例:顧客普及服務
案例研讀:社交過濾網

學習目標

- 電子商業
- 電子商業與網路行銷
- 企業電子化的網路行銷
- 探討雲端運算對企業的衝擊
- 探討物聯網的定義和種類
- 說明嵌入式網路行銷和 EPCglobal 架構

| 章前案例情景故事 | **顧客普及服務** |

早上開往公司的道路上，Cathy 楊還正在想說今天車道如此擁塞，到公司肯定已經遲到了，此時，智慧型手機鈴聲響起，順手接起電話，一頭傳來王副總的嚷嚷：「日本客戶臨時打電話來，急著說要去彰化工廠參觀，妳趕快直接開到工廠去」。突來的命令，解救了遲到紀錄再添一筆的憾事。於是，Cathy 楊萬分高興直奔高速公路，但忽然聽到「爆」一聲，好像後輪胎沒什麼氣或不小心刺到異物，此時，Cathy 楊緊張起來了，趕緊找輪胎行，但在人生地不熟的路上，該去哪裡找以及擔心是否會被敲竹槓，加上目前車子又不太能動，於是透過信用卡拖吊服務，經過了一番折騰，終於到了輪胎行。但不知是自己不了解輪胎行情還是真的被敲竹槓，輪胎行林老闆開價高於 Cathy 楊預估的金額，而且現場沒貨，需等 1 小時後新輪胎才能到，此時 Cathy 楊快哭出來的問：「為何現場沒貨？」林老闆說：「通常不會囤貨，剛好庫存用完，而且也不知顧客什麼時候需要，生意難做啊！」。當然，Cathy 楊最後趕到了工廠，但已是嚴重遲到的局面了。

12-1 電子商業（e-Business）

12-1-1 電子商業概論

在目前網際網路的時代中，其企業營運已從生產區域化轉變為全球運籌化生產模式，故需將資訊加以整合再利用，並滿足公司現有需求及強化服務品質，進而符合跨公司、跨廠區的資訊整合需求。尤其是中國大陸的廣大市場更是企業欲發展的市場，故這時對企業資訊系統而言，就必須考慮到企業兩岸三地的企業資訊系統模式。企業面對目前整體產業環境變化的情況，及因應資訊科技環境的多變，在為了因應公司經營競爭的前提之下，必須擬定企業內中長期的資訊因應策略。這項因應策略，除了須考量企業本身所處的產業環境影響之外，也必須同步關注整體產業環境的變化，例如受到全球經濟市場趨緩、生產成本不斷上升…等政治經濟因素影響。更重要的是，還需面對顧客市場與產業逐漸外移所帶來的衝擊。企業唯有積極回應這些整體經濟環境的挑戰，才能穩健因應未來的不確定性。

若以企業營運策略方面來思考，則包含推行體系企業間電子化，建立體系廠商發展策略，預先規劃體系廠商產能及庫存，簡化且快速資料交換介面，縮短廠商交貨時

程等。然而要達到這樣的體系企業間互動，則須建立雙方互助互信的關係，建立企業夥伴共生存觀察，以便降低雙方經營風險，強化彼此的往來關係。故企業經營應從產品導向企業轉為服務解決方案提供者的知識創新型企業，而這也正是體系企業之間的整合電子化最大目標。

在企業策略目標展開方面，可架構供應鏈資訊化系統，透過 internet，簡化及改善與廠商間資訊流及金流等作業流程，建立最佳化的供應鏈運作模式，如此才可讓企業經營從產品導向轉為服務解決方案提供者的知識創新型企業。

在網際網路技術未盛行時，其企業資訊系統的應用最主要仍是集中在企業資源規劃、製造執行系統等企業內部的功能，雖然之前在供應鏈應用管理已有一些基礎和使用，但仍未大放異彩，直到整個網際網路技術大量成熟後，整個企業資訊系統和其他外部企業的整合相關資訊系統應用，也隨之導入在許多企業內，而這樣的影響，在傳統的企業資源規劃整合上，最主要會有二個衝擊：第一：企業資源規劃不再是一個孤島式的系統，它必須考慮到和其他系統的關聯性，尤其是和客戶端、供應廠商端、通路廠商端等外部的作業溝通；第二：整個資訊系統的環境和技術也相對變得複雜和困難。如下圖：

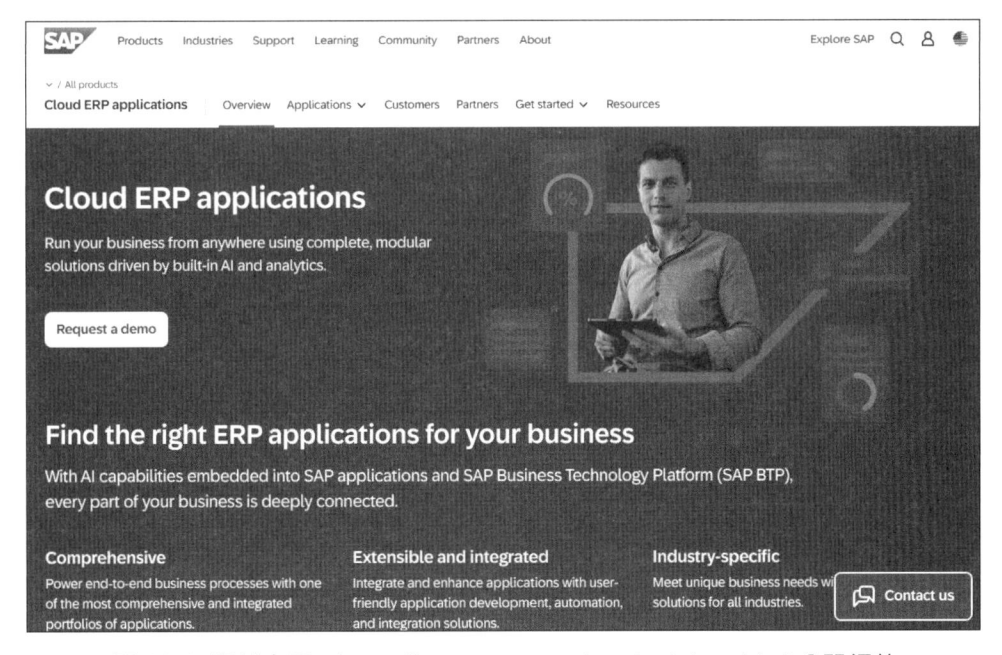

圖 12-1 資料來源：https://www.sap.com/products/erp.html 公開網站

sap.com 是全球領先的企業應用資訊軟體公司，提供整合化的流程平台。

12-1-2 電子商業架構

其架構模式分成體系間電子化系統模式架構和在體系下的企業營運模式二種。

首先，探討在體系電子化系統架構建立的概況：整理出體系企業之間的問題挑戰，進而探討體系電子化策略與目標，再將目標工作展開成為功能項目和流程，並提出對不同客戶端和廠商端的規模大小及資訊化程度下，有關體系電子化企業間資料和流程整合不同系統的模式，而該模式期望對不同體系企業間個案都可適用。

▉ 體系電子化系統架構

意即藉由體系間電子化的推動，建立一套機制來協助客戶共同創造價值與提升核心競爭力。競爭策略大師 Michael Porter 指出：「當你在任一行業中競爭時，其實是以一連串環環相扣的活動，展現競爭優勢」；「競爭優勢，來自於企業如何整合所有的活動，讓活動彼此加強效益。整合能夠創造出一套每個環節都很強的價值鏈」。而企業體系間電子化的目的就是整合，我們希望上下游的一連串活動都能夠相互支援，強化彼此的效益，產生真正的經濟價值。由於體系企業間電子化應用範圍，包括了企業與企業間透過企業內網路（intranet）、企業外網路（extranet）及網際網路（internet），將重要資訊及知識系統，與供應商、經銷商、客戶、內部員工及相關合作企業連結。

以下是電子商務產業鏈簡介：

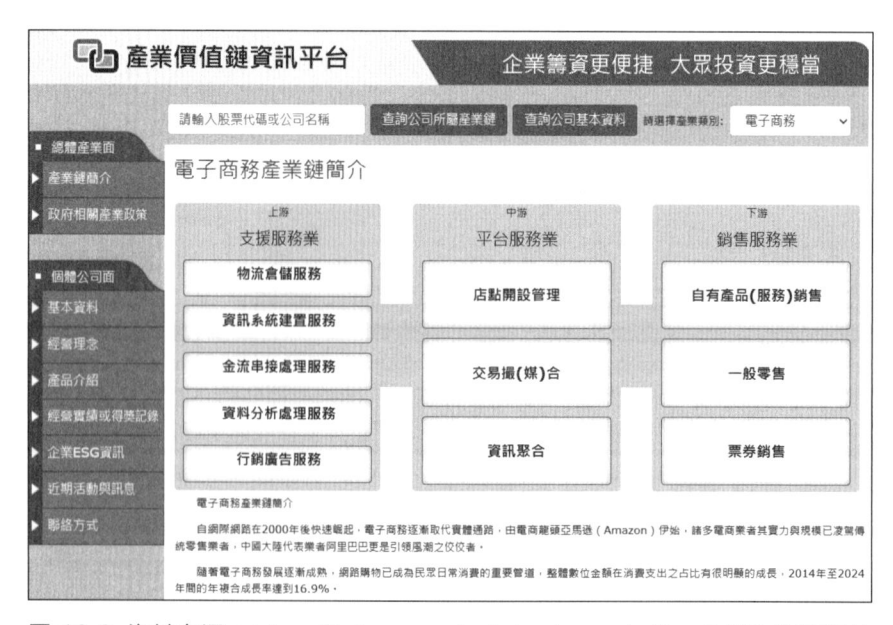

圖 12-2 資料來源：https://ic.tpex.org.tw/introduce.php?ic=R300 公開網站

在體系下的企業營運模式（Business Model）

分別以在產業鏈中供應商與顧客間的上、下游關係來說明。上、下游供應商與顧客的企業營運模式方面：在全球運籌服務的潮流下，國外客戶在選擇代工廠商時，亦將代工廠商的全球運籌能力納入考量，因為該代工廠商的生產製造品質和速度，和它本身的全球運籌能力有很大關係，因此，全球運籌能力即成為代工廠商爭取訂單的競爭優勢之一。在這個全球運籌能力中，最重要的能力之一是如何縮短採購前置時間並增進製造彈性，在大客戶優勢情況下，廠商對客戶的議價能力甚低，因此除了建立自己的品牌外，就是要有上、下游供應商與顧客的企業營運模式。

在原來傳統作業流程和軟體技術下，與 OEM（代工製造，Original Equipment Manufacturer）客戶之間，大部分以 EDI 傳輸訂單、交貨通知等資訊，建置成本高昂且反應速度慢；與客戶之間除了正式書面文件之外，完全用 FAX/TEL/email 傳輸，資料零散，保存不易，無法系統式架構層次式整合。因此，作業失誤多，影響資訊管理之彙總，管理決策較慢，品質亦受影響。這是企業營運模式在資訊系統整合須建構的。

另外，企業必須突破程序式溝通作業，亦即是同步作業，例如：以往接單後才設計圖的作業模式，須由被動式的售後服務變成積極性的售前服務。如此的體系下，和供應商與顧客端的企業營運思維也自然而然的由製造業調整為製造服務業。其整個體系下的企業營運模式如下圖：

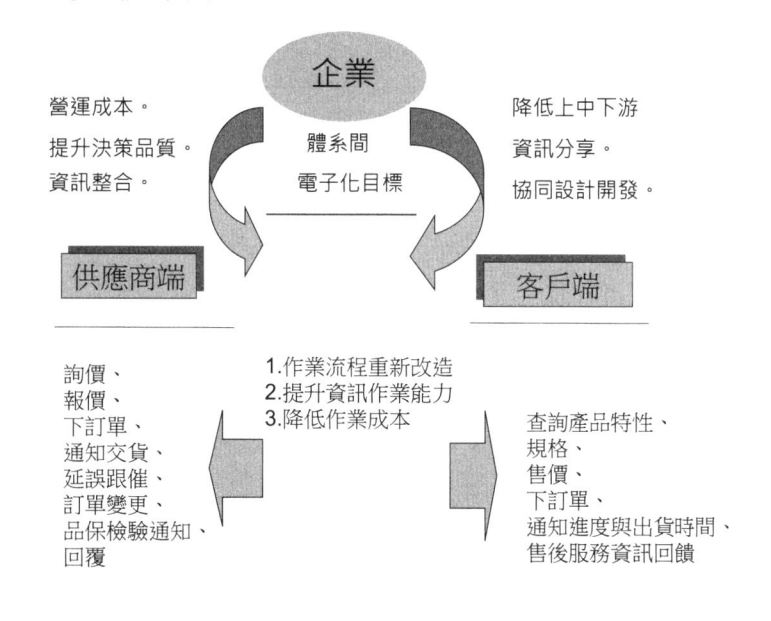

圖 12-3　企業營運模式

12-1-3 電子商業跨區域網路系統模式

如何來建立企業跨區域的網路系統模式呢？它可分成四個主要工作項目：基礎資訊架設、資訊連線建置、當地資訊網路作業規劃、兩岸資訊整合。首先，其基礎資訊架設的第一時間階段是在於 cable 拉線及 network 架設，和當地 ADSL 建立，以及個人電腦安裝 Windows 11/Office。而第二時間階段是在於 VPN 和 VOIP。跨區域廠內所有工作流程資料及 email，以 LAN（內部網路）方式透過專線或 VPN（虛擬私有網路）對台灣主機做連線。

所謂 VPN 是指虛擬專線網路（Virtual Private Network），它是一種讓公共網路，例如 internet，變成像是內部專線網路的方法，同時提供您一如內部網路的功能，例如有安全性功能，它是為傳統專線網路提供一項經濟的替代方案。因為在 intranet 和遠端存取網路上部署應用資訊系統，若是用 WAN 傳統專線方案，則 WAN 網路、相關設備及管理成本往往形成公司沉重的負荷，因此 VPN 提供建構 intranet 的基礎設施，為跨地區的企業和組織的總部與分支之間提供連線的訊息交換，它可以交換多種類的應用，例如：數據、語音、視訊、ERP 資料等傳輸。亦即同時也會在各點實施應用 VoIP 將語音與資料的需求整合至 IP-VPN，並在各廠之間進行多方視訊會議。其連線示意圖如下：

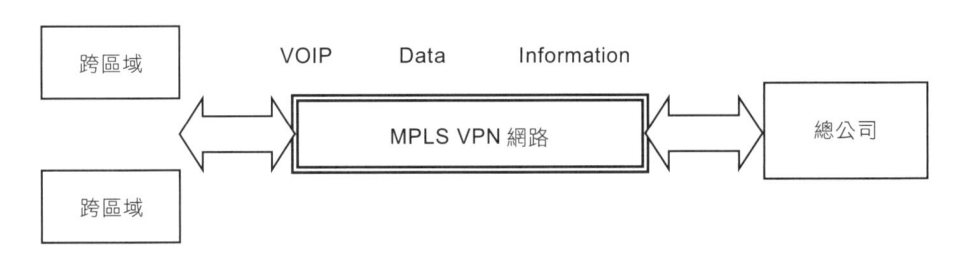

圖 12-4 連線示意圖

它的效益是非常多的，例如：就往返跨區域的耗費成本的紙張作業程序，就可透過 VPN 連線方式，將資料庫及其他關鍵性商業流程放在總公司的 intranet 和 internet 伺服器，並且在連線過程中的傳輸，都是經過加密處理的資料，以便讓這些資源和作業流程立即提供給全球相關人員存取，充分發揮協同作為效益。不過，必須注意連線之間的安全防護。

再則，在跨區域資訊整合方面，該資訊整合計畫是須考量目前公司資訊系統的現況，以及未來發展的需求及因應市場上的變化，故可將資訊整合系統平台分成三個步驟來實施：

step 1 資訊擷取作業，主要是透過連線，來從公司資訊系統擷取相關資訊，它是落在第一階段時間內。

step 2 資訊整合作業，主要是透過建立一個平台連線，來從公司資訊系統自動關聯相關跨區域資訊，它是落在第二階段時間內。其作業重點如下：

- 利用 IP-VPN 網路技術匯集跨區域檔案型資料庫資料，複製至關聯式 Microsoft SQL Server 資料庫裡。
- 資訊作業及資料呈現以 web 化方式處理，使作業不受地域的限制，且操作介面較目前系統更為快速和易用。
- 可與 Windows 系統緊密結合，透過 Windows 作業系統上的輔助工具來強化資訊系統的功能。

其目的/效益如下：

- 將資料作業及資訊處理，透過網際網路、web 化的方式呈現出來。
- 將跨區域作業資訊整合於同一平台裡，裨益於資料彙總及管理。
- 使系統不因地域上的限制，而無法處理資訊及整合。
- 可產生產業關聯訊息及分析報表。

step 3 方案整合作業，主要是透過建立一個電子商業作業，從公司資訊系統自動整合跨區域的作業流程，它是落在第三階段時間內。其作業重點為：

- 利用第二時間階段建置完成的 IP-VPN 網路架構及 Microsoft DTS（資料轉換服務）系統，將公司資訊系統作業資料，即時地移轉至 Microsoft SQL Server 關聯式資料庫中。
- 將第二時間階段的作業從批次複製資料轉變為即時移轉資料作業，使得整合資訊平台上的彙整資料，與公司資訊系統作業資料同步化。
- 建置企業入口網站，提供跨區域公司和供應商及客戶資訊交換作業的一個窗口，以強化企業體間之互動關係，以達成 business to business 的運作模型。

其整個示意圖如下：

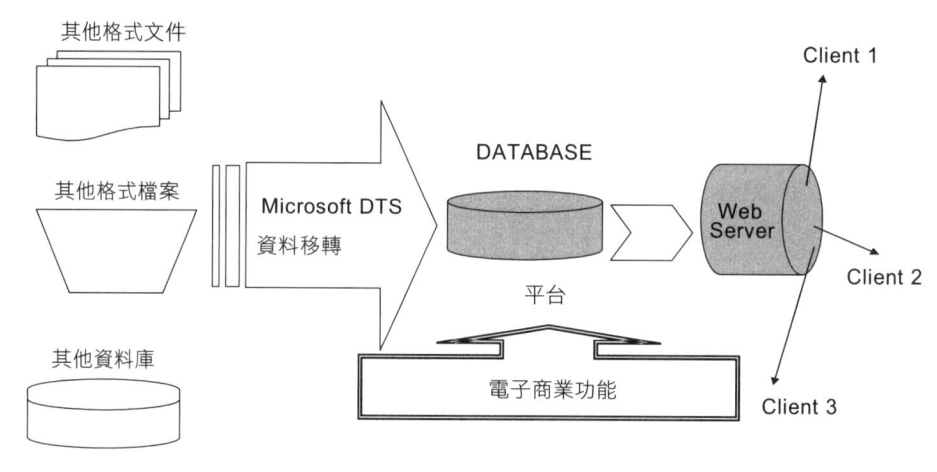

圖 12-5 方案整合作業

其目的／效益如下：

- 可即時產生彙總及分析資訊，所呈現出來的資訊不再只是一個歷史資訊，而是一種營運現況的有效即時呈現。
- 將供應廠商、客戶與資訊系統結合，使得我們對於供應鏈的管理及反應更契合市場，也使得對客戶需求能更有效率地掌握。

對於上、下游供應鏈資訊整合及資訊交換，能在一個相互統一的介面裡來完成，並強化 B2B 的資訊處理效能。對於客戶供應廠商來說，亦可透過同一格式項目和檔案格式，互相交換處理資訊，使企業體之間作業加速運作。

12-2 電子商業與網路行銷

12-2-1 電子商業與網路行銷關係

從上述針對網路電子化應用於企業內和企業外的功能，產生電子商業的企業，可以了解到電子商業與網路行銷有非常重大的關係，也就是企業可將電子商業擴展延伸到網路行銷，並也因網路行銷的發展，使得企業電子商業更能發揮其功能效益。

就企業應用方面來看電子商業與網路行銷關係，分成三種層次：intranet、extranet、internet，所謂 intranet 是指企業內部的資訊系統應用功能，extranet 是指企業對外部的資訊系統應用功能，internet 是指企業和外部之間的資訊系統應用功能，這三種的

最大差異是 extranet 是以企業內部為中心，對外角色產生應用功能，而 internet 是企業和另一企業的交易作業，沒有以哪一個企業內部為中心。

若就流程方面來看電子商業與網路行銷的關係，則分成資訊流、物流、金流，所謂的資訊流是指從資訊系統應用功能所運作的過程，並在運作下每一個步驟都會有資料產生，這些資料在資訊系統中就成為資訊的流動，而物流是指通路廠商在運輸過程中的流動，金流是指企業之間和銀行的金額來往，後二者相較之下，是實體的流動，但金流也和前者一樣都有資訊的流動。

12-2-2 入口型的企業行銷網站

企業在資訊化發展過程中，常累積許多內外部重要的資訊，但都是分散在公司各部門電腦或甚至個人身上，或是雖然儲存在同一個伺服器上，但無法依權限來對員工、客戶及企業夥伴之間做資訊分享及資源流通，另外，企業在資訊化系統發展過程中，常因系統建置階段不同和參與人員不同及專案功能不同，而造成開發出許多不同的操作平台及介面，使得公司員工使用不便及新人導入上的困難。以上這些問題，在規模較大的企業中最常會發生，故如何解決這些問題，就必須往整合成一個單一入口來思考，不過整合功能必須落實在個人員工的執行力上，因為以往企業資訊化太強調在資訊整合的功能，往往忽略了企業個人化角色使用的需求，若能讓個人化角色功能落實，就可提升資訊化附加價值。故該單一入口整合平台須具有方便彈性的客製化和個人化功能，這就是所謂的企業入口網站。如下圖：

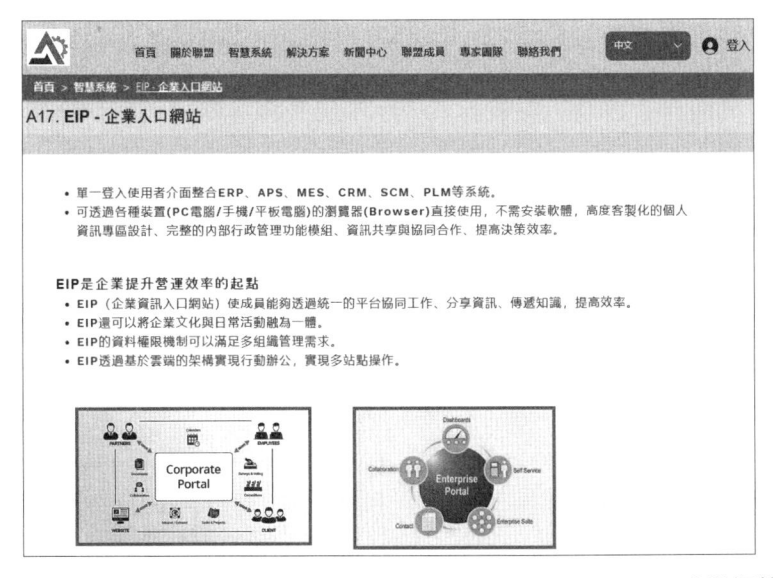

圖 12-6　資料來源：https://www.a1smartfactory.com/zh/eip 公開網站

企業的生存必須在產業鏈的環境中來看企業的定位、發展、管理，因為，企業的問題和經營挑戰都是和產業鏈的環境息息相關，例如：短的產品生命週期、多種少量/標準化產品、現場生產狀況難控制、市場需求的不確定、高存貨、快速應變能力、全球供應與分工等問題挑戰。故入口型的企業行銷網站，應是以考慮到這些問題的需求來建構。

這些問題挑戰當然就成為企業在產業鏈的需求藍圖，該需求藍圖可以 plan→source→make→deliver 這四個階段來分析，所謂的 plan 是指原物料採購計畫、生產計畫、出貨計畫等；source 是指原物料供應的料件和廠商，它會牽涉到有第二層供應商的關係；make 是指生產製造過程；deliver 是指運輸通路到客戶的過程，它會牽涉到有第二層客戶的關係，其後三者是在 plan 情況下控管的，但在製造過程中，可能會有委外供應商。亦即若在一個最終產品的產品結構下，來看其該產品的產業鏈，這時在該最終產品的生產製造下，其產品結構的零組件供應和製造，就會有委外供應商，若是在通路品牌公司的最終產品運作模式下，則此品牌公司就會成為生產最終產品製造廠的 ODM 客戶，例如：IBM 品牌公司，以 ODM/OEM 方式對生產製造最終產品的製造廠下訂單，接著該製造廠依最終產品的產品結構向原物料廠商購買，或半成品委外給外包廠商加工等。如此的作業流程，就會產生前述的問題挑戰，也就是企業在產業鏈的需求，故若以資訊系統來看，就是以企業功能來解決，包含銷售管理、生產管理、工程管理…等。

企業可從上述的產業鏈需求藍圖，依本身狀況條件和需求，來定位屬於企業本身的入口型的企業行銷網站。

入口型的企業行銷網站不但能夠提供迅速性、個人化、即時性的讓企業與其內部員工，以及外部顧客、供應商和企業夥伴之間做溝通互動，更能夠提供管理者制定行銷的相關情報。但企業入口網站除了企業相關角色溝通互動和決策相關支援外，另外最重要的是企業相關角色可透過企業入口網站，來執行企業之間的行銷運作功能。因此，在規劃企業入口網站時，最重要的是運用資訊科技策略，構思出企業附加價值架構，包含組織角色、系統架構、網路架構，並且從此架構展開出層次關聯性的功能模組，它更不是以軟體工具來評估或目的，它應是融入在日常運作的行銷管理制度面。

12-2-3 學習型的企業行銷網站

學習型的企業行銷網站可分成下列三種：

■■ e-Learning（數位學習）

已成為全球最重要的網路應用領域之一的數位網路教學（e-learning）是一種在網際網路上的教學，它運用網路平台學習，將學習內容的製作、傳遞、擷取、互動等學習經驗，透過網際網路、多媒體資料庫等平台技術，將所有與學習有關的活動，例如教師的教材製作、學習者上課、討論、查詢資料分類、排課、成績等個人學習歷程整合在一起，這是和傳統學習方式的最大不同點。如下圖：

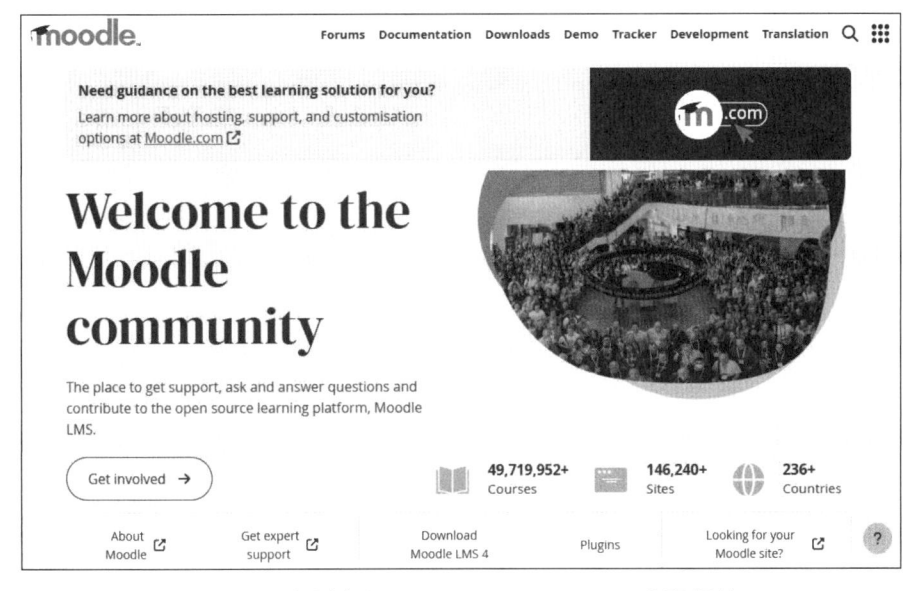

圖 12-7 資料來源：https://moodle.org/ 公開網站

moodle 提供建構產業學習網和建立數位學習產業，以落實數位學習環境發展。

■■ 非同步遠距教學（Asynchronous Distant Learning）

依教學互動的時間模式來看，可分成同步和非同步的教學互動模式，同步的教學互動模式，是指老師、學員可在同一時間進行互動和回應，例如虛擬教室、視訊會議、網頁出版、串流媒體（streaming video）等協同合作工具；而非同步的教學互動模式，是指在不同一時間內學習，例如討論區、email 等，如下圖：

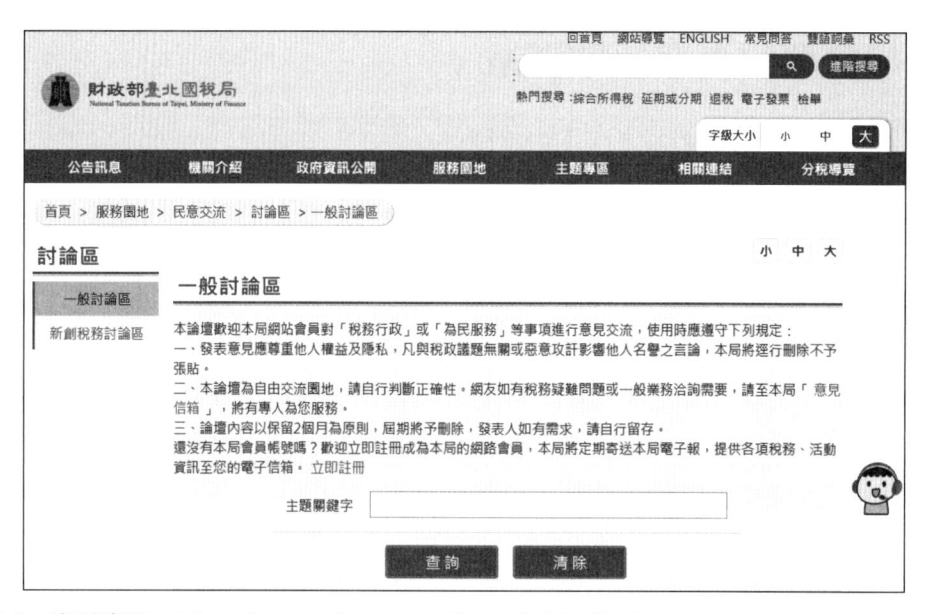

圖 12-8　資料來源：https://www.ntbt.gov.tw/forum/b27c75109dd3494f80aae1b38415283d
　　　　公開網站

■■ 學習社群：網上學習平台所提供的多媒體互動數位教材

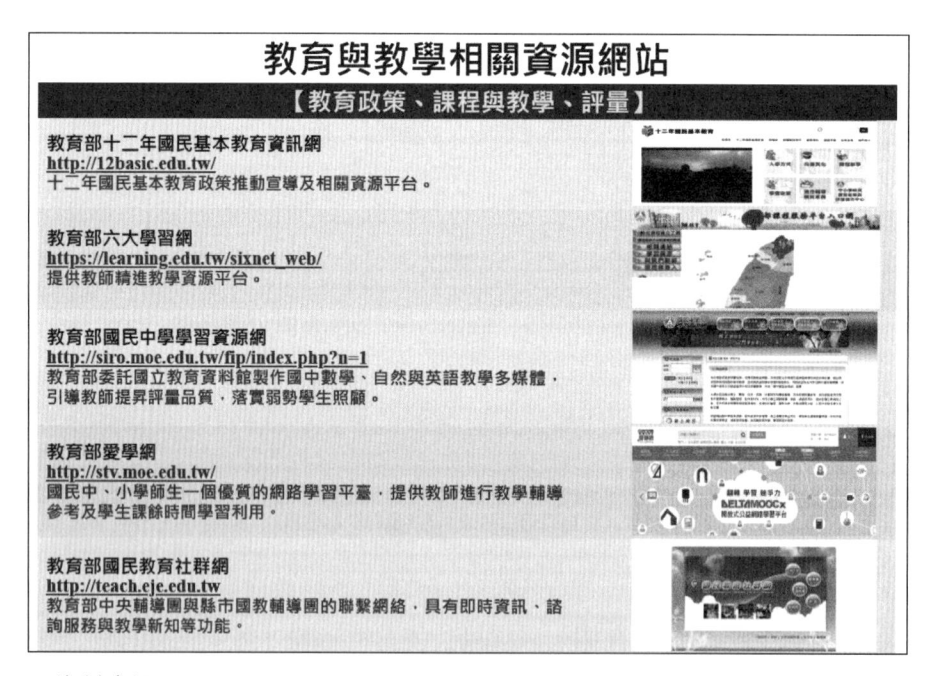

圖 12-9　資料來源：https://eii.ncue.edu.tw/Novice_apply/Apps/Sys/Resources.aspx
　　　　公開網站

教育與教學相關資源網站是提供整合教育部部屬社教機構網路資源的學習社群入口網。

12-2-4 電子商業與網路行銷的結合

體系企業間電子化策略與目標，可分成顧客端和供應廠商端：

▓ 電子化策略與目標展開（顧客端）

若顧客對於產品、附件的選擇性非常多，則在企業之間電子化作業實施前，就必須先建立出產品組合資料，訂定明確之價格制度，如此顧客對產品之機能、附件之功能有管道機制可了解，才能做出適合客戶本身之選擇，因此在目標展開功能，應以提供顧客產品資訊，維修資料查詢，強化服務效率為目標，並對顧客、代理商維修備品，提供庫存查詢、下單之功能，以降低服務成本，縮短因時差造成之時間延誤等作業成效來規劃。

另外，在推動顧客端的體系企業間電子化系統發展，須考慮到對每個不同客戶的採購金額、交易頻率、資訊化程度等不同推動因子，而有所不同運作方式和資訊系統。

顧客端電子下單：客戶、代理商的維修作業可透過電子下單方式，對零件之備料提供規格、庫存之查詢作業，繼而以網路下單做客戶服務，補強傳統以傳真、電話溝通之營運模式，並縮短國外客戶、代理商因時差和地點差異所造成之延遲和不便，無時無刻和不分地點營運，以增加銷售產品的商機，提高服務客戶之效率。

以往客戶詢問訂單交期時，都是單一訂單的資訊了解，若企業和客戶之間建立所謂的允諾交期（Available to Promise, ATP）功能，亦即使顧客在下單時即可得知所有相關訂單資訊，例如：預計之交貨時間。故顧客端電子下單系統如何和供應鏈管理系統、客戶關係管理等其他系統的整合，也是一個重點。其效益展現在兩方面，一方面能提供準確的訂單資料，立即回饋給供應鏈，配合供應鏈管理系統，生產出為顧客量身訂做的產品，另一方面顧客可隨時上網查詢所訂產品的生產狀態，同時確認正確的交貨時間，以提升顧客滿意度。

建立產品維修資料庫：針對產品維護保養之技術資料，建立知識資料庫，提供顧客採購及日後維修之相關資料。如下圖：

圖 12-10　資料來源：https://www.viewsonic.com/tw/support/ 公開網站

VewSonic 提供顯示產品的製造和服務資訊，包含 LCD 顯示產品。

電子化策略與目標展開（供應商端）

在推動供應商端的體系企業間電子化系統發展，必須考慮到對每個不同供應商的關聯度、交易頻率、本身管理制度、重要零組件、資訊化程度等不同推動因子，而有所不同運作方式和資訊系統。

1. **電子化採購（e-procurement）**：從採購活動原則來看，它大致可分成三大方向，第一方向是採購依據來源，亦即是採購規劃；第二方向是採購作業過程，亦即是採購作業；第三方向是採購作業執行結果和當初採購依據來源的差異追蹤，亦即是採購回饋。例如：從廠商詢報價到訂單回覆確認，及採購物料的取得詳細狀況查詢（交期、單價、前置時間等），將可快速縮短目前人工作業的合理時間，和溝通作業的文件資料正確等。

2. **上下游庫存資訊**：透過資訊系統將產業上下游體系的庫存資料，包含外包廠商，及所有零組件的供應廠商，做即時更新，使業務、生管、製造、資材單位能夠快速獲得正確的供應商協力廠庫存資訊，以利根據物料數量和時間，反應訂單的需求情況。

3. **web 線上對帳**：以往的對帳方式是廠商必須時常至中心廠對帳，或以傳真、電話溝通之方式，瑣碎繁雜，而透過 internet web 線上作業，可即時查出和溝通每日交貨、驗收及付款等狀況，若中心廠再與銀行金流作業結合，一經核准，供應商可縮短取得帳款的時間和大量人力投入費用。

從以上可知，透過 internet 等資訊科技技術，架構出完整之電子化供應體系，藉由 web 線上作業和共同資料交換介面，來縮短企業之間產品開發、廠商交貨付款、生產製造等作業時程和正確性，以便提供整套解決方案技術來強化企業所提供之價值，進而協助達成客戶導向之策略要求。除此之外，經由達到協同作業模式之快速回應、資料共享、及成本效率三大特質，亦可強化體系之整合性及整體競爭力，以對應未來產業環境的挑戰。

電子化範圍、架構及功能規格

它主要是以客戶端和廠商端為中心，從採購訂單需求開始，到生產製造過程，最後至出貨交期付款作業等整個循環流程，其電子化功能就是要把這整個循環流程所經過的客戶端和廠商端的企業一起在 web 線上作業，包含行政作業執行也包含計畫模擬作業，最主要的是指生產需求計畫模擬作業。

12-2-5 電子商業與網路行銷的整體觀

對於企業網路行銷而言，唯有整合企業整體相關子系統，才能發揮綜效，以下將說明企業整體相關子系統的整合：整合的出發子系統是 ERP，ERP 是一個基礎骨幹，它包含企業內部的運作功能，有六大模組應用功能：銷售訂單、生產製造管理、物料庫存管理、成本會計、一般財務總帳會計、行政支援（包含人事薪資、品質管理等），而企業內部的運作是須依賴 workflow（工作流程）自動化，它是一種流程控管的引擎（engine），從此引擎開發出有關其企業整個流程步驟的平台，該平台可建構出不同的簽核流程、流通表單、組織人員、電子表單、文件管理等，這個流程控管的引擎是可使企業有效地落實資訊化的規劃及執行，並透過不斷地檢討、協調及改善才能在最短時間內分享資訊科技的效益。因此，快速有效的建置系統，方能達到此目標。這就是 workflow（工作流程）自動化的成效。

有了ERP和workflow流程控管後，在接近現場製造環境中，會有製造執行系統（MES, Manufacturing Execution System），它是用來輔助生管人員蒐集現場資料及製造人員控制現場製造流程的應用軟體。MES系統最主要是可以快速而且即時的監控現場的活動，它包含工廠現場資訊取得與連結系統，以及生產執行活動效率化。若要嚴格定義企業內部的ERP系統，應是也需要包含製造執行系統。另外在工程設計環境中，產品資料管理（PDM）是用來管理新產品或是產品工程變更中，從研發到量產之產品生命週期裡所產生的一切資訊和流程，其所謂的資料是指工程資料管理，它是以資料庫結構化的方法，從業務和工程同步分析、模型與再造工程等一連串之步驟，透過系統設計與模型化，來達到系統化真實化的運作。因為這四個系統幾乎涵蓋了大部分日常企業的營運資料，有了這四個系統所產生的營運資料後，其企業就可利用這些重要的資料資產來產生更有用的資訊，那就是決策支援系統（Decision Support System, DSS）的功用，決策支援系統與管理資訊系統最大的不同點在於決策支援系統更著眼於組織的更高階層，強調高階管理者與決策者的決策、彈性與快速反應和調適性，使用者能控制整個決策支援系統的進行，針對不同的管理者支援不同的決策風格，這和以管理資訊為導向的ERP系統、workflow系統、製造執行系統、PDM系統是不一樣的。有了管理資訊和決策資訊後，就可成為整合性資料中心，這個整合性資料中心是非常龐大的，若不是硬體技術的儲存系統也是同步的成長，否則就無法儲存這些龐大的資料。

12-3　企業電子化的網路行銷

以下整理出有關企業電子化的網路行銷規劃內容：以傢俱服務為案例。

公司市場佔有狀況

該公司是以傢俱服務等產品為主，公司定位是中盤代理商，客戶主要來源是小盤經銷商（約90%），有部分是公司行號店面（約10%），前者是以批發價，後者是以市價來銷售。

公司人數及組織架構圖

依照產品服務內容，該公司將組織分成如下圖，該公司採取共同經營模式。公司人數有8個人→組立直接生產人員：3人，間接管理人員：3人，2人負責開發、採購。

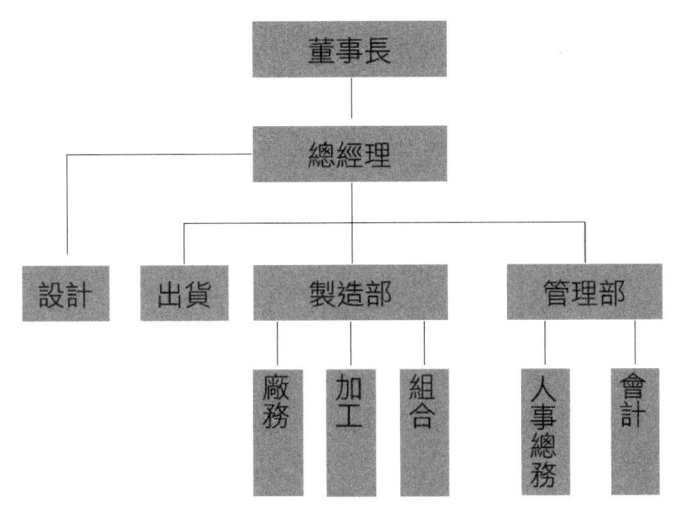

圖 12-11 組織架構圖

▋▋ 公司主要營業項目

從上游製造廠供應半成品和零組件，再經由組合加工成為產品。

產品：辦公設備，家用傢俱（進口）。

▋▋ 公司成立狀況

該公司成立已 6 年多。

▋▋ 企業經營績效與資訊系統的關係

目前，該公司有運用資訊科技策略來架構企業經營，但最重要的是，將 IT 融入企業工作形態，每日的運作和稽核評估都運用 IT 來落實。茲整理如下：

1. 目前有進銷存軟體來做內部訂單和出貨單處理，該軟體已使用 6 年，其系統穩定和基本功能夠用。
2. 但目前進銷存軟體是依公司營運模式所發展的，若欲往新的營運模式發展，例如：電子商店，則其系統功能就不敷使用。
3. 舊的營運模式受限於市場的規模，無法突破營業額。

人員資訊能力方面：僅在於進銷存軟體的交易操作，無法做統計資料來達到行銷分析。

系統功能架構與資訊服務供應商的問題

希望能改善現行的問題,但在執行階段須考慮由小而大循序漸進運作,並且簡單化、有效果;然後從最急的問題先解決。除了考慮執行狀況外,規劃的整體性也須一併考慮,否則因應新需求的變化或功能增加時,將無法完整的呈現,甚至無法建置。至於結果上,期待成本降低,效率提升,營收增加。茲整理如下:

1. 缺少資料分析,客戶 web 化功能。
2. 目前公司產品主力是物品傢俱,故主要是在進貨,銷貨,存貨流程。所以比較沒有軟體系統架構模式的彈性,因此在擴充上是有很大的困難。
3. 功能有包含倉庫管理 / 營業作業 / 會計作業。

至於資訊服務供應商方面:因該進銷存軟體是套裝軟體,其功能都已是固定,但因仍偶而有程式問題,故會由該開發者的廠商來維護。

電子商店的經營規劃

茲將電子商店的重點說明如下:

1. 商家對電子商店之涉入重點:
    - 店面之網頁設計。
    - 商品陳列、商品的上架與管理。
    - 完整的銷售流程。
    - 上線後的維護及後端管理。
2. 消費者對電子商店之涉入重點:
    - 確認問題。
    - 蒐集情報。
    - 評估可行方案。
    - 購買決策。
    - 交易及售後服務。
3. 在公司推動電子商務計畫:
    - 網站及首頁設計的表現。
    - 網站內容。

- 宣傳活動。
- 促銷活動。
- 建立完整的後台支援軟體。

未來系統功能架構方面

1. **網路購物的網站**：切入新的未來模式流程和里程碑。

    該公司的客戶來源可擴充至同行調貨、門市訂購、消費者（個人、企業），其價格介於市價和批發價之間。

    依該公司的條件和特性，可設計為單一商店的網路購物網站。不過在該公司的產業環境下要推動，會有以下問題：

    (1) 上網習慣性→行政人員（老闆、小姐）

    (2) 企業資訊功能的推動和維護

    另外可在原有經營模式增加建置經銷服務網站，針對合作關係良好的經銷商，做企業網站經銷服務和客戶產品推廣，該網站會員有等級之分和入會資格（分區域化）。

    在產品定位：產品區分市場經銷、消費者（可能店面、個人、企業）。在該網路購物網站，必須有以下的整合：

    (1) 可針對消費者和業務經銷的企業功能。

    (2) 該網站和原有進銷存軟體整合。

    (3) 實體通路出貨作業須和該網站整合。

    另外在該網路購物網站，可設計一些分析功能：

    (1) 主動 email 行銷

    (2) 網路購物網站模式須分析

    (3) 該網站投入成本和效益狀況

2. **網路購物的網站功能**：

    2-1 網站內容之設計：

    - 公司的網域名稱。
    - 網站畫面要有合理層次和主題。

- 商品型錄分類。
- 人性化介面。
- 強大的內部搜尋功能。
- 完整充分的產品關聯資料。
- 圖片輔助說明。
- 個人化客製化。
- 內容時常更新和正確。
- 高效率的行銷作業流程設計。
- 售後服務。
- 宣傳並推廣網站。

2-2 系統功能：

- 須符合安全電子交易標準。
- 應具動態網頁效果。
- 具後台整合功能。
- 具運作測試功能。
- 具資料驗證功能。
- 具多重購物方式選擇功能。
- 可建立客戶聯絡資料。
- 具自動訂購功能。
- 具交易資料處理功能。
- 具顧客族群分類。
- 具購物車設計。
- 具運費計算功能。

根據上述功能，茲將最重要的三項功能說明如下：

1. **會員管理系統**：於此系統中，使用者可以輸入本身基本資料，輸入資料完畢後以成為該網站之會員；而已成為會員之使用者，可直接輸入會員帳號與密碼以登入此系統，這些資本資料包含姓名、帳號、密碼、電子郵件信箱、住址、聯絡電話等，可作為顧客後續的交易分析。

2. **商品分類搜尋系統**：使用者可經由分類目錄中搜尋商品；使用者也可經由搜尋和分類系統選擇所需查詢條件，並輸入想查詢之關鍵字以及搜尋商品名稱與廠牌內容，以快速查詢所想要之產品。

3. **商品交易流程系統**：使用者可在找到需求之產品後，將產品放入購物功能中，也可一齊找到所有想買之產品後，再放入購物功能中，接下來使用者必須以會員身分登入此網站，再將購物資訊送出以完成購買流程。

至於選擇資訊服務供應商方面，因為公司本身非軟體公司，故應選擇公司內部顧問方式，和某家資訊服務供應商一起運作，如此才能整合原有人力和技術。目前針對短期來規劃資訊化的步驟，茲整理如下：

◆ e 化執行階段－短期

Step 1 1-3		**階段 1：** 行銷策略的決定、規劃商品的銷售及配送方法、訂定具體可行的營運目標、評估本身的獲利能力。
Step 2 4-5		**階段 2：** 經營成本的預估、規劃親和的購物流程、決定客戶的付款方式、後台作業處理的規劃、廣告與促銷活動的規劃、充實相關法律知識。
Step 3 6-8		**階段 3：** 1. 硬體網路設施初期－規劃 2. 人才制度管理－規劃、建設、訓練

圖 12-12　規劃資訊化的步驟

◆系統軟體架構（階段1）

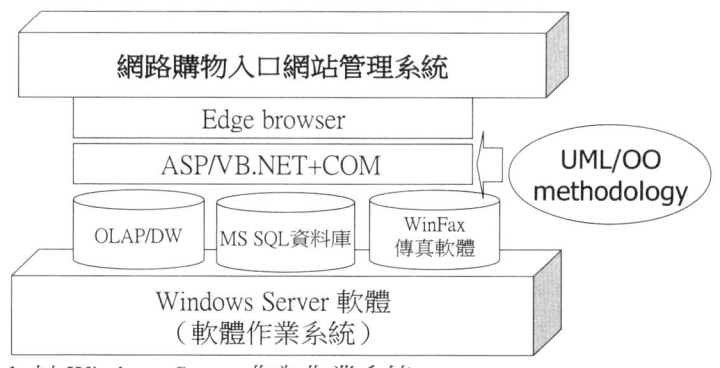

```
網路購物入口網站管理系統
Edge browser
ASP/VB.NET+COM                    UML/OO
OLAP/DW   MS SQL資料庫   WinFax    methodology
                         傳真軟體
Windows Server 軟體
（軟體作業系統）
```

1. 以 Windows Server 作為作業系統
2. 以微軟軟體 IIS 作為網站伺服器
3. 以 Winfax 作為 Fax 伺服器，並進一步和資料庫連結用來發送傳真給特定對象

圖 12-13　系統軟體架構

主機代管（Co-Location）

	導入前	導入後	量化
1	線上下單機制未能整合在資料庫中，導致一個客戶訂單要經過電話才能處理	客戶只要在線上下單或電話下單後就可產生其新增資料，全部皆放置於同一個資料庫，完全由電腦一次處理完成	下單時間由5分鐘下降到30秒
2	DM以沒有條件式的方式發送，易發生人員及DM成本的提高	業務人員可經由電腦查詢介面篩選出特定類別的客戶，進行訊息的發送，節省人工以及DM成本的浪費	減少DM成本約30000元/月
3	公司無法針對現有客戶資料做分析，喪失對客戶潛在購買的良機	客戶資料庫經電腦化之後，可依主管需求，進一步做和客戶有關的分析報表，足以協助主管做更正確的決策	增加客戶潛在購買30筆訂單
4	只有經銷管道	可增加消費者管道，增加營業收入，降低營運成本，加強顧客忠誠度	增加消費者100人/月
5	網站只是呈現靜態的訊息，以及透過email傳遞訊息，無法即時掌控客戶動態，進而推展業務	直接將產品資訊及訂單情況寫入資料庫，主管隨時可得到經過整理之後的有用資訊，進而加快推展業務	增加有用訂單資料30筆

圖12-14 預期效益

- IP代理發放服務。
- domain name 註冊服務。
- DNS 設定服務。
- 線上流量監看程式。
- 可由客戶指定適當之查詢方式。
- 系統整合諮詢服務。

12-4 雲端運算與網路行銷

12-4-1 雲端運算定義和種類

雲端運算（cloud computing）是由google提出的，雲端運算（cloud computing）是一種分散式運算（distributed computing）的形式。以數以萬計的伺服器，叢集成為一個龐大的運算資源。它包含IaaS、Paas與SaaS等三種模式。而相對於IaaS、Paas與SaaS等隨選服務，就是On Premise系統。

IaaS（Infrastructure as a Service）：強調的是將各種廠牌的硬體產品整合在一起，視業務需求彈性調配硬體資源。雲端運算對伺服器的主要要求不在於速度和效能，**而是擴充性及低成本**，例如：中華電信提供虛擬儲存服務（Storage as a Services）等雲端服務。虛擬伺服器（virtual server）是指主機網頁空間的硬體，「虛擬」是指由實體的伺服器做切割延伸而來，其主機可以是橫越伺服器群，或者單個伺服器切割多個主機，也就是將一台伺服器的某項或者全部服務內容邏輯切割為多個主機，對外就是多個伺服器。VMware 則是虛擬電腦軟體領導品牌，這種軟體讓電腦可以同時運作兩個以上的作業系統。

PaaS（Platform as a Service）：是指用建構 PaaS 的軟體廠商本身的軟體架構當作應用軟體設計開發的平台，程式人員只要針對應用功能所需的程式來編碼即可，不需要考慮到作業系統和通訊底層的協定及溝通，這有助於提升並加速應用軟體開發的生產力，但唯一的限制是必須遵照此 PaaS 所提升的軟體規格，因此，若有多家 PaaS 的使用，則就必須了解多個不同軟體規格。

SaaS（Software as a Service）：強調的是企業無須自行部署與維運資訊系統，可以網路使用的方式，即時取得所需的網路應用服務。例如：Amazom 提供的 EC2 服務、Google 的 Google.doc。SaaS 是一種在雲端平台上建置可調節的商業應用程式，它和應用服務供應商（ASP）是不同的，讓使用者得以透過網路來存取資料或進行運算。讓運算的過程在我們看不見的網路上進行，就像是飄在天上的雲一樣。雲端服務的計價標準將同時考量使用量與服務等級協定（SLA）兩點。

雲端運算可從技術面和商業模式面來探討之。從技術面，雲端運算是一個從 IT 技術延伸擴展到另一個全新的技術，而且未來不斷地再蛻變改造。舊的 IT 技術是指叢集（cluster）運算、平行運算、效用（utility）運算、格子（grid）運算，而後演變到新的 IT 技術的雲端運算（computing）。雲端 IT 技術會影響到雲端商業模式。

本文探討的重點是在於雲端商業模式。任何創新的商業模式都來自於人性生活的最原始需求。不管雲端商業的運作面貌多樣化，終究仍須回饋至人性生活原始需求，如何利用雲端商務為驅動引擎來完成產業資源規劃資訊化。雲端運算包含 IaaS、PaaS、SaaS 三個層級子模式，在 IaaS 和 PaaS 是屬於基礎骨幹的層級，透過這二個層級才有辦法讓 SaaS 服務應用功能得以運作，而產業資源規劃是屬於 SaaS 的服務應用功能資訊系統。在 IaaS 和 PaaS 層級會建構出雲端的產業鏈，也就是利用此二層級基礎骨幹，將在產業中的各企業之電腦軟硬體相關資源做整合，例如；主機虛擬化就是一例，而後有了這個雲端的產業鏈，才能發展出以服務科技化為基礎的服務導向之產業資源規劃資訊系統。

流程創新會讓雲端商務產生價值，也就是說雲端商務不在於類似 ASP（Application Service Provider）技術和模式，而是在於流程創新，而流程創新非常注重徹底根本方法，也就是重新表現作業流程的結構化分析，其中包含主體角色的認知和「利害關係人角度」之重新審視。

雲端運算是建構在 IaaS、PaaS 基礎上的 SaaS 軟體應用，而其精髓是在於產業資源整合和智慧型代理人運算這二種，透過智慧型代理人運算，可結合展現商業智慧和人類自主能力的智慧運算。也由於如此智能，使得企業資訊系統從程序作業、管理分析層次提升至決策策略層次的軟體應用。智慧型代理人是軟體服務，能執行某些運作在使用者及其他程式上。智慧型代理人運算有以下功能：（1）立即反應（reactivity）、主動感應（sensor）：可主動偵測環境條件的變化，進而使相關事件立即被反應觸發；（2）自主性能力（autonomy）：可自動化產生模擬人類的自主性能力；（3）目標導向（pro-activity）：委託能達到目標的特定代理人；（4）合作（cooperation）：不同特定代理人在「類別階級」架構下，整合成緊密的關聯網絡，來達到快速和協同合作的互動。智慧型代理人能自主的處理多樣化大量的分散性資料，選擇及交付最佳的資訊給使用者，進而取代人工，正確、快速且有效率地執行複雜的工作，以及利用演算法來作為智慧性雲端運算的應用，例如在本文實例中，以撮合演算法來作為維修人力安排規劃的智慧化營運。

智慧性代理人的雲端運算是以描述企業營運之人類行為的情境模式來分析系統的功能，其運作機制是指在營運模式的過程，委任由具有可因應外在環境條件變化，而自主性的驅動發生的事件，來達到使用者的需求目的。

雲端商務絕不是 ASP（Application Service Provider）模式，因為 ASP 只是把企業應用軟體以公用和租賃方式來運作，ASP 根本仍是企業資源規劃基礎，但**雲端商務的企業應用則是站在產業資源規劃的基礎上**。

internet 只解決了真實和虛擬的結合藩籬，可是就實體資源而言，如何能自動擷取這些實體資源使用資訊，已不能再用以往傳統人工登錄被動作業方式，這會造成上述問題所提及的管理成本高和難以運作現象，因此，解決方式亦即是如何打破現實面和物理面的藩籬？現實面是指實體資源的「現實外在反應」，它是指實體的功能、外觀等，例如：碳粉匣可被用於列印等外在反應，但它（現實面）並不知道碳粉匣何時快用完等狀況（物理面）。所以，要主動了解這些狀況，也就是須具有「物理內在感知」（物理面）功效。

internet 開啟了企業真實和虛擬的結合,但**物聯網創造了企業現實和物理的結合**,因此新的一代**企業營運資訊化應用須結合 internet 和物聯網**。

12-4-2 企業資訊系統變革

產業生態競爭就是指全球產業環境如同大自然生態一般的競爭模式,它勢必會影響企業生存和經營模式,所以產業生態化競爭就是指須把整個企業生存和營運環境,視同大自然生態一般的有機生命力,進而從產業生態化競爭形態來思考企業該如何經營!近來,因電子書產業興起,使得全球知名書店邦諾公司,被迫不得不做出巨大的改變,這就是一例。

天地之間,無所遁形。天之籠罩,地之織網,將其大自然生態的生命力變化鉅細靡遺的留存於時空內。因此,天地之間造就大自然生態化形成。同樣地,**雲端環境就如同天一般的籠罩,而物聯網就如同地一般的織網,因此當雲端環境和物聯網建構完成之時,也就是產業生態化形成之際**。

因軟體技術變革而使得企業應用資訊系統能有所不斷地演變,但對於產品 / 服務本身的資訊擷取仍是以人工登錄的傳統方式,從組織角色利用企業資源來運作營運流程來看,在這些營運流程的運作過程中,可創造出產品 / 服務,並再利用這些產品 / 服務來發展出具有營收的營運流程,如此的不斷循環運作,會產生企業營運用的各類資料。資料不會無中生有,一定會有第一次產生資料,而這種資料往往是和產品 / 服務本身有關的,例如:產品維修資料。在以往的企業資訊系統就會用人工方式來登錄此維修資料,然後再將此資料匯入維修營運作業的子系統中,並利用此資訊系統來強化其作業效率。然而利用人工方式來產生第一次資料的這種做法,將使得企業資訊化的效益大大被打折扣。

從上述說明可知,**企業資訊系統變革除了因軟體技術和流程再造的變革而創新,但此時在產業全球生態化競爭之際,更需要另一種變革,也就是智能物件的變革。所謂智能物件就是要將實體產品和無形服務轉化成物件,並且賦予智慧能力,進而成為智能物件。其智能物件最重要的精髓之一在於能自動感知物理面的溝通。現實面是指實體資源的「現實外在反應」**,它是指實體的功能、外觀等,例如:Notebook 產品在故障時可能會以「當機」來呈現,並以人工經驗來診斷可能問題原因所在和掌握進度等外在反應,但它(現實面)並不知道也無法自動感知是哪個零組件或是軟體原因所造成此問題,以及無法自動感知維修程序作業目前進度等狀況。所以,要主動了解這些狀況,也就是須具有「**物理內在感知**」(物理面)功效。而將**現實**

面和物理面的結合就是智能物件的**變革**，透過此變革，就可解決以往用人工登錄方式產生第一次資料所造成無效率的問題。

另外，**智能物件的另一精髓是在於具有商業智慧能力的雲端運算**。

物理面和現實面的結合，就需依賴物聯網的建立，經過物聯網的產業資源整合平台可相對找出 internet 的 web site，進而連接至雲端商務平台（例如：CRM 雲端商務），這就是物聯網和雲端商務的結合。但欲建構此物聯網，需要相關體系廠商和成本投入，然而最重要的是，它已經是一種**商業戰略上的趨勢**。

12-5 物聯網與網路行銷

12-5-1 物聯網定義

「物聯網（Internet of Things）」是指以 internet 網絡與技術為基礎，將感測器或無線射頻標籤（RFID）晶片、紅外感應器、全球定位系統、雷射掃描器、遠端管理、控制與定位等裝在物體上，透過無線感測器網路（Wireless Sensor Networking, WSN）等種種裝置與網路結合起來而形成的一個巨大網路，如此可將在任何時間，地點的物體連結起來，提供資訊服務給任何人，進而讓物體具備智慧化自動控制與反應等功能。它和網際網路是不同的，後者用 TCP/IP 技術網與網相連的概念，前者用無線感測網路網與網相連的概念。上述物體泛指機器與機器（Machine-to-Machine, M2M），以及動物和任何物件都能相互溝通的物聯網。在物聯網上，每個人都可以應用電子標籤將真實的物體上網連結成為無所不在（ubiquitous）環境。

在維基百科（Wikipedia）物聯網的定義是「…把傳感器裝備到…各種真實物體上，透過互聯網連接起來，進而運行特定的程序，達到遠程控制…」。物聯網可能要包含 500 億至一千萬億個物體，它要實現感知世界。互聯網是連接了虛擬與真實的空間，物聯網是連接了現實與物理世界（維基百科資料：http://zh.wikipedia.org/zh-hk/%E7%89%A9%E8%81%94%E7%BD%91）。

物聯網成為各國戰略性新興產業，美國、韓國也積極推動。物聯網的十大關鍵技術，在於高可靠度 RFID、感測器、IPv6 位址、及時無線傳輸、微機電系統（Micro Electro Mechanical Systems, MEMS）、衛星通信、標準化架構、嵌入式系統、奈米、晶片。

物聯網的架構包含了感知層、核心網路層、應用層等,且物聯網具有滲透性。RFID 標籤是一枚小小的矽晶片,上面標有「電子產品碼(Electronic Product Code, EPC)」的一組數字。

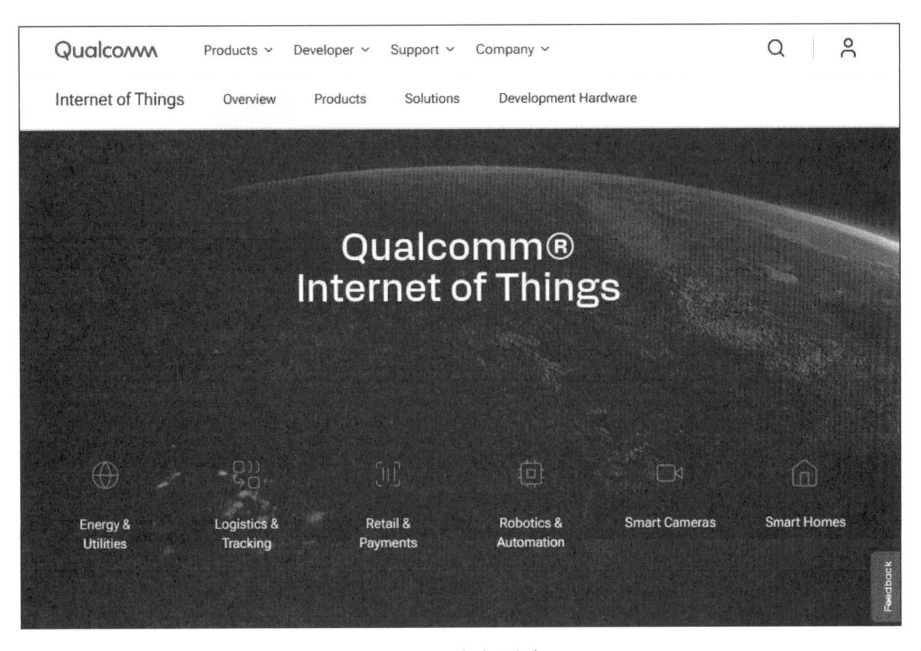

圖 12-15　Qualcomm®Internet of Things(資料來源:https://www.qualcomm.com)

IP 需求爆炸性增長,IPv4 地址將進入匱乏,IPv6 將是關鍵技術。無線感測器網路(Wireless Sensor Networking, WSN)主要之應用為透過感測器在其各自的感應範圍內偵測週遭環境或特定目標,為整合感測、感知、運算及網路能力,並且將所蒐集到的資訊經由無線傳輸之方式和運算結果後的資訊傳回給監控者,網路監控者在得知環境中的狀態後,能夠利用這些訊息來自我調整服務。例如:能源(舒適及節能)與安全,是無線感測網路在居家應用的兩大取向。

物聯網的目的是讓所有的物品都與網路連接在一起,方便識別和管理,進行資訊交換及通訊,實現智慧化識別、定位、跟蹤、監控和管理的一種網路。

物聯網之應用服務領域則涵蓋了環境安全、智慧交通、工業監控、精緻農業、遠程醫療、智慧家居、老人護理等各類工商與生活應用領域,物聯網所帶來的商機有行動支付,例如:無線射頻識別系統移動支付標準聯盟,就是看準全球採用手機支付的總金額將成長 12 倍的龐大商機,例如:智慧型冰箱,它可顯示冰箱食物的保鮮期、食物特徵、產地等資訊,同時還和超市相連,讓消費者可知道超市貨架上的商品資訊,若延伸家居護理的應用,則可通知或提供你的家人和醫生做參考等,例如:

監測實體環境的各種變化,包含:土石流的監測、商品的移動、保溫環境溫度的變化、辦公室的空調和燈自動打開關閉、人的追蹤行為,以提供各種更便捷的服務及安全保障。

行政院農委會農業試驗所已開發「生鮮菇類運銷物流數位化管理系統」,將可應用於生鮮菇類運銷產業,運銷訊息納入現行產銷履歷系統。

物聯網的挑戰包含:透通性之標準,目前尚未開發出完整的商業模式。

12-5-2 EPCglobal 定義和架構

EPCglobal 致力於全球標準的創造與應用,EPCglobal 標準係開發作為全球使用,它提出標準的架構,包含:

1. Identify:使用者交換由產品電子碼(EPC)辨識的實體物件。每一個使用者在自己的應用範圍內為新物件編製 EPC 碼。
2. Exchange:使用者藉由 EPCglobal 網路相互交換資料,藉由感應 EPC 碼來追蹤位置,更能掌握對於實體物件的行蹤。
3. Capture:定義重要基礎建設元素需要蒐集與記錄的 EPC 資料之介面標準,以相容互通配置自己的內部系統。

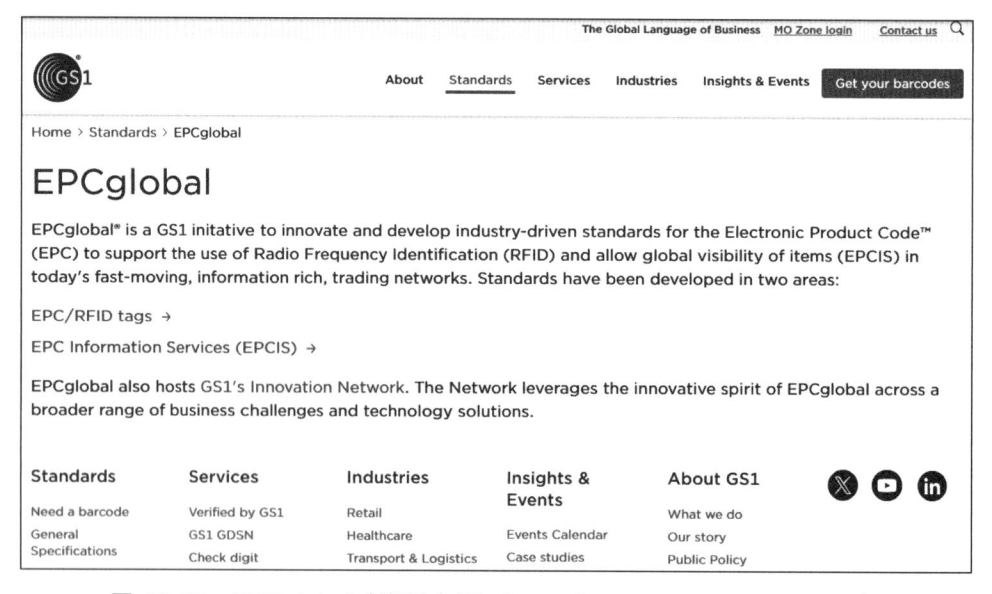

圖 12-16　EPCglobal(資料來源:https://www.gs1.org/epcglobal)

EPCglobal 需和雲端運算和物聯網結合成對產業經營有利基的需求模式,唯有從產業應用切入,才能使 EPCglobal 更發揚光大。在此提出想法:

1. **應擴大 EPCglobal 認證的層級以及產業應用的認證**

    理由:(1) 學生都需要認證來增強就業力。

    (2) 業界也可當作能力指標。

2. **舉辦深度產學研討會(偏向雲端運算和物聯網的產業應用領域)**

    理由:(1) 雲端商務和物聯網才是業界需求。

    (2) 透過深度互動,才能讓業界真正開始踏入導入 EPCglobal 應用之路。

3. **舉辦 EPCglobal 結合雲端商務和物聯網的課程**

    理由:(1) 透過學習來引導產業應用 EPCglobal。

    (2) 雲端商務和物聯網是全世界未來競爭能耐的知識。

12-5-3 物聯網的嵌入式系統技術

嵌入式系統的重點是在於透過軟體介面來直接操作硬體。例如:硬體部分是微處理器(Microprocessor)、數位信號處理器(Digital Signal Processor, DSP)、以及微控制器(Micro Controller)。軟體部分是特定應用的軟體程式,和即時作業系統(Real-time Operating System, RTOS)。

從上述說明,可知嵌入式系統是為特定功能而設計的智慧型產品,但未來嵌入式系統已逐漸轉為具備所有功能。

嵌入式多媒體系統包含軟、硬體兩大部分。硬體是以 ARM 處理器為主,控制所有的周邊硬體,軟體部分則是以 Embedded 相關軟體為主,軟體幾乎是整個系統的靈魂,軟體作業系統主要是以 Embedded Linux 為基本核心,去協調上層的應用程式和下層的驅動程式,作業系統的驅動程式是要控制協調平台上所有複雜的硬體。

下層的驅動程式包含兩個主要的硬體驅動程式:ARM 平台周邊驅動程式。例如:快閃記憶體(flash memory)驅動程式。上層的應用程式就是使用者可以看到和直接使用的程式,例如:MP3 壓縮 / 解壓縮程式。

嵌入式多媒體系統可因應不同特定需求,而客製化設計和產生該嵌入式設備,這也正是消費性多媒體的特性。例如:在網際網路的普及與新技術的發展下,個人資訊

管理與服務的需求提高，使得手持式裝置（handheld device）為目前資訊家電（IA, Information Appliance）熱門的消費性多媒體產品。這種手持式裝置稱為個人數位助理。

12-5-4 物聯網化服務

在 12-5-1 節中所說明的各種具有客製化、平價、便捷、安全等特徵的物聯網服務例子，闡釋了物聯網化的服務型態，亦即，物聯網化的服務是指將企業和消費者等利害關係人之生產銷售產品或使用裝置等物體連接成物聯網，並以此網絡快速感知和匯集物體變化資訊，再以各利害關係人的需求，來提供主動需求的數位匯流之解決方案服務。

問題解決創新方案—以章前案例為基礎

（一）問題診斷

依據 PSIS 方法論中的問題形成診斷手法（過程省略），可得出以下問題項目：

就消費者而言

- 問題：消費者在人生地不熟的環境中，不知如何可快速就近找到且在品質和價格上可信賴的輪胎行，問題本質在於為何無法事先即時自動偵測胎壓使用狀況，因此其需求是在於透過主動即時了解輪胎使用負荷，而可快速就近找到好的維修服務。

就輪胎行而言

- 問題：除非是較大型專業的輪胎行，其不同廠牌輪胎囤貨數較多外，往往因不知顧客在哪裡、何時需要，所以不敢囤貨。輪胎行需求在於能深入了解個別消費者的行為偏好，並且能事先即時且以低成本方式來掌握消費者個別問題。

（二）創新解決方案

本案例商業模式是指透過建構以物聯網為基礎的雲端商務平台，它是具有主動需求的數位匯流效果，也就是物聯網化服務之垂直產業聚落行銷。

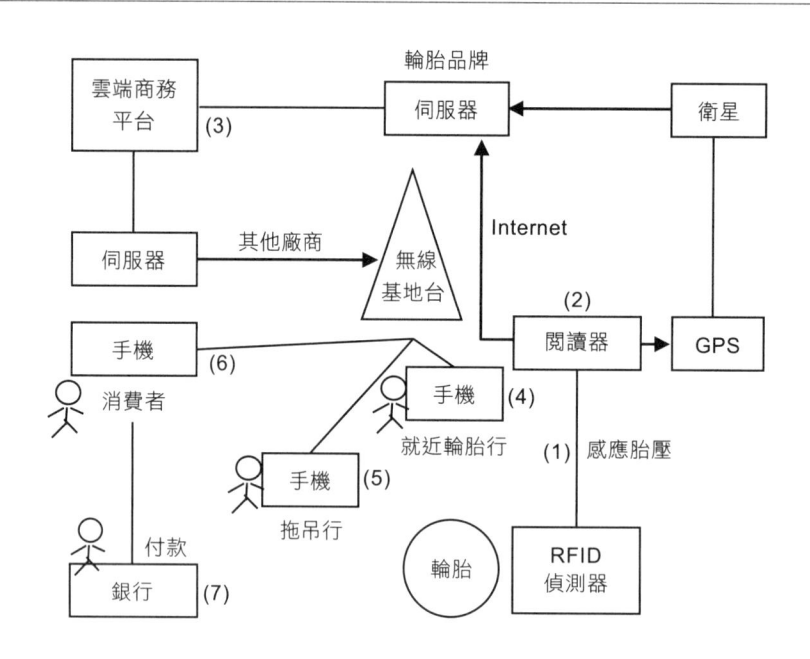

物聯網化服務之垂直產業聚落行銷

根據上圖，共有 7 個步驟：（1）由 RFID 偵測器主動感應輪胎壓力，當輪胎發生狀況導致胎壓不足時，就將此資訊傳輸到閱讀器（Reader）。（2）將閱讀器擷取的資訊，透過 GPS 衛星或無線基地台傳輸到輪胎品牌公司的伺服器（雲端伺服器）。（3）在此伺服器建立雲端商務平台的應用軟體，其功能包含輪胎維修服務作業。（4）透過此平台將此輪胎資訊（胎壓、廠牌、磨損程度、轎車規格等）傳給離消費者就近的策略聯盟輪胎行，此時，輪胎行可事先準備新輪胎（例如：調貨）。（5）同時，此平台也傳給就近的拖吊行，請人至現場處理。（6）此平台同時也傳簡訊給消費者，告知就近輪胎行路線及換輪胎的合理報價。（7）當維修服務完成，若臨時沒有足夠現金，可利用手機做行動支付。

從此模式的運作結果，可解決本案例的問題並滿足企業和消費者需求。消費者可快速就近找到可信賴的拖吊行和輪胎行，其維修費用也是合理平價。而且整個維修聯絡事宜都是透過平台來運作，因此消費者不需很辛苦的和不同窗口聯絡。就輪胎行而言，它可事先掌握消費者需求（包含時間、地點、需求量）以及透過掌握顧客需求量和輪胎原廠企業策略聯盟，以便取得優惠輪胎價格而爭取到消費者生意。就輪胎原廠公司而言，可從傳統產品銷售營運模式轉型成加值服務的企業形象，其利潤不只產品銷售，還有其他加值服務營收（例如：拖

吊服務手續費)。另外,以前都是面對輪胎行或通路商,透過此模式,就可直接面對消費者,真正了解消費者需求,進而從消費者回饋意見作為產品設計改善的考量依據。

(三)管理意涵

■ 中小企業背景說明

中小企業在當今全球化的產業環境中,所有企業都會面臨新的競爭壓力,尤其在專業分工程度不斷提高的趨勢下,企業之間需要更新的營運模式與思維,因此,在體系企業間的整合電子化作業就應運而生。

■ 網路行銷觀念

在產業鏈中供應商與顧客間的上、下游關係就像自然界裡兩個生物體的互利共生一樣。因此,如何讓供需、研發速度等在整個價值鏈中產生真正的效益,體系間網路電子化的推動,甚至協同行銷管理的合作模式愈形重要。

■ 大型企業背景說明

大型製造業企業在過去大部分以區域化生產為主,也因而許多製造業整合資訊化系統也大部分以區域化來加以設計;但現今由於網路經濟興起及全球產業生態變化,如中國大陸的崛起,因此跨地域的生產環境,例如在兩岸三地的作業模式是一種愈來愈普遍的現象。

■ 網路行銷觀念

資訊網路系統如何能夠適應這種多變及多樣化的作業,將是一個企業資訊系統不可不細心考量的事情,而首當其衝的,就是資訊系統必須能支援跨產業的整合價值鏈所需的網路行銷服務需求。

■ SOHO 型企業背景說明

SOHO 型企業在現有的資訊科技環境上,其全球的 internet 人口急速增加,且由於寬頻網路技術的突破,電子商務環境及技術和成本已漸趨成熟下,如何運用資訊科技來建構「電子化企業聯盟」的效益就愈來愈廣泛了。

■ **網路行銷觀念**

「電子化企業聯盟」的功能，包括建立良好的客戶關係、提升企業流程的運作效率、產品與服務創新、新市場的發展、快速溝通平台、掌握技術應用能力、與合作夥伴建立互信互助的關係等。

（四）個案問題探討

請探討此模式的利益關係人互動作業。

案例研讀
熱門網站個案：社交過濾網

社交過濾利用演算法和資訊過濾的技術，系統就會透過演算法來分析社交圖譜，主要根據用戶的 Twitter 重複推送（retweet）、Facebook 轉貼連結被按讚和留言的次數、Google Reader 裡對於各種資訊來源所分享、喜歡和收藏的次數等資訊，並且過濾和重組其中真正有價值的內容，再結合社交網站中所建立的關係和信任感，它提供多樣化的關鍵資訊，可以讓有用的資訊變得精準，更為個人化，這是未來發展的趨勢。

例如：Summify.com 是一個社交新聞過濾器，Summify 用戶只要輸入自己的 Twitter 和 Facebook 帳號，再以電子郵件的方式去推薦給用戶，這是社交過濾服務的主要特色。Summify 的核心關鍵就在於演算法。

資料來源：http://summify.com

例如：quantcast.com 是專門從事目標客戶的媒體測量和網路行為分析的廠商，它可蒐集客戶對於網站、影音、遊戲等媒體效果的感知程度，以便可以個人化地了解社交情況。

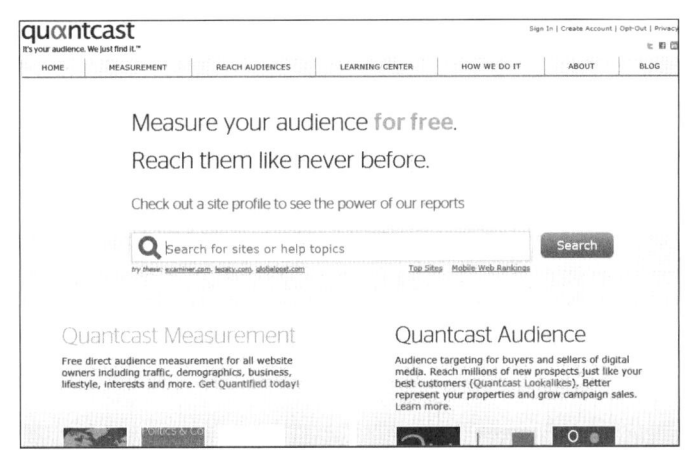

資料來源：http://www.quantcast.com/

例如：TweetDeck.com 它是社群訊息蒐集中心，整合自己在不同社群平台上的資訊，透過設定訊息過濾、提示功能等技術，來匯聚 Facebook、Twitter、Foursquare 等平台，進而預設未來訊息要發布的時間，同時追蹤別人的整合訊息。它不用登入個別平台，直接透過 TweetDeck 瀏覽互動，即使在龐大的

討論中,也不會漏掉關鍵訊息,並記錄自己在多個平台上的發表內容,可一網打盡同時察看朋友在不同網站中的所有社群資訊。

■ 問題探討

請探討此社交過濾模式會如何影響到消費者生活層面?

本章重點

1. 在企業策略目標展開方面,可架構供應鏈資訊化系統,透過 internet,簡化及改善與廠商間資訊流及金流等作業流程,建立最佳化的供應鏈運作模式,如此才可讓企業經營從產品導向轉為服務解決方案提供者的知識創新型企業。

2. 體系企業間電子化應用範圍,包括了企業與企業間透過企業內網路(intranet)、企業外網路(extranet)及網際網路(internet),將重要資訊及知識系統,與供應商、經銷商、客戶、內部員工及相關合作企業連結。

3. 如何來建立企業跨區域的網路系統模式呢?它可分成四個主要工作項目:基礎資訊架設、資訊連線建置、當地資訊網路作業規劃、兩岸資訊整合。

4. 就企業應用方面來看電子商業與網路行銷關係,分成三種層次:intranet、extranet、internet,所謂 intranet 是指企業內部的資訊系統應用功能,extranet 是指企業對外部的資訊系統應用功能,internet 是指企業和外部之間的資訊系統應用功能,這三種的最大差異是 extranet 是以企業內部為中心,對外角色產生應用功能,而 internet 是企業和另一企業的交易作業,沒有以哪一個企業內部為中心。

5. 雲端運算(cloud computing)是由 google 提出的,雲端運算是一種分散式運算(distributed computing)的形式。以數以萬計的伺服器,叢集成為一個龐大的運算資源。它包含 IaaS、Paas 與 SaaS 等三種模式。而相對於 IaaS、Paas 與 SaaS 等隨選服務,就是 On Premise 系統。

6. 雲端運算可從技術面和商業模式面來探討之。從技術面,雲端運算是一個從 IT 技術延伸擴展到另一個全新的技術,而且未來不斷地再蛻變改造。舊的 IT 技術是指叢集(cluster)運算、平行運算、效用(utility)運算、格子(grid)運算,而後演變到新的 IT 技術的雲端運算(computing)。雲端 IT 技術會影響到雲端商業模式。

7. 產業生態競爭就是指全球產業環境如同大自然生態一般的競爭模式,它勢必會影響企業生存和經營模式,所以產業生態化競爭就是指須把整個企業生存和營運環境,視同大自然生態一般的有機生命力,進而從產業生態化競爭形態來思考企業該如何經營!

8. 雲端環境就如同天一般的籠罩,而物聯網就如同地一般的織網,因此當雲端環境和物聯網建構完成之時,也就是產業生態化形成之際。

9. 企業資訊系統變革除了因軟體技術和流程再造的變革而創新,但此時在產業全球生態化競爭之際,更需要另一種變革,也就是智能物件的變革。所謂智能物件就是要將實體產品和無形服務轉化成物件,並且賦予智慧能力,進而成為智能物件。其智能物件最重要的精髓之一在於能自動感知物理面的溝通。現實面是指實體資源的「現實外在反應」,它是指實體的功能、外觀等。

關鍵詞索引

- 電子商業（E-Business） 12-2
- 代工製造（Original Equipment Manufacturer, OEM） 12-5
- Intranet 12-8
- Extranet 12-8
- Internet 12-8
- 非同步遠距教學（Asynchronous Distant Learning） 12-11
- 允諾交期（Available to Promise, ATP） 12-13
- 電子化採購（E-Procurement） 12-14
- 決策支援系統（Decision Support System, DSS） 12-16
- 雲端運算（Cloud Computing） 12-22
- IaaS（Infrastructure as a Service） 12-23
- PaaS（Platform as a Service） 12-23
- SaaS（Software as a Service） 12-23
- 物聯網（Internet of Things） 12-26
- M2M（Machine-to-Machine） 12-26

學習評量

一、問答題

1. 何謂電子商業？
2. 電子商業與網路行銷關係為何？
3. 何謂入口型的企業行銷網站？
4. 請說明商家對電子商店之涉入重點。
5. 一般網路購物的網站主要三項功能是什麼？

二、選擇題

(　) 1. 企業體系間電子化的目的是？
  （a）整合
  （b）分析
  （c）統計
  （d）以上皆是

(　) 2. 資訊擷取作業，主要是？
  （a）建立一個平台
  （b）自動關聯相關跨區域資訊
  （c）透過連線，來從公司資訊系統存取相關資訊
  （d）以上皆是

(　) 3. 企業內部的資訊系統應用功能是指：
  （a）intranet
  （b）extranet
  （c）internet
  （d）以上皆是

(　) 4. 電子化採購（e-procurement）可分成哪三大方向？
  （a）採購規劃
  （b）採購作業
  （c）採購回饋
  （d）以上皆是

(　) 5. 資訊流是指？
  （a）實體的流動
  （b）從資訊系統應用功能所運作的過程
  （c）指企業之間和銀行的金額來往
  （d）以上皆是

CHAPTER 13

應用案例 1：
產業資源規劃系統時代的來臨—
以雲端商務為驅動引擎

企業實務情境　出貨協同作業個案

AA 公司是生產 LED 半成品的供應廠商，最近 AA 公司的營運受到市場好景氣影響，使得訂單出貨量激增，往往生產趕不及出貨，造成客戶（組裝 LED TV 最終成品）企業也來不及供應本身生產線做最後組裝的進度，進而引來客戶的不滿抱怨。就有那麼一次，業務王經理因為客戶不斷催貨，而直接到生產線上趕貨，他對著生產廖經理大吼說：「為何生產如此慢？」廖經理也回應說：「訂單太多了，你要的這批貨已好了」。於是，王經理派人直接將貨從生產區移到出貨區，準備上車送貨。這時，倉庫葉組長說：「貨品須入庫記載，並印出貨單，如此，料帳才會一致」。王經理說：「事後再補資料，先把貨給客戶比較重要」。於是，當下就急急忙忙把貨品裝上貨車直接運送出去。由於是急貨，客戶雖希望即時收到 LED 零組件物品並直接投入最終組裝生產線，但這時發生了 3 個問題：（1）AA 供應商所供應的這批物品缺少了部分 parts。（2）運送時間延遲，導致客戶生產線停擺 10 分鐘。（3）該客戶為了急著將貨品送至生產線上投入組裝，使得帳務無法即時處理。經過一段時日，AA 供應商和該客戶花費很長時間，才把帳務處理完畢，但此時已經耗用這二家公司的資源浪費和無效率。

13-1　問題定義和診斷

企業在面對問題思索解決方案時，往往以個人經驗法則和直覺判斷來處理之，尤其是在面對須即時處理的問題狀況，但這樣的解決處理，是無法實際探究問題的現況診斷及真正需求的本質探討，如此將無法真正提出藥到病除的解決方案，更遑論可因應下次問題再發生時的同樣方案來快速有效處理。本個案利用「問題解決創新（problem-solving innovation）的個案診斷手法」來做問題挖掘上的剖析，如圖 13-1。

·13· 應用案例 1：產業資源規劃系統時代的來臨—以雲端商務為驅動引擎

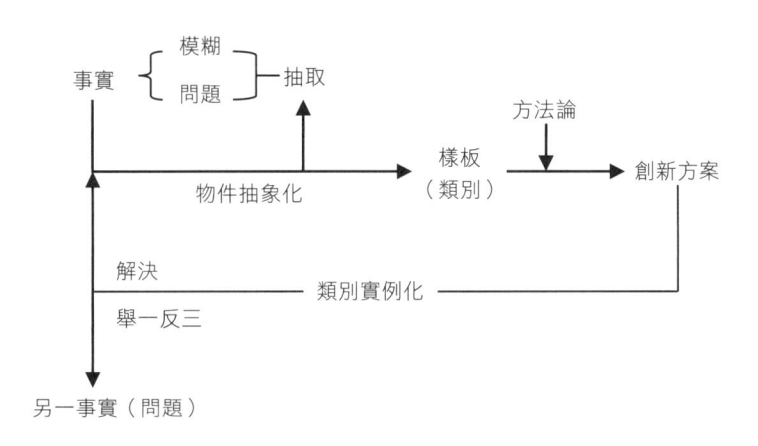

圖 13-1 問題解決創新的個案診斷

本文透過問題解決創新手法（過程省略），得出問題診斷階層，如圖 13-2。

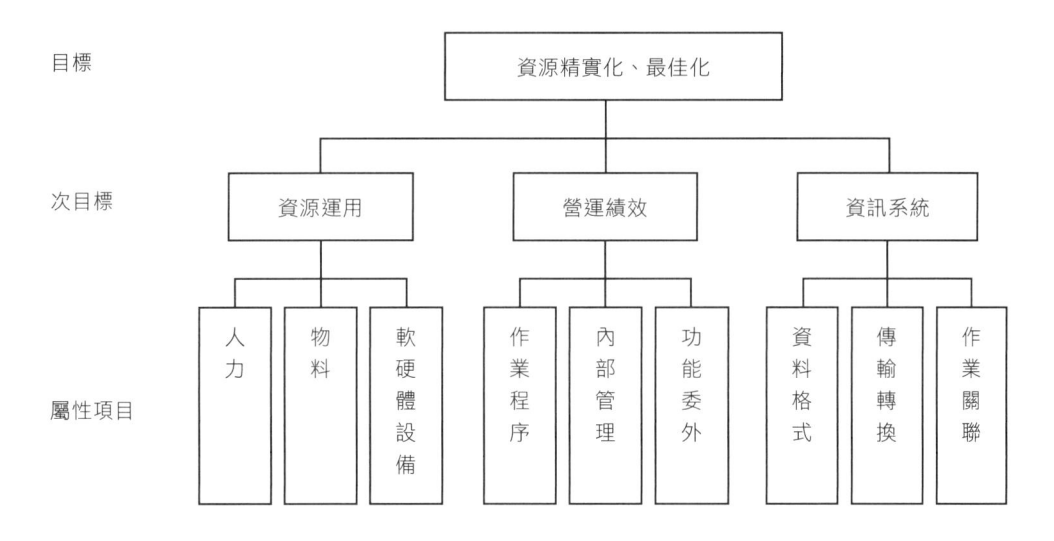

圖 13-2 問題診斷階層

依本個案的出貨協同作業來看，從問題階層圖可知在資源運用上，AA 公司和其客戶運用了各自人力資源來處理出貨安排和貨到驗收的作業程序，由於這些作業是在緊急時間處理之，使得相關入出庫紀錄來不及記載，並且由於此二家企業有各自 ERP 系統軟硬體設備資源，使得後續處理須重複輸入和互相再次確認，另外，也因為緊急處理，而忘了某 parts 的備料，使得必須再從別的廠商調貨，造成該 parts 物料資源的不當分配，此點從產業資源規劃來看，是浪費資源的耗用。

若從營運績效來看，可知在出貨程序作業，是 2 家企業各自處理，造成作業資訊分散、作業時間過長，使得在內部管理產生料帳不一和內部稽核出錯，並且 AA 公司是利用自家運送方式，導致配送路線過長和無法掌握配送過程和進度，此點從產業資源規劃來看是無效率和效益。

若從資訊系統來看，由於二家企業各自有 ERP 系統，因此必須做資料格式統一，包含軟體格式和欄位項目統一，當然可利用 XML（eXtend Markup Language）來做資料格式統一，但仍須事先依各自 ERP 作業規範和準則做格式協調統一，一旦各自系統又有改變時，就必須再協調。另外，還須做資料傳輸和轉換，也就是各自的 ERP 系統須互相將這些出貨資料做符合自身系統要求的傳輸轉換。例如：以該客戶企業而言，就必須將出貨單傳輸轉換到內部 ERP 系統驗收單功能上。經過轉換後，若要做到作業關聯效益，則就必須和 ERP 系統其他欄位做關聯性的確認，例如：前例的驗收單須和採購單在 ERP 系統上做作業稽核上的關聯正確性。以上這些 IT 運作，就產業資源規劃而言，都是無法達到產業資源最佳化和精實化。從上述問題診斷後，接下來針對解決方案做說明，首先，從方法論論述談及，再根據此方法論提出本個案的實際解決方案等二大部分。

13-2 創新解決方案

13-2-1 論述

雲端運算與產業資源規劃—從企業根本需求談起。

雲端運算可從技術面和商業模式面來探討之。從技術面，雲端運算是一個以 IT 技術延伸擴展到另一個全新的技術，而且未來不斷地再蛻變改造。舊的 IT 技術是指叢集（cluster）運算、平行運算、效用（utility）運算、格子（grid）運算，而後演變到新的 IT 技術的雲端運算（computing）。雲端 IT 技術會影響到雲端商業模式。

本文探討的重點是在於雲端商業模式。任何創新的商業模式都來自於人性生活的最原始需求。不管雲端商業的運作面貌多樣化，終究仍須回饋至人性生活原始需求，因此，本文從此根本需求來探討如何發展出真正的雲端運算之商業模式。

那麼什麼是企業根本需求？

企業根本需求就是如何在產業資源分散和有限下能提供即時且隨時隨地的以最低成本來運用的需求服務，以俾達到需求服務最佳化及精實化。如圖 13-3。

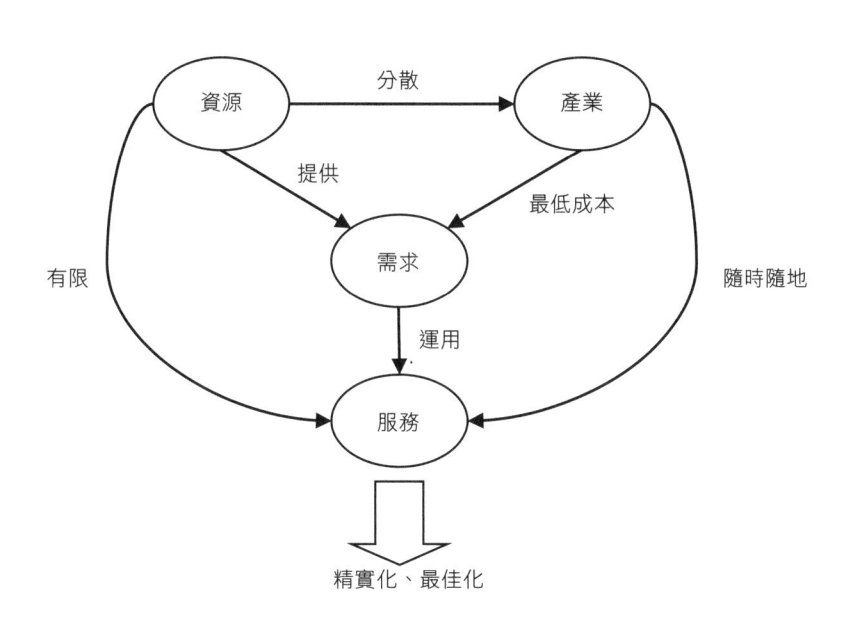

圖 13-3 以企業根本需求導向的產業資源模式

圖 13-3 是以需求為中心，此需求運用來自於以產業（industry-based）最低成本的資源來提供，而後透過此需求運用，讓產業能隨時隨地的來完成以滿足客戶需求的服務。此服務需能達到深化、優化、精準的精實（lean）化應用，然而這些資源是分散於產業鏈環境中，並且是有限的，因此，此服務也須能達到資源最佳化的應用。

從圖 13-3 模式可展開成以雲端商務為驅動引擎的產業資源規劃的架構圖，如圖 13-4。而要達到圖 13-3 所提及的產業資源精實化、最佳化，就必須以雲端商務為驅動引擎的產業資源規劃架構（圖 13-4）來探討之。從圖 13-3 內容中，主要有「資源」、「產業」、「需求」、「服務」四個項目，在「資源」項目中包含「分散」和「有限」、「提供」3 個子項目，在「產業」項目中包含「最低成本」和「隨時隨地」2 個子項目，在「需求」項目中包含「運用」子項目，而這些子項目站在以產業資源規劃（Industry Resource Planning, IRP）發展下，該如何解決呢？

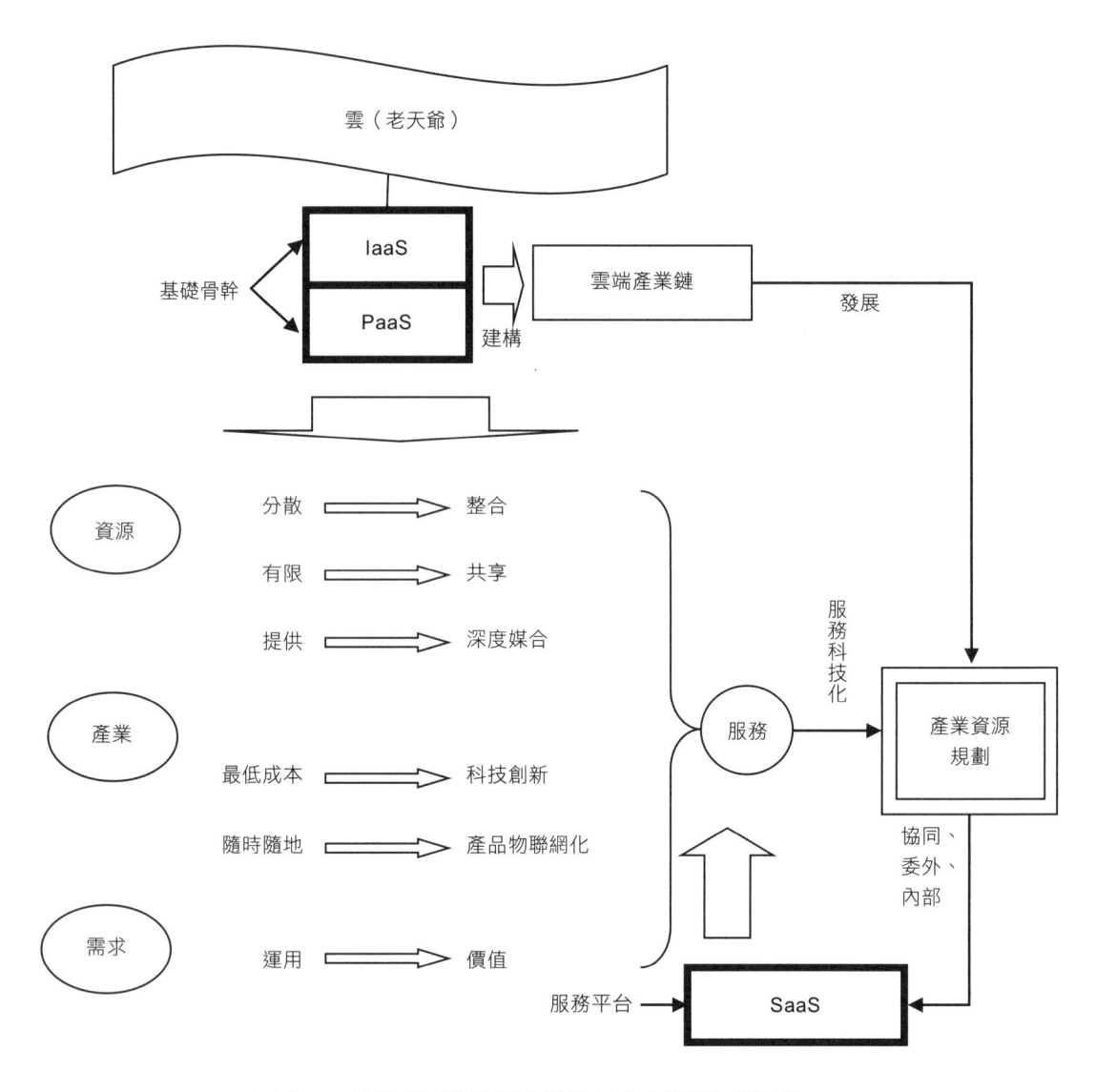

圖 13-4 以雲端商務為驅動引擎的產業資源規劃架構

在「資源分散」項目中，需以「整合」方式來解決，所謂「整合」是指將分散於各地的資源以統一共同平台將這些資源關聯成有結構化模式。在「資源有限」項目中，需以「共享」方式來解決，所謂「共享」是指在不同企業的各自資源應能彼此分享及互補來達成資源盡其用的效益。在「資源提供」項目中，需以「深度媒合」方式來解決，所謂「深度媒合」是指以滿足供需媒合的精準化、個人化之深度。在「產業的最低成本」項目中，需以「科技創新」方式來解決，所謂「科技創新」是指以創新的科技技術來以更低成本但仍可達到同樣或更多的效用。在「產業的隨時隨地」項目，需以「產品物聯網化」方式來解決，所謂「產品物聯網化」是指將物品透過 RFID 標籤和無線感測網絡（WSN）及 internet 結合成可互相溝通的網路模式，透過

此網絡就可達到 U 化（Ubiquitous）隨時隨地的溝通傳輸。在「需求運用」項目中，需以「價值」方式來解決，所謂「價值」是指在需求過度氾濫和錯誤下以附加價值指標來評核需求是否值得優先去考量運用資源的價值。

談完了由圖 13-3 如何發展至圖 13-4 的模式後，接下來就是說明如何利用雲端商務為驅動引擎來完成產業資源規劃資訊化。雲端運算包含 IaaS、PaaS、SaaS 三個層級子模式，在 IaaS 和 PaaS 是屬於基礎骨幹的層級，透過這二個層級才有辦法讓 SaaS 服務應用功能得以運作，而產業資源規劃是屬於 SaaS 的服務應用功能資訊系統。在 IaaS 和 PaaS 層級會建構出雲端的產業鏈，也就是利用此二層級基礎骨幹將在產業中的各企業之電腦軟硬體相關資源做整合，例如；主機虛擬化就是一例，而後有了這個雲端的產業鏈才能發展出以服務科技化為基礎的服務導向之產業資源規劃資訊系統。所謂「服務科技化」是一種結合服務導向和科技應用的經營模式，將科技化融入服務導向機制，來發展創新應用商機，在這樣的產業資源規劃系統模式下，對企業而言，會有「委外」和「協同」和「內部」三種模式運作來達成產業資源精實化、最佳化的綜效。

那麼如何利用 IRP 來達成呢？接下來，就說明 IRP 的演變、服務元件架構、模式內容等三大部分。

IRP 演變

從以往物料需求計畫（Material Request Planning, MRP）、封閉式物料需求計畫、製造資源規劃，一直到企業資源規劃（Enterprise Resource Planning, ERP），和目前到延伸企業資源規劃（Extend ERP）的演進過程來看，可知其實企業應用資訊系統，都是在期望達到資源最佳化，只不過演進過程是從物料資源、製造資源，一直到企業資源的發展。在目前企業發展已是產業鏈協同的趨勢下，以往就企業資源最佳化的 ERP 系統，已無法達到企業之間資源最佳化，也就是產業資源規劃（Industry Resource Planning, IRP）最佳化。

本文從下列三個重點來探討 IRP 演變：資源整合、需求應用、軟體科技等。

在資源整合方面，以目前企業發展已是產業鏈協同的趨勢下，其專業分工和策略外包已是企業在專注本身核心能力下所採取的政策，這樣的政策使得原本在 ERP 系統內的某些功能，就會變得不需要，而且反而是增加和企業夥伴之間的作業功能，如此使得 ERP 系統企業內部功能萎縮，而轉移到企業之間的功能發展，例如：專注於

IC 設計核心能力的企業，對於內部生產排程功能是不需要的，反而對於和晶圓代工廠之間的外包排程作業是非常重要的。

在需求應用方面，如何適用在各行業別的需求，就是 ERP 系統的價值，但實際上，不要說是某一企業的獨特性和複雜，就算是在同業的所有企業也是很獨特性和複雜的，更遑論不同行業別的獨特性和複雜，因此，常會造成不同行業別的企業用戶使用同一個 ERP 系統產品，會不斷抱怨和認為無法適用的道理所在。在以往，企業應用軟體市場的發展，是從大型客製化、套裝軟體的程式結構下，發展出以參數設定功能方式來彈性滿足不同企業的獨特性所需，但若以產業資源的應用來看，其企業之間需求是不斷地變化和專屬，以及考量到產業資源運作最佳化，故應以需求服務為導向，來立即適合地解決企業問題。也就是說 IRP 系統的未來發展之一，應切入朝向應用服務元件化，使之成為可重複使用的服務，與連結這些獨立元件後，可在動態整合環境下整合成自動化的彈性流程。

在軟體科技方面，其演進過程主要分成程序導向、模組導向，一直到目前物件導向等。但在企業之間流程是一個具有複雜的情境流程，因此須依賴雲端運算的服務導向和代理人軟體技術來達成。

IRP 服務元件架構

IRP 系統服務元件架構如圖 13-5 所示，IRP 平台主要是由各服務元件所組成，其組成元件種類有三種：供給元件、需求元件、介面元件等，這些元件都具有內聚力，也就是每個元件都是獨立的和自我服務能力強大，而當供給元件和需求元件有關聯時，就利用介面元件來連接，故一旦無關聯時，就移走介面元件，並不會影響各元件的獨立性，如此不但新增和修改服務元件容易，也使得各元件之間的耦合性程度低，因此可快速因應企業之間的作業需求變化，比起參數設定方式更加彈性和適合。各獨立的服務元件還有另一個好處，就是其軟體品質的穩固，這使得軟體系統經過不斷地運作而會更加穩定。

這些服務元件的彼此運作，是透過各代理人的執行。各代理人以 web service 平台方式，由使用者提出需求元件，透過 SOAP 協定，而供給者則提供供給元件，並經過呼叫機制，使得透過介面元件，連接供給和需求元件，以俾完成使用者的作業所需，這就是代理人服務。在 web service 平台的 IRP 系統，經過代理人服務的運作後，其背後會有一個完整且強大的資料庫，因它是在 web-based 的跨企業資料庫，故本文稱為 internet 資料庫（Internet DataBase Management System, IDBMS），它是一種 UDDI 型式，其資料綱要定義是代理人結構（schema），所存放資料單元是服務

元件,這個 IDBMS 是會和各企業 ERP 的 RDBMS(Relationship DataBase Management System)做連接互動,如此在跨企業之間的資源運作,就可透過代理人服務和 IDBMS 運作,使得產業資源最佳化。

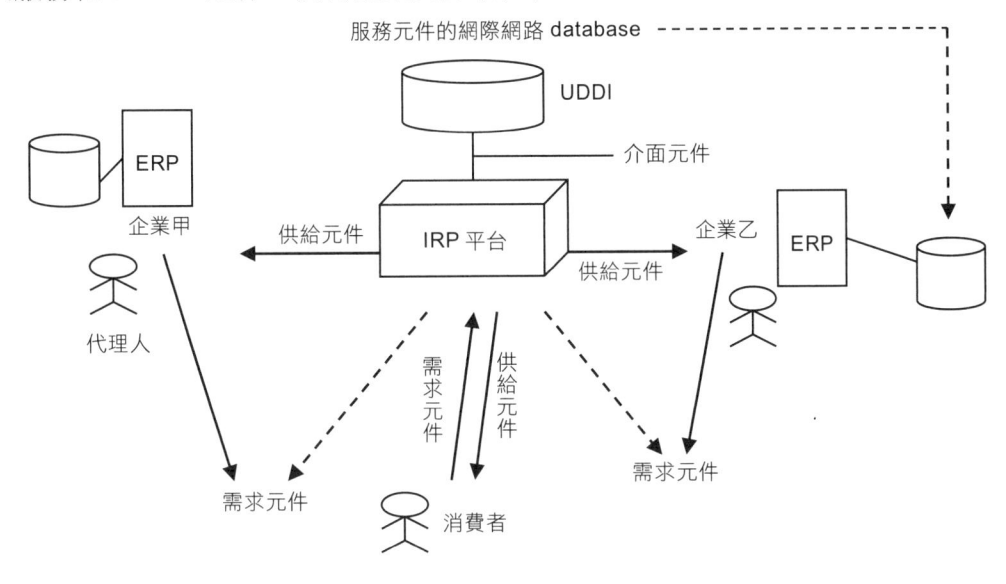

圖 13-5 IRP 服務元件架構

IRP 模式內容

從上述說明後,接下來就說明 IRP 的模式內容重點,它主要分成企業廠商運用 IRP 系統分類、IRP 產業鏈功能深化程度、IRP 系統營運兼顧協同和委外及內部模式等三大部分:

1. **企業廠商運用 IRP 系統分類**

    在 IRP 模式中只有建構私有 IRP 系統和加入公有/私有 IRP 系統的二種運作分類,也就是某一廠商假設在單一產業下則不是因為本身規模夠大可自行建構私有 IRP 系統,不然就是參與加入某一產業公有 IRP 系統或是某一產業私有 IRP 系統。

    從上述說明可得知在 IRP 模式下,企業類型只有分成集團/大公司型企業和一般型企業,前者可自行建構 IRP 系統,而後者不需自行建構 IRP 系統(當然更不需建構 ERP),只要加入參與集團/大公司型企業的私有 IRP 系統或是第三者仲介公司所建構的公有 IRP 系統。如圖 13-6。

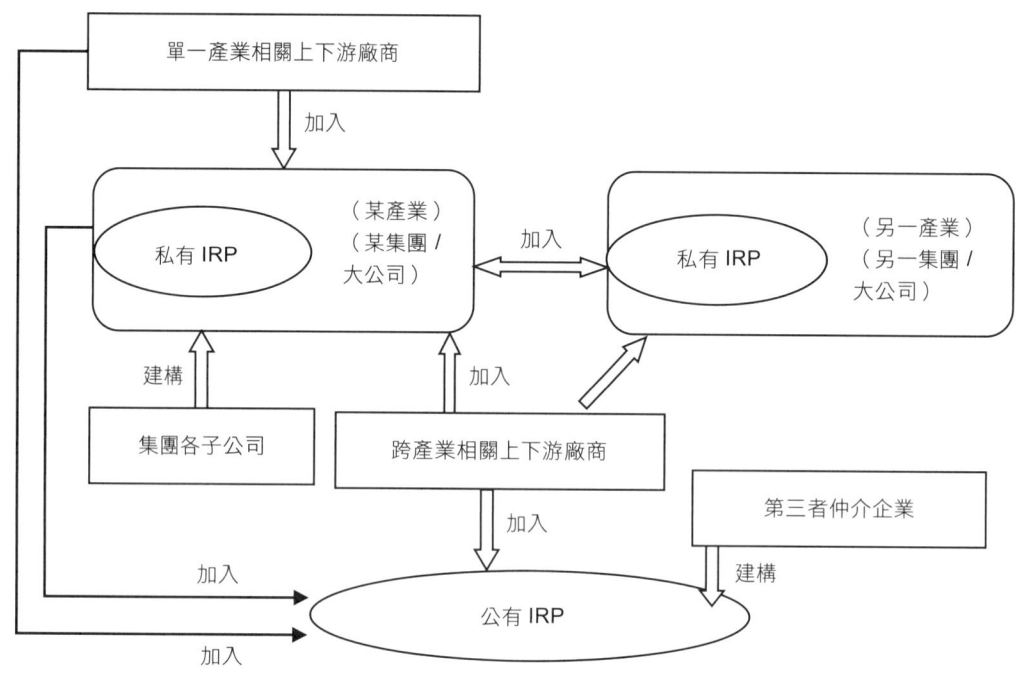

圖 13-6　企業廠商運用 IRP 系統分類模式

2. **IRP 產業鏈功能深化程度**

   所謂 IRP 的系統功能是包含跨企業的運作以及在產業鏈的層級關係。所謂跨企業的功能運作是指某系統功能是牽連著不同企業的作業流程，例如：製造廠和供應商的出貨協同作業就是一例。所謂產業鏈的層級關係是指產業鏈的上、中、下游企業的層級關係，例如：自有品牌企業關聯 OEM/ODM 製造廠，而 OEM/ODM 製造廠則會關聯至半成品供應商。因此，產業鏈功能深化程度就是指系統功能是深入到企業彼此之間何種作業流程，和深入到上中下游何種層級等程度，若深入到企業更內部作業和涵蓋上中下游層級愈廣，則表示深化程度高，如圖 13-7。

3. **IRP 系統營運兼顧協同和委外及內部模式**

   在企業營運的三層次由下而上主要可分成作業程序層次、管理分析層次、決策策略層次等，在 IRP 的規劃重點下，就企業之間資源運作最佳化構面而言，於作業程序層次最能達到資源最佳化的綜效，因此，在作業程序層次的企業之間運作應採取協同作業模式，例如：OEM/ODM 製造廠和半成品供應商的出貨協同作業。而於管理分析和策略決策層次，因牽涉到各企業本身文化、政策、經營特性等專屬性，所以很難和另一企業協同運作，只能採取企業本身內部運作模式，但非本身核心能力的功能，則可採取委外模式，如圖 13-8。

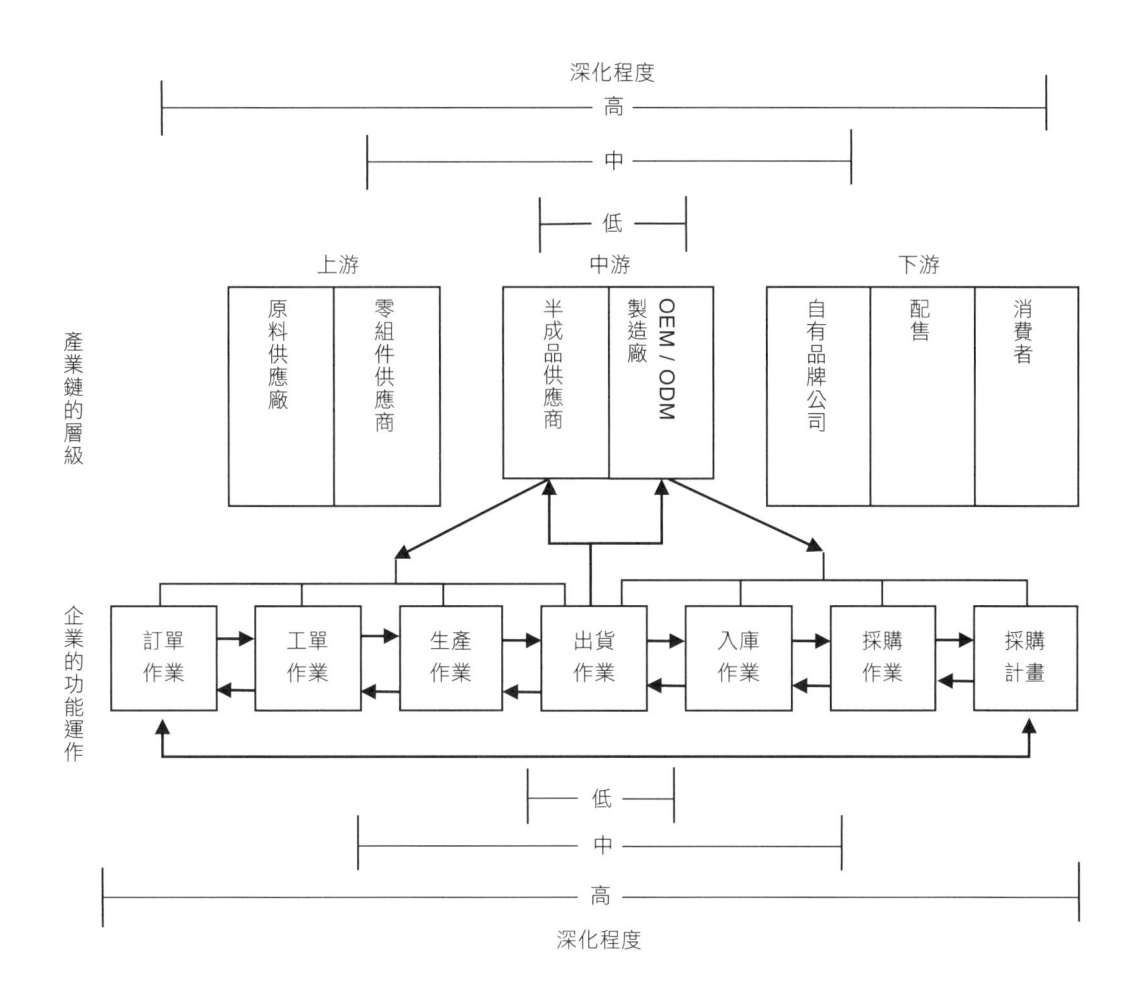

圖 13-7 產業鏈功能深化程度

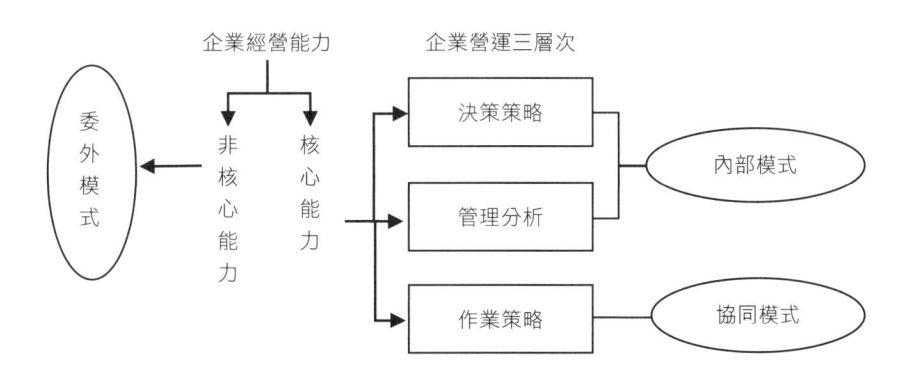

圖 13-8 IRP 系統三種模式

13-3 本文個案的實務解決方案

從問題診斷階層圖，可看出本個案主要在於資源運用、營運績效、資訊系統三構面上，因此在此結合上述 IRP 模式內容三大重點分別提出實務上解決方案。

■■ 資源運用和 IRP 產業鏈功能深化程度

就功能深化程度的跨企業的功能運作來看，可知在 AA 公司作業是出貨安排作業，而客戶作業是貨到驗收作業，若從上述問題診斷發現二家公司各自運用人力來分別記載出貨資料，但就此出貨作業其實就只有一種資料：出貨資料，因此在 IRP 系統內由 AA 公司人力輸入出貨物品資料，而當貨物到達客戶時，客戶只要利用此 IRP 系統查出在 AA 公司輸入的資料來做驗貨作業即可，如此資料記載人力只要利用 AA 公司人力，就不需要客戶人力，這就是產業人力資源的整合和不浪費。同樣地，在軟硬體設備資源，因為是共用一套 IRP 系統，因此此資源也達到最佳化運用。同樣地，在物品 parts 資源調配，可利用 IRP 系統在產業鏈的層級廠商中，協調查詢出有閒置或是剛好也需要調配的某廠商 parts，如此，也就使得 parts 資源運用不浪費。

■■ 營運績效和 IRP 系統營運三種模式

本個案出貨作業是屬於作業程序層次，因此應採取協同模式，也就是將 AA 公司和客戶一起以利害關係人協同來處理此作業。透過協同模式，就可縮短作業時間和資訊集中控管等效益。而經過協同作業後，這二家公司就牽涉到料帳合一的管理，這時因每家公司有自己料帳管理方法，所以就採用內部模式，也就是在 IRP 系統內可設計出分別適合這二家公司專屬的料帳管理功能，並不會在同一系統內而有互相干擾問題。最後，在貨物運輸功能，因都非屬於此二家公司的核心能力，因此，可共同採用委外模式，就是將出貨運輸作業委外給專業物流公司，而這專業物流公司會有一套物流用的 IRP 系統，此時，這二家公司就可利用此委外 IRP 系統來做出貨進度查詢管控，進而快速送達目的地。

■■ 資訊系統和企業運用 IRP 系統分類

從上述問題診斷可知 ERP 系統運用是會有資料程式不一、轉換和關聯性再次確認等問題，但運用 IRP 系統時，這些問題就不存在了。以此個案而言，AA 公司可採取加入客戶自己建構的私有 IRP 系統（假設該客戶規模夠大），因此資料格式只有一套也不需轉換，另外在產生驗收單時，因為在同一 IRP 系統內，所以那時在 AA 公

司產生出貨單時就已關聯到客戶的採購單,所以客戶在產生驗收單時也不需要做再次確認作業,進而簡化不必要作業。

13-4 管理意涵

一個嶄新甚至是殺手級應用的企業資訊系統之發展演變就如同大自然生態演變一樣,必須經過時空環境的蛻變和成熟,而目前正是 IRP 資訊系統即將來臨的商機和需求,因為除了之前累積多少軟硬體技術蛻變外,此刻,更因為雲端運算和物聯網的產業營運模式興起,使得 IRP 系統更顯得是未來企業經營競爭的殺手級應用系統。這對於各行各業都是一種創造性的商機,但唯有得先機者得天下,儘早洞燭此趨勢,才能讓企業或個人可在下一波殘酷產業優勢變遷和輪替的洪流下,可倖得一席立足之地,甚至能笑傲天下。

CHAPTER 14

應用案例 2：
商務和商業整合—
IRP-based C2B2C 商機模式

企業實務情境　C2B2C 的整合流程

經過昨日一整天的內部開會後，小林今早一起床就顯得無精打采，但為了向大客戶簡報，仍一鼓作氣急忙的提起公事包直奔公司。

簡報會議預計九點開始（開三小時會議），尚有十多分鐘，此時，小林打開公事包準備文件，但卻驚見業務整疊營收報告文件不見了！想說趕快到辦公室列印，但電子檔案卻放在家裡電腦硬碟內，這該怎麼辦？

幸好，請家人打開電腦將檔案 email 出來，雖然花費了十分鐘（因家人使用電腦不熟），但總算可以列印。可是，誰知全公司唯一印表機（小公司，所以只有一台）的碳粉匣已快沒有碳粉（也沒有庫存），導致列印品質很差，眼看開會時間就快到了（有想過到超商列印，但整疊文件的成本太高）。

緊急透過 B2C 購物網站向碳粉匣經銷商叫貨，但現場剛好沒貨（因經銷商不願囤貨，考量現場空間有限和需求不明確的因素），需向原廠取貨，若以緊急處理，可一小時到貨。此時，小林就趕快把營收報告時間挪到最後議程。

然而，經過一個小時之後，碳粉匣仍未送達，小林急得打電話詢問，才知因原廠倉庫出貨流程出了一些問題，導致運輸延遲，最後終於在營收報告前送達，讓簡報會議順利完成。

但小林卻經歷了一場心驚膽跳的早上時光。

14-1　問題定義和診斷

依據 PSIS 方法論中的問題形成診斷手法（過程省略），可得出以下問題項目：

問題 1. 向 B2C 購物網站訂貨（商務作業），但因原廠倉庫出貨（商業作業）不順，導致影響 B2C 買賣商務的交貨運輸延遲。

問題 2. 因印表機的碳粉匣是民生消耗品，所以在消費者需求是會再次使用，因此再次使用時間、數量對於消費者再度購買是很重要的，由於該公司並不知道碳粉匣何時用完，當然也就不知道何時會需要再購買。

問題 3. 在印表機和碳粉匣的原廠、經銷商等供應企業，對於消費者需求，只能以 B2C、C2C、B2B 等一般商務行銷方式來被動執行買賣交易，無法以自動方式蒐集消費者偏好，進而主動滿足個人客製化的商務需求。所以，若碳粉匣廠商能自動事先知道該公司個別需求，則就可進行主動銷售。

問題 4. 由於碳粉匣供應是以產業鏈體系在運作，然而因碳粉匣使用資訊在產業鏈並不透通，導致這些供應廠商無法明確掌握消費者需求，進而無法滿足消費者需求。

問題 5. 要解決上述這些問題，若以人為操作方式的資訊系統模式，則其管理成本會很高且不易運作，例如：要主動蒐集消費者個人偏好（在本案例是指使用碳粉匣偏好），若利用人為登錄在網路資訊系統內，則成本高又不一定有效果，因為其問題癥結點在於以往的資訊化模式仍是運用人類透過資訊系統來管理實體物品。若這些實體物品之間能互相溝通，則就可省去上述的人工行政登錄，並可自動記錄物品的流動狀態資料。

那麼如何從挖掘問題來思考出創新解決方案，進而創造新的商機？

14-2 創新解決方案

根據上述問題探討，接下來探討其如何解決的創新方案。它包含方法論論述和依此方法論規劃出的實務解決方案二大部分。其方法論論述包含「IRP-based C2B2C 模式」、「商務和商業整合」等二大內容：

14-2-1 IRP-based C2B2C （Consumer to Business to Consumer）模式

IRP-based C2B2C 商機模式（圖 14-1 和圖 14-2）是指在 IRP 基礎上，以消費者為中心，來促發引導商務行為和商業流程，也就是以消費者（C）主動向企業（B）提出需求，再由企業（B）提供商務和商業作業給予消費者（C），此模式的精髓在於消費者能以主動客製化（Customized）方式來促發企業的商務、商業作業，其客製化促發方式有：消費者需求生命週期偏好、CTO、ATO 等三種方式。

1. **消費者需求生命週期偏好**：將消費者在商務和商業系統的運作過程中，包含所產生的資料，由此模式自動蒐集個人消費者需求偏好，並且加入個人限制條件和心理個性等深層因素，而建構成一個個人消費者需求生命週期偏好的資料庫。

2. **組合式設計訂單生產（Configure To Order, CTO）**：組合式設計訂單生產是指在接到企業型顧客或消費者訂單後，依顧客指定規格，由工程師開始設計產品的生產環境。每一張訂單都會產生專屬的材料編號、材料表與途程表。它可透過 web-based 網站上的產品型號和零組件，依自己喜好和需求來做不同搭配組合，進而產生組合式訂單。

3. **接單式組裝（Assemble To Order, ATO）**：在接到企業型顧客或消費者訂單後，依顧客指示的規格提領組件開始組裝最終產品的生產環境，吾人稱為這樣的環境是接單組裝。接單組裝的作業模式為提供快速、滿足不同客戶訂單特殊需求、高品質、具競爭性價格、能在客戶要求交期時間內即可生產完成的最終產品。

在圖 14-1，X 軸是指消費者需求生命週期，在這個週期中的「交（退）貨、付款、購買…」需求作業是泛指電子商務功能，也就是 B2B、B2C，而其中「需求條件、瀏覽、尋找…」是指網路行銷功能。Y 軸是指產業供應鏈，它是指從消費者一直到回收再處理廠商的循環體系。而在 X 軸和 Y 軸交集就是 C2B2C 模式的運作路徑。

從圖 14-1 中，可知 C2B 會到 B2B，再到 B2C，而成為 C2B2C 模式，它是由 C2B（Customized）為主動促發點（包含消費者需求生命週期偏好、CTO、ATO 等三種方式），然後到產業供應鏈的某一企業（Business），再由此 Business 轉成各種 B2C 或 B2B 模式。但若將商務和商業整合（如圖 14-2），就成為 IRP-based 的 C2B2C 模式。

· 14 · 應用案例 2：商務和商業整合—IRP-based C2B2C 商機模式

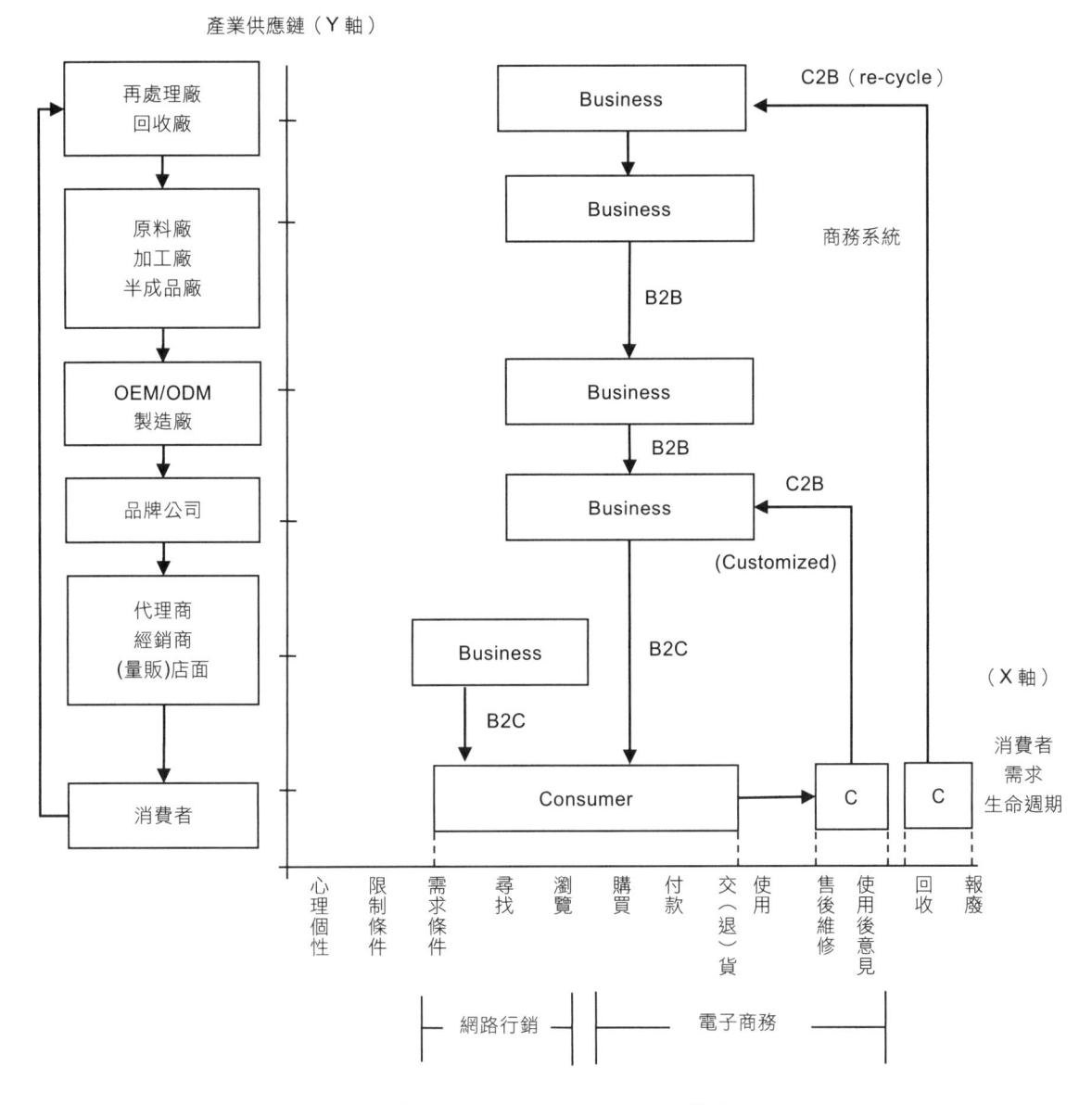

圖 14-1 IRP-based C2B2C 模式

在圖 14-2 中，是由消費者需求生命週期展開各系統功能，包含商務系統和商業系統，並且將此二者整合。

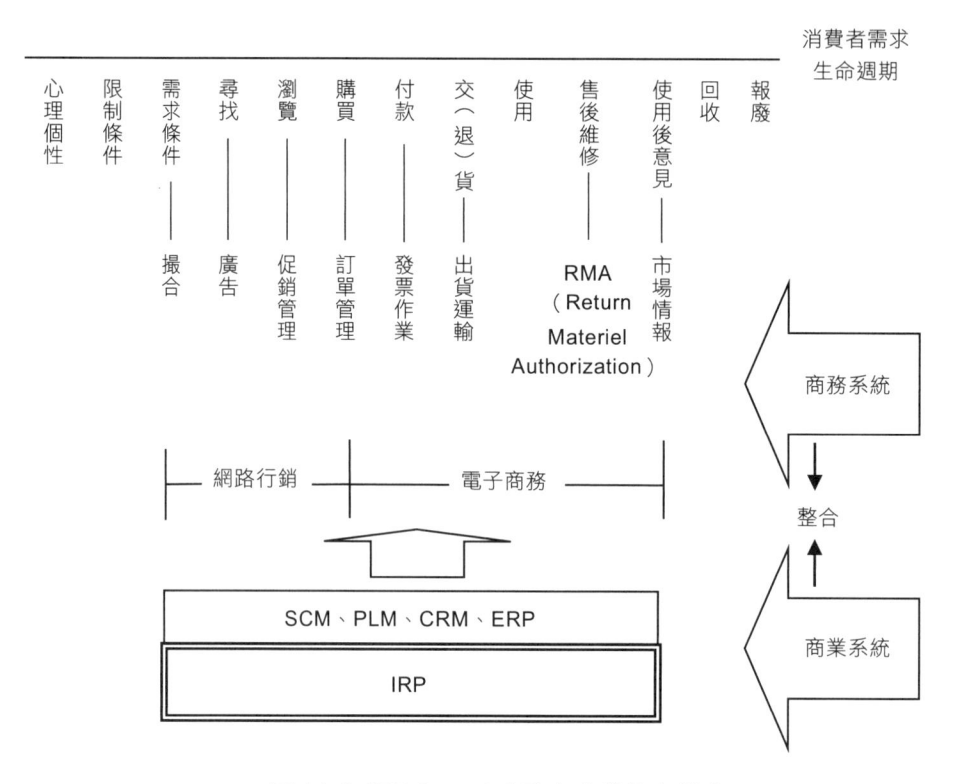

圖 14-2 IRP-based 商務和商業整合模式

14-2-2 商務和商業整合

商務和商業為何要整合？以及運作的重點說明如下：

▉ 商務作業和商業作業是生命共同體的價值鏈

電子商務（e-commerce）作業是指企業利用 internet 來發展企業與企業間、企業與消費者間有關產品、服務及資訊的交易活動，它主要指電子商業中的銷售與行銷部分，從圖 14-2 中，可知有電子商務和網路行銷系統。

電子商業（e-business）作業是指和整個產業供應鏈環境的企業來共同經營運作，也就是泛指一個組織藉由電子化網路，將其主要的相關群體（員工、管理者、顧客、供應商與合作夥伴）連結在一起，並以效率與效能的方式達成所有企業營運作業。從圖 14-2 中，可知有 SCM、PLM、CRM、ERP 系統。所以，電子商業比電子商務所牽涉的範圍更廣。

商務的作業主要是針對買賣交易訂單的功能，然而對於企業營運流程而言不是這樣就結束，它必須延續商務作業接下來的商業作業，此結合商務功能的商業作業對於企業和消費者會有 2 個重點影響：

1. **就企業而言**：當企業和消費者完成買賣交易作業時，接下來，將以這些作業資料繼續完成企業營運功能，例如：消費者下訂單後，此訂單將匯入企業 ERP 的銷售配送模組功能，以便繼續產生現金收入（或應收帳款）的財務管理模組。從上述說明可知若商務買賣資料無法正確、完整、即時的和後續商業作業整合，則就會使企業營運發生問題。

2. **就消費者而言**：消費者在買賣交易過程中，不是只有尋找商品和下訂單的需求而已，消費者還需要更有附加價值的服務，例如：訂單出貨查詢、退換貨作業等，而這些附加價值的服務是需要搭配商業作業的運作來完成，例如：上述訂單出貨查詢，需先依賴企業 ERP 內的倉庫出貨作業完成時，才有辦法查詢出貨進度狀況。所以，從上述可知整合商務功能的商業作業是會影響到消費者對附加價值的需求。

從上述 2 個重點可知，商務功能和商業作業是緊密整合的價值鏈，尤其是當整個買賣交易作業跨越多個企業營運時，每一環節一定要有商業價值，才會有企業願意加入，而消費者也必須能滿足自己的需求，如此，整個買賣交易商業模式才能維持運作。亦即，商務作業和商業作業整合才會有價值，單獨運作是不會有價值的。如此的整合，就是產業資源規劃的重點，所以 IRP 不僅包含 ERP，也包含 CRM、PLM 等系統，更重要的是也包含以前傳統的 B2B、B2C、C2C 等商務模式，這就是 IRP-based 商務整合商業的未來商機所在。

■ 真正商機在於滿足消費者需求生命週期

在產業生態的任一企業營運，不論其營收來源是來自於代工生產、經銷代理、加工組裝、直接銷售等各種方式，其最終真正需求商機源頭仍是回歸於消費者市場大眾，也唯有消費者市場才是終極根本市場，其上述的代工生產等方式為該企業所帶來的營收都只是市場運作過程所產生的利基，因為這些營收來源模式都是為了提供最終消費者需求所帶來的買賣，例如：某電子產品 OEM 公司為品牌公司代工生產，如此會有代工利潤，但為何此品牌公司要此 OEM 公司生產呢？可能因為經銷代理商要向此品牌公司進貨，但為何此代理商要進貨呢？因為最終要賣給消費者。所以，從上述可知任何企業經營模式都需回歸至最終消費者市場。

但最終消費者市場的商機在哪裡？就在於能滿足消費者需求生命週期。

那麼，何謂消費者生命週期？從圖 14-1 中，可知它是指從消費者個人深層心理個性發展到對某產品服務的買賣交易需求過程，此過程具有生命週期特性，也就是有「從無到有」、「再次循環」、「使用週期」等特性，其中「從無到有」特性是指消費者如何從原本沒潛在產品需求然後轉移到有目標需求。「再次循環」是指對某產品有過一次需求生命週期，然後再循環對同一產品有再次的需求生命週期。「使用週期」是指從買賣交易到售後使用回饋和回收的過程。

從上述可知**消費者的需求不是只在於尋找買賣產品而已，消費者要的是整個消費者需求生命週期所發展出的解決方案之服務。**

從消費者需求生命週期來看，可知要滿足消費者真正需求，就必須將商務作業和商業作業做整合，因為此生命週期是跨越買賣下單交易和企業營運的作業過程（如圖 14-2），例如：在此生命週期內會有再次購買使用作業，因此，消費者會運用下單功能，但就企業營運績效而言，為了使此消費者能再度回鍋向該公司購買，此時往往在企業 CRM 系統（商業作業）會運用如何加強顧客忠誠度的作業。

■■ 個人客製化（Customized）商務在於消費者偏好的深度媒合

個人客製化商務，就是指針對某個個人的特點需求來做行銷。個人化商務行銷是從市場佔有率轉換到客戶佔有率的新行銷思維。個人客製化商務，是以個人人性為出發點，也就是說「科技始於人性」，它期望能**達到「個人客製化」消費者偏好需求的深度媒合**。所謂深度媒合是指將消費者的限制條件、心理個性因素加入於買賣交易撮合作業中，以便真正掌握消費者的根本需求，進而加速、精準地完成整個交易。以往的交易撮合只是依一般需求條件來做媒合，例如：買賣房屋會依照一般需求條件（價格、地段⋯）來媒合，但較屬於個人的限制條件（預算有限、為何要買房子⋯）和心理個性（買房子夢想、購買決策習慣⋯）等深層需求因素並沒有考量，然而**深層需求才是真正決定買賣交易成功之關鍵**。

若以企業型和個人型顧客角度來看，則可將買賣雙方網路商務型態做分類如下：

	買者→賣者	賣者→買者	
企業	第 I 象限：企業→企業	第 II 象限：企業→個人	個人
個人	第 III 象限：個人→企業	第 IV 象限：個人→企業	企業

圖 14-3　買賣雙方型態

從圖 14-3，吾人可知在第 I、II、III 象限的類型是最常見的，但第 II、III 象限雖然都是買者為個人和賣者為企業，不過主動性卻不一樣，後者是**個人主動向企業購物**，前者是企業主動推銷給個人，當然後者的購物成功率較高。**在本文模式就是指第 III 型態。**

因應產業透通度的精實（lean）管理

供應鏈是指在整個商業交易的一連串過程中，從產品之原料、供應過程以及財務會計等相關資訊，在整體產業鏈中，將供應商到客戶透過不斷地整合與改造，以提升成員之間的作業流程價值。在供應鏈中，對於企業的產品存貨是最難控制的，故往往在供應鏈中，會產生所謂的「長鞭效應」，是指處於不同的供應鏈位置，使得企業所規劃之庫存壓力也隨之不同，如圖 14-4。

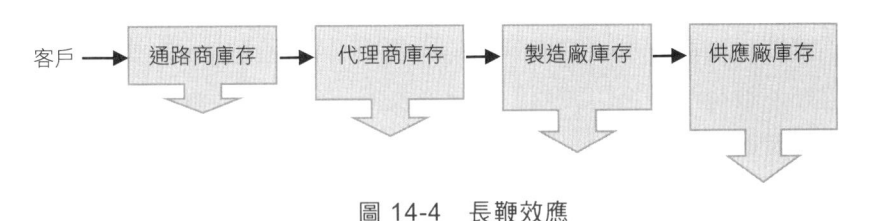

客戶 → 通路商庫存 → 代理商庫存 → 製造廠庫存 → 供應廠庫存

圖 14-4　長鞭效應

在這樣的長鞭效應下，對於企業的產品庫存就會有不真實的情況，所謂的不真實情況是指在某時間內的庫存存貨太高或太低。若存貨太低，企業行銷就會產生無法滿足消費者的需求，若存貨太高，會使企業成本積壓，不易週轉。因此會造成以上企業行銷的問題，就是因為供應鏈的過程太長，使上游的企業無法得知最終市場的產品需求，且中間隔了太多不同階段的企業，故欲做好存貨控管的行銷，就必須清楚了解每個階段企業的需求資訊，但由於這樣的需求資訊是跨越不同企業，故必須運用無線的商務作業來記載、追蹤、分析每個階段的企業需求和存貨進度和數量狀況。

從上述可知，企業競爭已轉型成產業競爭，而要達到產業競爭績效，就必須能掌握產業透通度，如此才可消除長鞭效應的存貨問題和創造即時快速回應（Quick Response, QR）的作業效率。這就是一種精實管理，所謂**精實管理是指能精準、明確的落實於任何細節作業內，以便達到追根究柢的效益，最後可達成客戶客製化的最大化需求滿足**。而要達到上述精實管理，則就需將商務作業和商業作業做整合。因為會造成產業不透通，其中原因之一就是在於買賣下單交易作業資訊（商務作業），在產業供應鏈上游廠商並不知情，更遑論即時性。例如：本案例的消費者購買碳粉匣和列印用紙張，其碳粉匣、紙張製造廠或經銷代理商並無法即時掌握，也就是這些廠商對於市場上的銷售情況無法知曉，進而難以提出精實的生產計畫（商

業作業），而使得庫存增加，造就了「長鞭效應」問題。如此，使得商務作業影響到商業作業，當然產業運作是環環相扣的，也就是因生產計畫不精實，造成到下游消費者在購買時可能會短缺或存貨太多。

■ 雲端環境（天）和物聯網（地）的產業生態形成

雲端商務絕不是 ASP（Application Service Provider）模式，因為 ASP 只是把企業應用軟體以公用和租賃方式來運作，ASP 根本仍是企業資源規劃基礎，但**雲端商務的企業應用則是站在產業資源規劃的基礎上。**

internet 只解決了真實和虛擬的結合藩籬，可是就實體資源而言，如何能自動擷取這些實體資源使用資訊，已不能再用以往傳統人工登錄被動作業方式，這會造成上述問題所提及的管理成本高和難以運作現象，因此，解決方式亦即是如何打破現實面和物理面的藩籬。現實面是指實體資源的「現實外在反應」，它是指實體的功能、外觀等，例如：碳粉匣可被用於列印等外在反應，但它（現實面）並不知道碳粉匣何時快用完等狀況（物理面）。所以，要主動了解這些狀況，也就是須具有「物理內在感知」（物理面）功效。

internet 開啟了企業真實和虛擬的結合，但**物聯網創造了企業現實和物理的結合**，因此新的一代**企業營運資訊化應用須結合 internet 和物聯網**。

14-3 本文個案的實務解決方案

從上述對 IRP-based C2B2C 商機模式的應用說明後，針對本案例問題形成診斷後的問題項目，提出如何解決方法，並透過這些解決方法，可創造出商機之商業模式。茲說明如下：

問題 1. 以往 B2B、B2C、C2C 都是著重在買賣交易商務行為，但以上述問題和本文提出的解決方法論來看，可知商務作業應和商業作業做整合，也就是在 IRP-based 的 C2B2C 模式是強調開發商務作業整合商業作業的軟體功能。所以，以本案例所發生的出貨（商務作業）因原廠倉庫出貨運輸作業（商業作業）不順導致 B2C 購物交貨延遲問題，就可迎刃而解。

問題 2. 在規劃 IRP-based 的 C2B2C 系統時，須將消費者購買交易功能從以往互相尋找供需、買賣撮合、下單支付等商務需求之單點，擴展至消費者需求生命週期之構面。如此的做法，使得此系統可掌握本案例中的碳粉匣何時須再購買及數量的需求，如此就不會有臨時急忙去下單取貨的困境產生。

問題 3. 在 IRP-based 的 C2B2C 模式，是以 C（Consumer）為中心，來主動自動的完成商務和商業整合作業，這其中最重要的在於以 Customized（客製化），也就是以消費者為中心，主動促發後續買賣交易、廠商出貨、生產等一連串產業鏈營運，然而由於消費者是朝向個人客製化，因此，在此模式須能自動蒐集個人消費者偏好，進而資訊系統能自動得知消費者需求生命週期，以便促發後續商務、商業作業流程，以本案例對該公司唯一印表機的碳粉匣快沒有碳粉的問題而言，可事先依此個人專屬需求條件（例如：印表機、碳粉匣適用廠牌），經銷商主動提出為此消費者設計的客製化促銷方案。如此不僅可事先取得碳粉匣，不至於列印品質出問題，又可從容運作及取得相對便宜的價格，當然，碳粉匣原廠也可精準了解產品需求，進而方便安排補貨、生產等計畫。

問題 4. 就如同上述因企業廠商能自動蒐集消費者偏好的資訊，所以能掌握在產業鏈的每一層企業的需求，也就是透過從掌握消費者需求生命週期的資訊，進而即時傳輸給產業供應鏈相關各層級廠商，例如：本案例該公司對碳粉匣客製化需求偏好的資訊，可傳輸給 B2C 購物廠商、碳粉匣原廠等，如此，就可事先掌握消費者需求，進而主動促銷。當然，這些資訊也可往更上游廠商傳輸，例如：碳粉匣的零組件製造廠、原料廠，如此的做法，就可使整個產業透通度更精準，進而降低「長鞭效應」所帶來存貨過多的衝擊。

問題 5. 本文以 IRP-based 的 C2B2C 模式來解決上述的問題，但要以低成本高效率的具體可行方法來實施，則需依賴雲端運算和物聯網的技術結合。以本案例而言，透過印表機的 RFID 感測元件，可和碳粉匣做直接溝通，也就是不需人力判斷碳粉是否足夠，而是可自動感測碳粉匣使用情況，當感測到不足時，就可將此資訊透過附加在印表機的 Reader 讀取，並將此資訊以無線／衛星方式傳輸至雲端平台，並同時通知碳粉匣經銷商和消費者，以進一步事先完成購買下單作業。而這些資訊也可給其他供應鏈廠商得知，如此就可提高產業透通度。另外，在本案例中須找到小林家裡電腦硬碟才有辦法列印的問題，可改以從雲端平台擷取檔案，並不需透過電腦，而直接在印表機上操作列印即可，如此就可省下因操作不熟而花費的成本時間。

所以，**以雲端運算和物聯網結合的產業營運，才能真正落實 IRP-based 的 C2B2C 模式，而此模式也是在產業生態演化過程的未來商機模式趨勢。**

14-4 管理意涵

在目前科技不斷地極致蛻變和全球在地化、在地全球化的趨勢衝擊下，地球的經營環境，已是成為一個有機化的超大型共同生命體，其中的任何組成份子，包含消費者、產業上中下游廠商、乃至實體產品、裝置、設備，以及動植物等都是息息相關的智能物件，這些智能物件在未來雲端環境（天）和物聯網（地）的普遍成熟建構完成後，就如同大自然生態食物鏈一樣，會發生物競天擇、物物相剋的產業生態競爭。

產業生態競爭就是指全球產業環境如同大自然生態一般的競爭模式，它勢必會影響企業生存和經營模式，所以產業生態化競爭就是指須把整個企業生存和營運環境，視同大自然生態一般的有機生命力，進而從產業生態化競爭形態來思考企業該如何經營！近來，因電子書產業興起，使得全球知名書店邦諾公司，被迫不得不做出巨大的改變，這就是一例。

天地之間，無所遁形。天之籠罩，地之織網，將其大自然生態的生命力變化鉅細靡遺的留存於時空內。因此，天地之間造就大自然生態化形成。同樣地，**雲端環境就如同天一般的籠罩，而物聯網就如同地一般的織網，因此當雲端環境和物聯網建構完成之時，也就是創造出產業生態化形成之際**。

網路行銷與創新商務服務(第五版)
｜雲端商務和人工智慧物聯網

作　　者：陳瑞陽
企劃編輯：江佳慧
文字編輯：江雅鈴
設計裝幀：張寶莉
發 行 人：廖文良

發 行 所：碁峰資訊股份有限公司
地　　址：台北市南港區三重路 66 號 7 樓之 6
電　　話：(02)2788-2408
傳　　真：(02)8192-4433
網　　站：www.gotop.com.tw
書　　號：AEE041300
版　　次：2025 年 07 月五版
建議售價：NT$580

國家圖書館出版品預行編目資料

網路行銷與創新商務服務：雲端商務和人工智慧物聯網 / 陳瑞陽
著. -- 五版. -- 臺北市：碁峰資訊, 2025.07
　　面；　公分
　　ISBN 978-626-425-053-5(平裝)
　　1.CST：網路行銷　2.CST：電子商務
496　　　　　　　　　　　　　　　　　　　　　　114003722

商標聲明：本書所引用之國內外公司各商標、商品名稱、網站畫面，其權利分屬合法註冊公司所有，絕無侵權之意，特此聲明。

版權聲明：本著作物內容僅授權合法持有本書之讀者學習所用，非經本書作者或碁峰資訊股份有限公司正式授權，不得以任何形式複製、抄襲、轉載或透過網路散佈其內容。
版權所有‧翻印必究

本書是根據寫作當時的資料撰寫而成，日後若因資料更新導致與書籍內容有所差異，敬請見諒。若是軟、硬體問題，請您直接與軟、硬體廠商聯絡。